Hochschultext

H. W. Schüßler

Netzwerke, Signale und Systeme

Band I
Systemtheorie
linearer elektrischer Netzwerke

Mit 210 Abbildungen

Springer-Verlag
Berlin Heidelberg New York 1981

Dr.-Ing. Hans Wilhelm Schüßler

o. Professor, Lehrstuhl für Nachrichtentechnik
der Universität Erlangen-Nürnberg

CIP-Kurztitelaufnahme der Deutschen Bibliothek
Schüßler, Hans Wilhelm:
Netzwerke, Signale und Systeme/H. W. Schüßler
Bd. 1 Systemtheorie linearer elektrischer Netzwerke
(Hochschultext)
Berlin, Heidelberg, New York: Springer 1981

ISBN 3-540-10524-7 Springer-Verlag Berlin Heidelberg New York
ISBN 0-387-10524-7 Springer-Verlag New York Heidelberg Berlin

Druck- und Bindearbeiten: fotokop wilhelm weihert KG, Darmstadt
2362/3020-543210

Vorwort

Aus einer auf zwei Bände geplanten Reihe wird hier der erste Teil vorge-
legt. Er ist aus Vorlesungen entstanden, die an der Universität Erlangen-Nürnberg für Studenten vor dem Vorexamen gehalten werden. Der zweite
Band wird im wesentlichen in die Theorie allgemeiner kontinuierlicher
und diskreter Systeme sowie der stochastischen Signale einführen, die in
einer Pflichtvorlesung des 5. Semesters vorgetragen wird.

Der vorliegende Band beschäftigt sich mit der Analyse von Netzwerken,
die aus den linearen Bauelementen Widerstand, Kapazität, gekoppelten
und nicht gekoppelten Induktivitäten sowie gesteuerten und ungesteuerten
Quellen bestehen. Er stellt den Versuch einer weitgehend systemtheoreti-
schen Betrachtungsweise dar, bei der die genannten Elemente per Definition idealisiert eingeführt werden. Aus der Physik werden im wesentlichen lediglich die Kirchhoffschen Gleichungen als Basis für die Beschreibung des Verhaltens in einem aus diesen Elementen zusammengesetz-
ten Netzwerk benutzt. Die physikalischen Phänomene, auf Grund derer
reale Elemente zur näherungsweisen Darstellung der idealisierten gewonnen werden können, werden nur kurz im Anhang betrachtet. Im übrigen
wird dazu auf die Literatur verwiesen. Der modellhafte Charakter der mit
idealisierten Elementen erreichbaren Beschreibung, die nur in einem beschränkten Bereich approximativ ein Abbild der Realität liefern kann,
wird bereits im einleitenden Kapitel betont.

Die speziellen und allgemeinen Verfahren der Netzwerkanalyse werden im
2. Kapitel zunächst an Gleichstromnetzwerken behandelt. Sie werden dann
nach entsprechender Erweiterung der Bedeutung der Begriffe auf Wechsel-
stromnetzwerke angewendet. Die Darstellung wurde hier sehr wesentlich
durch den Wunsch beeinflußt, möglichst früh den Begriff der Übertragungsfunktion einer komplexen Frequenzvariablen einzuführen. Dabei wurde
mit exponentiellen Testfunktionen zur Erregung der Systeme gearbeitet,
wobei eine Veranschaulichung durch das Experiment durchaus möglich ist.
Nach einem Kapitel über Vierpoltheorie werden die Eigenschaften der
Übertragungsfunktion relativ eingehend behandelt. Hier wurden u.a. eine

Untersuchung der Ortskurven sowie algebraische Stabilitätstests aufgenommen. Sehr ausführlich werden dann Einschwingvorgänge behandelt, wobei
auch die Beschreibung der Netzwerke mit Zustandsgleichungen sowie deren
Lösung berücksichtigt wurde. Die Untersuchung des Zeitverhaltens mit
Hilfe der Laplace-Transformation wird ebenfalls eingehend dargestellt.
Im Anhang finden sich neben den bereits genannten Angaben zu physikalischen Phänomenen Abschnitte mit kurzen Erklärungen zu verwendeten mathematischen Grundlagen.

Der Band ist als Lehrbuch gedacht. Einem induktiven Vorgehen in der Behandlung des Stoffes wurde der Vorzug gegeben. Dementsprechend enthält
das Buch eine Vielzahl von Beispielen, bei deren Auswahl versucht wurde,
weitgehend Schaltungen zu untersuchen, die auch eine praktische Bedeutung haben. Zahlreiche Meßergebnisse werden dazu in Form von Oszillo-
grammen zur Illustration gebracht.

Bei der Vorbereitung der Beispiele sowie beim Lesen der Korrektur haben
mir Mitarbeiter des Lehrstuhls für Nachrichtentechnik geholfen, von denen ich besonders die Herren Dr. Heute, Dr. Steffen und Dipl.-Ing. Weith
nennen möchte. Die Reinschrift des Textes, die Anfertigung der zahlrei-
chen Zeichnungen und die photographischen Arbeiten haben Fräulein
Schuster, Frau Felske und Frau Weiß übernommen. Ihnen allen gilt mein
Dank. Ebenso möchte ich dem Springer-Verlag für die gute Zusammenarbeit
danken.

Erlangen, im Januar 1981   H.W. Schüßler

Inhaltsverzeichnis

1 Einleitung

1.1 Vorbemerkung

In der Physik und Technik arbeiten wir mit einer Reihe von Größen und
Begriffen, denen wir zumindest unbewußt eine Realität zubilligen. So
geht man bei den im Rahmen dieses Buches behandelten elektrischen Netzwerken in der Regel von einer Zusammenschaltung idealer Bauelemente
aus und beschreibt Spannung und Strom im Netzwerk durch mathematisch
definierte Funktionen. Auch hier werden wir diesem Beispiel folgen.
Man muß sich aber darüber klar sein, daß weder die den theoretischen
Untersuchungen zugrunde gelegten Bauelemente, noch die angenommenen
Zeitfunktionen für Spannung und Strom a priori physikalische Realität
besitzen. Sie sind lediglich mehr oder weniger gute Abbilder oder
Modelle der physikalischen Realität. Über diese Zusammenhänge wollen
wir zunächst einige allgemeine Überlegungen anstellen.

Von einem physikalischen Vorgang können wir immer nur aufgrund von Beobachtungen Auskunft erhalten. Experimente sind in diesem Sinne Fragen
an die Natur, die gewonnenen Ergebnisse sind Antworten auf diese Fragen. Das zunächst nur durch eine Reihe von Beobachtungen vorliegende
Bild von dem physikalischen Vorgang ist nicht nur notwendig lückenhaft,
sondern auch stets wegen der unvermeidlichen Beobachtungsfehler ver-
schiedenster Art mit Ungenauigkeiten behaftet. Die theoretische Behandlung des Vorganges muß von diesem Material ausgehen und versuchen,
aus ihm Gesetzmäßigkeiten zu erkennen, mit denen es möglich ist, die
Vielzahl der Beobachtungen durch möglichst wenige Beziehungen zum Ausdruck zu bringen. Um eine solche Gesetzmäßigkeit mathematisch formulieren zu können, müssen zunächst physikalische Größen eingeführt und
vor allem deren mathematische Eigenschaften definiert werden. In dem
für uns interessanten Fall des Netzwerkes definiert man z.B. Spannung
und Strom in der Regel als stetige Funktionen der Zeit. Das makrosko-
pisch erfaßte Verhalten dieser Größen legt eine solche Definition nahe.
Sie ist aber vor allem außerordentlich zweckmäßig, weil nur so die

Verwendung der für solche Funktionen gegebenen mathematischen Hilfs-
mittel möglich wird. Ein physikalischer Grund für die Annahme eines
im mathematischen Sinne stetigen Verlaufes von Spannung und Strom besteht aber durchaus nicht. Vielmehr gibt es Experimente und Messungen,
die sich mit dem mikroskopischen Verlauf beschäftigen und die nur mit
einem unstetigen Verhalten von Strom und Spannung erklärt werden können. Daher wird eine physikalische Deutung der unter idealisierten Annahmen auf mathematischem Wege gewonnenen Ergebnisse nur in begrenztem Bereich bei makroskopischer Betrachtung möglich sein.

Bei anderen Anlässen ist es zweckmäßig, einen unstetigen Verlauf für
die Spannung oder den Strom bei der Rechnung anzunehmen. Das bedeutet
die Einführung eines idealen Schalters, der bei Übergang vom geöffne-
ten in den geschlossenen Zustand z.B. den Sprung des Stromes vom Werte
Null auf einen endlichen Wert bewirken kann, also einen unstetigen
Verlauf des Stromes hervorruft. Ein realer Schalter wird bei genauer
Untersuchung sehr viel kompliziertere Verhältnisse zeigen. Trotzdem
genügt für eine Vielzahl von Überlegungen die Annahme eines idealen
Schalters bzw. eines unstetigen Verlaufs von Spannung oder Strom.

Obwohl wir dabei Begriffe und Ergebnisse verwenden müssen, die wir erst später
behandeln werden, wollen wir schon hier an einem Beispiel demonstrieren, daß die
makroskopische Betrachtung mit Hilfe stetiger Funktionen zu Ergebnissen führen
kann, die im Widerspruch zu anderen Untersuchungen stehen. Bild 1.1 zeigt eine
Anordnung, bei der mit Hilfe eines idealen Schalters in dem Zeitpunkt t = 0 eine
konstante Spannung der Größe U an die Reihenschaltung eines Widerstandes und eines
Kondensators gelegt wird. Ohne Herleitung geben wir an, daß in diesem Fall für die
Ladung q(t) des Kondensators, das ist das Integral des Stromes i(t), für t $\geq$ 0
die Beziehung gilt

$$q(t) = \int_0^t i(\tau)d\tau = UC(1-e^{-t/RC}).$$

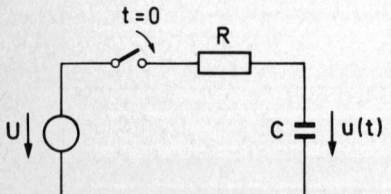

Bild 1.1
Einschaltung einer Gleichspannung an ein RC-Glied

Danach hat die Ladung q(t) einen monoton ansteigenden, stetigen Verlauf, der sich
asymptotisch dem Endwert UC nähert. Experimentell kann man dieses Ergebnis durch
Messung der Spannung an dem Kondensator bestätigen, für die gilt $u(t) = \frac{1}{C} q(t)$;
(siehe Bild 1.2).

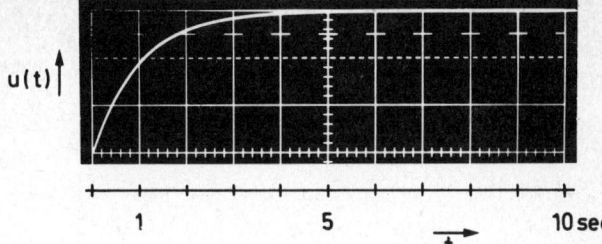

Bild 1.2
Spannung am Kondensator

Andere physikalische Experimente lehren nun, daß die Elementarladung
e = 1,602 10^{-19} Asec der kleinstmögliche Bruchteil der Ladung ist. Wenn wir für
die Bauelemente z.B. die Zahlenwerte R = 10$^6 \Omega$ und C = 10$^{-6} \Omega^{-1}$sec und für die
Spannung den Wert U = 1,6 V annehmen, so wird nach etwa 30 sec gerade noch eine
Elementarladung am Endwert der Ladung des Kondensators fehlen. Wir sehen, daß die
Annahme von stetigen Funktionen für Strom, Ladung und Spannung zu Ergebnissen
führt, die zwar bei makroskopischer Betrachtung eine gute Übereinstimmung mit Meßergebnissen zeigen. Sie führt dagegen zu Widersprüchen, d.h. die errechneten Funk-
tionen stimmen nicht mehr mit der Realität überein, wenn man die Vorgänge unter
Berücksichtigung anderer Beobachtungen wesentlich genauer betrachtet.

Ebenso wie für die physikalischen Größen wie Spannung und Strom gewisse mathematische Eigenschaften festgelegt und benutzt werden, die
nur in einem gewissen Bereich der Realität entsprechen, führt man per
Definition ideale Bauelemente ein, deren Eigenschaften höchstens
näherungsweise mit denen realer Elemente übereinstimmen. Insbesondere
werden wir im Rahmen dieses Buches stets Bauelemente annehmen, die
räumlich konzentriert sind. Damit lassen sich physikalische Vorgänge,
die stets nicht nur eine Funktion der Zeit, sondern auch des Ortes
sind, sicher nicht exakt darstellen. Der so gemachte Fehler wird sich
aber vernachlässigen lassen, wenn die Zeit für die Ausbreitung eines
Vorganges über die räumliche Ausdehnung eines physikalischen Gebildes
klein ist gegenüber dem interessierenden Beobachtungsintervall. Bei
Gebilden mit einer Ausdehnung von etwa 10 cm wird man sich dieser
Grenze nähern, wenn das Verhalten innerhalb von Zeitabschnitten interessiert, die weniger als 10^{-9}sec lang sind. Auch hier gilt also, daß
höchstens bei makroskopischer Betrachtung eine gute Übereinstimmung
mit Meßergebnissen erwartet werden kann. Der bei dieser Beschränkung des Gültigkeitsbereiches der Ergebnisse erzielte große Vorteil
ist aber, daß durch die Annahme räumlich konzentrierter Bauelemente
alle Beziehungen wesentlich einfacher werden, weil die Ortsabhängig-
keit völlig herausfällt. Auch hier sind also primär Zweckmäßigkeits-
gründe für die getroffenen Annahmen entscheidend.

Eine weitere wesentliche Erleichterung der theoretischen Untersuchungen

erreichen wir, wenn wir die Bauelemente als linear einführen. Dieser
Begriff wird im Abschnitt 2 eingehend erläutert. Aber auch für ihn
gilt, daß er nur in sehr begrenztem Maße der physikalischen Realität
entspricht. Man wird daher auch hier stets zu prüfen haben, inwieweit
die auf der Basis linearer Bauelemente erzielten Ergebnisse sich für
die Beschreibung realer Vorgänge verwenden lassen.

Wir sehen an diesen Beispielen, daß eine Reihe von Abstraktionen und
Definitionen nötig sind, mit deren Hilfe wir sowohl die Größen Spannung und Strom als auch die Bauelemente mit ihren Eigenschaften fest-
legen. Unter Verwendung einiger weniger physikalischer Gesetze wird
dann der Aufbau einer in sich geschlossenen Theorie möglich. Schlußfolgerungen und Ergebnisse, die uns diese Theorie liefert, haben ihren
Wert zunächst nur innerhalb der Theorie, d.h. im Rahmen der getroffenen Annahmen. Sie lassen sich höchstens approximativ auf die realen
Gebilde übertragen, weil bereits die Basis der Theorie nur näherungsweise mit der Realität übereinstimmt.

1.2 Physikalische Größen

Wir formulieren zunächst die in der Vorbemerkung gemachte Aussage in
allgemeiner Form: Mit einer physikalischen Größe wird ein meßbares
Merkmal eines Vorganges oder eines Dinges beschrieben. Mit Messung bezeichnen wir dabei den quantitativen Vergleich mit einer vereinbarten
Bezugsgröße, der sogenannten Einheit [1.1].

Eine physikalische Größe (hier als G bezeichnet) ist stets das Produkt von Zahlenwert und der Einheit

$$G = \{G\} \cdot [G].$$

Hier ist

$$\{G\} = \frac{G}{[G]} \quad \text{der Zahlenwert}$$

und

$$[G] = \frac{G}{\{G\}} \quad \text{die Einheit.}$$

$\{\cdot\}$, $[\cdot]$ sind hier als Operatoren aufzufassen. Sie bedeuten:
Zahlenwert vom, Einheit vom Klammerinhalt.

Die Wahl der Einheiten für die unterschiedlichen Größen ist an sich
willkürlich. Die Basiseinheiten wurden 1960 international als sogenannte SI-Einheiten festgelegt. Auf dieser Grundlage wurde in der
Bundesrepublik Deutschland 1970 das "Gesetz über Einheiten im Meß-
wesen" erlassen, das die zu verwendenden Einheiten definiert. Es
umfaßt neben den SI-Einheiten eine Vielzahl weiterer, sowie die dezi-
malen Vielfachen und Teile von Einheiten.
Im Anhang 1 sind die Definitionen der fünf Grundeinheiten zur Messung
von Länge, Masse, Zeit, Stromstärke und Temperatur sowie der daraus
abgeleiteten Einheiten tabellarisch zusammengestellt ([1.1], [1.2]).

Literatur

[1.1] Fischer, J.: Elektrodynamik, Springer-Verlag, Berlin-Heidelberg-New York,
       1976
[1.2] Küpfmüller, K.: Einführung in die theoretische Elektrotechnik. Springer-
       Verlag, Berlin-Heidelberg-New York, 10. Auflage, 1973

2 Analyse linearer Widerstandsnetzwerke

2.1 Elemente

2.1.1 Quellen

Wir definieren zunächst Quellen elektrischer Größen mit idealen Eigenschaften. Sie werden durch ihre Fähigkeit beschrieben, eine Spannung
bzw. einen Strom als Funktion der Zeit unabhängig von einer äußeren
Beschaltung zu liefern. Für diese Quellen führen wir die in Bild 2.1
gezeichneten Schaltsymbole ein. Wir kennzeichnen sie durch die Ausdrücke $u_q(t)$ und $i_q(t)$.

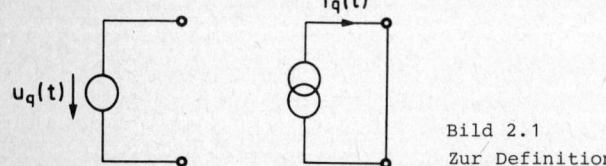

Bild 2.1
Zur Definition von Spannungs- und Stromquelle

In dieser Definition liegt eine doppelte Idealisierung. Zunächst
werden wir in der Regel stetige und überall wohldefinierte Funktionen
der Zeit für Spannung und Strom annehmen, obwohl wir dazu, wie im
ersten Abschnitt erläutert wurde, nicht durch alle Messungen an realen
Systemen legitimiert sind. Zum anderen nehmen wir bei beiden Quellen-
arten eine unendliche Ergiebigkeit, das heißt die Fähigkeit an, unendlich viel Leistung zu liefern. Reale Quellen haben diese Eigenschaften
natürlich nicht. Doch können wir unschwer reale Quellen endlicher Ergiebigkeit durch Kombination der hier definierten idealen mit bestimmten Zweipolen hinreichend genau beschreiben (siehe Abschnitt 2.3.3).
Bei manchen Problemen wird man sich aber an die begrenzte Gültigkeit
der hier gebrauchten Definition erinnern müssen.

Die Funktionen $u_q(t)$ und $i_q(t)$ haben bei praktischen Problemen irgend-

einen Verlauf als Funktion der Zeit. Z.B. können sie als elektrisches
Ausgangssignal eines Mikrofons der Funktion des Schalldruckes ge-
sprochener Laute folgen. Für die Beschreibung des Verhaltens von
Systemen werden wir aber generell mit bestimmten Testfunktionen
arbeiten. Wir kennzeichnen dann letztlich das System, indem wir angeben, wie es auf diese Testfunktionen reagiert. Später werden wir
sehen, daß wir bei Kenntnis dieser Beschreibung auch die Reaktion
auf beliebige Funktionen ermitteln können, wenn nur die Testfunktionen geeignet gewählt wurden.

Bei der in diesem Abschnitt vorgenommenen Beschränkung auf Gleich-
stromnetzwerke werden wir häufig annehmen, daß die Quellen Gleich-
spannungen bzw. Gleichströme abgeben. Wir setzen dann

$$u_q(t) = U_q = \text{konst.}$$

$$i_q(t) = I_q = \text{konst.},$$

wobei wir hier und im folgenden mit Kleinbuchstaben stets Funktionen
der Zeit, mit Großbuchstaben zeitunabhängige Größen kennzeichnen.
Wir notieren noch die Einheiten von Strom und Spannung (Anhang 1):

$$[u_q(t)] = [U_q] = V \quad \text{(Volt)} \qquad \text{(Abgeleitete Einheit)}$$

$$[i_q(t)] = [I_q] = A \quad \text{(Ampère)} \quad \text{(Grundeinheit)}.$$

2.1.2 Lineare Widerstände

Als weiteres Bauelement führen wir den Widerstand ein, den wir durch
Messung an einem Zweipol gewinnen, wobei wir zeitabhängige Spannungen
und Ströme zulassen.

Im Vorgriff auf eine später vorzunehmende, genauere Definition wollen
wir hier als Zweipol ein Gebilde mit zwei Anschlußklemmen bezeichnen,
in das im allgemeinen, nicht entarteten Fall ein Strom hineinfließt,
wenn wir eine Spannungsquelle anschließen. Den Begriff "linear" definieren wir ebenfalls durch eine Meßvorschrift. Wir nehmen nacheinander
drei Versuche an dem zu betrachtenden Zweipol vor, wobei wir unterstellen, daß das untersuchte Gebilde sich während der Meßreihe nicht
verändert (siehe Bild 2.2). Bei den ersten beiden Versuchen ermitteln
wir die Ströme $i_1(t)$ und $i_2(t)$, die zu zwei beliebigen Quellspannungen
$u_{q1}(t)$ und $u_{q2}(t)$ gehören. Im dritten Versuch wählen wir als Spannung

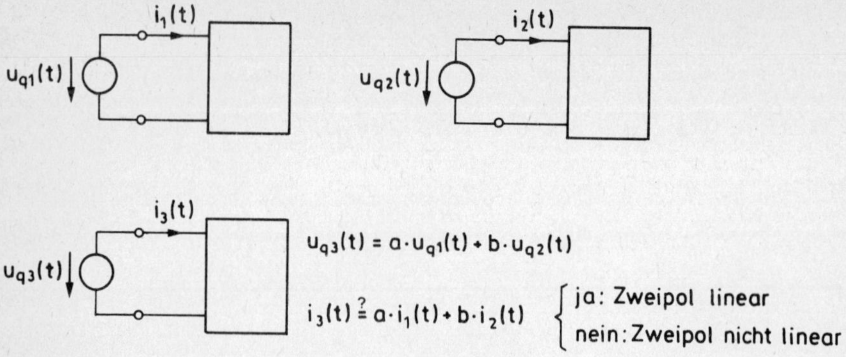

Bild 2.2   Zur Definition linearer Zweipole

$u_{q3}(t) = a \cdot u_{q1}(t) + b \cdot u_{q2}(t)$ mit beliebigen Werten für a und b und untersuchen, ob sich der jetzt fließende Strom $i_3(t)$ stets als die gleiche Linearkombination der vorher ermittelten Ströme schreiben läßt. Ist das der Fall, so sprechen wir von einem linearen, anderenfalls von einem nichtlinearen Zweipol. Die Möglichkeit der Überlagerung von einzelnen Wirkungen bei entsprechender Überlagerung der Ursachen ist also kennzeichnend für die Linearität.

Reale Systeme sind in dem hier definierten strengen Sinne niemals linear. Lediglich in einem mehr oder weniger großen, aber stets begrenzten Intervall, d.h. in einem begrenzten Variationsbereich für die auftretenden Spannungen und Ströme können die Gebilde näherungsweise als linear angenommen werden. Hier führen wir durch Definition Gebilde ein, bei denen das oben angegebene Gesetz für lineare Zweipole streng gilt. Damit machen wir einen ersten Schritt zu einer Idealisierung.

Bei bestimmten Zweipolen stellt man durch Vergleich zwischen der angelegten Spannung und dem in den betrachteten Zweipol fließenden Strom näherungsweise gewisse einfache Beziehungen zwischen diesen Größen fest. In einer weiteren Stufe der Idealisierung definieren wir jetzt Zweipolelemente, bei denen solche Beziehungen streng gelten. In diesem Abschnitt beschränken wir uns auf den ohmschen Widerstand (oder kurz Widerstand), bei dem eine Proportionalität zwischen Strom und Spannung gilt, und kennzeichnen ihn durch den Proportionalitätsfaktor R bzw. G (Bild 2.3). Für ihn gilt das *Ohmsche Gesetz* (OHM 1826):

$$u(t) = R \cdot i_q(t) \qquad\qquad (2.1a)$$
$$\text{bzw.} \qquad i(t) = G \cdot u_q(t). \qquad\qquad (2.1b)$$

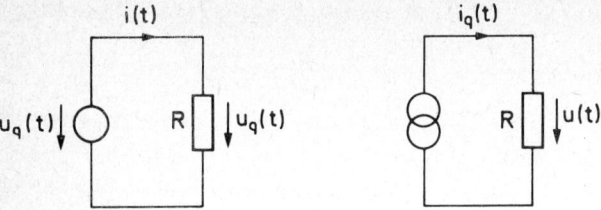

Bild 2.3   Zur Definition eines ohmschen Widerstandes

Damit ist der Widerstand R definiert als

$$R = \frac{u(t)}{i_q(t)}; \qquad [R] = \Omega(\text{Ohm}) = \frac{V}{A}. \qquad (2.1c)$$

Sein Kehrwert ist der Leitwert G

$$G = \frac{i(t)}{u_q(t)}; \qquad [G] = S(\text{Siemens}). \qquad (2.1d)$$

Im Vorgriff auf Abschnitt 2.4 notieren wir, daß an einem vom Strom i(t) durchflossenen Widerstand die Leistung $p(t) = i^2(t)R$ in Wärme umgesetzt wird. Da stets $p(t) \geq 0$ ist, muß gelten

$$R \geq 0 \quad \text{und damit} \quad G \geq 0. \qquad (2.1e)$$

2.2 Struktur von Netzwerken

Die von uns zu untersuchenden Netzwerke gewinnen wir durch eine beliebige Zusammenschaltung von Quellen und Widerständen unter Verwendung von verlustlos gedachten Leitungen. Die Punkte, in denen die Elemente miteinander verbunden sind, werden als Knoten, die Verbindungen zwischen den Knoten als Zweige bezeichnet. Bild 2.4a zeigt ein

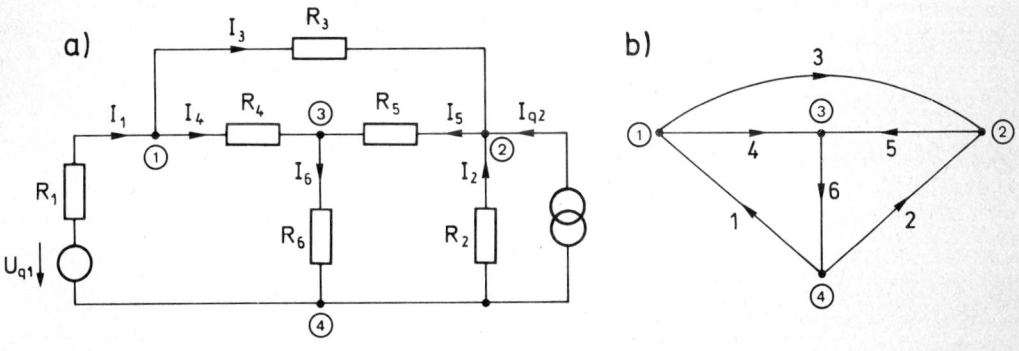

Bild 2.4   Beispiel eines Netzwerkes und zugehöriger Graph

Netzwerk mit zwei Quellen, 4 Knoten und 6 Zweigen. Die Zahl der Knoten bezeichnen wir allgemein mit k, die der Zweige mit z. Als bekannt
werden die Widerstände (hier $R_1 \ldots R_6$) und die Quellen (hier U_{q1} und
I_{q2}) angenommen. Die Analyse des Netzwerkes soll dann die z Zweigströme und die z Zweigspannungen (zwischen den Knoten) liefern. Für
die Richtungen der Zweigströme werden willkürlich Annahmen gemacht,
mit denen lediglich festgelegt wird, in welcher Richtung ein Strom
bei der späteren Rechnung positiv gezählt wird. Die Struktur des Netzwerkes beschreiben wir durch einen Netzwerkgraphen, der für das Beispiel in Bild 2.4b dargestellt ist. Er gibt offenbar die Anordnung der
Bauelemente an und enthält auch die durch die Wahl der Richtung der
Zweigströme festgelegte Orientierung. Aus später zu erläuternden Gründen wird ein Zweig mit einer Stromquelle im Graphen nicht dargestellt.

Den Netzwerkgraphen und damit die Struktur des Netzwerkes beschreiben
wir algebraisch durch die Angabe einer Knoteninzidenzmatrix **K** mit
k Zeilen und z Spalten, für deren Elemente gilt

$$
k_{\nu\mu} = \begin{cases}
+1, & \text{wenn der } \mu\text{-te Zweig auf den Knoten } \nu \\
& \text{gerichtet ist,} \\
-1, & \text{wenn der } \mu\text{-te Zweig vom Knoten } \nu \\
& \text{wegführt,} \\
0, & \text{wenn der } \mu\text{-te Zweig den Knoten } \nu \\
& \text{nicht berührt.}
\end{cases}
$$

Jeder Zweig erscheint also in der zu ihm gehörenden Spalte genau zweimal, und zwar mit den Werten +1 und -1. **K** hat den Rang k-1 (siehe auch
Abschnitt 2.5.1). In dem Beispiel von Bild 2.4 erhält man

$$
\mathbf{K} = \begin{bmatrix}
+1 & 0 & -1 & -1 & 0 & 0 \\
0 & +1 & +1 & 0 & -1 & 0 \\
0 & 0 & 0 & +1 & +1 & -1 \\
-1 & -1 & 0 & 0 & 0 & +1
\end{bmatrix}.
$$

2.3 Die Kirchhoffschen Gesetze

2.3.1 Knoten- und Maschenregel

Die physikalische Grundlage zur Lösung der gestellten Aufgabe sind die
1845 von KIRCHHOFF aufgestellten Gesetze. Für eine ausführliche Behandlung wird z.B. auf [2.1] verwiesen. Hier soll eine kurze Erläuterung genügen, wobei wir, der Allgemeingültigkeit der Aussage wegen,
eine Formulierung für beliebige Zeitfunktionen des Stromes bzw. der
Spannung wählen.

Die *Kirchhoffsche Knotenregel* liefert eine Aussage über die Ströme
der Zweige, die in einem Knoten zusammengeschaltet sind. Es gilt,
daß die Summe der auf einen Knoten zufließenden Ströme in jedem Zeitpunkt gleich Null ist:

$$\sum_{\nu} i_{\nu}(t) = 0 \quad \forall t. \tag{2.2}$$

Dieses Gesetz ist eine Folgerung aus der Feststellung, daß sich in
einem Knoten keine Ladungen sammeln können. Es gilt für Netzwerke mit
beliebigen Elementen. Außer den sonst ausschließlich vorausgesetzten
linearen Elementen sind also auch nichtlineare zugelassen. Zur Anwendung dieser Regel führen wir Bezeichnungen für die Ströme in den Zweigen des Netzwerkes ein und beachten die schon vorher eingeführten
Zählrichtungen.

Wir betrachten das in Bild 2.4 dargestellte Beispiel. Hier wurden Gleichspannungs-
bzw. -stromquellen angenommen. Alle im Netzwerk auftretenden Spannungen und Ströme
sind dann auch konstant. Da nach der Kirchhoffschen Regel die zufließenden Ströme
positiv zu zählen sind, erhält man

$$
\begin{array}{llllllll}
① : & I_1 & & -I_3 & -I_4 & & & = 0 \\
② : & & I_2 & +I_3 & & -I_5 & & +I_{q2} & = 0 \\
③ : & & & & I_4 & +I_5 & -I_6 & & = 0 \\
④ : & -I_1 & -I_2 & & & & +I_6 & -I_{q2} & = 0.
\end{array}
$$

Dieses Beispiel erläutert die offensichtlich allgemeingültige Aussage,
daß jeder Strom in zwei Gleichungen auftritt, und zwar einmal als zu-
fließender Strom mit positivem, einmal als abfließender Strom mit negativem Vorzeichen. Die Summe aller Gleichungen ist daher sicher gleich
Null. Bei insgesamt k Knoten können wir also höchstens k-1 voneinander

unabhängige Gleichungen aufstellen. Tatsächlich kann man bei einem zu-
sammenhängenden Netzwerk, das uns hier ausschließlich interessiert, genau k-1 unabhängige Gleichungen aufstellen, denn bis zur (k-1)-ten enthält jede weitere Knotengleichung wenigstens einen Zweigstrom, der in
den früheren Gleichungen nicht enthalten war [2.1].

Die in den Knotengleichungen auftretenden Vorzeichen entsprechen
denen der Elemente der Knoteninzidenzmatrix. Mit ihr kann man für
ein allgemeines Netzwerk die Knotengleichungen in Matrizenform
schreiben (hierfür und für genauere Betrachtungen der topologischen
Zusammenhänge siehe z.B. [2.2]). Wir formulieren die Beziehungen
wieder für beliebig von der Zeit abhängige Ströme.

Mit dem Vektor der z Zweigströme

$$\mathbf{i}_z(t) = [i_1(t),\ldots,i_z(t)]^T \tag{2.3a}$$

und dem Vektor der in die Knoten 1 ... k hineinfließenden Quellströme

$$\mathbf{i}_q(t) = [i_{q1}(t),\ldots,i_{qk}(t)]^T \tag{2.3b}$$

erhält man die Knotengleichung

$$\mathbf{K}\cdot\mathbf{i}_z(t) + \mathbf{i}_q(t) = \mathbf{0}. \tag{2.3c}$$

In unserem Beispiel ist

$$
\begin{bmatrix}
1 & 0 & -1 & -1 & 0 & 0 \\
0 & +1 & +1 & 0 & -1 & 0 \\
0 & 0 & 0 & +1 & +1 & -1 \\
-1 & -1 & 0 & 0 & 0 & +1
\end{bmatrix}
\begin{matrix}
I_1 \\ I_2 \\ I_3 \\ I_4 \\ I_5 \\ I_6
\end{matrix}
+
\begin{bmatrix}
0 \\ I_{q2} \\ 0 \\ -I_{q2}
\end{bmatrix}
=
\begin{bmatrix}
0 \\ 0 \\ 0 \\ 0
\end{bmatrix}.
$$

Die *Kirchhoffsche Maschenregel* bezieht sich auf die Spannungen, die
bei einem geschlossenen Umlauf durchlaufen werden. Es gilt, daß bei
einem Netzwerk die Summe dieser Spannungen in jedem Zeitpunkt gleich
Null ist:

$$\sum_\nu u_\nu(t) = 0 \quad \forall t. \tag{2.4}$$

Auch bei der Maschenregel wird nicht vorausgesetzt, daß das Netzwerk
nur die sonst stets angenommenen linearen Elemente enthält.

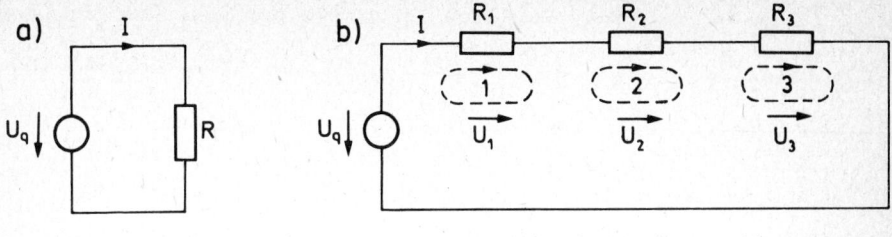

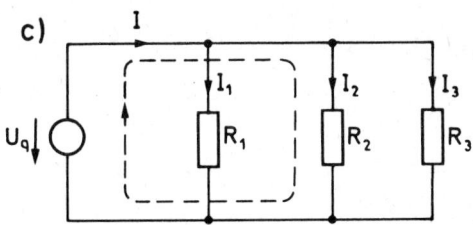

Bild 2.5   Zum Ohmschen Gesetz und zur Zusammenschaltung von Widerständen

Wir behandeln zunächst einige einfache Beispiele (siehe Bild 2.5). Im Falle der Zusammenschaltung einer Spannungsquelle mit einem Widerstand entartet die Kirchhoffsche Maschenregel zum Ohmschen Gesetz. Für die in Bild 2.5a gezeigte Schaltung ist

$$U_q = I \cdot R, \tag{2.5a}$$

eine Beziehung, die bereits zur Definition des Bauelementes Widerstand benutzt worden war. Da ein Umlauf nicht notwendig den Zweigen des Netzwerkes folgen muß, gilt
das entsprechende Gesetz für den Spannungsabfall an jedem einzelnen Widerstand in
einem Netzwerk, das aus der Hintereinanderschaltung von Widerständen besteht. Für
den ν-ten der in Bild 2.5b gezeichneten Umläufe ergibt sich

$$U_\nu = I \cdot R_\nu . \tag{2.5b}$$

Für die ganze Masche ist dann

$$U_q = U_1 + U_2 + U_3 ,$$

bzw. bei Verwendung der obigen Gleichung für die Teilspannungen

$$U_q = I(R_1 + R_2 + R_3) .$$

Die Hintereinanderschaltung der Widerstände R_1, R_2 und R_3 können wir noch durch
einen Gesamtwiderstand $R_g = R_1 + R_2 + R_3$ ersetzen. Allgemein erhält man für die Reihenschaltung von Widerständen

$$R_g = \sum_\nu R_\nu . \tag{2.6a}$$

Für diesen Gesamtwiderstand gilt dann wieder das Ohmsche Gesetz in der ursprüng-

lichen Form von Gleichung (2.5a). Wir geben noch die Teilspannungen U_ν an. Mit
(2.6a) ergibt sich aus (2.5b)

$$U_\nu = \frac{R_\nu}{R_g} \cdot U_q \quad \text{bzw.} \quad \frac{U_\nu}{U_q} = \frac{R_\nu}{R_g} . \tag{2.6b}$$

Diese Beziehung beschreibt eine Spannungsteilung. In der betrachteten Reihenschaltung ist das Verhältnis der Teilspannungen U_ν zur Gesamtspannung U_q gleich dem
Verhältnis der entsprechenden Teilwiderstände R_ν zum Gesamtwiderstand R_g.

Ähnlich gehen wir bei der Parallelschaltung von Widerständen vor. Bei der Schaltung in Bild 2.5c ergibt ein Umlauf

$$U_q = I_\nu R_\nu \quad \text{bzw.} \quad I_\nu = \frac{1}{R_\nu} U_q = G_\nu U_q . \tag{2.5c}$$

Damit ist der Gesamtstrom

$$I = \sum_\nu I_\nu = U_q \sum_\nu G_\nu = U_q \cdot G_g .$$

also dem Gesamtleitwert G_g proportional. Sein Kehrwert ist der Gesamtwiderstand

$$R_g = \frac{1}{\sum_\nu G_\nu} = \frac{1}{G_g} . \tag{2.7a}$$

Mit ihm erhält man auch hier das Ohmsche Gesetz in der Form der Gleichung (2.5a).
Entsprechend der obigen Betrachtung geben wir noch die Teilströme I_ν an. Aus
(2.5c) erhalten wir mit (2.7a) und dem Gesamtstrom I

$$I_\nu = \frac{G_\nu}{G_g} \cdot I \quad \text{bzw.} \quad \frac{I_\nu}{I} = \frac{G_\nu}{G_g} . \tag{2.7b}$$

Hier wird eine Stromteilung beschrieben. Bei einer Parallelschaltung ist das Verhältnis der Teilströme I_ν zum Gesamtstrom I gleich dem Verhältnis der entsprechenden Teilleitwerte G_ν zum Gesamtleitwert G_g.

Vor einer Behandlung weiterer Beispiele wollen wir auch die Maschengleichungen noch in Matrizenform darstellen. Dazu führen wir die Spannungen der Knotenpunkte in bezug auf einen beliebig gewählten Punkt
ein, der außerhalb des Netzwerkes liegen, aber auch mit einem Knoten
zusammenfallen kann. In Bild 2.6 sind für unser Beispiel neben diesen
Knotenspannungen die Zweigspannungen angegeben. Der Vergleich mit
Bild 2.4 zeigt, daß an Stelle der dort vorliegenden Stromquelle I_{q2}
hier eine Spannungsquelle U_{q2} eingeführt wurde. Im Abschnitt 2.3.3 werden wir zeigen, daß eine solche Umformung möglich ist. Wir können nun
zunächst die Beziehungen zwischen den Knoten- und den Zweigspannungen
unter Verwendung der Maschenregel angeben. Liegt im allgemeinen Fall
der Zweig κ zwischen den Knoten ν und μ, so gilt für die Spannung
$u_{\nu\mu} = u_\nu - u_\mu = u_{z\kappa}$ (siehe Bild 2.7a).

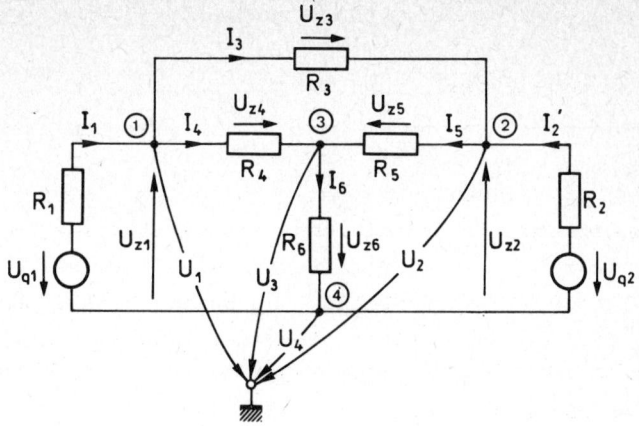

Bild 2.6   Zur Definition von Knoten- und Zweigspannungen in einem Beispiel

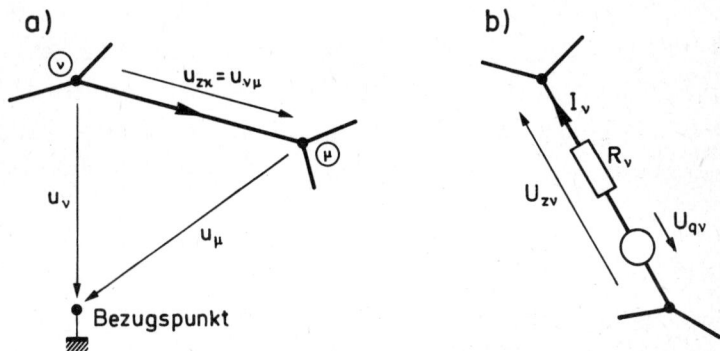

Bild 2.7   Zur allgemeinen Definition von Zweig- und Knotenspannungen

Im Beispiel erhalten wir mit konstanten Spannungen

$$
\begin{aligned}
U_{z1} &= U_{41} = & -U_1 & & +U_4 \\
U_{z2} &= U_{42} = & & -U_2 & +U_4 \\
U_{z3} &= U_{12} = & U_1 & -U_2 \\
U_{z4} &= U_{13} = & U_1 & & -U_3 \\
U_{z5} &= U_{23} = & & U_2 & -U_3 \\
U_{z6} &= U_{34} = & & & U_3 & -U_4 \, .
\end{aligned}
$$

Wir zeigen in allgemeiner Form, wie sich diese Gleichung in Matrizenform schreiben läßt. Ist

$$
\mathbf{u}(t) = [u_1(t), \ldots, u_k(t)]^T \tag{2.8a}
$$

der Vektor der Knotenspannungen und

$$\mathbf{u}_z(t) = [u_{z1}(t),\dots,u_{zz}(t)]^T \qquad (2.8b)$$

der Vektor der Zweigspannungen, so gilt offenbar

$$\mathbf{u}_z(t) = -\mathbf{K}^T \cdot \mathbf{u}. \qquad (2.8c)$$

Weiterhin schreiben wir für die einzelnen Zweige im Gleichstromfall
die Maschengleichungen an. Enthält das ganze Netzwerk mit z Zweigen
ausschließlich ohmsche Widerstände und Spannungsquellen, so liegt im
allgemeinen Fall im ν-ten Zweig ein Widerstand R_ν in Reihe mit einer
Spannungsquelle $U_{q\nu}$, und es fließt der Zweigstrom I_ν. Für jeden Zweig
gilt dann das Ohmsche Gesetz, wobei die Spannung am Widerstand R_ν
jetzt nicht nur durch $U_{q\nu}$, sondern auch durch die Gesamtspannung am
ν-ten Zweig $U_{z\nu}$ bestimmt ist (siehe Bild 2.7b). Es ist

$$U_{z\nu} + U_{q\nu} = R_\nu I_\nu,$$

wenn die Zweigspannung wie der Zweig, die Quellspannung aber entgegengesetzt orientiert ist. Führt man den Vektor der Zweigquellspannungen

$$\mathbf{U}_{qz} = [U_{q1},\dots,U_{qz}]^T \qquad (2.8d)$$

mit der in Bild 2.7b angegebenen Orientierung dieser Spannungen sowie
die Diagonalmatrix der Zweigwiderstände

$$\mathbf{R}_z = \begin{bmatrix} R_1 & O & \cdots & O \\ O & R_2 & & \vdots \\ \vdots & & \ddots & O \\ O & \cdots & O & R_z \end{bmatrix} \qquad (2.9)$$

ein, so erhält man

$$\mathbf{U}_z + \mathbf{U}_{qz} = \mathbf{R}_z \mathbf{I}_z, \qquad (2.10)$$

eine allgemeine Formulierung des Ohmschen Gesetzes für das gesamte
Netzwerk.

Unsere bisherigen Überlegungen haben zu folgenden vorläufigen Ergebnissen geführt: Bei der Analyse eines Netzwerkes mit k Knoten und z
Zweigen haben wir z unbekannte Zweigströme, ebensoviele Zweigspannungen

sowie k Knotenspannungen zu bestimmen. Wir haben gesehen, daß wir mit
Hilfe der Kirchhoffschen Knotenregel k-1 unabhängige Gleichungen für
die Zweigströme angeben können. Weiterhin besteht ein durch (2.10)
ausgedrückter einfacher Zusammenhang zwischen den Zweigspannungen und
Zweigströmen (z unabhängige Gleichungen) sowie zu den Knotenspannungen,
die mit (2.8c) bis auf eine willkürliche additive Konstante aus den
Zweigspannungen bestimmt werden können. Um die Analyse vollständig
durchführen zu können, benötigen wir weitere m = z-(k-1) unabhängige
Maschengleichungen.

Bild 2.8 erläutert für unser Beispiel durch Angabe entsprechender Teilgraphen,
welche verschiedenen Möglichkeiten dazu bereits bestehen, wenn wir die Maschen nur
längs der Zweige führen. Als Beispiel geben wir die Gleichung für die Masche 3 an:

$$I_3 \cdot R_3 + I_5 \cdot R_5 - I_4 \cdot R_4 = 0.$$

Im vorliegenden Fall können wir 7 derartige Gleichungen angeben, benötigen aber
nur 3. Damit besteht die Gefahr, daß wir unter den möglichen Maschen solche aus-
wählen, die zu voneinander abhängigen Gleichungen führen. So sind im Beispiel die
Gleichungen für die Maschen 1, 2 und 4 nicht unabhängig voneinander.

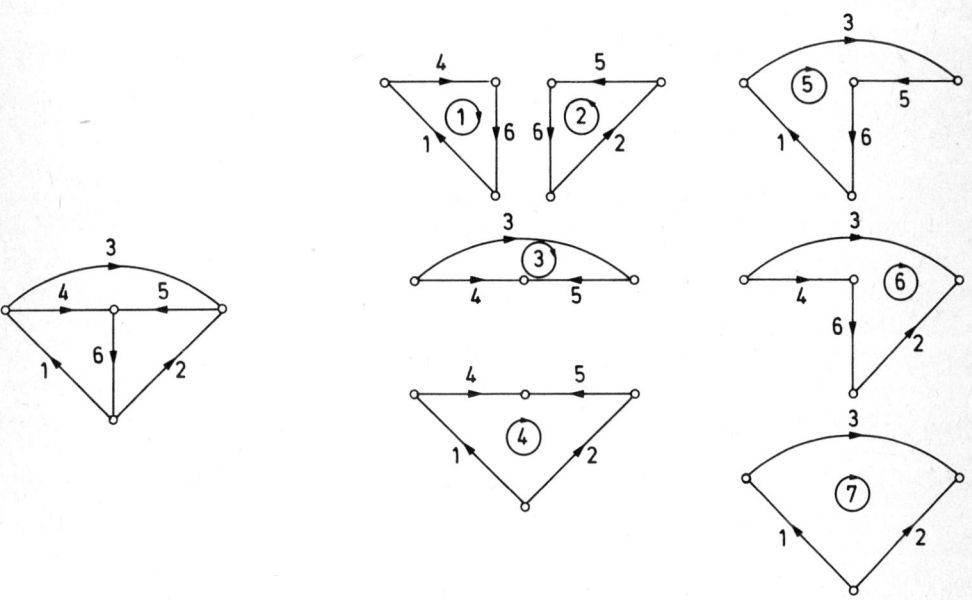

Bild 2.8   Mögliche Maschen längs der Zweige beim Beispiel von Bild 2.4

Es gilt nun folgende Regel:
Wenn wir bei der Wahl eines neuen Umlaufes im Netzwerk stets wenigstens
einen Zweig mit berücksichtigen, der in früheren Maschen noch nicht ent-

halten war, sind wir sicher, daß die neu aufgestellte Maschengleichung
sich nicht als Linearkombination früherer Gleichungen ergeben kann.
Auf diese Weise erhält man tatsächlich die nötigen z-(k-1) Maschengleichungen. Ein stets anwendbarer Algorithmus wird in Abschnitt 2.5.1
erläutert. Vorher seien jedoch einige einfache Fälle behandelt, aus
denen sich z.T. allgemeine Aussagen gewinnen lassen.

2.3.2 Definition von Zweipolen und Vierpolen

Mit Hilfe der Kirchhoffschen Knotenregel können wir die Begriffe Zweipol und Vierpol definieren.

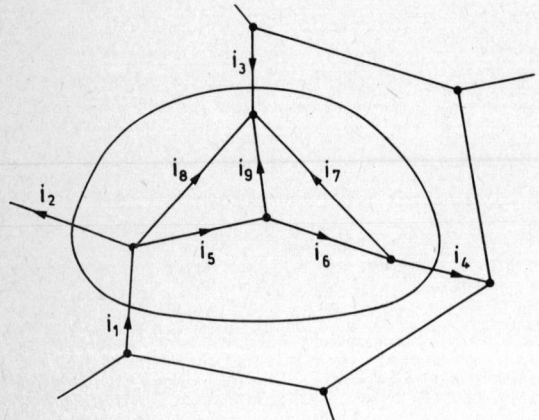

Bild 2.9
Zur Erweiterung der
Kirchhoffschen Knotenregel

Zunächst wird an einem Beispiel gezeigt, daß die Regel, die ursprünglich für die
auf einen Knoten zufließenden Ströme aufgestellt worden war, auch für die in eine
Hülle hineinfließenden Ströme gilt. In Bild 2.9 ist der Graph eines Netzwerkes angegeben. Die Zweige können beliebige, auch nichtlineare Elemente enthalten. Eine
Hülle schneidet aus diesem Netzwerk einen Teil heraus. Dabei wird der Graph in zwei
jeweils zusammenhängende Teile zerlegt. Die von der Hülle geschnittenen Zweige des
Netzwerkes werden als *Schnittmenge* bezeichnet. Für die vier innerhalb der Hülle
befindlichen Knoten gelten dann die folgenden Gleichungen:

$$
\begin{aligned}
i_1 - i_2 \quad &- i_5 \quad\quad\quad - i_8 \quad\quad &= 0,\\
i_3 \quad\quad\quad &+ i_7 + i_8 + i_9 &= 0,\\
-i_4 \quad + i_6 \; &- i_7 \quad\quad &= 0,\\
+ i_5 - i_6 \quad &\quad\quad\quad - i_9 &= 0.
\end{aligned}
$$

Die Summe dieser Gleichungen liefert

$$
i_1 - i_2 + i_3 - i_4 = 0
$$

entsprechend der Behauptung.

Dieses an einem Beispiel gewonnene Ergebnis läßt sich leicht verallgemeinern: Die innerhalb der Hülle fließenden Ströme lassen sich stets
in zwei Gruppen einteilen. Falls sie innerhalb der Hülle bleiben, erscheinen sie in zwei Knotengleichungen, einmal mit positivem, einmal
mit negativem Vorzeichen. Die in die Hülle eintretenden bzw. die sie
verlassenden Ströme, d.h., die Ströme in der Schnittmenge erscheinen
dagegen nur in jeweils einer Gleichung. Bei der Summierung aller
Gleichungen für die Knoten im Innern der Hülle müssen sich also
die inneren Ströme herausheben, während alle übrigen Ströme entsprechend dem Verschwinden der rechten Seiten aller Gleichungen in
der Summe Null ergeben müssen.

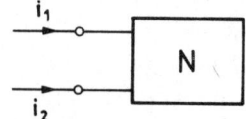

Bild 2.10   Zur Definition eines Zweipols oder Eintors

Aus diesem Ergebnis können wir folgende Schlüsse ziehen. Bei dem
in Bild 2.10 angedeuteten Gebilde verlassen 2 Anschlüsse die gezeichnete Hülle. Für die Ströme in diesen Anschlüssen muß daher gelten

$$i_1 + i_2 = 0 \quad \text{bzw.} \quad i_1 = -i_2. \qquad (2.11)$$

Ein solches Gebilde mit 2 Anschlüssen nennen wir Zweipol oder Eintor.

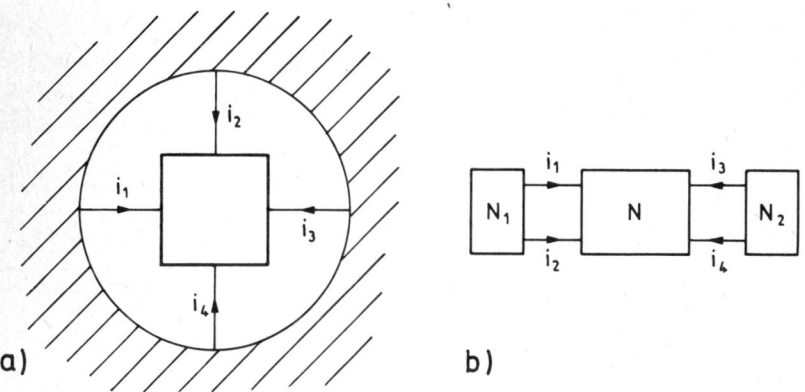

Bild 2.11   Zur Definition von Vierpol und Zweitor

Bild 2.11a zeigt einen Ausschnitt aus einem größeren Netzwerk, der mit
dem umgebenden Netz durch vier Anschlüsse verbunden ist. Dann ergibt
sich bei diesem allgemeinen Vierpol für die Ströme

$$i_1 + i_2 + i_3 + i_4 = 0.$$

Eine weitergehende Aussage ist in diesem allgemeinen Fall nicht möglich.
Reduziert sich aber das umgebende Netzwerk auf zwei Zweipole (Bild
2.11b), so muß für die Einzelströme der Zweipole die eben als kennzeichnend gefundene Beziehung (2.11) gelten. Wir erhalten

$$i_1 = -i_2, \quad i_3 = -i_4. \tag{2.12}$$

Die 4 Anschlüsse des Netzwerkes sind jetzt paarweise zusammengefaßt wor-
den, wobei ein Klemmenpaar durch die Gleichheit der Ströme in den An-
schlüssen gekennzeichnet ist. Hier sprechen wir von einem Zweitor oder
Vierpol im engeren Sinne. Beispiele für solche Vierpole werden wir im
Abschnitt 3.1.3 als Netzwerkelemente einführen. Im 4. Kapitel werden
Vierpole ausführlicher behandelt.

2.3.3 Spannungs- und Stromquellen.

Dieser Unterabschnitt beschäftigt sich zunächst mit den Beziehungen
zwischen den in Abschnitt 2.1.1 eingeführten idealisierten Spannungs-
und Stromquellen zu realen Gebilden, die endlich viel elektrische Leistung liefern können. Wir betrachten den Fall einer Quelle, an deren
Klemmen die konstante Spannung U_L gemessen wird, die sogenannte Leerlaufspannung (siehe Bild 2.12a). Bei Belastung der Quelle mit einem
veränderbaren Widerstand R gemäß Bild 2.12b mißt man an der Anordnung
die Spannung U und den Strom I, die in Abhängigkeit von R in Bild
2.12c aufgetragen sind. Speziell bei R=0 wird U=0, und es fließt der
Kurzschlußstrom $I=I_K$.

Zunächst stellen wir fest, daß das untersuchte Gerät weder eine ideale
Spannungsquelle, noch eine ideale Stromquelle sein kann. Wäre es eine
ideale Spannungsquelle, so müßte $U=U_L$ unabhängig von R sein, und I(R=0)
müßte unendlich groß werden; wäre es eine ideale Stromquelle, so müßte
$I=I_K$ unabhängig von R sein, und U(R=∞) müßte unendlich groß sein. Man
kann aber die in Bild 2.12d und e gezeichneten Ersatzschaltungen angeben, die aus idealen Quellen und einem Widerstand bestehen, wobei
diese Elemente so bestimmt werden, daß das Verhalten der Ersatzschaltung völlig gleich dem meßtechnisch bestimmten der realen Anordnung
ist. Aus dem Vergleich bei extremen Belastungsfällen findet man:

Ersatzspannungsquelle:

R = ∞   (Leerlauf) $I = 0$; $U = U_L = U_q$

R = 0   (Kurzschluß) $I = I_K = \dfrac{U_q}{R_i}$.

Damit $U_q = U_L$

                            (2.13)

                $R_i = \dfrac{U_L}{I_K}$.

Ersatzstromquelle:

R = 0 $U = 0$; $I = I_K = I_q$

R = ∞ $U = U_L = I_q \cdot R_i$.

Damit $I_q = I_K$

                $R_i = \dfrac{U_L}{I_K}$.   (2.14)

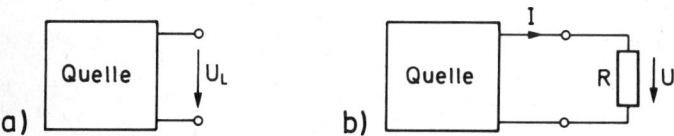

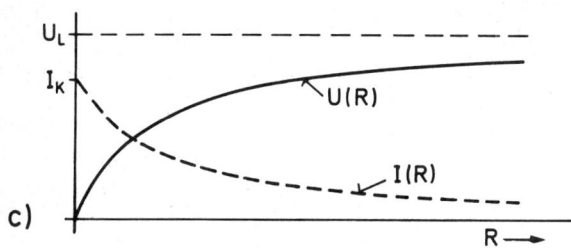

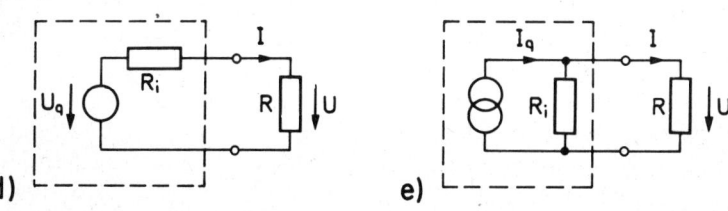

Bild 2.12   Zur Bestimmung von Ersatzquellen

Die Elemente der Ersatzquellen sind damit bestimmt. Entsprechend der
Herleitung verhalten sich diese Quellen zunächst in den extremen Belastungsfällen wie die reale Quelle. Wegen der vorausgesetzten Linearität gilt die Äquivalenz aber auch für alle anderen Belastungsfälle.
Darüber hinaus sind die in den Bildern 2.12d und 2.12e gezeichneten
Quellen zueinander äquivalent, d.h. von den äußeren Anschlüssen her
ist kein Unterschied zwischen den Schaltungen feststellbar. Dann ist
aber auch eine zwischen zwei beliebigen Knoten eines Netzwerkes liegende Spannungsquelle U_q mit Innenwiderstand R_i in eine Stromquelle
I_q mit parallelem Widerstand R_i transformierbar. Ebenso ist die umgekehrte Operation möglich (siehe Bild 2.13). Für die Größen der transformierten Quelle gilt also

im ersten Fall

$$I_q = \frac{U_q}{R_i} \, , \quad R_i \text{ bleibt erhalten} \tag{2.15}$$

im zweiten Fall $$U_q = I_q \cdot R_i, \ R_i \text{ bleibt erhalten.} \tag{2.16}$$

Von dieser Möglichkeit wurde im Abschnitt 2.3.1 bei der Umwandlung
der Schaltung von Bild 2.4 in die von Bild 2.6 Gebrauch gemacht.

Der Strom in R_2 ändert sich dabei in $I_2' = I_2 + I_{q2}$.

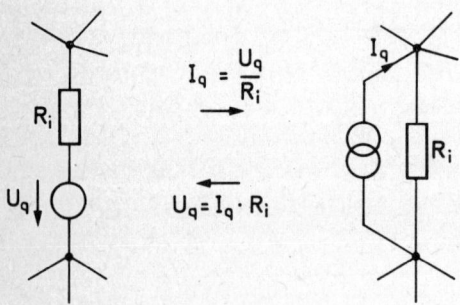

Bild 2.13
Zur Äquivalenz von Strom-
und Spannungsquellen

Das geschilderte Verfahren läßt sich nur anwenden, wenn das zusätzliche Zweipolelement unmittelbar zur Spannungsquelle in Serie bzw.
zur Stromquelle parallel liegt. Aber auch wenn diese Bedingung nicht
erfüllt ist, kann man eine Umwandlung vornehmen, die allerdings jetzt
in zwei Schritten zu erfolgen hat. Bild 2.14 zeigt zunächst ein Beispiel für ein Netzwerk, bei dem die ideale Spannungsquelle unmittelbar zwischen zwei Knoten liegt, an denen weitere Zweipolelemente angeschlossen sein können. Beim Aufstellen der Maschengleichungen für
das Netzwerk wird der Zweig mit der idealen Spannungsquelle in der

Regel mehrfach durchlaufen. Die Spannung U_q erscheint dabei in mehreren Gleichungen. Offenbar ändern sich die Gleichungen und damit auch
die Strom- und Spannungsverteilung im Netzwerk nicht, wenn die ursprünglich einzige Spannungsquelle über *einen* der Knoten hinaus in *jeden*
der dort angeschlossenen Zweige verschoben wird und die beiden ursprünglichen Anschlußknoten der Spannungsquelle *kurzgeschlossen* werden.

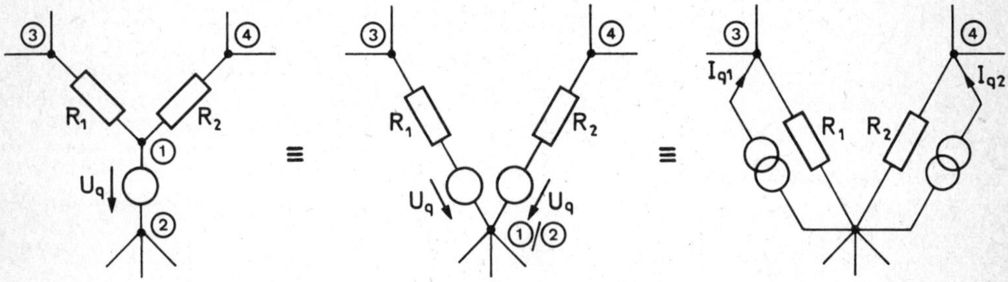

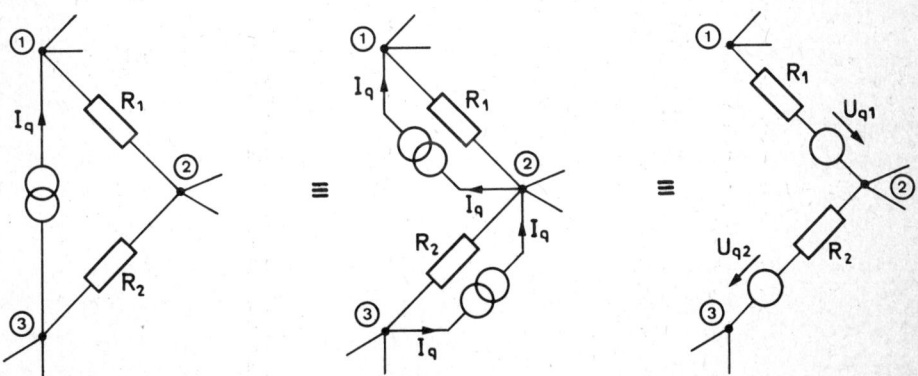

Bild 2.14   Verschiebung von Spannungsquellen

Nach dieser Netzumwandlung erscheint die Spannungsquelle mehrfach,
jetzt aber immer in Reihe mit einem passiven Zweipolelement. Damit
kann eine Umwandlung jeder einzelnen Spannungsquelle in eine Stromquelle vorgenommen werden. Bild 2.14 zeigt die verschiedenen, zueinander äquivalenten Ausschnitte aus dem Netzwerk. Wegen der unterschiedlichen Widerstände in den Zweigen werden die letztlich entstehenden
Stromquellen allerdings verschieden sein.

Entsprechend kann man verfahren, wenn in einem Netzwerk zwischen
zwei Knoten eine ideale Stromquelle liegt, zu der kein zweipoliges
Element unmittelbar parallel liegt. Bild 2.15 zeigt ein Beispiel
für diesen Fall. Die Knotengleichungen für die Knoten 1 und 3, in
denen in Bild 2.15 I_q erscheinen würde, sowie die Gleichung für
Knoten 2 ändern sich offenbar nicht, wenn in einer der Maschen, die

Bild 2.15   Verschiebung von Stromquellen

den Zweig mit der Quelle enthalten, zu jedem Widerstand dieselbe
Stromquelle parallelgeschaltet wird und dafür der ursprüngliche Zweig
mit der Quelle entfällt. In den Gleichungen für die Knoten, an denen
zusätzlich Quellen angeschaltet werden, hebt sich I_q wieder heraus,
wie in Bild 2.15 das Beispiel von Knoten 2 zeigt. Die so geänderte
Schaltung, die jetzt mindestens zwei gleiche Stromquellen enthält,
läßt sich in eine Schaltung mit Spannungsquellen überführen, wobei die
sich ergebenden Quellspannungen dann wegen der Verschiedenheit der beteiligten Widerstände im allgemeinen verschieden sind.

2.3.4 Beispiele

1. Abzweigschaltungen

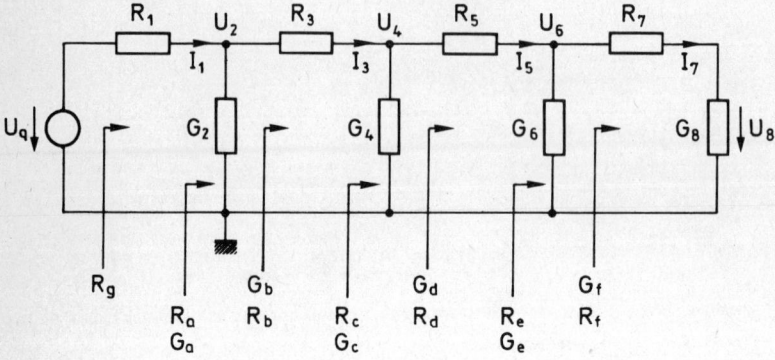

Bild 2.16   Allgemeine Abzweigschaltung

Die sogenannte Abzweigschaltung von Bild 2.16 kann man mit einem schrittweise ar-
beitenden Verfahren leicht analysieren. Wir bestimmen zunächst den Gesamtwiderstand $R_g = U_q/I_1$. Unter Verwendung der in dem Bild angegebenen Hilfsgrößen erhält
man

$$R_g = R_1 + R_a \; ; \; R_a = 1/G_a$$
$$G_a = G_2 + G_b \; ; \; G_b = 1/R_b$$
$$R_b = R_3 + R_c \; ; \; R_c = 1/G_c$$
$$G_c = G_4 + G_d \quad \text{usw.}$$

Insgesamt ergibt sich R_g als sogenannter Kettenbruch:

$$R_g = R_1 + \cfrac{1}{G_2 + \cfrac{1}{R_3 + \cfrac{1}{G_4 + \cfrac{1}{R_5 + \cfrac{1}{G_6 + \cfrac{1}{R_7 + \cfrac{1}{G_8}}}}}}}$$

(2.17)

Zur Berechnung aller Spannungen und Ströme schreibt man zweckmäßig abwechselnd
die Knoten- und Maschengleichungen für die Schaltung an. Man erhält

$$
\begin{aligned}
U_8 G_8 \ -I_7 &= 0 \\
U_8 \ +I_7 R_7 \ -U_6 &= 0 \\
I_7 \ +U_6 G_6 \ -I_5 &= 0 \\
U_6 \ +I_5 R_5 \ -U_4 &= 0 \\
I_5 \ +U_4 G_4 \ -I_3 &= 0 \\
U_4 \ +I_3 R_3 \ -U_2 &= 0 \\
I_3 \ +U_2 G_2 \ -I_1 &= 0 \\
U_2 \ +I_1 R_1 &= U_q .
\end{aligned}
\tag{2.18}
$$

Dieses Gleichungssystem können wir in folgender Form schreiben

$$
\begin{bmatrix}
G_8 & -1 & 0 & . & . & . & . & 0 \\
1 & R_7 & -1 & . & & & & . \\
0 & 1 & G_6 & -1 & . & & & . \\
. & . & 1 & R_5 & -1 & . & & . \\
. & & . & 1 & G_4 & -1 & . & . \\
. & & & . & 1 & R_3 & -1 & 0 \\
. & & & & . & 1 & G_2 & -1 \\
0 & . & . & . & . & 0 & 1 & R_1
\end{bmatrix}
\begin{bmatrix}
U_8 \\ I_7 \\ U_6 \\ I_5 \\ U_4 \\ I_3 \\ U_2 \\ I_1
\end{bmatrix}
=
\begin{bmatrix}
0 \\ 0 \\ 0 \\ 0 \\ 0 \\ 0 \\ 0 \\ U_q
\end{bmatrix} .
\tag{2.19}
$$

Die hier auftretende, sehr regelmäßig aufgebaute Matrix wird als Kontinuante bezeichnet [2.3].

Die Analyse führt man zweckmäßig aus, indem man von rechts beginnend, wie in (2.18),
die Gleichungen für die Knotenspannungen und Längsströme anschreibt, diese aber
durch die - zunächst unbekannte - Größe am Ausgang der Schaltung (hier U_8) aus-
drückt. Das Verfahren wird für den Fall identischer Längswiderstände und identischer Querleitwerte gezeigt (siehe Bild 2.17):

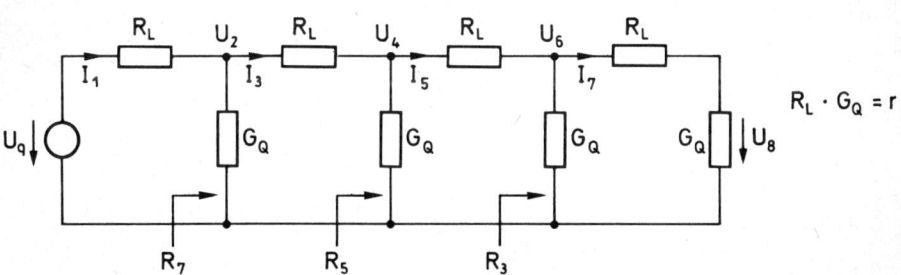

Bild 2.17   Beispiel einer Abzweigschaltung

$$I_7 = U_8 \cdot G_Q$$

$$U_6 = U_8 + I_7 \cdot R_L = U_8[1 + r] \qquad\qquad \text{mit } r = G_Q \cdot R_L$$

$$I_5 = I_7 + U_6 \cdot G_Q = U_8 G_Q[2 + r]$$

$$U_4 = U_6 + I_5 \cdot R_L = U_8[1 + 3r + r^2]$$

$$I_3 = I_5 + U_4 \cdot G_Q = U_8 G_Q[3 + 4r + r^2]$$ $$\qquad (2.20)$$

$$U_2 = U_4 + I_3 \cdot R_L = U_8[1 + 6r + 5r^2 + r^3]$$

$$I_1 = I_3 + U_2 \cdot G_Q = U_8 G_Q[4 + 10r + 6r^2 + r^3]$$

$$U_q = U_2 + I_1 \cdot R_L = U_8[1 + 10r + 15r^2 + 7r^3 + r^4].$$

Aus (2.20) lassen sich alle interessierenden Spannungen und Ströme berechnen.
Zunächst ist

$$U_8 = \frac{U_q}{1 + 10r + 15r^2 + 7r^3 + r^4} .$$

Damit wird z.B.

$$U_4 = \frac{1 + 3r + r^2}{1 + 10r + 15r^2 + 7r^3 + r^4} \, U_q .$$

Für die Widerstände an den verschiedenen Punkten der Kette erhält man mit $R_Q = 1/G_Q$

$$R_3 = \frac{U_6}{I_5} = \frac{1 + r}{2 + r} \, R_Q ,$$

$$R_5 = \frac{U_4}{I_3} = \frac{1 + 3r + r^2}{3 + 4r + r^2} \, R_Q ,$$

$$R_7 = \frac{U_2}{I_1} = \frac{1 + 6r + 5r^2 + r^3}{4 + 10r + 6r^2 + r^3} \, R_Q .$$

Wir betrachten noch einen speziellen Fall (siehe Bild 2.18). Bei einer langen
Kette von Längswiderständen R_L und Querleitwerten G_Q erhält man, ausgehend vom
Eingangswiderstand am Punkt n-2:

$$R_n = \frac{1}{G_Q + \dfrac{1}{R_L + R_{n-2}}} = \frac{R_L + R_{n-2}}{r + G_Q \cdot R_{n-2} + 1} .$$

Wenn der Grenzwert $R_\infty = \lim\limits_{n \to \infty} R_n$ existiert, erhalten wir für den Eingangswiderstand
des unendlich langen Kettenleiters

$$R_\infty = \frac{R_L + R_\infty}{r + G_Q \cdot R_\infty + 1} \;\to\; R_\infty = R_Q \left[-\frac{r}{2} + \sqrt{\left(\frac{r}{2}\right)^2 + r} \right] \qquad (2.21)$$

Im Abschnitt 4.4 werden wir auf dieses Beispiel zurückkommen.

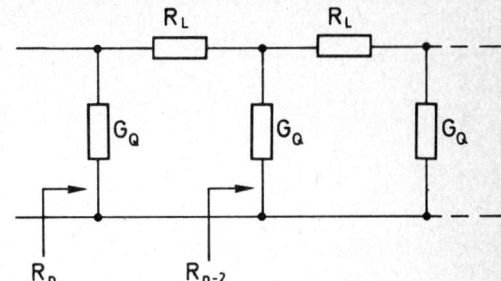

Bild 2.18
Ausschnitt aus einem Kettenleiter

2. Netzumwandlung

Es kommt häufig vor, daß uns bei einem gegebenen Netzwerk nicht die vollständige
Analyse, d.h. die Bestimmung aller Spannungen und Ströme interessiert, sondern
z.B. nur der Strom in einem bestimmten Zweig. So möge bei dem in Bild 2.19 dargestellten überbrückten T-Glied nur der Eingangsstrom I bzw. der Eingangsgesamtwider-
stand R_g von Interesse sein. In solchen Fällen kann man von einer Methode zur Umwandlung des Netzwerkes Gebrauch machen, die nach unter Umständen mehrfacher Anwendung jedes beliebige, nur Widerstände enthaltende Netzwerk in einen einfachen
Widerstand umzuformen gestattet. Wir zeigen die Umwandlung eines n-strahligen Sterns
in ein äquivalentes vollständiges n-Eck (Bild 2.20). Zur Vereinfachung der Zeichnung
wurden dabei nur die Graphen des Netzwerke angegeben. Die Anwendung dieses Verfahrens
auf einen aus einem größeren Netzwerk herausgelösten Stern bringt offenbar die Eliminierung eines Knotens und insofern eine Vereinfachung des Netzwerkes. Hier ist,
wie schon früher, der Begriff der Äquivalenz so zu verstehen, daß von den Anschlüssen her keine Veränderung festgestellt werden kann, wenn der Stern durch
das n-Eck ersetzt wird. Aus der Gleichheit der in die Anschlußpunkte fließenden
Ströme leiten wir Beziehungen für die unbekannten Widerstände des n-Ecks her.
Die Darstellung folgt der von KÜPFMÜLLER in [2.4].

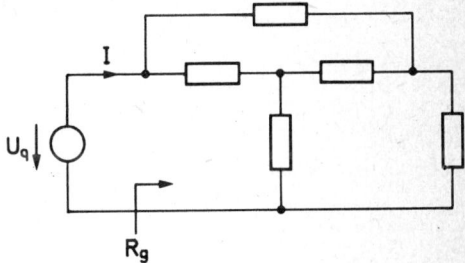

Bild 2.19   Überbrücktes T-Glied

Die Spannungen der Knoten des Netzwerkes von Bild 2.20 werden, wie am Beispiel
der Knoten o, n und ν angedeutet, in bezug auf einen willkürlich gewählten Punkt
definiert. Mit ihrer Hilfe und unter Verwendung der übrigen durch das Bild ein-

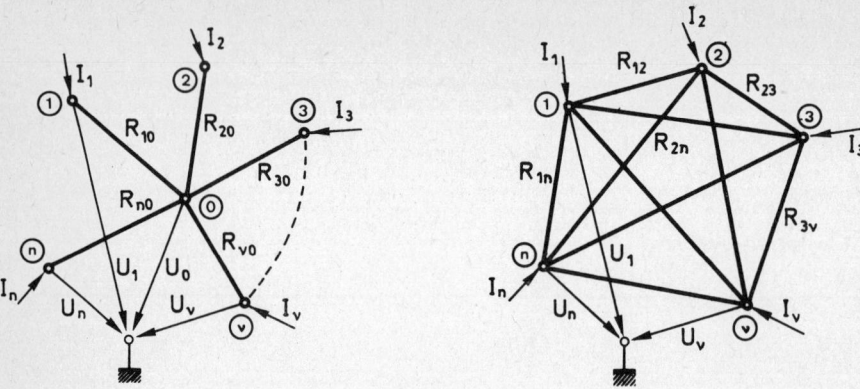

Bild 2.20   Zur n-Stern - n-Eckumwandlung

geführten Größen erhält man zunächst für den in den ν-ten Knoten des Sternes fließenden Strom

$$I_\nu = \frac{U_\nu - U_O}{R_{\nu O}} \,.$$ (2.22)

Da die Summe dieser Ströme gleich Null sein muß, ergibt sich

$$U_O = R_O \sum_\nu \frac{U_\nu}{R_{\nu O}} \,.$$ (2.23)

Hier wurde für die Summe aller Leitwerte im Stern, den sogenannten Sternleitwert,
die Bezeichnung

$$\frac{1}{R_O} = \sum_\nu \frac{1}{R_{\nu O}}$$ (2.24)

verwendet. Setzt man den gefundenen Ausdruck für U_O in (2.22) ein und zieht den
ν-ten Summanden aus der Summe heraus, so folgt

$$I_\nu = \frac{U_\nu}{R_{\nu O}} - \frac{R_O}{R_{\nu O}} \sum_{\mu=1}^{n} \frac{U_\mu}{R_{\mu O}} = U_\nu \left(\frac{1}{R_{\nu O}} - \frac{R_O}{R_{\nu O}^2} \right) - \frac{R_O}{R_{\nu O}} \sum_{\substack{\mu=1 \\ \mu \neq \nu}}^{n} \frac{U_\mu}{R_{\mu O}} \,.$$ (2.25a)

Beim vollständigen n-Eck ergibt sich andererseits für den ν-ten Strom

$$I_\nu = \sum_{\substack{\mu=1 \\ \mu \neq \nu}}^{n} \frac{U_\nu - U_\mu}{R_{\nu \mu}} = U_\nu \sum_{\substack{\mu=1 \\ \mu \neq \nu}}^{n} \frac{1}{R_{\nu \mu}} - \sum_{\substack{\mu=1 \\ \mu \neq \nu}}^{n} \frac{U_\mu}{R_{\nu \mu}} \,.$$ (2.25b)

Die beiden Netzwerke sind dann äquivalent, wenn die durch (2.25a) und (2.25b) ausgedrückten Ströme gleich sind. Das ist dann der Fall, wenn gilt

$$\sum_{\substack{\mu=1 \\ \mu \neq \nu}}^{n} \frac{1}{R_{\nu \mu}} = \frac{1}{R_{\nu O}} - \frac{R_O}{R_{\nu O}^2}$$ (2.26a)

und gleichzeitig

$$\frac{1}{R_{\nu\mu}} = \frac{R_0}{R_{\nu 0} R_{\mu 0}} \cdot \tag{2.26b}$$

Bestimmt man nun $\sum\limits_{\substack{\mu=1 \\ \mu\neq\nu}}^{n} \frac{1}{R_{\nu\mu}}$ mit (2.26b), so erhält man

$$\sum_{\substack{\mu=1 \\ \mu\neq\nu}}^{n} \frac{1}{R_{\nu\mu}} = \frac{R_0}{R_{\nu 0}} \sum_{\substack{\mu=1 \\ \mu\neq\nu}}^{n} \frac{1}{R_{\mu 0}} = \frac{R_0}{R_{\nu 0}} \left[\sum_{\mu=1}^{n} \frac{1}{R_{\mu 0}} - \frac{1}{R_{\nu 0}} \right]$$

$$= \frac{R_0}{R_{\nu 0}} \left[\frac{1}{R_0} - \frac{1}{R_{\nu 0}} \right] = \frac{1}{R_{\nu 0}} - \frac{R_0}{R_{\nu 0}^2} \cdot$$

Damit ist gezeigt, daß die Bedingung (2.26b) auch hinreichend ist. Wir formulieren
das Ergebnis in folgender Form (siehe Bild 2.21):

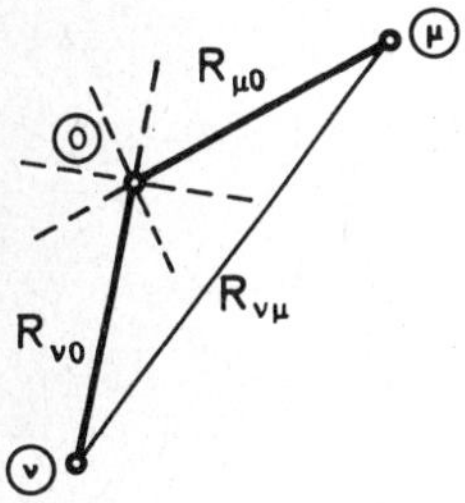

$$R_{\nu\mu} = \frac{R_{\nu 0}\, R_{\mu 0}}{R_0} \quad \text{mit} \quad \frac{1}{R_0} = \sum_{\mu=1}^{n} \frac{1}{R_{\mu 0}} \tag{2.27a}$$

oder

$$G_{\nu\mu} = \frac{G_{\nu 0}\, G_{\mu 0}}{G_0} \quad \text{mit} \quad G_0 = \sum_{\mu=1}^{n} G_{\mu 0} \tag{2.27b}$$

Bild 2.21   Zur Berechnung eines Widerstandes im äquivalenten n-Eck

Den Widerstand $R_{\nu\mu}$ zwischen dem ν-ten und dem μ-ten Knoten des äquivalenten n-Ecks
erhält man als Produkt der "anliegenden Widerstände" $R_{\nu 0}$ und $R_{\mu 0}$ und des Sternleit-
wertes G_0 vom umzuwandelnden n-Stern.

Die umgekehrte Umwandlung eines vollständigen n-Ecks in einen n-strahligen Stern
ist nur dann möglich, wenn die Zahl n der zu bestimmenden Widerstände des Sterns
gleich der Zahl $\frac{1}{2} n(n-1)$ der Widerstände des n-Ecks ist. Man findet, daß nur das
Dreieck in einen dreistrahligen Stern umgewandelt werden kann, nur in diesem Fall
also die Umwandlung in beiden Richtungen möglich ist.
Aus den früheren Ergebnissen leitet man leicht eine ganz entsprechende Merkregel
ab, wonach der Widerstand $R_{\nu 0}$ des äquivalenten Sterns gleich dem Produkt der Sei-
tenwiderstände $R_{\nu\mu}$ und $R_{\mu\kappa}$, dividiert durch den Umfangswiderstand $R_\Delta = R_{12} + R_{23} + R_{31}$
des Dreiecks ist. Bild 2.22 zeigt die Zusammenstellung der Beziehungen.

Die Stern-Dreieck-Umwandlung gestattet nun die Behandlung der in Bild 2.19 gezeigten überbrückten T-Schaltung, falls vor allem ihr Eingangswiderstand interessiert.
Dabei können wir entweder den aus den Widerständen R_1, R_2 und R_3 gebildeten Stern
in das Dreieck mit R_{22}, R_{23} und R_{31} umwandeln oder das Dreieck der Widerstände R_1,
R_2 und R_4 in den Stern mit R_{10}, R_{20} und R_{30} (Bild 2.23). In beiden Fällen entstehen Schaltungen, die sich unmittelbar in Reihen- und Parallelschaltungen einzelner
Widerstände zerlegen lassen. Da bei beiden Umwandlungen die Knoten 1, 2 und 4 erhalten bleiben, kann man nicht nur, wie beabsichtigt, den zwischen den Knoten 1

und 4 zu messenden Gesamtwiderstand, sondern auch den Strom im Widerstand R_5 bzw. die Spannung zwischen den Knoten 2 und 4 errechnen. Überdies ist im ersten Fall die Berechnung des Stromes in R_4, im zweiten die der Spannung zwischen Knoten 3 und 4 möglich. Wie in diesem Beispiel ist die Umwandlung eines Netzwerkes in ein leichter zu behandelndes immer dann möglich, wenn nicht die ganze Strom- und Spannungsverteilung, sondern nur einzelne Größen interessieren.

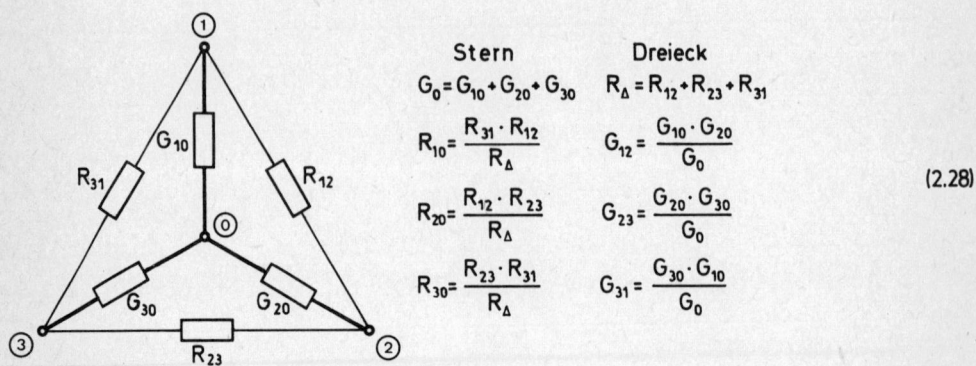

Bild 2.22   Stern-Dreieck-Umwandlung

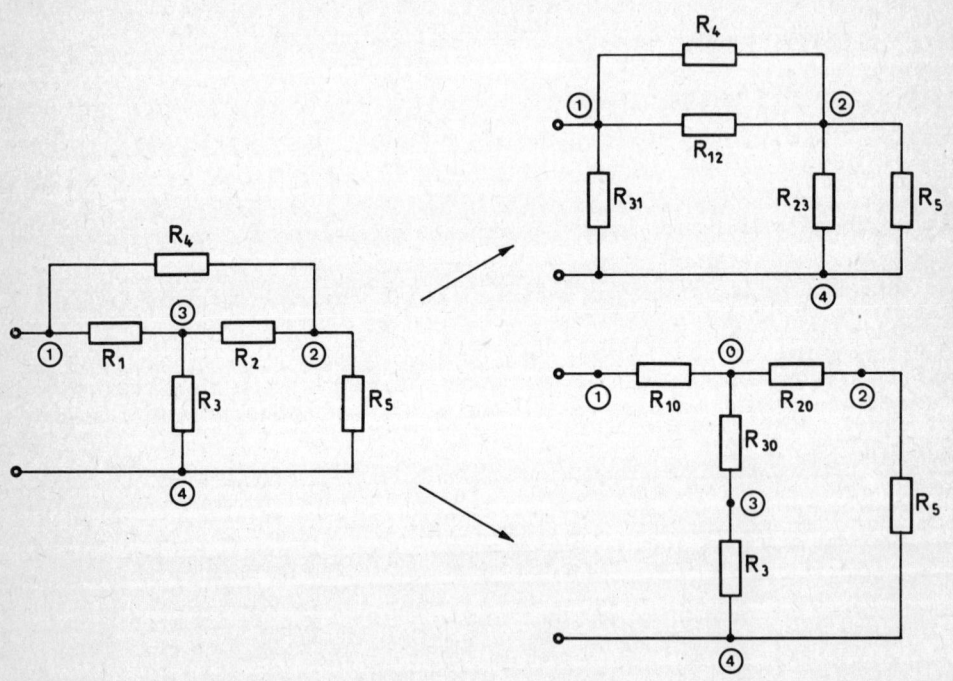

Bild 2.23   Umwandlung des überbrückten T-Gliedes

2.4 Die Leistung

In Bild 2.24a ist eine durch ihre Ersatzspannungsquelle dargestellte Quelle an einen Lastwiderstand R_a geschaltet. Es ergeben sich ein Strom

$$i(t) = \frac{u_q(t)}{R_i + R_a}$$

sowie die Spannung am Widerstand R_a

$$u(t) = u_q(t) \frac{R_a}{R_i + R_a} = u_q(t) - u_i(t).$$

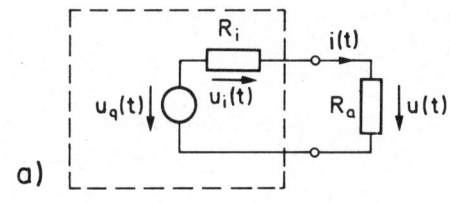

a)

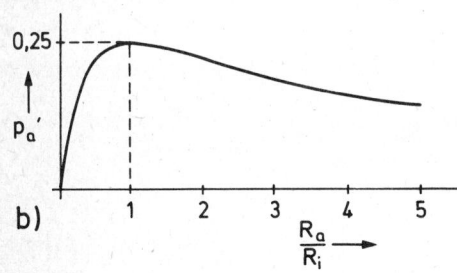

b)

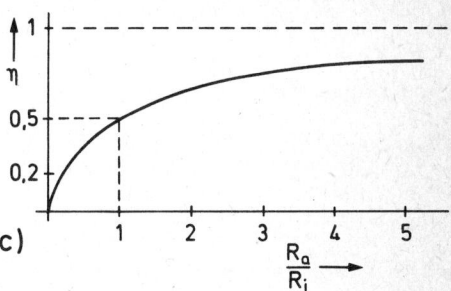

c)

Bild 2.24   Zur Untersuchung der Leistungsverhältnisse in einem einfachen Stromkreis

Dann ist die an den Lastwiderstand abgegebene und dort in Wärme umgesetzte Leistung

$$p_a(t) = i(t) \cdot u(t) = u_q^2(t) \frac{R_a}{(R_i + R_a)^2} = \frac{u_q^2(t)}{R_i} \frac{R_a/R_i}{(1 + R_a/R_i)^2}. \qquad (2.29)$$

Im Innern der Quelle wird

$$p_i(t) = i(t) \cdot u_i(t) = u_q^2(t) \frac{R_i}{(R_i + R_a)^2} = \frac{u_q^2(t)}{R_i} \frac{1}{(1 + R_a/R_i)^2}$$

umgesetzt, während die Gesamtleistung

$$p_g(t) = i(t) \cdot u_q(t) = u_q^2(t)\,\frac{1}{R_i+R_a} = \frac{u_q^2(t)}{R_i}\,\frac{1}{1+R_a/R_i}$$

ist. Schließlich erhält man für den Wirkungsgrad

$$\eta = \frac{p_a(t)}{p_g(t)} = \frac{R_a/R_i}{1+R_a/R_i}\,. \tag{2.30}$$

Die angegebenen Beziehungen für die verschiedenen Leistungen enthalten die Kurzschlußleistung

$$p_K(t) = \frac{u_q^2(t)}{R_i} \tag{2.31}$$

als Faktor, eine kennzeichnende Größe der Quelle. Offenbar ist
max p_i = max p_g = p_K.

In Bild 2.24b ist $p_a'=p_a/p_K$, die auf die Kurzschlußleistung bezogene,
an den Lastwiderstand abgegebene Leistung in Abhängigkeit von R_a/R_i
aufgezeichnet. Sie wird maximal bei $R_a=R_i$. Dabei wird die Hälfte der
Gesamtleistung im Innenwiderstand umgesetzt, der Wirkungsgrad wird
50% (Bild 2.24c). Dieser Belastungsfall, die sogenannte Anpassung,
wird häufig in der Nachrichtentechnik angestrebt, da man dort bemüht
ist, bei gegebenen Quellen möglichst viel Leistung für den Verbraucher
nutzbar zu machen. Der Wirkungsgrad spielt hier keine Rolle, da die
Leistung nicht um ihrer selbst willen, sondern als Träger einer Nachricht übertragen wird. In der Starkstromtechnik ist man dagegen sehr
an einem guten Wirkungsgrad interessiert, strebt daher also gemäß
Bild 2.24c eine Belastung mit $R_a \gg R_i$ an.

2.5 Allgemeine Verfahren zur Netzwerkanalyse

Wir wenden uns nun wieder der Aufgabe zu, beliebige Netzwerke aus ohmschen Widerständen und Spannungs- bzw. Stromquellen vollständig zu analysieren. Dazu zeigen wir zwei allgemein anwendbare Methoden.

2.5.1 Maschenanalyse

Die Maschenanalyse ist zur Berechnung der Strom- und Spannungsverteilung in einem beliebigen Netzwerk geeignet, das neben Widerständen
nur Spannungsquellen enthält. Etwa ursprünglich vorhandene Stromquellen müssen in einem vorbereitenden Schritt nach dem in Abschnitt

2.3.3 behandelten Verfahren zunächst in äquivalente Spannungsquellen umgewandelt werden.

Wir haben bereits im Abschnitt 2.3.1 festgestellt, daß für die Berechnung der wesentlichen z unbekannten Zweigströme oder Zweigspannungen neben den k-1 unabhängigen Knotengleichungen m = z-(k-1) unabhängige Maschengleichungen aufgestellt werden müssen. Die hier zu behandelnde Maschenanalyse ist ein einfaches Verfahren zur Aufstellung gerade dieser Maschengleichungen. Darüber hinaus gestattet sie die unmittelbare Einbeziehung der k-1 Knotengleichungen, so daß lediglich noch diese m Maschengleichungen zur Beschreibung des Verhaltens des Netzwerkes zu behandeln sind.

Um einen Satz geeigneter Maschen zu erhalten, wählen wir nun zunächst von den Zweigen des Netzwerkes eine Teilmenge von k-1 Zweigen derart aus, daß alle Knoten direkt oder indirekt auf nur einem Wege miteinander verbunden sind. Diese Teilmenge nennen wir einen *vollständigen Baum*. Die übrigen m = z-(k-1) Zweige werden *Verbindungszweige* genannt, die in ihnen fließenden Ströme I_μ *Kreisströme*. Die erforderlichen Maschen werden nun so gewählt, daß sie nur *einen* Verbindungszweig enthalten. Bei festgelegtem vollständigen Baum sind sie damit eindeutig bestimmt.

Wir behaupten, daß die Kenntnis der Ströme in den m = z-(k-1) Verbindungszweigen für die vollständige Beschreibung der Stromverteilung im Netzwerk genügt. Tatsächlich sind ja bei Auftrennung der Verbindungszweige (d.h. bei $I_\mu = 0$; $\mu = 1...m$) keine geschlossenen Wege mehr vorhanden, es kann also kein Strom im Netzwerk mehr fließen. Die Ströme in den k-1 Zweigen des vollständigen Baumes müssen sich daher aus denen der Verbindungszweige mit Hilfe der Knotengleichungen bestimmen lassen.

Wir zeigen das Verfahren zunächst an dem Beispiel von Bild 2.4. Die Schaltung wurde in Bild 2.25 nach der nötigen Umwandlung der Stromquelle in eine äquivalente Spannungsquelle zusammen mit dem Graphen des Netzwerkes und mit den schon in Bild 2.8 dargestellten möglichen 7 Maschen noch einmal angegeben. Wählen wir als vollständigen Baum die Zweige 4, 5 und 6, so erhalten wir

$$
\begin{aligned}
I_1 R_1 \quad &\quad + I_4 R_4 \quad &\quad + I_6 R_6 &= U_{q1} \\
I_2' R_2 \quad &\quad &\quad + I_5 R_5 + I_6 R_6 &= U_{q2} \\
I_3 R_3 &- I_4 R_4 + I_5 R_5 \quad &\quad &= 0.
\end{aligned}
$$

Mit den Knotengleichungen für die Ströme in den Zweigen des vollständigen Baumes

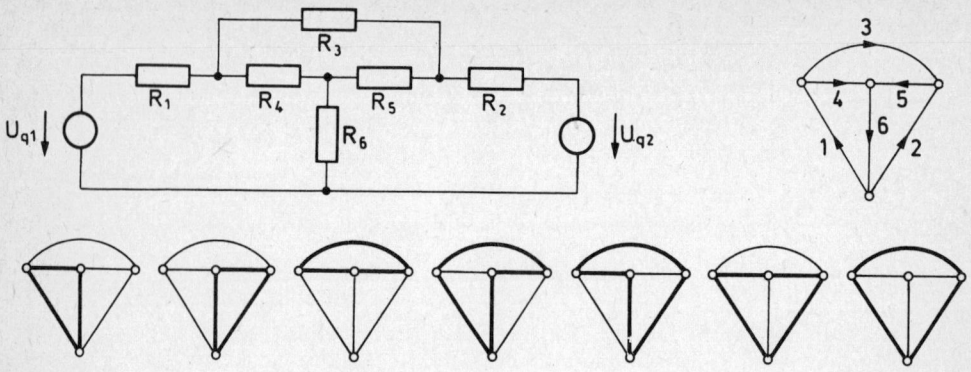

Bild 2.25   Beispiel zur Maschenanalyse-

$$I_4 = I_1 - I_3$$
$$I_5 = I_2' + I_3$$
$$I_6 = I_1 + I_2'$$

ergibt sich

$$+ I_1(R_1+R_4+R_6) + I_2'R_6 \qquad - I_3R_4 \qquad = U_{q1}$$
$$+ I_1R_6 \qquad + I_2'(R_2+R_5+R_6) + I_3R_5 \qquad = U_{q2}$$
$$- I_1R_4 \qquad + I_2'R_5 \qquad + I_3(R_3+R_4+R_5) = 0$$

oder

$$\begin{bmatrix} R_1+R_4+R_6 & R_6 & -R_4 \\ R_6 & R_2+R_5+R_6 & R_5 \\ -R_4 & R_5 & R_3+R_4+R_5 \end{bmatrix} \begin{bmatrix} I_1 \\ I_2' \\ I_3 \end{bmatrix} = \begin{bmatrix} U_{q1} \\ U_{q2} \\ 0 \end{bmatrix}. \qquad (2.32)$$

Diese Form der Maschengleichungen legt die Interpretation der unabhängigen Ströme I_1, I_2' und I_3 als Kreisströme nahe, die die zugehörigen Maschen vollständig durchlaufen und an ihren Widerständen gewisse Spannungsabfälle hervorrufen. Zusätzlich sind dann noch die Spannungsabfälle zu berücksichtigen, die von den Strömen der Nachbarmaschen in *den* Zweigen des vollständigen Baumes verursacht werden, die beiden Maschen gemeinsam sind (siehe Bild 2.26). Mit dieser Interpretation lassen sich die Gleichungen in der Form (2.32) unmittelbar anschreiben. Dabei ist dann die Knotenregel für die Ströme in den Zweigen des vollständigen Baumes implizit berücksichtigt.

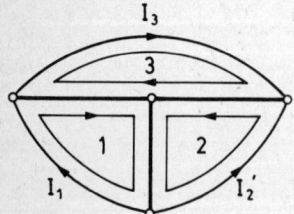

Bild 2.26   Zur Einführung von Kreisströmen

Ausgehend von dem Beispiel können wir sofort das Verfahren in allgemeiner Form angeben, wobei wir weiterhin von Gleichspannungsquellen
ausgehen. Es umfaßt die folgenden Schritte:

1. In dem zu analysierenden Netzwerk aus Widerständen und Spannungsquellen mit z Zweigen und k Knoten wird ein vollständiger Baum mit k-1 Zweigen eingezeichnet.

2. Die Ströme in den m = z-(k-1) Verbindungszweigen werden als
   Kreisströme der zugehörigen Maschen interpretiert. Durch die
   Wahl der Zählrichtungen für die Kreisströme erfolgt dann die
   Orientierung der Maschen.

3. Die m Maschengleichungen werden angeschrieben. Für die
   μ-te Masche gilt dabei

$$I_1 R_{\mu 1} + \dots + I_{\mu-1} R_{\mu,\mu-1} + I_\mu R_{\mu\mu} + I_{\mu+1} R_{\mu,\mu+1} + \dots + I_m R_{\mu m} = U_{q\mu}.$$

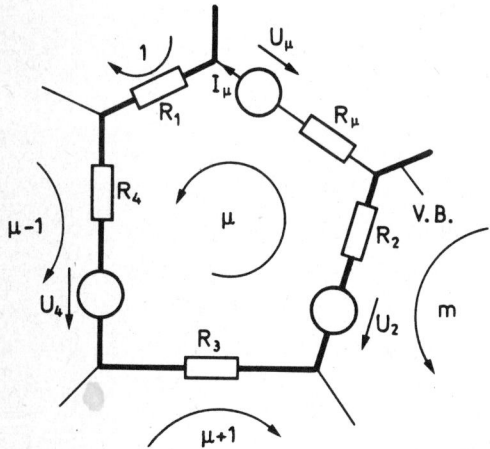

Bild 2.27
Ausschnitt aus einem Netzwerk

Im Bild 2.27 ist die μ-te Masche als Ausschnitt aus einem größeren
Netzwerk gezeichnet. In diesem Beispiel ist

$$R_{\mu 1} = R_1, \; R_{\mu,\mu-1} = R_4, \; R_{\mu,\mu+1} = R_3, \; R_{\mu m} = -R_2$$

$$R_{\mu\mu} = R_1 + R_4 + R_3 + R_2 + R_\mu$$

$$U_{q\mu} = U_\mu - U_4 + U_2.$$

Das ganze Gleichungssystem erhält die Form

$$I_1 R_{11} + \ldots + I_\mu R_{1\mu} + \ldots + I_m R_{1m} = U_{q1}$$
$$\vdots \qquad\qquad\qquad \vdots$$
$$I_1 R_{\mu 1} + \ldots + I_\mu R_{\mu\mu} + \ldots + I_m R_{\mu m} = U_{q\mu} \qquad\qquad (2.33)$$
$$\vdots \qquad\qquad\qquad \vdots$$
$$I_1 R_{m1} + \ldots + I_\mu R_{m\mu} + \ldots + I_m R_{mm} = U_{qm} .$$

Mit dem Vektor der Kreisströme

$$\mathbf{I} = [I_1, \ldots, I_\mu, \ldots, I_m]^T \qquad\qquad (2.34a)$$

und dem Vektor der Quellspannungen

$$\mathbf{U}_q = [\; U_{q1}, \ldots, U_{q\mu}, \ldots, U_{qm}]^T \qquad\qquad (2.34b)$$

ergibt sich

$$\mathbf{R}\mathbf{I} = \mathbf{U}_q . \qquad\qquad (2.34c)$$

Dabei gilt für die Elemente der auftretenden Vektoren und der Matrix $\mathbf{R}$

I_μ = Strom im μ-ten Verbindungszweig, $\mu = 1 \ldots m$

$U_{q\mu}$ = Summe der Quellspannungen in der μ-ten Masche

$R_{\mu\mu}$ = Summe der Widerstände in der μ-ten Masche

$R_{\mu\nu}$ mit $\nu \neq \mu$: abgesehen vom Vorzeichen der den Maschen ν und μ
          gemeinsame Widerstand

    $R_{\mu\nu} > 0$, wenn die ν-te und μ-te Masche gleich orientiert sind

    $R_{\mu\nu} < 0$, wenn die ν-te und μ-te Masche verschieden orientiert
         sind.

Wegen $R_{\nu\mu} = R_{\mu\nu}$ ist die Matrix $\mathbf{R}$ symmetrisch. Es gilt also

$$\mathbf{R}^T = \mathbf{R} . \qquad\qquad (2.35)$$

Für die Beurteilung der Leistungsfähigkeit des Verfahrens interessiert noch die
Anzahl der Gleichungen, die man bei seiner Anwendung erhält. Sie hängt offenbar
vom Grad der "Besetzung" des Netzwerkes ab. Die maximal mögliche Zahl von Verbindungszweigen und damit von Maschengleichungen liegt vor, wenn jeder Knoten mit
jedem andern verbunden ist. In diesem Fall ist $z_{max} = k(k-1)/2$ und die Zahl der
Verbindungszweige wird mit $m = z-(k-1)$

$$m_{max} = \frac{1}{2}(k-1)(k-2) ,$$

steigt also quadratisch mit der Zahl der Knoten. Die untere Grenze liegt dann vor,
wenn an jeden Knoten nur die nötige Mindestzahl von Zweigen angeschlossen ist, so
daß er noch als echter Knoten angesehen werden kann. Man kommt auf $z_{min} = 3k/2$

(k gerade) und $z_{min} = (3k+1)/2$ (k ungerade). Damit erhält man für die Zahl der Maschengleichungen als untere Grenze

$$m_{min} \begin{cases} = \frac{1}{2}\,(k+2), & k\ \text{gerade} \\[2mm] = \frac{1}{2}\,(k+3), & k\ \text{ungerade.} \end{cases}$$

Die Zahl der Gleichungen steigt also mindestens linear mit der Zahl der Knoten.
Das Ergebnis wird später mit dem für die im nächsten Abschnitt zu behandelnde Knotenanalyse verglichen.

Wir betrachten die Eigenschaften eines vollständigen Baumes noch etwas genauer.
Offenbar gibt es eine Vielzahl von Möglichkeiten zu seiner Auswahl. Um alle zu
finden, kann man z.B. die $\binom{z}{k-1}$ verschiedenen Kombinationen von k-1 Zweigen aufsuchen und bei jeder nachprüfen, ob sie einen vollständigen Baum liefert. Beim
oben behandelten Beispiel gibt es $\binom{6}{3} = 20$ solche Kombinationen. Man gewinnt sie,
wenn man alle Zweignummern systematisch durchvariiert. In der folgenden Zusammenstellung bedeutet $\lambda\mu\nu$ die Kombination der Zweige mit den Nummern λ, μ und ν. Hier
erhalten wir mit den Bezeichnungen von Bild 2.25

123	234	345	456
124	235	346	
125	236	356	
126	245		
134	246		
135	256		
136			
145			
146			
156			

Man prüft leicht nach, daß hiervon nur die Kombinationen 123, 146, 256 und 345
Schleifen bilden, also keine vollständigen Bäume sind.
Bei 16 verschiedenen möglichen Bäumen gibt es also 16 verschiedene Gleichungs-
systeme, in denen jeweils eine andere Auswahl von dreien der Ströme $I_1 \ldots I_6$
als unabhängige erscheinen, um das Netzwerk zu beschreiben. Da häufig nicht alle
Ströme bei der Analyse eines Netzwerkes interessieren, wird man zweckmäßig den
vollständigen Baum so wählen, daß die interessierenden Ströme in den Verbindungs-
zweigen liegen, beim Anschreiben der Gleichungen also explizit erscheinen.
Die Wahl eines vollständigen Baumes bedeutet in der Knoten-Inzidenzmatrix die
Auswahl einer (k-1)-spaltigen und k-zeiligen Untermatrix. Für den oben gewählten
Baum 456 ergibt sich mit der 4., 5. und 6. Spalte:

$$\mathbf{K}_{456} = \begin{bmatrix} -1 & 0 & 0 \\ 0 & -1 & 0 \\ +1 & +1 & -1 \\ 0 & 0 & +1 \end{bmatrix}.$$

Streichen wir in dieser Matrix eine Zeile entsprechend der Feststellung, daß nur (k-1) Knotengleichungen unabhängig sind, so ergibt sich eine quadratische Matrix, deren Determinante stets den Wert ± 1 hat. Das Streichen einer Zeile führt nämlich dazu, daß zumindest in einer Spalte nur ein von Null verschiedenes Element bleibt. Entwickelt man die Determinante nach diesem Glied, so bleibt eine Unterdeterminante, die ebenfalls mindestens in einer Spalte nur ein von Null verschiedenes Element aufweist, nach dem im nächsten Schritt entwickelt wird usw. Der Wert der Determinante ergibt sich schließlich als Produkt der Elemente, nach denen entwickelt worden ist. Da die von Null verschiedenen Elemente der Knoten-Inzidenzmatrix alle $=\pm 1$ sind, muß die Determinante ebenfalls diesen Wert haben. Das sich ergebende Vorzeichen hängt noch von der Wahl des Knotens ab, dessen Zeile in der ursprünglichen Knoten-Inzidenzmatrix des Baumes gestrichen worden ist.

Wir zeigen noch die Beziehungen der Maschenanalyse zu den im Abschnitt 2.3.1 behandelten allgemeinen Gleichungen der Netzwerkanalyse. Dazu führen wir zunächst eine Mascheninzidenzmatrix $\mathbf{M}$ mit m Zeilen und z Spalten nach Festlegung eines vollständigen Baumes ein, für deren Elemente gilt

$$m_{\nu\mu} = \begin{cases} + 1, & \text{wenn Kreisstrom } I_\nu \text{ und Zweigstrom } I_\mu \text{ gleich} \\ & \text{orientiert sind ,} \\ - 1, & \text{wenn Kreisstrom } I_\nu \text{ und Zweigstrom } I_\mu \text{ verschie-} \\ & \text{den orientiert sind,} \\ 0, & \text{wenn Zweigstrom } I_\mu \text{ in der } \nu\text{-ten Masche nicht} \\ & \text{auftritt.} \end{cases}$$

Mit dem entsprechend (2.3a) für den Gleichstromfall eingeführten Vektor der Zweigströme und (2.34a) erhält man

$$\mathbf{I}_z = \mathbf{M}^T \cdot \mathbf{I} . \qquad (2.36a)$$

Weiterhin ergibt sich mit dem Vektor der Zweigquellenspannungen nach (2.8d) und (2.34b)

$$\mathbf{U}_q = \mathbf{M} \, \mathbf{U}_{qz} . \qquad (2.36b)$$

Aus $\qquad \mathbf{U}_z + \mathbf{U}_{qz} = \mathbf{R}_z \mathbf{I}_z \qquad\qquad\qquad (2.10)$

folgt dann nach Multiplikation mit $\mathbf{M}$ von links wegen $\mathbf{M}\mathbf{U}_z = \mathbf{0}$ mit (2.36a,b)

$$\mathbf{U}_q = \mathbf{M}\mathbf{R}_z \mathbf{M}^T \cdot \mathbf{I} .$$

Der Vergleich mit (2.34c) zeigt, daß

$$\mathbf{R} = \mathbf{M}\mathbf{R_z}\mathbf{M}^T \tag{2.36c}$$

gelten muß.

Wir erläutern die Zusammenhänge an unserem Beispiel. Bei Wahl des vollständigen Baumes 456 ist

$$
\begin{array}{c}
\text{Zweige} \rightarrow 1 \quad 2 \quad 3 \quad 4 \quad 5 \quad 6 \qquad
\begin{array}{c}\text{Verbindungs-}\\\text{zweige}\\\downarrow\end{array}\\[4pt]
\mathbf{M} =
\begin{bmatrix}
1 & 0 & 0 & 1 & 0 & 1\\
0 & 1 & 0 & 0 & 1 & 1\\
0 & 0 & 1 & -1 & 1 & 0
\end{bmatrix}
\begin{array}{c}1\\2\\3\end{array}
\end{array}
$$

Damit wird

$$
\mathbf{I_z} =
\begin{bmatrix}
I_1\\ I_2'\\ I_3\\ I_4\\ I_5\\ I_6
\end{bmatrix}
=
\begin{bmatrix}
1 & 0 & 0\\
0 & 1 & 0\\
0 & 0 & 1\\
1 & 0 & -1\\
0 & 1 & 1\\
1 & 1 & 0
\end{bmatrix}
\cdot
\begin{bmatrix}
I_1\\ I_2'\\ I_3
\end{bmatrix}
\; ; \qquad
\mathbf{U_q} =
\begin{bmatrix}
1 & 0 & 0 & 1 & 0 & 1\\
0 & 1 & 0 & 0 & 1 & 1\\
0 & 0 & 1 & -1 & 1 & 0
\end{bmatrix}
\begin{bmatrix}
U_{q1}\\ U_{q2}\\ 0\\ 0\\ 0\\ 0
\end{bmatrix}
$$

sowie

$$
\mathbf{R} =
\begin{bmatrix}
1 & 0 & 0 & 1 & 0 & 1\\
0 & 1 & 0 & 0 & 1 & 1\\
0 & 0 & 1 & -1 & 1 & 0
\end{bmatrix}
\begin{bmatrix}
R_1 & 0 & \cdots & \cdots & 0 & & 1 & 0 & 0\\
0 & R_2 & & & \cdot & & 0 & 1 & 0\\
\cdot & & R_3 & & \cdot & & 0 & 0 & 1\\
\cdot & & & R_4 & \cdot & & 1 & 0 & -1\\
\cdot & & & & R_5 & 0 & 0 & 1 & 1\\
0 & \cdots & \cdots & 0 & & R_6 & 1 & 1 & 0
\end{bmatrix}
$$

$$
=
\begin{bmatrix}
R_1+R_4+R_6 & R_6 & -R_4\\
R_6 & R_2+R_5+R_6 & R_5\\
-R_4 & R_5 & R_3+R_4+R_5
\end{bmatrix}
$$

in Übereinstimmung mit (2.32).

2.5.2 Knotenanalyse

In diesem Abschnitt werden wir mit der Knotenanalyse eine zweite Methode zur Auswahl der nötigen Netzwerkgleichungen kennenlernen, deren

Anwendung besonders dann zweckmäßig ist, wenn das Netzwerk von Stromquellen gespeist wird.

Wir gehen jetzt von einem Netzwerk mit z Zweigen und k Knoten aus, das
neben Widerständen nur Stromquellen enthält. Ursprünglich etwa vorhandene Spannungsquellen seien in bekannter Weise in eine bzw. mehrere
Stromquellen umgewandelt worden. Gesucht sind die z unbekannten Zweigströme $I_1 \ldots I_z$ sowie die k unbekannten Knotenpunktsspannungen
$U_1 \ldots U_k$, gemessen gegen einen beliebigen Bezugspunkt.
Zunächst stellen wir fest, daß die Kenntnis der k Knotenpunktspannungen
völlig zur Beschreibung des Netzwerkes ausreicht. Würde man nämlich
diese Spannungen zu Null machen, etwa dadurch, daß man alle Knotenpunkte mit dem Bezugspunkt kurzschließt, so müssen alle Spannungen im
Netzwerk zu Null werden. Es können also keine Spannungen auftreten und
damit keine Zweigströme fließen. Alle Spannungen und Ströme müssen sich
also durch die Knotenpunktspannungen ausdrücken lassen.

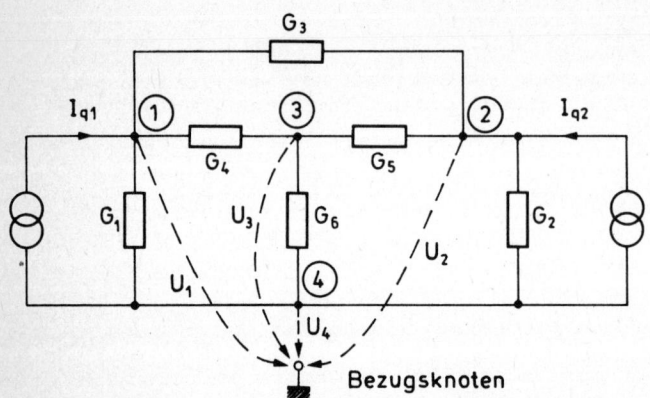

Bild 2.28
Beispiel zur Knotenanalyse

Das weitere Vorgehen erläutern wir wieder zunächst an unserem Beispiel. Bild 2.28
zeigt die Schaltung, die hier, wie erforderlich, nur Stromquellen enthält. Die
ohmschen Elemente sind jetzt durch die Angabe ihrer Leitwerte gekennzeichnet. Für
die vier Knoten werden die Knotenpunktgleichungen angeschrieben. Die dazu benötigten Ströme kann man leicht mit Hilfe der Knotenpunktspannungen angeben. Z.B. ist
der vom Knoten ① durch den Leitwert G_4 wegfließende Strom = $(U_1 - U_3)G_4$.
Es folgt:

① $(U_1-U_3)G_4 + (U_1-U_2)G_3 + (U_1-U_4)G_1 = I_{q1}$

② $(U_2-U_3)G_5 + (U_2-U_1)G_3 + (U_2-U_4)G_2 = I_{q2}$

③ $(U_3-U_1)G_4 + (U_3-U_2)G_5 + (U_3-U_4)G_6 = 0$

④ $(U_4-U_1)G_1 + (U_4-U_3)G_6 + (U_4-U_2)G_2 = -I_{q1}-I_{q2}$.

Es ergeben sich vier Gleichungen mit vier Unbekannten, die allerdings nicht unabhängig sind, weil allgemein nach Abschnitt 2.3.1 bei k Knoten nur (k-1) unabhängige Knotengleichungen angegeben werden können. Eine der Gleichungen ist also zu streichen.

Da nun der Bezugspunkt beliebig gewählt werden kann, ist es gestattet, ihn in einen beliebigen Knoten zu verlegen. Dann wird aber eine der Knotenpunktspannungen zu Null und die Zahl der Unbekannten reduziert sich auf (k-1). Zweckmäßig, aber nicht notwendig ist die Wahl *des* Knotens als Bezugspunkt, dessen Gleichung man *nicht* anschreibt.

Wird im Beispiel willkürlich der Knoten 4 als Bezugsknoten gewählt, so ergibt sich

$$
\begin{aligned}
U_1(G_1+G_3+G_4) - U_2 G_3 \quad\quad - U_3 G_4 \quad\quad &= I_{q1} \\
-U_1 G_3 \quad\quad + U_2(G_2+G_3+G_5) - U_3 G_5 \quad\quad &= I_{q2} \\
-U_1 G_4 \quad\quad - U_2 G_5 \quad\quad + U_3(G_4+G_5+G_6) &= 0
\end{aligned}
$$

und damit

$$
\begin{bmatrix}
G_1+G_3+G_4 & -G_3 & -G_4 \\
-G_3 & G_2+G_3+G_5 & -G_5 \\
-G_4 & -G_5 & G_4+G_5+G_6
\end{bmatrix}
\begin{bmatrix}
U_1 \\ U_2 \\ U_3
\end{bmatrix}
=
\begin{bmatrix}
I_{q1} \\ I_{q2} \\ 0
\end{bmatrix} . \quad\quad (2.37)
$$

Allgemein können wir ein beliebiges Netzwerk der beschriebenen Art mit den folgenden Schritten analysieren:

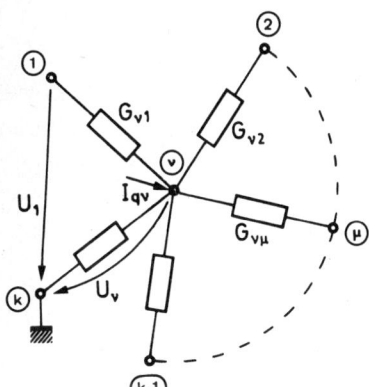

Bild 2.29   Ausschnitt aus einem Netzwerk

1. In dem zu untersuchenden Netzwerk aus Widerständen und ungesteuerten Stromquellen mit z Zweigen und k Knoten wählen wir einen (z.B. den k-ten) Knoten als Bezugspunkt. Die k-1 Spannungen der übrigen Knoten, bezogen auf den k-ten, verwenden wir als Unbekannte.
2. Wir schreiben k-1 Knotengleichungen der Form

$$U_\nu G_{\nu\nu} - \sum_{\substack{\mu=1 \\ \mu\neq\nu}}^{k-1} U_\mu G_{\nu\mu} = I_{q\nu}$$

an (siehe Bild 2.29), wobei gilt

$$G_{\nu\nu} = \sum_{\substack{\mu=1 \\ \mu\neq\nu}}^{k-1} G_{\nu\mu} = \text{Summe der am Knoten } \nu \text{ angeschlossenen Leitwerte}$$

$G_{\nu\mu}$ = Leitwert zwischen Knoten ν und μ.

Dann ist

$$\mathbf{G} \cdot \mathbf{U}_{(k)} = \mathbf{I}_{q(k)}, \tag{2.38a}$$

mit

$$\mathbf{G} = \begin{bmatrix} G_{11} & -G_{12} & \cdots & -G_{1(k-1)} \\ -G_{21} & G_{22} & \cdots & G_{2(k-1)} \\ \vdots & & & \\ -G_{(k-1)1} & -G_{(k-2)2} & \cdots & G_{(k-1)(k-1)} \end{bmatrix} \tag{2.38b}$$

sowie

$$\mathbf{U}_{(k)} = \mathbf{E}_{(k)}\mathbf{U} \tag{2.38c}$$

$$\mathbf{I}_{q(k)} = \mathbf{E}_{(k)}\mathbf{I}_q. \tag{2.38d}$$

Hier ist $\mathbf{U}$ der wie in (2.8a) definierte Vektor der Knotenspannungen, $\mathbf{I}_q$ der wie in (2.3b) definierte Vektor der Quellströme. In beiden wird das k-te Element gestrichen durch Multiplikation mit

$$\mathbf{E}_{(k)} = \begin{bmatrix} 1 & 0 & \cdots & & 0 \\ 0 & 1 & \cdots & & \vdots \\ \vdots & & \ddots & & \vdots \\ 0 & \cdots & 0 & 1 & 0 \end{bmatrix}.$$

Wegen $G_{\nu\mu} = G_{\mu\nu}$ ist die Matrix $\mathbf{G}$ symmetrisch. Es gilt also

$$\mathbf{G}^T = \mathbf{G}. \tag{2.39}$$

Die Zahl der Gleichungen bei der Knotenanalyse ist offenbar stets gleich k-1, unabhängig von der Besetzung des Netzwerkes. Allerdings bringt eine Vergrößerung

der Zahl der Zweige eines Netzwerkes bei gleicher Knotenzahl mit sich, daß mehr
Stellen der Leitwertmatrix besetzt sind. Der Vergleich mit den entsprechenden
Überlegungen bei der Maschenanalyse zeigt, daß die Zahl der Gleichungen bei einem
stark besetzten Netzwerk bei Anwendung der Knotenanalyse in der Regel geringer ist
als bei der Maschenanalyse. Andererseits zeigt sich, daß bei einem minimal besetzten Netzwerk von k=6 an die Maschenanalyse weniger Gleichungen als die Knotenanalyse erfordert.

Wir zeigen noch kurz, daß wir auf die getrennte Umformung aller Spannungsquellen in äquivalente Stromquellen vor der eigentlichen Knotenanalyse verzichten können. Vielmehr kann man diese Operation beim Anschreiben der Knotengleichungen einbeziehen. Bild 2.30a zeigt einen
Ausschnitt aus einem Netzwerk mit einer Spannungsquelle, Bild 2.30b
denselben Ausschnitt mit der äquivalenten Stromquelle. Die Gleichung
für den Knoten κ lautet dann

$$(U_\kappa-U_\lambda)G_{\kappa\lambda} + (U_\kappa-U_\mu)G_{\kappa\mu} + \ldots = I_q = U_q \cdot G_{\kappa\lambda}.$$

Nach Bild 2.30a kann man aber auch unmittelbar anschreiben

$$(U_\kappa-U_q-U_\lambda)G_{\kappa\lambda} + (U_\kappa-U_\mu)G_{\kappa\mu} + \ldots = 0,$$

womit man nach Umformung dasselbe Ergebnis erhält. Das Verfahren
setzt offenbar voraus, daß in Reihe mit der Spannungsquelle ein Leitwert liegt. Ist das nicht der Fall, so ist zunächst eine Verschiebung
der Quelle entsprechend Abschnitt 2.3.3 vorzunehmen.

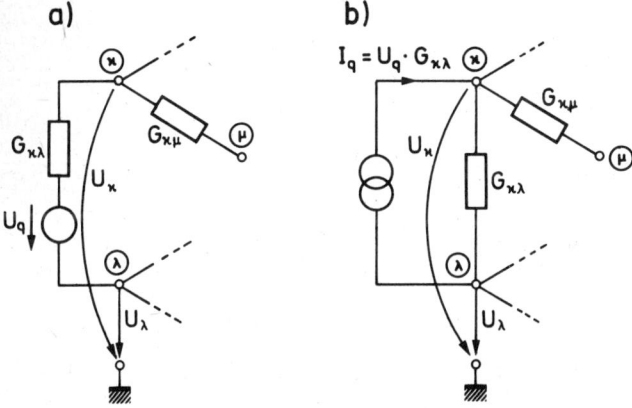

Bild 2.30   Zur Berücksichtigung von Spannungsquellen bei der Knotenanalyse

Wir bemerken noch, daß die Knotenanalyse als eine - allerdings sehr wichtige -
Variante der sogenannten *Schnittmengenanalyse* aufgefaßt werden kann, die ihrerseits
zur Maschenanalyse dual ist. Bei der Schnittmengenanalyse werden die (k-1) Spannungen
an den Zweigen eines vollständigen Baumes als unabhängige Größen verwendet. Man
erkennt sofort, daß auch sie zur Bestimmung aller Ströme und Spannungen im Netzwerk ausreichen. Die Knotenanalyse ist mit der Schnittmengenanalyse identisch,
wenn die Knotenspannungen zugleich Baumzweigspannungen sind. Das erfordert zunächst,
daß in dem zu analysierenden Netzwerk zwischen jedem Knoten und dem für die Knotenanalyse zu wählenden Bezugsknoten ein Zweig liegt und weiterhin, daß für die
Schnittmengenanalyse ein sternförmiger vollständiger Baum mit dem Bezugsknoten als
Sternpunkt gewählt wird. Auf die Darstellung dieses weiteren Analyseverfahrens
wird hier verzichtet (siehe [2.5]).

Auch für die Knotenanalyse zeigen wir die Beziehungen zu allgemeinen
Gleichungen der Netzwerkanalyse von Abschnitt 2.3.1. Da hier keine
Spannungsquellen vorliegen, folgt zunächst aus (2.10)

$$\mathbf{U}_z = \mathbf{R}_z \mathbf{I}_z$$

und damit

$$\mathbf{I}_z = \mathbf{R}_z^{-1} \mathbf{U}_z$$

$$= \mathbf{G}_z \mathbf{U}_z \tag{2.40a}$$

mit

$$\mathbf{R}_z^{-1} = \mathbf{G}_z = \begin{bmatrix} G_1 & 0 & \cdots & 0 \\ 0 & G_2 & & \vdots \\ \vdots & & \ddots & 0 \\ 0 & \cdots & 0 & G_z \end{bmatrix}. \tag{2.40b}$$

Mit (2.3c) ergibt sich

$$\mathbf{K}\mathbf{G}_z \mathbf{U}_z = -\mathbf{I}_q$$

und daraus mit (2.8c)

$$\mathbf{K}\mathbf{G}_z \mathbf{K}^T \mathbf{U} = \mathbf{I}_q . \tag{2.41a}$$

Hier ist $$\mathbf{G'} = \mathbf{K}\mathbf{G}_z \mathbf{K}^T \tag{2.41b}$$

die *vollständige Leitwertmatrix*. Sie hat nach den früheren Aussagen über
K den Rang k-1. Man gewinnt aus **G'** die symmetrische Leitwertmatrix

durch Streichen der k-ten Zeile und k-ten Spalte

$$G = E_{(k)} G' E^{(k)} \tag{2.41c}$$

$$G = \begin{bmatrix} 1 & 0 & \cdots & & 0 \\ 0 & 1 & & & \vdots \\ \vdots & & \ddots & & \vdots \\ 0 & \cdots & 0 & 1 & 0 \end{bmatrix} G' \begin{bmatrix} 1 & 0 & \cdots & 0 \\ 0 & 1 & & \vdots \\ \vdots & & \ddots & \vdots \\ \vdots & & & 1 \\ 0 & & \cdots\cdots & 0 \end{bmatrix} \cdot$$

Aus (2.41a) erhalten wir dann

$$E_{(k)} K G_z K^T E^{(k)} E_{(k)} U = E_{(k)} I_q . \tag{2.41d}$$

Die Multiplikation mit den modifizierten Einheitsmatrizen können wir noch ausführen, indem wir die entsprechenden Zeilen bzw. Spalten streichen. Mit $K_{(k)} = E_{(k)} K$, $K^T E^{(k)} = K^{T(k)} = K^T_{(k)}$ ergibt sich

$$G = K_{(k)} G_z K^T_{(k)} . \tag{2.41e}$$

Setzt man noch (2.38c,d) in (2.41d) ein, so folgt damit (2.38a).

Auch hier betrachten wir zur Erläuterung unser Beispiel. Zunächst ist

$$U_{(k)} = E_{(k)} U = \begin{matrix} 1 & 0 & 0 & 0 \\ 0 & 1 & 0 & 0 \\ 0 & 0 & 1 & 0 \end{matrix} \begin{matrix} U_1 \\ U_2 \\ U_3 \\ U_4 \end{matrix} = \begin{matrix} U_1 \\ U_2 \\ U_3 \end{matrix}$$

$$I_{q(k)} = E_{(k)} I_q = \begin{matrix} 1 & 0 & 0 & 0 \\ 0 & 1 & 0 & 0 \\ 0 & 0 & 1 & 0 \end{matrix} \begin{matrix} I_{q1} \\ I_{q2} \\ 0 \\ -I_{q1}-I_{q2} \end{matrix} = \begin{matrix} I_{q1} \\ I_{q2} \\ 0 \end{matrix} .$$

Weiterhin ergibt sich die vollständige Leitwertmatrix:

$$
\mathbf{G'} = \underbrace{\begin{bmatrix} +1 & 0 & -1 & -1 & 0 & 0 \\ 0 & +1 & +1 & 0 & -1 & 0 \\ 0 & 0 & 0 & +1 & +1 & -1 \\ -1 & -1 & 0 & 0 & 0 & +1 \end{bmatrix}}_{\mathbf{K}}
\underbrace{\begin{matrix} G_1 & 0 & \cdot & \cdot & \cdot & 0 \\ 0 & G_2 & & & \cdot & \\ \cdot & & G_3 & & \cdot & \\ \cdot & & & G_4 & \cdot & \\ \cdot & & & & G_5 & 0 \\ 0 & \cdot & \cdot & \cdot & \cdot & G_6 \end{matrix}}_{\mathbf{G_z}}
\underbrace{\begin{matrix} +1 & 0 & 0 & -1 \\ 0 & +1 & 0 & -1 \\ -1 & +1 & 0 & 0 \\ -1 & 0 & +1 & 0 \\ 0 & -1 & +1 & 0 \\ 0 & 0 & -1 & +1 \end{matrix}}_{\mathbf{K}^T}
$$

$$
\mathbf{G'} = \begin{bmatrix} G_1 + G_3 + G_4 & - G_3 & - G_4 & - G_1 \\ - G_3 & G_2 + G_3 + G_5 & - G_5 & - G_2 \\ - G_4 & - G_5 & G_4 + G_5 + G_6 & - G_6 \\ - G_1 & - G_2 & - G_6 & G_1 + G_2 + G_6 \end{bmatrix} .
$$

Hier wird deutlich, daß **G'** die passive Struktur des Netzwerkes vollständig beschreibt. In der Hauptdiagonalen erscheint als κ-tes Element die Summe der am Knoten κ angeschlossenen Leitwerte. An den Plätzen $\kappa\lambda$ mit $\kappa \neq \lambda$ erscheint mit negativem Vorzeichen der Leitwert des Elementes, das die Knoten κ und λ verbindet. Damit ist bei einem Netzwerk, das aus den bisher eingeführten Elementen besteht, die vollständige Leitmatrix stets symmetrisch.

Im vorliegenden Fall wird schließlich die Leitwertmatrix

$$
\mathbf{G} = \begin{bmatrix} 1 & 0 & 0 & 0 \\ 0 & 1 & 0 & 0 \\ 0 & 0 & 1 & 0 \end{bmatrix} \begin{bmatrix} G_1+G_3+G_4 & -G_3 & -G_4 & -G_1 \\ -G_3 & G_2+G_3+G_5 & -G_5 & -G_2 \\ -G_4 & -G_5 & G_4+G_5+G_6 & -G_6 \\ -G_1 & -G_2 & -G_6 & G_1+G_2+G_6 \end{bmatrix} \begin{bmatrix} 1 & 0 & 0 \\ 0 & 1 & 0 \\ 0 & 0 & 1 \\ 0 & 0 & 0 \end{bmatrix}
$$

$$
\mathbf{G} = \begin{bmatrix} G_1+G_3+G_4 & -G_3 & -G_4 \\ -G_3 & G_2+G_3+G_5 & -G_5 \\ -G_4 & -G_5 & G_4+G_5+G_6 \end{bmatrix} .
$$

wie früher. Sie ist hier ebenfalls symmetrisch, weil wir willkürlich die Gleichung für den als Bezugspunkt gewählten Knoten 4 nicht angeschrieben und entsprechend in **G'** die 4. Zeile und Spalte gestrichen haben. Ein derartiges Verfahren ist stets möglich und meist zweckmäßig, aber nicht notwendig.

Interessant ist noch der Zusammenhang zwischen der Knotenanalyse und der im Abschnitt 2.3.4 gezeigten Stern-n-Eck-Umwandlung. In Bild 2.31a sind als Ausschnitt aus einem größeren Netzwerk ein Knoten O sowie alle mit ihm unmittelbar verbundenen Knoten und die verbindenden Leitwerte gezeichnet. Ohne Einschränkung der Allgemeingültigkeit können die in diese Knoten vom übrigen Netzwerk hineinfließenden Ströme als Quellströme aufgefaßt werden; auch kann einer dieser Knoten (hier der Knoten 4) als Bezugsknoten gewählt werden. Dann können wir eine Teilanalyse des Gesamtsystems vornehmen, indem wir die Knotenanalyse für die gezeichneten Knoten durchführen.

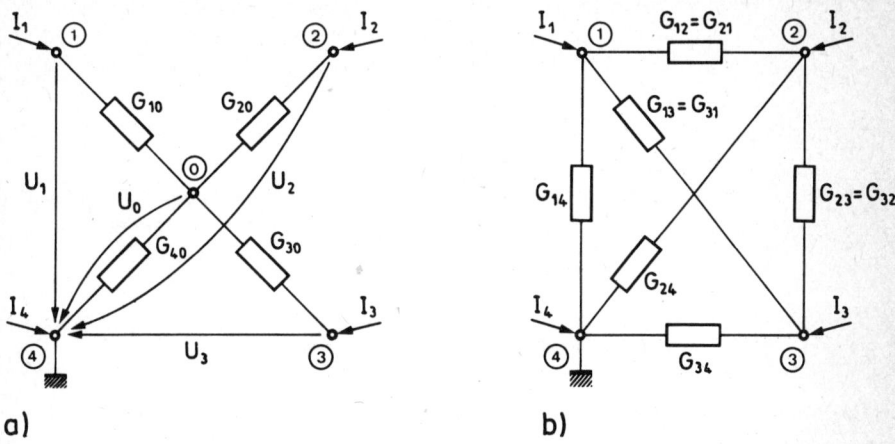

a)   b)

Bild 2.31   Zum Zusammenhang von Eliminationsverfahren und Stern-n-Eck-Umwandlung

Es ist

$$
\begin{aligned}
U_1 G_{10} && -U_0 G_{10} &= I_1 \\
& U_2 G_{20} & -U_0 G_{20} &= I_2 \\
&& U_3 G_{30} \quad -U_0 G_{30} &= I_3 \\
-U_1 G_{10} - U_2 G_{20} - U_3 G_{30} && +U_0(G_{10}+G_{20}+G_{30}+G_{40}) &= 0.
\end{aligned}
\tag{2.42}
$$

Hier eliminieren wir nun U_0, indem wir einen Schritt des Gaußschen Eliminationsverfahrens durchführen. Man erhält

$$
U_1\left[G_{10} - \frac{G_{10}^2}{\sum\limits_{\nu} G_{\nu 0}}\right] - U_2 \frac{G_{10}G_{20}}{\sum\limits_{\nu} G_{\nu 0}} - U_3 \frac{G_{10}G_{30}}{\sum\limits_{\nu} G_{\nu 0}} = I_1
$$

$$
-U_1 \frac{G_{20}G_{10}}{\sum\limits_{\nu} G_{\nu 0}} + U_2\left[G_{20} - \frac{G_{20}^2}{\sum\limits_{\nu} G_{\nu 0}}\right] - U_3 \frac{G_{20}G_{30}}{\sum\limits_{\nu} G_{\nu 0}} = I_2
$$

$$
-U_1 \frac{G_{30}G_{10}}{\sum\limits_{\nu} G_{\nu 0}} - U_2 \frac{G_{30}G_{20}}{\sum\limits_{\nu} G_{\nu 0}} + U_3\left[G_{30} - \frac{G_{30}^2}{\sum\limits_{\nu} G_{\nu 0}}\right] = I_3.
$$

Mit der Bezeichnung

$$
G_{\nu\mu} = \frac{G_{\nu 0}G_{\mu 0}}{G_0} ,
\tag{2.43}
$$

wobei $G_o = \sum_\nu G_{\nu o}$, erhält man daraus

$$U_1[G_{12}+G_{13}+G_{14}] \qquad -U_2 G_{12} \qquad -U_3 G_{13} \qquad = I_1$$

$$-U_1 G_{21} \qquad U_2[G_{21}+G_{23}+G_{24}] \qquad -U_3 G_{23} \qquad = I_2$$

$$-U_1 G_{31} \qquad -U_2 G_{32} \qquad +U_3[G_{31}+G_{32}+G_{34}] = I_3$$

Diese Beziehung läßt sich als Knotenanalyse eines neuen Netzwerkes interpretieren, das in Bild 2.31b gezeichnet ist. Der Vergleich der beiden Netzwerke in Bild 2.31 bzw. der Beziehung (2.43) mit (2.26b) zeigt, daß ein Schritt des Gaußschen Eliminationsverfahrens zur Lösung des Gleichungssystems (2.42) der Knotenanalyse der Stern-n-Eck-Umwandlung zur Eliminierung eines Knotens entspricht.

2.5.3 Eine Topologische Methode zur Netzwerkanalyse

Aus dem Gleichungssystem (2.38a) gewinnen wir formal die Spannung U_κ mit Hilfe der Cramerschen Regel und Entwicklung der Zählerdeterminante nach der κ-ten Spalte

$$U_\kappa = \sum_{i=1}^{k-1} \frac{\Delta_{i,\kappa}^G}{\Delta^G} I_{qi}. \qquad\qquad (2.44)$$

Hier ist $\Delta^G = |\mathbf{G}|$ die Determinante der Leitwertmatrix und $\Delta_{i,\kappa}^G$ die Adjunkte dieser Determinanten zur i-ten Zeile und κ-ten Spalte. Die Ausrechnung dieser Determinanten ist in der Regel unbequem. Auch die Anwendung von Rechenmaschinen kann dabei zu Schwierigkeiten führen, weil Produkte mit verschiedenen Vorzeichen auftreten können, die sich zwar bei algebraischer Rechnung herausheben, nicht aber dann, wenn sie mit endlicher Genaugkeit numerisch bestimmt worden sind. Wir wollen nun eine Methode kennenlernen, die die Berechnung der Determinanten in eine Untersuchung der Netzwerkgraphen überführt. Das zu beschreibende topologische Verfahren geht bereits auf KIRCHHOFF zurück. Da es eine sorgfältige und bei größeren Netzwerken langwierige Untersuchung des Graphen erfordert, ist seine Anwendung erst mit der Einführung von Rechenmaschinen wieder interessant geworden.

Wir betrachten zunächst die Nennerdeterminante. Mit (2.41e) ist

$$\Delta^G = |\mathbf{K}_{(k)}\mathbf{G}_z\mathbf{K}_{(k)}^T|.$$

Da $\mathbf{G}_z$ eine Diagonalmatrix ist, läßt sich eine der Multiplikationen dadurch ausführen, daß man z.B. jede Spalte von $\mathbf{K}_{(k)}$ mit dem Diagonalelement der entsprechenden Zeile von $\mathbf{G}_z$ multipliziert. Das entstehende Produkt sei

$$\mathbf{K}_{kG} = \mathbf{K}_{(k)}\mathbf{G}_z.$$

In dem Beispiel von Abschnitt 2.5.2 ist mit k = 4

$$\mathbf{K}_{kG} = \begin{bmatrix} G_1 & 0 & -G_3 & -G_4 & 0 & 0 \\ 0 & G_2 & G_3 & 0 & -G_5 & 0 \\ 0 & 0 & 0 & G_4 & G_5 & -G_6 \end{bmatrix}.$$

Δ^G ist jetzt die Determinante des Produktes einer $[(k-1),z]$-Matrix $\mathbf{K}_{kG}$ mit einer $[z,(k-1)]$-Matrix $\mathbf{K}_{(k)}^{T}$. Hierfür gilt das Theorem von BINET-CAUCHY (in [2.6] als Produktsatz für rechteckige Matrizen bezeichnet):

Die Determinante des Produktes $\mathbf{C} = \mathbf{A} \cdot \mathbf{B}$ einer (ν,μ)-Matrix $\mathbf{A}$ mit einer (μ,ν)-Matrix $\mathbf{B}$ mit $\nu \leq \mu$ ist gleich der Summe der Produkte entsprechender Unterdeterminanten. Die Summierung ist über die $\binom{\mu}{\nu}$ möglichen Produkte zu erstrecken.

Ist z.B.

$$\mathbf{A} = \begin{bmatrix} a_{11} & a_{12} & a_{13} \\ a_{21} & a_{22} & a_{23} \end{bmatrix} \quad \text{und} \quad \mathbf{B} = \begin{matrix} b_{11} & b_{12} \\ b_{21} & b_{22} \\ b_{31} & b_{32} \end{matrix}$$

so erhält man mit dem Theorem von BINET-CAUCHY

$$\mathbf{C} = \begin{matrix} a_{11} & a_{12} \\ a_{21} & a_{22} \end{matrix} \cdot \begin{matrix} b_{11} & b_{12} \\ b_{21} & b_{22} \end{matrix} + \begin{matrix} a_{11} & a_{13} \\ a_{21} & a_{23} \end{matrix} \cdot \begin{matrix} b_{11} & b_{12} \\ b_{31} & b_{32} \end{matrix} + \begin{matrix} a_{12} & a_{13} \\ a_{22} & a_{23} \end{matrix} \cdot \begin{matrix} b_{21} & b_{22} \\ b_{31} & b_{32} \end{matrix} \cdot$$

Zur Anwendung dieses Theorems auf unsere Aufgabe haben wir die Unterdeterminanten in $\mathbf{K}_{kG}$ und $\mathbf{K}_{(k)}^{T}$ aufzusuchen. Aus einer Unterdeterminanten $|(\mathbf{K}_{kG})_u|$ von $\mathbf{K}_{kG}$ können wir die Faktoren G_i wieder herausziehen.
Es ist

$$|(\mathbf{K}_{kG})_u| = |(\mathbf{K}_{(k)})_u| \Pi G_i,$$

wobei das Produkt über die Leitwerte der Spalten zu erstrecken ist, die aus den $(k-1)$ möglichen für die Bildung der Unterdeterminanten ausgewählt worden sind. Wählt man z.B. in $\mathbf{K}_{kG}$ des Netzwerks von Abschnitt 2.5.2 die Spalten 1, 3 und 5, so ist

$$|(\mathbf{K}_{kG})_{135}| = \begin{vmatrix} G_1 & -G_3 & 0 \\ 0 & G_3 & -G_5 \\ 0 & 0 & G_5 \end{vmatrix} = \begin{vmatrix} +1 & -1 & 0 \\ 0 & +1 & -1 \\ 0 & 0 & +1 \end{vmatrix} \cdot G_1 \cdot G_3 \cdot G_5$$

Außer dem Produkt der Leitwerte bleibt eine Unterdeterminante der Knoten-Inzidenzmatrix, die $k-1$ Zeilen für die Knoten des Netzwerkes mit Ausnahme des Bezugsknotens und $k-1$ Spalten für die ausgewählten Zweige hat. Diese Determinante ist dann gleich Null, wenn eine oder mehrere Zeilen gleich Null sind. Das bedeutet im Graphen, daß

die zu den Nullzeilen gehörenden Knoten von keinem der ausgewählten Zweige erfaßt
werden. Beispielsweise ist bei der Schaltung von Bild 2.28

$$|(\mathbf{K}_{(k)})_{123}| = \begin{vmatrix} +1 & 0 & -1 \\ 0 & +1 & +1 \\ 0 & 0 & 0 \end{vmatrix} = 0.$$

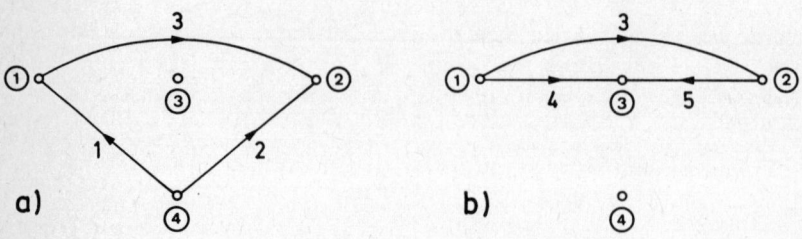

Bild 2.32   Teilgraphen zum Beispiel von Bild 2.28

Bild 2.32a zeigt den zugehörigen Graphen, der den Knoten 3 nicht erfaßt und im übrigen eine geschlossene Schleife bildet. Die Determinante ist aber auch dann gleich
Null, wenn der Bezugsknoten von den ausgewählten Zweigen nicht erfaßt worden ist.
In diesem Fall treten zwar keine Nullzeilen in der Unterdeterminanten der Knoten-
inzidenzmatrix auf. Ihre Zeilen sind aber Linearkombinationen voneinander. In unserem Beispiel ist so

$$|\mathbf{K}_{(k)\,345}| = \begin{vmatrix} -1 & -1 & 0 \\ +1 & 0 & -1 \\ 0 & +1 & +1 \end{vmatrix} = 0.$$

Auch hier zeigt der zugehörige Graph in Bild 2.32b eine geschlossene Schleife. Damit
die Determinante von Null verschieden ist, müssen also die k-1 Zweige alle k Knoten
des Netzwerkes erfassen. Das ist aber nur dann möglich, wenn sie einen vollständigen Baum bilden. Für die Knoten-Inzidenzmatrix eines vollständigen Baumes haben
wir aber schon im Abschnitt 2.5.1 gefunden, daß ihre Determinante gleich $\pm$ 1 ist.
Weiterhin stellen wir fest, daß für die entsprechenden Unterdeterminanten $|\mathbf{K}_{(k)\,u}| = |\mathbf{K}_{(k)\,u}^{T}|$
gilt. Ihr Produkt ist also gleich +1, wenn sie einen vollständigen Baum
beschreiben und in allen anderen Fällen gleich Null. Damit erhalten wir schließlich

$$\Delta^{G} = \sum \Pi \, G_{\lambda}. \tag{2.45}$$

Diese Beziehung besagt, daß das Produkt der Leitwerte eines vollständigen Baumes
zu bilden und die Summierung über alle vollständigen Bäume des Netzwerkes zu erstrecken ist. Die Ausrechnung der Determinante Δ^{G} ist damit auf das Aufsuchen aller
vollständigen Bäume in einem Netzwerk zurückgeführt worden. Für unser Beispiel wurden sie bereits in Abschnitt 2.5.1 aufgelistet. Wir verzichten daher hier darauf,
den umfangreichen Ausdruck für Δ^{G} anzugeben.

Es bleibt noch die Aufgabe, die $\Delta_{i,\kappa}^{G}$ topologisch zu deuten. Diese Adjunkte der Determinanten der Leitwertmatrix zur i-ten Zeile und κ-ten Spalte erscheint in dem

Summanden $\dfrac{\Delta_{i,\kappa}^{G}}{\Delta^{G}} I_{qi}$ in Gleichung (2.44), der den Anteil angibt, den der in den i-

ten Knoten fließende Quellstrom I_{qi} an der Spannung U_{κ} des κ-ten Knotens bewirkt.
Man kann erwarten, daß die zur Bildung der Adjunkte nötigen Streichungsoperationen
sich durch Modifizierungen des Graphen beschreiben lassen, bei denen der i-te und
der κ-te Knoten berührt werden.

Zunächst schreiben wir die Adjunkte mit $\mathbf{E}_{(i,k)}\mathbf{K} = \mathbf{K}_{(i,k)}$ und $\mathbf{K}^{T}\mathbf{E}^{(k,\kappa)} = \mathbf{K}^{T(k,\kappa)} =$
$\mathbf{K}^{T}_{(k,\kappa)}$ in der Form

$$\Delta_{i,\kappa}^{G} = (-1)^{i+\kappa} |\mathbf{K}_{(i,k)}\mathbf{G}_{z}\mathbf{K}^{T}_{(k,\kappa)}|.$$

Entsprechend der früheren Bezeichnung ist hier $\mathbf{K}_{(i,k)}$ eine Matrix, in der die i-te
und k-te Zeile gestrichen sind. Dem entspricht im Graphen, daß der i-te Knoten
mit dem Bezugsknoten kurzgeschlossen wird, für den auch hier die entsprechende Gleichung entfällt.

Den so modifizierten Graphen nennen wir *Linksgraphen*. Entsprechendes bedeutet
die Rechtsmultiplikation von $\mathbf{K}^{T}$ mit $\mathbf{E}^{(k,\kappa)}$ die Streichung der k-ten und κ-ten
Spalte in $\mathbf{K}^{T}$ sowie im Graphen den Kurzschluß des κ-ten Knotens mit dem Bezugsknoten. Es entsteht der *Rechtsgraph*. Ist z.B. i=1, κ=2 und k=4, so erhält man
in dem betrachteten Beispiel

$$\mathbf{K}_{(1,4)} = \mathbf{E}_{(1,4)}\mathbf{K},$$

$$\mathbf{K}_{(1,4)} = \begin{bmatrix} 0 & +1 & 0 & 0 \\ 0 & 0 & +1 & 0 \end{bmatrix} \begin{bmatrix} +1 & 0 & -1 & -1 & 0 & 0 \\ 0 & +1 & +1 & 0 & -1 & 0 \\ 0 & 0 & 0 & +1 & +1 & -1 \\ -1 & -1 & 0 & 0 & 0 & +1 \end{bmatrix},$$

$$\mathbf{K}_{(1,4)} = \begin{bmatrix} 0 & +1 & +1 & 0 & -1 & 0 \\ 0 & 0 & 0 & +1 & +1 & -1 \end{bmatrix}.$$

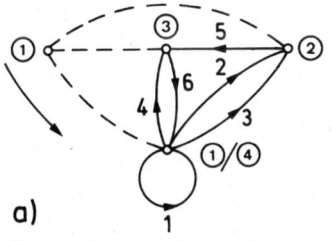
a)

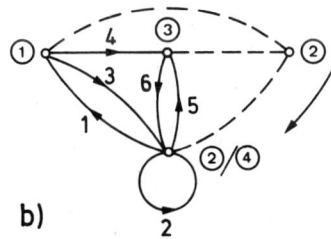
b)

Bild 2.33   Links- und Rechtsgraph zum Beispiel von Bild 2.28

Den zugehörigen Graphen zeigt Bild 2.33a, wobei angedeutet ist, wie dieser Links-
graph aus den ursprünglichen durch Zusammenfallen der Knoten 1 und 4 entsteht.
Weiterhin ist

$$\mathbf{K}^T \cdot \mathbf{E}^{(2,4)} = \mathbf{K}^{T(2,4)} = \mathbf{K}^T_{(2,4)} =
\begin{bmatrix}
+1 & 0 & 0 & -1 & & \\
0 & +1 & 0 & -1 & +1 & 0 \\
-1 & +1 & 0 & 0 & 0 & 0 \\
-1 & 0 & +1 & 0 & 0 & +1 \\
0 & -1 & +1 & 0 & 0 & 0 \\
0 & 0 & -1 & +1 & &
\end{bmatrix}
=
\begin{bmatrix}
+1 & 0 \\
0 & 0 \\
-1 & 0 \\
-1 & +1 \\
0 & +1 \\
0 & -1
\end{bmatrix}$$

Bild 2.33b zeigt den zugehörigen Graphen, der durch Zusammenfallen der Knoten 2
und 4 entsteht (Rechtsgraph).

Das Produkt $\mathbf{K}_{(i,k)}\mathbf{G}_z$ oder $\mathbf{G}_z\mathbf{K}^T_{(k,\kappa)}$ läßt sich wieder leicht bilden. Es ist dann
erneut die Determinante des Produktes zweier Matrizen zu bestimmen, wobei das
Binet-Cauchy-Theorem angewendet werden kann. Wie bei der Herleitung von (2.45)
benötigen wir die Unterdeterminanten von $\mathbf{K}_{(i,k)}$ und $\mathbf{K}^T_{(k,\kappa)}$. Diese sind dann
gleich ± 1, wenn die entsprechenden Zweigmengen vollständige Bäume im jeweiligen
Graphen bilden. Der Unterschied zur Bestimmung von Δ^G liegt darin, daß hier zwei
verschiedene Graphen untersucht werden müssen, so daß das Produkt der entsprechenden Unterdeterminanten nur dann von Null verschieden ist, wenn die zugehörige
Zweigmenge in *beiden* Graphen einen vollständigen Baum bildet. Das Vorzeichen des
Produktes muß in diesem Fall gesondert bestimmt werden. Wir erhalten damit

$$\Delta^G_{i,\kappa} = (-1)^{i+\kappa} \sum \pm \prod G_\lambda . \tag{2.46}$$

Dies Ergebnis besagt, daß das Produkt der Leitwerte derjenigen Zweige zu bilden
ist, die im Links- *und* Rechtsgraphen vollständige Bäume sind. Die Summierung er-
streckt sich über alle derartigen Zweigkombinationen.

In dem betrachteten Beispiel liest man aus den Graphen von Bild 2.33 unmittelbar
die folgende Liste der vollständigen Bäume ab:

Linksgraph $\hat{=} \mathbf{K}_{(1,4)}$	Rechtsgraph $\hat{=} \mathbf{K}_{(2,4)}$
2 4	1 4
2 5	1 5
2 6	1 6
3 4	3 4
3 5	3 5
3 6	3 6
4 5	4 5
5 6	4 6

Offenbar sind die Zweigkombinationen 34, 35, 36, 45 in beiden Graphen Bäume. Wir
errechnen die zugehörigen Determinanten zur Bestimmung der Vorzeichen. Mit ersicht-
lichen Bezeichnungen ist

$$|\mathbf{K}_{(1,4)3,4}| = \begin{vmatrix} +1 & 0 \\ 0 & +1 \end{vmatrix} = +1, \qquad |\mathbf{K}^T_{(2,4)3,4}| = \begin{vmatrix} -1 & 0 \\ -1 & +1 \end{vmatrix} = -1,$$

$$|\mathbf{K}_{(1,4)3,5}| = \begin{vmatrix} +1 & -1 \\ 0 & +1 \end{vmatrix} = +1, \qquad |\mathbf{K}^T_{(2,4)3,5}| = \begin{vmatrix} -1 & 0 \\ 0 & +1 \end{vmatrix} = -1,$$

$$|\mathbf{K}_{(1,4)3,6}| = \begin{vmatrix} +1 & 0 \\ 0 & -1 \end{vmatrix} = -1, \qquad |\mathbf{K}^T_{(2,4)3,6}| = \begin{vmatrix} -1 & 0 \\ 0 & -1 \end{vmatrix} = +1.$$

$$|\mathbf{K}_{(1,4)4,5}| = \begin{vmatrix} 0 & -1 \\ +1 & +1 \end{vmatrix} = +1, \qquad |\mathbf{K}^T_{(2,4)4,5}| = \begin{vmatrix} -1 & +1 \\ 0 & +1 \end{vmatrix} = -1,$$

Die Produkte entsprechender Unterdeterminanten sind also in diesem Beispiel alle gleich - 1. Damit erhalten wir für die Adjunkte $\Delta^G_{1,2}$

$$\Delta^G_{1,2} = (-1)^{1+2} (-G_3 G_4 - G_3 G_5 - G_3 G_6 - G_4 G_5) = G_3 (G_4 + G_5 + G_6) + G_4 G_5$$

Die Auswertung des Zählers vereinfacht sich, wenn Einspeisungspunkt und betrachteter Knoten übereinstimmen, d.h. wenn $i=\kappa$ ist. In diesem Fall sind Links- und Rechtsgraph identisch, so daß nur einmal die vollständigen Bäume aufgesucht werden müssen. Außerdem entfällt, ebenso wie beim Nenner, die Bestimmung der Vorzeichen für die Baumzweigprodukte, da dann die entsprechenden Unterdeterminanten stets gleiches Vorzeichen haben müssen.

Das geschilderte Verfahren einer topologischen Netzwerkanalyse überführt die Berechnung einer Knotenspannung in das Aufsuchen der vollständigen Bäume sowohl in dem Graphen des gegebenen Netzwerkes, wie in gewissen modifizierten Graphen. Seine Anwendung ist z.B. dann interessant, wenn die Analyse eines Netzwerkes festgelegter Struktur immer wieder mit jeweils anderen Leitwerten durchzuführen ist. Man stellt in diesem Fall zunächst Listen der benötigten vollständigen Bäume auf, mit denen man dann verhältnismäßig schnell durch Einsetzen der Zahlenwerte für die Leitwerte entsprechend (2.45) und (2.46) die Werte Δ^G und $\Delta^G_{i,\kappa}$ bekommt. Die bei dieser Methode zu lösende Suchaufgabe darf aber in ihrem Umfang ebensowenig unterschätzt werden wie der nötige Speicheraufwand. Tatsächlich steigt die Zahl der Bäume mit der Zahl der Zweige und Knoten außerordentlich stark an. Man kann diese Zahl vorab bestimmen, wenn man für alle Leitwerte G_i des zu untersuchenden Netzwerkes den Wert 1 annimmt und dann den Wert Δ^G berechnet. Da in diesem Fall jedes Baumprodukt den Wert 1 haben nuß, erhält man nach (2.45) tatsächlich dabei die Zahl der vollständigen Bäume des Netzwerkes.

Einen Eindruck von dem schnellen Wachsen der Baumzahl mit der Zahl der Knoten erhält man, wenn man ihre obere Schranke berechnet. Sie wird bei einem vollständig besetzten Netzwerk erreicht, bei dem jeder der k Knoten mit jedem anderen durch einen Zweig verbunden ist. Es läßt sich allgemein zeigen, daß in diesem Fall die Zahl der Bäume gleich k^{k-2} ist. Ein vollständig besetztes Netzwerk mit 7 Knoten, das 21 Zweige aufweist, hat bereits 16807, ein solches mit 10 Knoten und 45 Zweigen 10^8 vollständige Bäume.

Offenbar ist sowohl das Aufsuchen der Bäume als auch die spätere Auswertung nur
mit digitalen Rechenmaschinen möglich. Ganz sicher wird aber auch dann sowohl durch
die Zeit für das Aufsuchen der Bäume als auch durch den sich ergebenden Speicherbe-
darf verhältnismäßig rasch die Grenze für eine sinnvolle Anwendung des Verfahrens
erreicht sein.

Literatur

[2.1]   G. Bosse: Grundlagen der Elektrotechnik I. B.I.-Hochschultaschenbücher
         Band 182.

[2.2]   H. Edelmann: Berechnung elektrischer Verbundnetze. Springer-Verlag,
         Berlin-Göttingen-Heidelberg, 1963.

[2.3]   W. Klein: Grundlagen der Theorie elektrischer Schaltungen.
         Akademie-Verlag, Berlin, 1961.

[2.4]   K. Küpfmüller: Einführung in die theoretische Elektrotechnik.
         Springer-Verlag, Berlin-Heidelberg-New York, 10. Auflage 1973.

[2.5]   D. Naunin: Einführung in die Netzwerktheorie. uni-text,
         Vieweg & Sohn Verlagsgesellschaft, Braunschweig, 1976.

[2.6]   W. Gröbner: Matrizenrechnung. B.I.-Hochschultaschenbücher
         Band 103/103a.

3 Analyse allgemeiner linearer Netzwerke

Im zweiten Kapitel haben wir neben den generell gültigen Kirchhoff-schen Gesetzen Verfahren behandelt, mit denen wir Netzwerke analy-sieren können, die neben den Quellen nur ohmsche Widerstände enthal-ten. Wir werden jetzt eine Verallgemeinerung insofern vornehmen, als wir nun auch alle anderen in linearen Netzwerken möglichen Elemente zu-lassen. Dabei wird sich zeigen, daß der zeitliche Verlauf der Quell-spannungen und -ströme für das Verhalten von großer Bedeutung ist. Eseentlich ist nun, daß wir durch die Wahl geeigneter Quellzeitfunk-tionen und mit einer zweckmäßigen Erweiterung der uns vertrauten Be-griffe in der Lage sind, die vorher hergeleiteten Methoden auch für allgemeine lineare Netzwerke zu verwenden. Für sie werden wir dann einige generelle Aussagen herleiten.

3.1 Elemente allgemeiner linearer Netzwerke

3.1.1 Quellzeitfunktionen

Im Abschnitt 2.1.1 hatten wir die durch $u_q(t)$ und $i_q(t)$ beschriebenen idealen Quellen definiert. Für sie führen wir jetzt bestimmte Zeit-funktionen ein, die sich für die Untersuchung unserer Netzwerke als geeignet erweisen werden. Da es zunächst nur um die Diskussion des zeitlichen Verlaufes geht, verwenden wir für beide die Bezeichnung $v(t)$. Im einfachsten Fall ist diese Funktion eine Konstante

$$v(t) = V. \qquad (3.1)$$

Die Funktion ist durch den einen Parameter V gekennzeichnet. Wir haben sie bereits bei der Untersuchung der Widerstandsnetzwerke im 2. Kapi-tel verwendet. Weiterhin betrachten wir sinusförmige Zeitfunktionen der allgemeinen Form

$$v(t) = \hat{v} \cos(\omega t + \varphi).\tag{3.2}$$

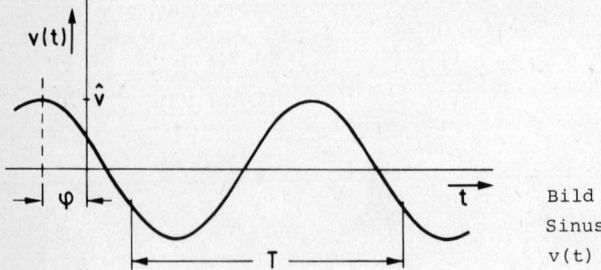

Bild 3.1
Sinusförmige Zeitfunktion
$v(t) = \hat{v} \cdot \cos(\omega t + \varphi)$

Offenbar sind drei Parameter zu ihrer Beschreibung erforderlich:

1. Der Scheitelwert $\hat{v}$
2. Die Kreisfrequenz $\omega = 2\pi f$, wobei die Frequenz $f = \frac{1}{T}$ der Kehrwert der Periode der sinusförmigen Schwingung ist (siehe Bild 3.1).
3. Die Phase φ, die unter Bezug auf einen gewählten zeitlichen Null- punkt angegeben wird.

Zur Festlegung bestimmter Eigenschaften der durch (3.2) beschriebenen Funktion vergleichen wir sie mit der Konstanten nach (3.1). Zunächst erkennt man, daß für ω=0 und z.B. φ=0 mit $\hat{v}$=V die Gleichung (3.2) in (3.1) übergeht. Die konstante Größe erweist sich so als Spezialfall der sinusförmigen Funktion.

Eine wichtige kennzeichnende Größe für $v(t)$ ist der sogenannte Effek- tivwert. Man bezeichnet damit den Wert der sinusförmigen Spannung, der unter bestimmten Bedingungen dieselbe Wirkung hervorruft wie eine ent- sprechende Gleichspannung. Nach Abschnitt 2.4 wird bei einem an eine ideale Spannungsquelle angeschlossenen Widerstand die Leistung

$$p(t) = \frac{u_q^2(t)}{R}\tag{3.3}$$

in Wärme umgesetzt. Im Gleichspannungsfall ist

$$p(t) = P = \frac{U_q^2}{R}\tag{3.4a}$$

eine Konstante, im Wechselspannungsfall mit $\hat{v} = \hat{u}_q$

$$p(t) = \frac{\hat{u}_q^2}{R} \cos^2(\omega t + \varphi).\tag{3.4b}$$

Für den Mittelwert dieser Leistung erhält man

$$\overline{p(t)} = \frac{1}{T} \int_{t_o}^{t_o+T} p(t)\,dt = \frac{\hat{u}_q^{\,2}}{2R}.$$ (3.5)

Als Effektivwert U_{eff} von $u_q(t)$ bezeichnet man dann die Gleichspannung, bei der im selben Widerstand R die Leistung $P = \overline{p(t)}$ in Wärme umgesetzt wird. Man erhält

$$\frac{U_{eff}^{\,2}}{R} = \frac{\hat{u}_q^{\,2}}{2R}$$

und damit

$$U_{eff} = \frac{1}{\sqrt{2}}\,\hat{u}_q$$

bzw.

$$V_{eff} = \frac{1}{\sqrt{2}}\,\hat{v}.$$ (3.6)

Wir erweitern noch die Definition des Effektivwertes auf allgemeine periodische Funktionen der Periode T. Sie werden durch

$$v(t) = v(t+T) \quad \forall t$$ (3.7)

bei im übrigen beliebigem Verlauf gekennzeichnet. Sind sie über eine Periode quadratisch integrabel, so gilt für ihren Effektivwert mit beliebigem t_o

$$V_{eff} = \sqrt{\frac{1}{T} \int_{t_o}^{t_o+T} v^2(t)\,dt}.$$ (3.8)

Zur Kennzeichnung einer periodischen Funktion wird häufig noch der Mittelwert ihres Betrages, der sogenannte Gleichrichtwert, verwendet. Allgemein ist also

$$\overline{|v(t)|} = \frac{1}{T} \int_{t_o}^{t_o+T} |v(t)|\,dt.$$ (3.9)

Daraus folgt hier mit (3.2) für ein sinusförmiges Signal

$$\overline{|v(t)|} = \frac{\hat{v}}{T} \int_{t_o}^{t_o+T} |\cos(\omega t+\varphi)|\,dt = \hat{v}\,\frac{2}{\pi}.$$ (3.10)

In weiterer Verallgemeinerung gegenüber Gleichung (3.2) führen wir die Testfunktion

$$v_1(t) = \hat{v}\,e^{\sigma t}\cos(\omega t+\varphi)$$ (3.11)

ein. Hier tritt als zusätzlicher Parameter die Wuchskonstante σ auf,

mit der die Schnelligkeit des exponentiellen Abfalls oder Anstiegs von
$v_1(t)$ beschrieben wird. Offenbar sind die beiden vorher angegebenen
Funktionen Spezialfälle von (3.11). Insbesondere ergibt sich die sinusförmige Funktion im Fall $\sigma=0$.

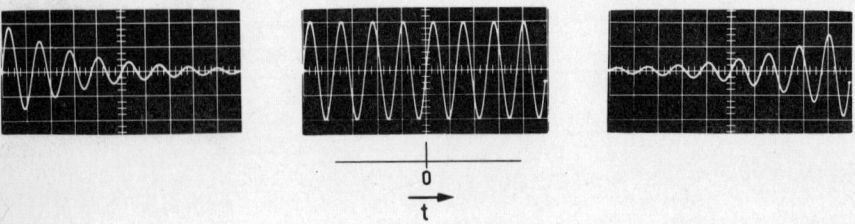

0
t

Bild 3.2   Beispiele für Zeitfunktionen der Form $v_1(t) = e^{\sigma t}\cos(\omega t+\varphi)$

Bild 3.2 zeigt Oszillogramme der durch (3.11) beschriebenen Funktion
für $\sigma<0$, $\sigma=0$ und $\sigma>0$ für den Fall $\varphi = -\pi/2$. Testfunktionen der Form
(3.11) sind für alle Zeiten definiert, in der Praxis dagegen nicht für
alle Zeiten erzeugbar. Abgesehen davon, daß reale Geräte stets nur für
eine begrenzte Zeit eine bestimmte Zeitfunktion liefern können, kann
man speziell Testfunktionen der angegebenen Art für den Fall $\sigma\neq0$ nur
während eines begrenzten Zeitintervalls erzeugen, weil technische Appa-
raturen nur in einem bestimmten Bereich zwischen kleinstem, noch meßba-
rem und größtem, noch darstellbarem Wert arbeiten können. Während für
den Fall $\sigma=0$ nur durch die Wahl des Scheitelwertes $\hat{v}$ innerhalb dieses
Bereiches die Erzeugung der Zeitfunktion im Prinzip beliebig lange si-
chergestellt werden kann, überschreitet für $\sigma>0$ die dargestellte Funktion
nach mehr oder weniger langer Zeit den für die betreffende Apparatur
festliegenden größtmöglichen Wert oder unterschreitet für $\sigma<0$ den Bereich, in dem sie noch meßtechnisch erfaßt werden kann. Wie die Oszillogramme zeigen, ist eine Erzeugung aber prinzipiell innerhalb dieser
Grenzen möglich. Im übrigen dienen die angegebenen Testfunktionen vor
allem als Rechengrößen.

Für die Anwendung der Testfunktionen ist es zweckmäßig, sie in komplexer Form zu schreiben. Dazu führt man zunächst zwei reelle Zeitfunktionen ein, die dann als Real- und Imaginärteil einer komplexen Zeitfunktion aufgefaßt werden. Es ist

$$v_1(t) = \hat{v}e^{\sigma t}\cos(\omega t+\varphi),$$

$$v_2(t) = \hat{v}e^{\sigma t}\sin(\omega t+\varphi).$$

Man definiert

$$v(t) = v_1(t) + jv_2(t) = \hat{v}e^{\sigma t} \cdot e^{j(\omega t + \varphi)}$$

$$= \hat{v}e^{j\varphi} \cdot e^{(\sigma + j\omega)t}.$$

Mit der sogenannten komplexen Amplitude

$$V = \hat{v}e^{j\varphi} \qquad\qquad (3.12a)$$

und dem komplexen Frequenzparameter

$$s = \sigma + j\omega \qquad\qquad (3.12b)$$

erhält man

$$v(t) = V \cdot e^{st}. \qquad\qquad (3.12c)$$

Die komplexe Zeitfunktion $v(t)$ wird also durch die beiden komplexen Parameter V und s beschrieben. Bild 3.3 zeigt Oszillogramme von $v(t)$ für $\sigma < 0$, $\sigma = 0$ und $\sigma > 0$ mit unterschiedlich gewählten Werten $\hat{v}$. Die Darstellung beschränkt sich auf positive Zeiten, damit durch den Anfangspunkt $t=0$ der Wert der komplexen Amplitude gezeigt werden kann. Es wurde $\varphi = \pi/4$ gewählt. $v(t)$ hat den Verlauf einer logarithmischen Spirale, die für $\sigma = 0$ in einen Kreis entartet.

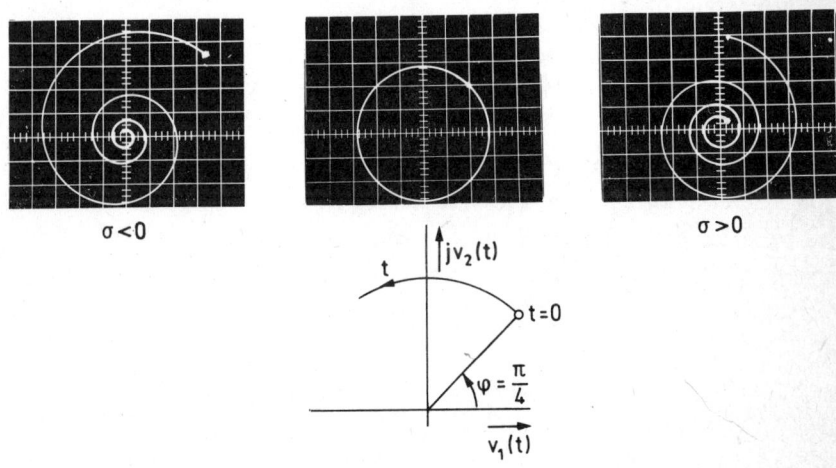

Bild 3.3   Beispiele für Zeitfunktionen der Form $v(t) = V \cdot e^{(\sigma + j\omega)t}$

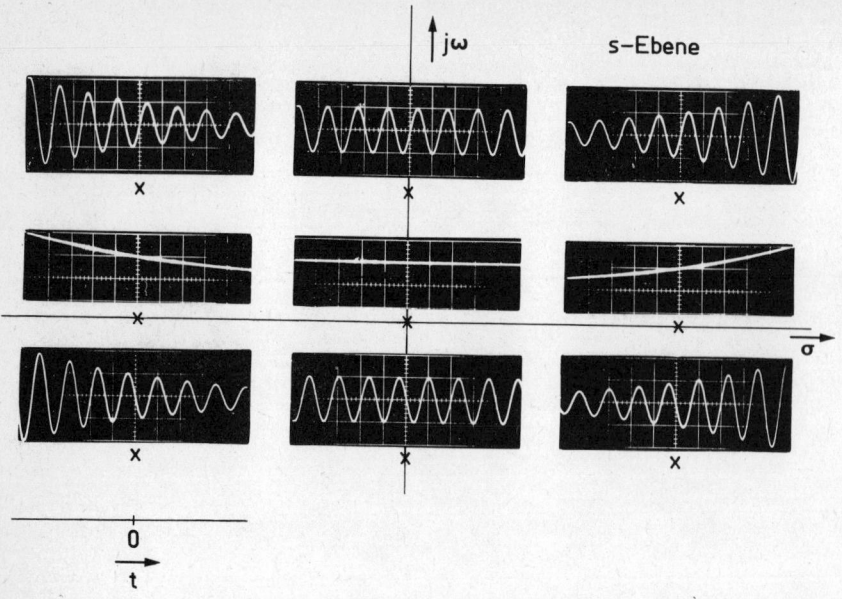

Bild 3.4   Zuordnung von Funktionen der Form $e^{\sigma t}\cos(\omega t+\varphi)$ zu Punkten der
              $(\sigma+j\omega)$-Ebene

Später werden wir zur Kennzeichnung der komplexen Zeitfunktionen ausschließlich die komplexen Amplituden verwenden, für die Spannung also
U, für den Strom I. Entsprechend werden die Quellen durch die komplexen Größen U_q und I_q beschrieben. Der komplexe Frequenzparameter s, in
der Regel etwas mißverständlich kurz Frequenz genannt, bestimmt die
Form der Testfunktion. Für ihn werden alle denkbaren Werte zugelassen.
Die komplexe Amplitude wird dann häufig als Funktion von s zu schreiben sein.

In Bild 3.4 wurden die Realteile $v_1(t)$ angegeben, die zu den verschiedenen Punkten der komplexen Frequenzebene gehören. Um die Unterschiede
für positive und negative Werte von ω deutlich zeigen zu können, wurde
$\varphi = -\pi/2$ gewählt. Für die Meßtechnik haben praktisch nur die Zeitfunktionen für $s=j\omega$ einschließlich des Punktes $\omega=0$ Bedeutung, da, wie schon
ausgeführt, die Zeitfunktionen für $\sigma\neq0$ höchstens in einem kurzen Zeit-
abschnitt erzeugt werden können.

3.1.2 Lineare zweipolige Elemente

Im Abschnitt 2.1.2 hatten wir bereits gesagt, daß an bestimmten Zweipolen näherungsweise gewisse einfache Beziehungen zwischen der angeleg-

ten Spannung und dem durch den Zweipol fließenden Strom gelten. Zusätzlich zu dem dort bereits definierten ohmschen Widerstand führen wir jetzt
zwei weitere idealisierte Bauelemente ein, bei denen solche Beziehungen
exakt gelten. Sie sind zusammen mit dem Widerstand in Tabelle 3.1 angegeben,
die auch die Schaltzeichen enthält.

Tabelle 3.1   Zweipolige Schaltelemente

Bezeichnung	Schaltzeichen	Definitionsgleichungen		Energie
Widerstand	$i(t) \xrightarrow{u(t)}$ $R = \dfrac{1}{G}$	$u(t) = R\,i(t)$ $i(t) = G\,u(t)$	$U^{st} = R \cdot I^{st} \rightarrow U = RI$ $I^{st} = G \cdot U^{st} \rightarrow I = GU$ Widerstand R Leitwert G	$W = \displaystyle\int_{-\infty}^{t} R \cdot i^2(\tau)\,d\tau$ (in Wärme umgesetzt)
Induktivität	$i(t) \xrightarrow{u(t)}$ L	$u(t) = L\dfrac{di}{dt}$ $i(t) = \dfrac{1}{L}\displaystyle\int_{-\infty}^{t} u(\tau)\,d\tau$	$U^{st} = sLI^{st} \rightarrow U = sLI$ $I^{st} = \dfrac{1}{sL}U^{st} \rightarrow I = \dfrac{1}{sL}U$ Widerstand $Z(s) = sL$ Leitwert $Y(s) = \dfrac{1}{sL}$	$W_m = \dfrac{1}{2}L \cdot i^2$ (gespeichert)
Kapazität	$i(t) \xrightarrow{u(t)}$ C	$u(t) = \dfrac{1}{C}\displaystyle\int_{-\infty}^{t} i(\tau)\,d\tau$ $i(t) = C\dfrac{du}{dt}$	$U^{st} = \dfrac{1}{sC}I^{st} \rightarrow U = \dfrac{1}{sC}I$ $I^{st} = sCU^{st} \rightarrow I = sCU$ Widerstand $Z(s) = \dfrac{1}{sC}$ Leitwert $Y(s) = sC$	$W_e = \dfrac{1}{2}C \cdot u^2$ (gespeichert)

Ein Gebilde, bei dem eine strenge Proportionalität zwischen der Spannung
und dem Differentialquotienten des Stromes gilt, bezeichnen wir als Induktivität, gekennzeichnet durch den Proportionalitätsfaktor, die Induktivität L.

Ein Element, bei dem entsprechend eine strenge Proportionalität zwischen
dem Strom und dem Differentialquotienten der Spannung vorliegt, ist eine
Kapazität. Zur Kennzeichnung dient wieder der Proportionalitätsfaktor,
die Kapazität C.

Die physikalischen Vorgänge, auf denen eine näherungsweise Realisierung dieser
idealisierten Elemente basiert, werden im Anhang 2 kurz behandelt (siehe auch
[3.1],...[3.4]). Hier sollen einige pauschale Aussagen genügen. Wir erhalten
approximativ eine Induktivität mit Hilfe einer Spule aus elektrisch gut leiten-
dem Material. Sie wird i.a. auf einen Kern aufgebracht, der den bei Durchfließen
eines Stromes entstehenden magnetischen Fluß möglichst gut leitet. Der Wert der
entstehenden Induktivität ist dem Quadrat der Windungszahl der Spule proportional und weiterhin von Material und Form des Kernes bestimmt. Wir werden gelegentlich das Wort Spule synonym für Induktivität verwenden, obwohl es, streng genommen,
nur die approximative Realisierung des idealen Elementes bezeichnet.

Näherungsweise erhalten wir eine Kapazität mit Hilfe eines Kondensators, bei dem zwei leitende Flächen durch einen Nichtleiter voneinander getrennt sind, so daß sich zwischen ihnen bei Anlegen einer Spannung ein elektrisches Feld ausbilden kann. Der Wert der Kapazität ist dann der Fläche der Leiter und dem reziproken Wert ihres Abstandes proportional und hängt darüber hinaus vom Material des Nichtleiters ab. Auch die beiden Worte Kapazität und Kondensator werden wir gelegentlich, trotz ihrer Bedeutungsunterschiede, synonym verwenden.

Obwohl die hier durch Gleichungen definierten Elemente das Ergebnis einer starken Idealisierung sind, können die mit Hilfe solcher theoretischen Elemente gewonnenen Ergebnisse im allgemeinen sehr gut auf praktische Fälle übertragen werden.

Den ohmschen Widerstand konnten wir auch durch eine Aussage über die Leistung kennzeichnen, die an ihm in Wärme umgesetzt wird. Hier geben wir an, welche Energie in den Elementen gespeichert wird. Eine von einem Strom $i(t)$ durchflossene Induktivität der Größe L hat die magnetische Energie $W_m = \frac{1}{2} L \cdot i^2$ gespeichert, während in einer Kapazität der Größe C, an dem die Spannung $u(t)$ liegt, die elektrische Energie $W_e = \frac{1}{2} C \cdot u^2$ gespeichert ist. Hier ist nur die Feststellung wichtig, daß die Werte L und C ebenso wie R nur positiv sein können, da die gespeicherte wie die umgesetzte Energie nur positiv sein kann.

Für Induktivität und Kapazität sind die Definitionsgleichungen natürlich komplizierter als für den ohmschen Widerstand, solange man beliebige Zeitfunktionen für Spannung und Strom zuläßt. Die beschreibenden Beziehungen für die Elemente vereinfachen sich aber wesentlich, wenn man die im letzten Abschnitt eingeführten exponentiellen Testfunktionen verwendet. Hier läßt sich die Differentiation unmittelbar und die Integration zumindest für den Fall $\text{Re}\{s\} > 0$ ausführen (Tabelle 3.1). Man erhält eine Proportionalität zwischen den komplexen Amplituden von Spannung und Strom, wobei jetzt lediglich noch neben dem das Element kennzeichnenden Formelzeichen L oder C der Frequenzparameter s im Zähler oder Nenner erscheint. Wir haben hier erste einfache Beispiele für die Verallgemeinerung der Begriffe Widerstand und Leitwert, wenn wir Induktivität und Kapazität durch ihre Widerstände

$$Z(s) = sL \quad \text{bzw.} \quad Z(s) = \frac{1}{sC} \qquad\qquad (3.13a)$$

oder ihre Leitwerte

$$Y(s) = \frac{1}{sL} \quad \text{bzw.} \quad Y(s) = sC \qquad\qquad (3.13b)$$

kennzeichnen, die offenbar eine Funktion der Frequenz sind.

Am Beispiel einer Induktivität sei noch einmal die Wirkung eines komplexen Test-signals erläutert. Für $i(t) = Ie^{st}$ hatte sich aus $u(t) = L\frac{di}{dt}$

$$u(t) = sLIe^{st} = U(s)e^{st}$$

ergeben, wobei durch $U(s) = sLI$ eine komplexe Amplitude der resultierenden Spannung eingeführt wurde. Führt man die ganze Rechnung im Reellen aus, so muß man mit zwei Testfunktionen arbeiten, die um 90° gegeneinander in der Phase verschoben sind:

1. $i_1(t) = \hat{i}e^{\sigma t}\cos(\omega t+\varphi)$,

   $u_1(t) = L\hat{i}e^{\sigma t}[\sigma\cdot\cos(\omega t+\varphi) - \omega\cdot\sin(\omega t+\varphi)]$;

2. $i_2(t) = \hat{i}e^{\sigma t}\sin(\omega t+\varphi)$,

   $u_2(t) = L\hat{i}e^{\sigma t}[\sigma\cdot\sin(\omega t+\varphi) + \omega\cdot\cos(\omega t+\varphi)]$.

Wegen der vorausgesetzten Linearität führt ein Strom $i(t) = ai_1(t) + bi_2(t)$ auf eine Spannung $u(t) = au_1(t) + bu_2(t)$. Mit $a=1$ und $b=j$ erhält man

$$i(t) = \hat{i}e^{\sigma t}[\cos(\omega t+\varphi) + j\cdot\sin(\omega t+\varphi)]$$

$$= \hat{i}e^{j\varphi}\cdot e^{(\sigma+j\omega)t} := I\cdot e^{st} \text{ entsprechend früherem}$$

und

$$u(t) = L\hat{i}e^{\sigma t}[\sigma\cdot\cos(\omega t+\varphi) - \omega\cdot\sin(\omega t+\varphi)] +$$

$$+L\hat{i}e^{\sigma t}[j\sigma\cdot\sin(\omega t+\varphi) + j\omega\cdot\cos(\omega t+\varphi)]$$

$$= L\hat{i}e^{\sigma t}[(\sigma+j\omega)\cos(\omega t+\varphi) + j(\sigma+j\omega)\sin(\omega t+\varphi)]$$

$$= sL\hat{i}e^{j\varphi}\cdot e^{(\sigma+j\omega)t} = sLIe^{st}.$$

3.1.3 Lineare vierpolige Elemente

Neben den im letzten Abschnitt eingeführten zweipoligen Elementen eines Netzwerkes benötigen wir vierpolige Bausteine, die wir in idealisierter Form durch Angabe der Beziehungen zwischen den an ihren Klemmenpaaren auftretenden Spannungen und Strömen definieren.

3.1.3.1 Gekoppelte Induktivitäten, idealer Übertrager

Wir betrachten zunächst physikalische Gebilde mit vier bzw. drei Anschlüssen, die sich idealisiert durch folgende Gleichungen beschreiben lassen (siehe Bild 3.5a):

$$u_1(t) = L_1 \frac{di_1}{dt} + M \frac{di_2}{dt},$$

$$u_2(t) = M \frac{di_1}{dt} + L_2 \frac{di_2}{dt}.$$

(3.14)

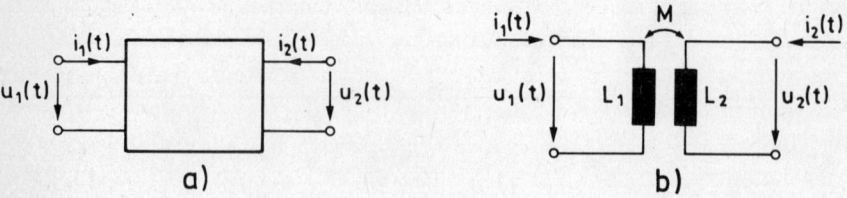

Bild 3.5   Zur Definition gekoppelter Induktivitäten

Durch die äußeren Beschaltungen des Vierpols können zusätzliche Beziehungen zwischen Spannung und Strom einer Seite auftreten, die bei
der Beschreibung des Vierpols selbst nicht erfaßt werden, aber zu
einer Spezialisierung der Gleichungen führen können. Ist z.B. die
Seite 2 nicht beschaltet, also $i_2 = 0$ ∀t, so wirkt das Gebilde von der
Seite 1 her gesehen als Induktivität der Größe L_1. Zugleich tritt auf
der Seite 2 eine Spannung $u_2(t)$ auf, die dem Differentialquotienten
von $i_1(t)$ proportional ist. Entsprechendes gilt umgekehrt, wenn die
Seite 1 nicht beschaltet ist, d.h. $i_1 = 0$ ∀t ist. Offenbar sind zwei
miteinander gekoppelte Induktivitäten beteiligt. Daher verwenden wir
das in Bild 3.5b angegebene Schaltzeichen. Für eine nähere Behandlung
verweisen wir auf Anhang 2.4 sowie auf die Literatur [3.2]...[3.5].

Wir benötigen noch einige Angaben über den Bereich, in dem die Werte
L_1, L_2 und M liegen können. Dazu betrachten wir die in den gekoppelten Induktivitäten (oder Spulen) gespeicherte Energie

$$W_m = \frac{1}{2} L_1 i_1^2 + M i_1 i_2 + \frac{1}{2} L_2 i_2^2,$$

die wiederum für beliebige Werte von i_1 und i_2 nicht negativ werden
kann [3.2]. Wir folgern zunächst, daß die Werte L_1 und L_2 stets positiv sein müssen, da $W_m > 0$ bleiben muß, wenn einer der Ströme verschwindet.
Um eine Aussage über Größe und Vorzeichen von M zu gewinnen, bestimmen
wir das Minimum von W_m in Abhängigkeit von i_1 bei festem Wert von i_2.
Aus

$$\frac{\partial W_m}{\partial i_1} = i_1 L_1 + i_2 M := 0$$

folgt mit $\qquad\qquad\qquad i_1 = -i_2 M/L_1$ $\qquad\qquad\qquad\qquad$ (3.15a)

$$\min W_m = \frac{1}{2}\, i_2^2 \left(L_2 - \frac{M^2}{L_1} \right) \geq 0. \qquad\qquad (3.15b)$$

Es gilt also die Bedingung $M^2 \leq L_1 L_2$. Dabei kann M je nach der Orientierung der beiden Spulen zueinander positiv oder negativ sein.

Wir stellen zusammenfassend fest, daß für die Kennwerte gekoppelter Induktivitäten die Bedingungen

$$L_1 \geq 0,\quad L_2 \geq 0,\quad L_1 L_2 - M^2 \geq 0 \qquad\qquad (3.16)$$

gelten müssen.

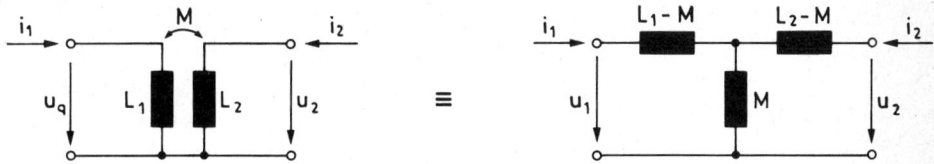

Bild 3.6 $\qquad$ Ersatzschaltbild für einpolig verbundene gekoppelte Spulen

Wenn zwei Anschlüsse der gekoppelten Spulen miteinander verbunden sind, können wir das in Bild 3.6 gezeigte Ersatzschaltbild angeben, das nur noch kopplungsfreie Elemente enthält. Man bestätigt leicht durch Anwendung der Kirchhoffschen Maschenregel, daß für die beiden Stromkreise der Ersatzschaltung die Gleichungen (3.14) gelten. Wir bemerken noch, daß eine der dort auftretenden Induktivitäten negativ werden kann. Ein realer Ersatz der gekoppelten Spulen durch nichtgekoppelte ist dann natürlich nicht möglich. Das schränkt aber die Anwendbarkeit der Ersatzschaltung bei theoretischen Untersuchungen nicht ein.

Wie die anderen Elemente, so beschreiben wir auch die gekoppelten Induktivitäten zusätzlich durch ihre Reaktion auf exponentielle Testfunktionen. Dazu nehmen wir an, daß für die Spannungen u_1 und u_2 gilt

$$u_{1,2}(t) = U_{1,2} \cdot e^{st},$$

wobei wir uns vorstellen können, daß sie durch zwei Spannungsquellen mit exponentiellen Testfunktionen gleicher Frequenz erzeugt werden. Die Gleichungen (3.14) lassen sich dann nur mit dem Ansatz

$$i_{1,2}(t) = I_{1,2} \cdot e^{st}$$

erfüllen, und man erhält nach Division durch e^{st} eine Beziehung für
die komplexen Amplituden

$$U_1 = sL_1 I_1 + sMI_2,$$

$$U_2 = sMI_1 + sL_2 I_2.$$

$$(3.17)$$

Abschließend wollen wir zwei Spezialfälle gekoppelter Induktivitäten,
die streuungsfreie Kopplung und den idealen Übertrager beschreiben.
Dazu formen wir die Gleichungen (3.17) in Beziehungen um, bei denen
die komplexen Amplituden der Seite 1 durch die der Seite 2 ausgedrückt
werden. Man erhält

$$U_1 = \frac{L_1}{M} U_2 + s\left[M - \frac{L_1 L_2}{M} \right] I_2 \ ,$$

$$I_1 = \frac{1}{sM} U_2 - \frac{L_2}{M} I_2 \ .$$

Wir fragen jetzt, welchen Bedingungen die Größen L_1, L_2 und M genügen
müssen, damit U_1 unabhängig von I_2 und weiterhin I_1 unabhängig von U_2
wird. Zunächst erhält man die erwünschte Unabhängigkeit der Spannung
unmittelbar, wenn

$$\left(M - \frac{L_1 L_2}{M} \right) = 0, \ \text{d.h.} \ M = \pm \ \sqrt{L_1 L_2}$$

ist. M^2 muß also den nach (3.16) maximal möglichen Wert annehmen. Wir
sprechen von fester Kopplung der Induktivitäten oder einem streuungsfreien Übertrager, für den wir das in Bild 3.7a gezeigte Schaltbild verwenden. Das bei ihm vorliegende Verhältnis der Spannungen

$$\frac{U_1}{U_2} = \pm \ \sqrt{\frac{L_1}{L_2}} := \ddot{u} \qquad\qquad (3.18)$$

nennen wir das Übersetzungsverhältnis, das positive oder negative
reelle Werte annehmen kann. Bei der Einführung der Spulen hatten wir
angegeben, daß ihre Induktivität dem Quadrat der Windungszahlen proportional ist. Da bei streuungsfrei gekoppelten Spulen außerdem der
Proportionalitätsfaktor für beide gleich sein muß, gilt weiterhin

$$\ddot{u} = \pm \ \frac{w_1}{w_2} \ , \qquad\qquad (3.19)$$

wenn w_1 und w_2 die Windungszahlen der beiden Spulen sind. Mit (3.15a) erkennt man noch, daß die gespeicherte magnetische Energie dann den nach (3.15b) für $M^2 = L_1 L_2$ möglichen Mindestwert Null annimmt, wenn für das Verhältnis der beiden Ströme gilt

$$\frac{i_1}{i_2} = -\frac{M}{L_1} = -\frac{1}{ü} = \frac{I_1}{I_2}. \tag{3.20}$$

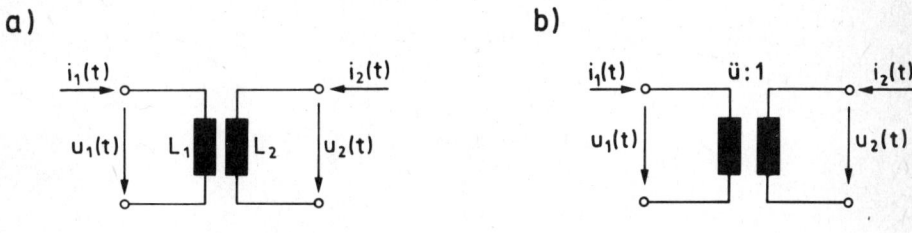

Bild 3.7   a) Festgekoppelte Induktivitäten   b) Idealer Übertrager

Um I_1 unabhängig von U_2 zu machen, setzen wir den für den streuungsfreien Übertrager erhaltenen Wert $M = \pm\sqrt{L_1 L_2}$ in die Beziehung für I_1 ein. Es ergibt sich

$$I_1 = \frac{1}{\pm s\sqrt{L_1 L_2}} U_2 \mp \sqrt{\frac{L_2}{L_1}}\, I_2.$$

Die erwünschte Unabhängigkeit des Stromes I_1 von U_2 erfordert also, daß $|M| = +\sqrt{L_1 L_2}$ über alle Grenzen wächst. Dann erhält man

$$\lim_{\sqrt{L_1 L_2}\to\infty}\left(\frac{I_1}{I_2}\right) = \mp\sqrt{\frac{L_2}{L_1}} = -\frac{1}{ü}.$$

Die Gleichungen

$$U_1 = ü\, U_2,$$

$$I_1 = -\frac{1}{ü}\, I_2, \tag{3.21}$$

bzw. in Verallgemeinerung für beliebige Zeitfunktionen

$$u_1(t) = ü\, u_2(t),$$

$$i_1(t) = -\frac{1}{ü}\, i_2(t) \tag{3.22}$$

definieren dann den idealen Übertrager. Für ihn ist das in Bild 3.7b angegebene Schaltbild gebräuchlich.

Wir berechnen den Eingangswiderstand R_e eines idealen Übertragers für
den Fall, daß die rechte Seite mit einem ohmschen Widerstand R_a beschaltet ist (Bild 3.8). Es ist

$$R_e = \frac{U_1}{I_1} = - ü^2 \frac{U_2}{I_2} = ü^2 R_a, \tag{3.23}$$

da an R_a Strom und Spannung offenbar entgegengesetzt gerichtet sind,
gemäß Tabelle 3.1 ein positiver Widerstand aber als Verhältnis gleich-
artig gerichteter Größen definiert ist. Der ideale Übertrager über-
setzt also Widerstände entsprechend dem Quadrat seines Übersetzungs-
verhältnisses.

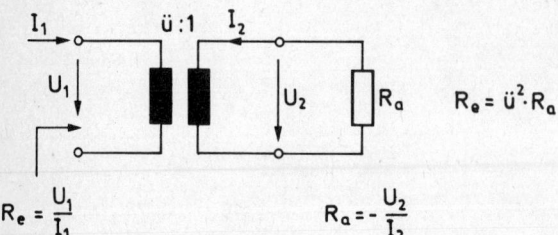

Bild 3.8
Widerstandstransformation
mit idealem Übertrager

Wir bemerken noch, daß der ideale Übertrager keine Energie zu spei-
chern vermag. Es wird in (3.15b) min $W_m = O$. Die eingespeiste Energie
wird unmittelbar auf den Ausgang übertragen.

Mit Hilfe des idealen Übertragers können wir Ersatzschaltbilder für
gekoppelte Induktivitäten angeben, die in Tabelle 3.2 dargestellt sind.
Zunächst gelingt es, unter Verwendung eines idealen Übertragers mit
ü=1 die in Bild 3.6 gezeigte Ersatzschaltung auf den Fall zu verallgemeinern, daß die gekoppelten Induktivitäten nicht miteinander verbunden sind. Sind die Spulen fest gekoppelt, so können wir für ein beliebiges Übersetzungsverhältnis $ü = \pm \sqrt{L_1/L_2}$ zwei Ersatzschaltbilder
angeben, die jetzt nur noch eine Induktivität (L_1 oder L_2) enthalten.
Der Vollständigkeit wegen wurde in Tabelle 3.2 auch schon eine Ersatzschaltung für gekoppelte Induktivitäten aufgenommen, bei der die erst
im Abschnitt 3.1.3.3 zu behandelnden stromgesteuerten Spannungsquellen
verwendet werden. Die Anordnung gilt auch für den Fall festgekoppelter Spulen, nicht dagegen für den idealen Übertrager. Man bestätigt
ihre Gültigkeit leicht durch Anwendung der Maschenregel auf Eingangs-
und Ausgangskreis und Vergleich mit den Definitionsgleichungen (3.14).
Weitere Ersatzschaltungen für gekoppelte Induktivitäten sind im Anhang 2.4 sowie in [3.7] angegeben.

Tabelle 3.2   Ersatzschaltungen für gekoppelte Induktivitäten

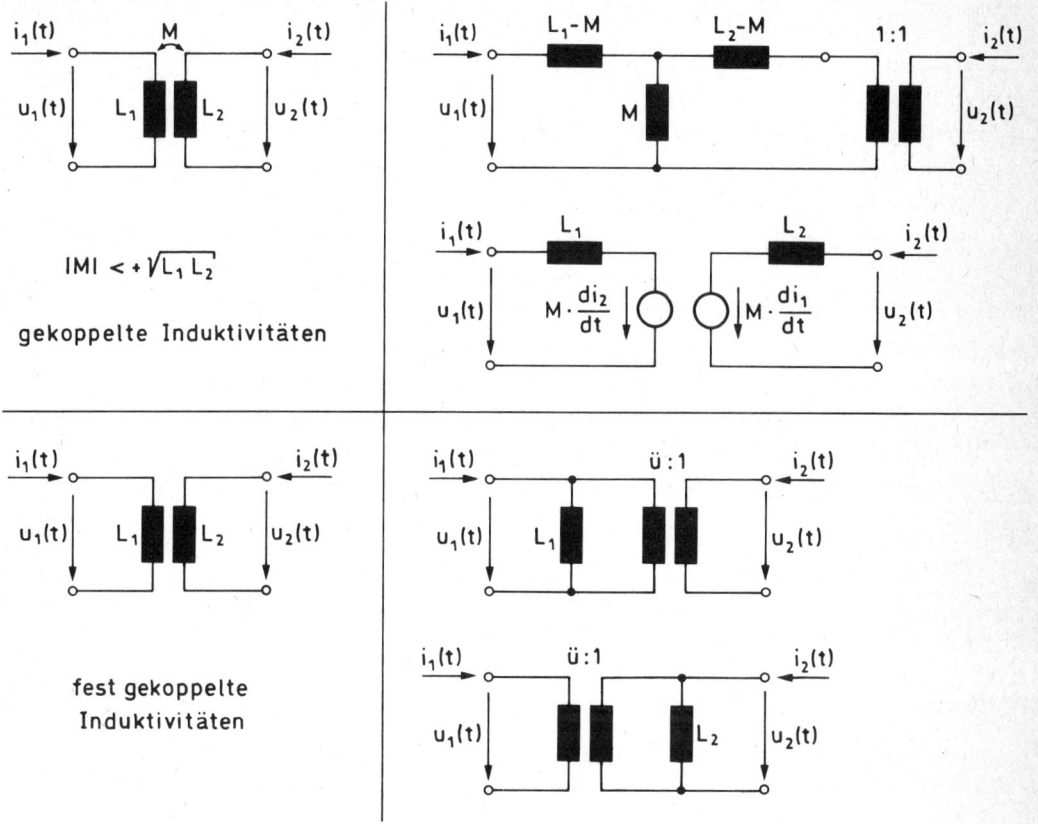

$$|M| < +\sqrt{L_1 L_2}$$

gekoppelte Induktivitäten

fest gekoppelte
Induktivitäten

3.1.3.2 Gyrator

Ausgehend von den Transformationseigenschaften des idealen Übertragers
kann man weitere vierpolige Elemente per Definition einführen, mit
denen andere Transformationen möglich sind (z.B. [3.6], [3.7]). Wir beschränken uns hier auf den Gyrator, der auch für die Anwendung große
Bedeutung gewonnen hat. Er wird durch die Gleichungen

$$u_1(t) = -\frac{1}{g} i_2(t) \quad\text{bzw.}\quad U_1 = -\frac{1}{g} I_2 ,$$

$$i_1(t) = g\cdot u_2(t) \qquad\qquad I_1 = g\cdot U_2 \tag{3.24}$$

definiert. Die positiv reelle Gyrationskonstante g hat offenbar die
Dimension eines Leitwertes. Bild 3.9a zeigt das Schaltsymbol, Bild
3.9b eine Ersatzschaltung unter Verwendung spannungsgesteuerter Stromquellen. Für das Verhalten des Elementes ist wesentlich, daß wir für

den Eingangsleitwert eines mit dem Widerstand R_a abgeschlossenen Gyrators mit Hilfe von (3.24)

$$G_e = \frac{I_1}{U_1} = - g^2 \frac{U_2}{I_2} = g^2 \cdot R_a \qquad\qquad (3.25)$$

erhalten (siehe Bild 3.9c). Diese Invertierung des angeschlossenen Widerstandes ist kennzeichnende Eigenschaft eines Gyrators. Seine Realisierung gelingt näherungsweise z.B. mit Operationsverstärkern [3.6] (siehe Abschnitte 3.1.3.3 sowie 3.2.4.2, Punkt 4c).

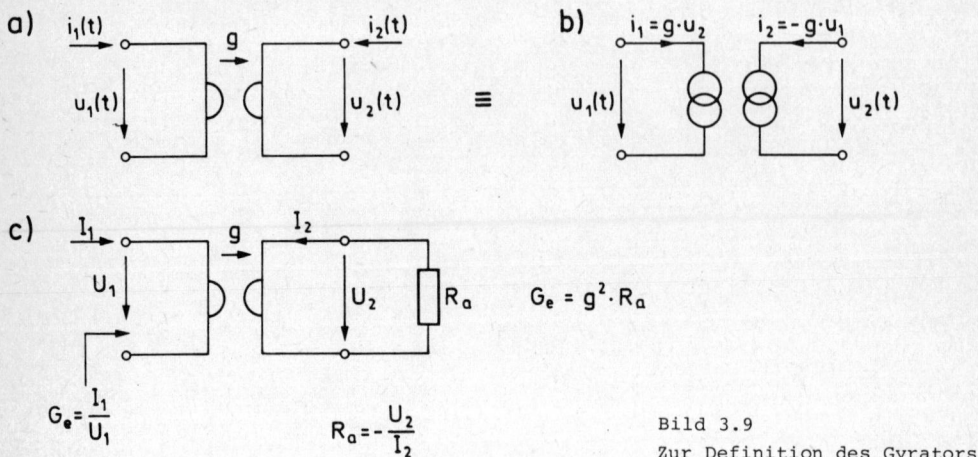

Bild 3.9
Zur Definition des Gyrators

3.1.3.3 Gesteuerte Quellen

Neben den bereits in Abschnitt 2.1.1 betrachteten Quellen, die wir zur Verdeutlichung auch als *eingeprägt* oder *ungesteuert* bezeichnen, führen wir noch gesteuerte Quellen ein, deren Spannung oder Strom einer Spannung oder einem Strom an einer anderen Stelle des Netzwerkes proportional ist. Da beide Quellarten sowohl von einer Spannung, als auch von einem Strom gesteuert sein können, gibt es offenbar vier verschiedene Möglichkeiten, die in Tabelle 3.3 aufgeführt sind.

Die spannungsgesteuerte Spannungsquelle wird auch kurz als Verstärker bezeichnet und dafür ein spezielles Schaltsymbol verwendet. Erfolgt die Steuerung durch die Differenz zweier Spannungen, so spricht man von einem Operationsverstärker, dessen Schaltzeichen ebenfalls in Tabelle 3.3 angegeben ist. In weiterer Idealisierung wird seine Verstärkung als gegen $+\infty$ gehend angenommen. Bei einer endlich großen Ausgangsspannung müssen dann die steuernden Spannungen gleich groß sein, so daß ihre Differenz Null wird. Schaltungsbeispiele werden wir in Abschnitt 3.2.4.2, Punkt 4 behandeln.

Tabelle 3.3   Gesteuerte Quellen

Bezeichnung	Schaltzeichen	Definitionsgleichungen
Stromgesteuerte Stromquelle	i_1 v_{ii} i_2 $u_1=0$	$i_2(t) = v_{ii}\,i_1(t)$ (Bezeichnung meist $v_{ii}: = -\beta$) $\quad R_e = \dfrac{u_1}{i_1} = 0$
Spannungsgesteuerte Stromquelle	$i_1=0$ v_{ui} i_2 u_1	$i_2(t) = v_{ui}\,u_1(t)$ (Bezeichnung meist $v_{ui}: = -S$) $\quad R_e = \dfrac{u_1}{i_1} = \infty$
Stromgesteuerte Spannungsquelle	i_1 v_{iu} $u_1=0$ $\;u_2$	$u_2(t) = v_{iu}\,i_1(t)$ $\quad R_e = \dfrac{u_1}{i_1} = 0$
Spannungsgesteuerte Spannungsquelle	$i_1=0$ v_{uu} u_1 $\;u_2$	$u_2(t) = v_{uu}\,u_1(t)$ (Bezeichnung meist $v_{uu} := v$) $\quad R_e = \dfrac{u_1}{i_1} = \infty$
Verstärker	$i_1=0$ v u_1 $\;u_2$	
Operationsverstärker	i_{e2} i_{e1} v $u_{e2}\,u_{e1}$ u_2 $i_{e1}=i_{e2}=0$	$u_2(t) = v[u_{e1}(t) - u_{e2}(t)]$ meist $v \to +\infty$ $\quad R_{e1} = \dfrac{u_{e1}}{i_{e1}} = \infty$ $\quad R_{e2} = \dfrac{u_{e2}}{i_{e2}} = \infty$

Wir merken ausdrücklich an, daß die Quellen als ideal (beliebig ergiebig) angenommen werden und daß im Steuerungskreis bei Stromsteuerung kein Spannungsabfall auftritt bzw. bei Spannungssteuerung kein Strom fließt. Im Anhang 3 wird gezeigt, wie mit realen Bauelementen (Röhren und Transistoren) näherungsweise gesteuerte Strom- und Spannungsquellen realisiert werden können.

3.2   Analyse allgemeiner Netzwerke

In diesem Abschnitt analysieren wir Netzwerke, die alle eben eingeführten Gebilde enthalten können und bei denen die Quellzeitfunktionen
den im Abschnitt 3.1.1 definierten komplex-exponentiellen Verlauf haben. Die Basis für unsere Untersuchungen bilden wieder die Kirchhoffschen Gleichungen, von denen wir ja schon in Abschnitt 2.3 feststell-
ten, daß sie für völlig beliebige, auch nichtlineare Elemente und ebenso für alle Zeitfunktionen gelten. Wir führen die Analyse zunächst an
einfachen Beispielen vor, an denen wir auch die auftretenden Funktionen der Frequenz und ihre Darstellung beispielhaft erläutern.

3.2.1 Der Reihenschwingkreis

Bei der in Bild 3.10 gezeigten Schaltung speist eine Quellspannung
$u_q(t)$ die Reihenschaltung von Induktivität, Widerstand und Kapazität.

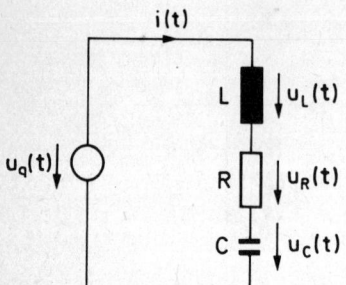

Bild 3.10   Reihenschwingkreis

Bekannt seien $u_q(t)$, L, R und C, gesucht sind der Strom $i(t)$ und die
Teilspannungen an den einzelnen Elementen. Mit der Maschenregel erhalten wir unter Verwendung der in Tabelle 3.1 angegebenen Beziehungen für die drei Schaltelemente zunächst die Integro-Differentialgleichung

$$L\frac{di}{dt} + Ri(t) + \frac{1}{C}\int_{-\infty}^{t} i(\tau)d\tau = u_q(t) \qquad (3.26)$$

für den unbekannten Strom $i(t)$. Die vollständige Lösung dieser Gleichung für weitgehend beliebige Funktionen $u_q(t)$ werden wir erst im
6. Kapitel behandeln können. Hier beschränken wir uns auf die Partikulärlösung für den Fall, daß entsprechend (3.12c)

$$u_q(t) = U_q \cdot e^{st} \quad \forall t \qquad (3.27)$$

ist, wobei wir annehmen, daß Re{s} $\geq$ 0 ist. Da die Exponentialfunktion
sich beim Differenzieren und Integrieren reproduziert, machen wir für
den gesuchten Strom i(t) einen Lösungsansatz in der Form der Störfunk-
tion

$$i(t) = I(s)e^{st} \qquad\qquad (3.28)$$

mit der noch unbekannten komplexen Amplitude I. Man erhält nach Einsetzen von (3.27) und (3.28) in (3.26) und Division durch e^{st}

$$I(sL+R+ \frac{1}{sC}) = U_q.$$

Dieser Ausdruck ist formal von derselben Gestalt wie die Beziehung
zwischen Strom und Spannung bei einem ohmschen Widerstand, der von
Gleichstrom durchflossen wird. An Stelle von Strom und Spannung stehen jetzt die komplexen Amplituden der exponentiellen Zeitfunktionen,
während an Stelle des Widerstandes R eine Funktion des Frequenzpara-
meters s mit der Dimension eines Widerstandes steht. In Analogie definieren wir

$$Z(s) = sL + R + \frac{1}{sC} \qquad\qquad (3.29)$$

als den komplexen Widerstand oder die *Impedanz* des Reihenschwingkreises. In der allgemeinen Form

$$U_q = Z \cdot I \qquad\qquad (3.30)$$

erhalten wir dann das Ohmsche Gesetz für den Wechselstromkreis.

In Tabelle 3.1 waren die Bauelemente unter anderem durch den Widerstand definiert worden, den sie einem Strom der Form Ie^{st} entgegen-
setzen. Insbesondere war sL der Widerstand einer Induktivität, $\frac{1}{sC}$ der
einer Kapazität. Die Beziehung (3.29) für den Gesamtwiderstand eines
Reihenschwingkreises ergibt sich hieraus offenbar als Summe dieser Ein-
zelwiderstände, ganz entsprechend der Gleichung (2.6a), die in Abschnitt
2.3.1 für die Reihenschaltung ohmscher Widerstände abgeleitet worden
war.

Der gesuchte Strom i(t) ist vollständig durch seine Amplitude I gekennzeichnet. Wir erhalten sie als

$$I(s) = \frac{1}{Z(s)} U_q = Y(s)U_q. \qquad\qquad (3.31)$$

Hier ist $Y(s)$ als Verhältnis der beiden komplexen Amplituden I und U_q der komplexe Leitwert oder die *Admittanz*.

Bei der betrachteten Schaltung von Bild 3.10 interessieren noch die Teilspannungen an den einzelnen Schaltelementen. Unter Verwendung der in der ursprünglichen Definition der Schaltelemente eingeführten komplexen Widerstände $Z_\nu(s)$ erhält man für die entsprechenden komplexen Amplituden $U_\nu(s)$ in allgemeiner Formulierung nach dem Ohmschen Gesetz

$$U_\nu(s) = Z_\nu(s)I(s) = \frac{Z_\nu(s)}{Z(s)} U_q.$$

Wir sprechen von einer Teilung der Spannung U_q entsprechend der Unterteilung des Gesamtwiderstandes $Z(s)$. Der Begriff der Spannungsteilung ist dabei von dem durch (2.6b) beschriebenen ohmschen Spannungsteiler übernommen, bei dem der Teilungsfaktor tatsächlich immer kleiner als 1 ist. Wie die im folgenden diskutierten Verläufe zeigen, können hier die Teilspannungen durchaus größer als die Gesamtspannung sein.

Für die einzelnen Spannungen erhalten wir

$$u_R(t) = U_R(s)e^{st} \quad \text{mit} \quad U_R(s) = \frac{R}{Z(s)} U_q = \frac{R}{L} \frac{s}{s^2 + \frac{R}{L}s + \frac{1}{LC}} U_q \qquad (3.32a)$$

$$u_L(t) = U_L(s)e^{st} \quad \text{mit} \quad U_L(s) = \frac{sL}{Z(s)} U_q = \frac{s^2}{s^2 + \frac{R}{L}s + \frac{1}{LC}} U_q \qquad (3.32b)$$

$$u_C(t) = U_C(s)e^{st} \quad \text{mit} \quad U_C(s) = \frac{1/sC}{Z(s)} U_q = \frac{1}{LC(s^2 + \frac{R}{L}s + \frac{1}{LC})} U_q. \qquad (3.32c)$$

Das Verhältnis

$$H_\nu(s) = \frac{U_\nu(s)}{U_q(s)}$$

nennen wir die Übertragungsfunktion des Spannungsteilers. In der Formulierung

$$H(s) = \frac{\text{Ausgangsgröße}}{\text{Eingangsgröße}} \qquad (3.33)$$

bezeichnen wir mit $H(s)$ ganz allgemein einen Ausdruck, der die Übertragungseigenschaften eines Netzwerkes von einem Punkt zu einem anderen angibt. Mit *Eingangsgröße* ist hier die Amplitude der erregenden Funktion von der Form e^{st} gemeint, mit *Ausgangsgröße* stets die Amplitude der zugehörigen Partikulärlösung. Faßt man den Strom in einem komplexen Widerstand als Ausgangsgröße auf, so ist $Y(s)$ in diesem erweiterten Sinn ebenfalls eine Übertragungsfunktion.

Für die Anwendung der beschriebenen komplexen Wechselstromrechnung ist entscheidend, daß sie wegen der Linearität der betrachteten Netzwerke auch die Lösung für den Fall der Erregung mit entsprechenden reellen Funktionen liefert. Wird z.B. mit der Quellspannung

$$u_{q1}(t) = \hat{u}_q \cdot e^{\sigma t} \cos(\omega t + \varphi) \qquad (3.34a)$$

erregt, so rechnen wir in der oben beschriebenen Weise statt dessen mit $u_q(t) = U_q e^{st}$, wobei $U_q = \hat{u}_q e^{j\varphi}$ und $s = \sigma + j\omega$ gewählt wird, so daß gilt

$$u_{q1}(t) = \text{Re}\{u_q(t)\}. \qquad (3.34b)$$

Aus den mit (3.28) und (3.32) erhaltenen komplexen Zeitfunktionen des Stromes $i(t)$ und den Teilspannungen $u_R(t)$, $u_L(t)$ und $u_C(t)$ gewinnt man dann die für eine Erregung mit $u_{q1}(t)$ sich ergebenden reellen Lösungsfunktionen durch Realteilbildung, also z.B.

$$i_1(t) = \text{Re}\{I(s)e^{st}\}. \qquad (3.35a)$$

Mit (3.31), $Y(s) = |Y(s)|e^{j\arg\{Y(s)\}}$ und $U_q = \hat{u}_q e^{j\varphi}$ erhält man

$$i_1(t) = \text{Re}\{|Y(s)|e^{j\arg\{Y(s)\}} \cdot \hat{u}_q e^{j\varphi} \cdot e^{st}\}$$

$$= |Y(s)|\hat{u}_q e^{\sigma t} \cdot \cos[\omega t + \varphi + \arg\{Y(s)\}]$$

$$= \hat{i} \cdot e^{\sigma t} \cos[\omega t + \varphi_i]. \qquad (3.35b)$$

Die Zeitfunktion des Stromes ist also entsprechend dem Ansatz (3.28) von derselben Form wie die erregende Funktion. Dabei treten die beiden Größen $\hat{i}$ und φ_i auf, die wir aus der komplexen Amplitude $I(s) = \hat{i}\, e^{j\varphi_i}$ als

$$\hat{i} = |I(s)| = \hat{u}_q |Y(s)| \qquad (3.35c)$$

und

$$\varphi_i = \arg\{I(s)\} = \arg\{U_q\} + \arg\{Y(s)\} = \varphi + \arg\{Y(s)\} \quad (3.35d)$$

bestimmen. Die Kenntnis des komplexen Leitwertes Y(s) reicht also
offenbar auch in diesem Fall völlig aus. Ganz entsprechend ist unter
Verwendung der zugehörigen Übertragungsfunktionen vorzugehen, wenn
wir die reellen Spannungen an den einzelnen Elementen des Reihenkreises mit (3.32) bestimmen.

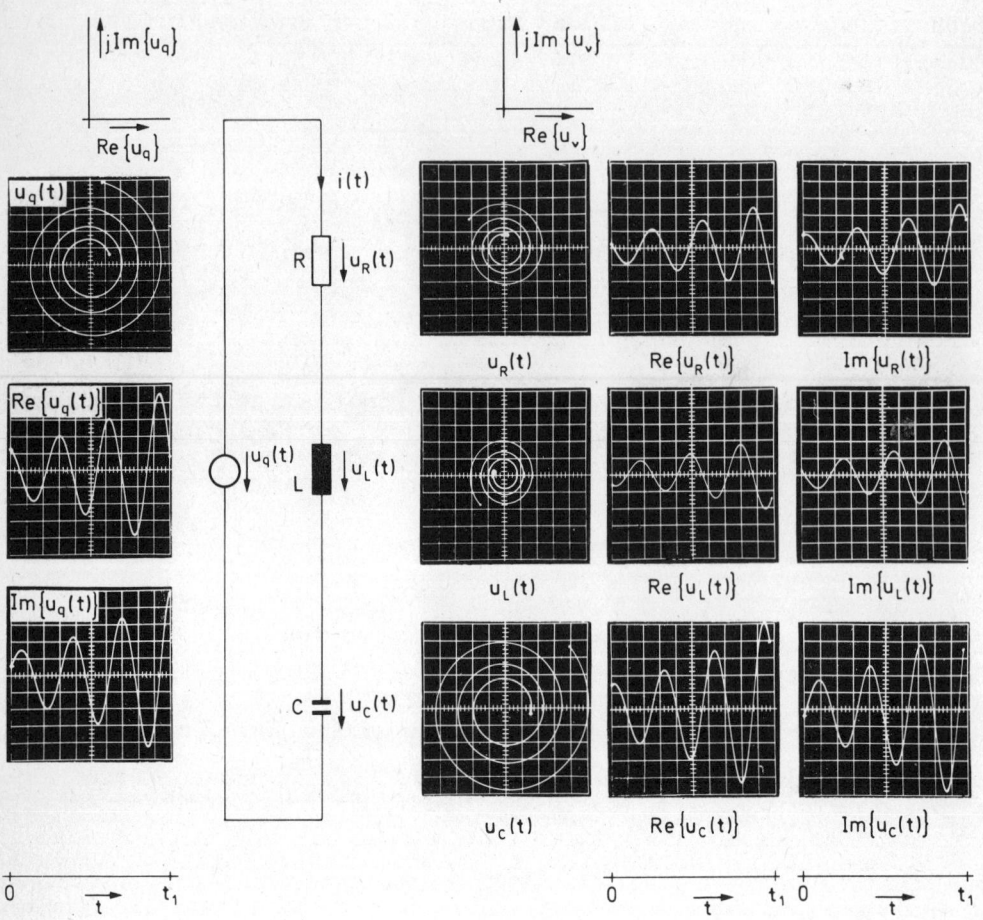

Bild 3.11   Verlauf der Partikulärlösung bei exponentieller Erregung

In Bild 3.11 sind die an der betrachteten Schaltung gemessenen Spannungen bei exponentieller Erregung für $0 \le t \le t_1$ dargestellt. Es wurde Re{s} = σ>0 gewählt.
Bei dem Versuch wurden zwei identische Anordnungen verwendet, die mit
$u_{q1}(t) = Re\{u_q(t)\}$ bzw. $u_{q2}(t) = Im\{u_q(t)\}$ erregt wurden, wobei $u_q(t) = U_q e^{st}$ war.

Die sich ergebenden reellen Teilspannungen, z.B. $u_{R1}(t) = \text{Re}\{u_R(t)\}$ und
$u_{R2}(t) = \text{Im}\{u_R(t)\}$, wurden sowohl getrennt als auch zusammengefaßt zu den entsprechenden komplexen Zeitfunktionen dargestellt. Die Startpunkte $u_\nu(0)$ der logarithmischen Spiralen sind offenbar die komplexen Amplituden $U_\nu(s)$. Wie die Messung
durchgeführt wurde, werden wir erst im 6. Kapitel behandeln können.

Wir spezialisieren unsere Betrachtung jetzt insofern, als wir eine
kosinusförmige Erregung annehmen. Es wird also

$$u_{q1}(t) = \hat{u}_q \cos[\omega t + \varphi] = \text{Re}\{U_q e^{j\omega t}\}$$

gewählt, wobei wieder $U_q = \hat{u}_q \cdot e^{j\varphi}$ ist. Die komplexen Amplituden des
Stromes und der Teilspannungen erhalten wir, wenn wir in (3.31) und
(3.32) speziell $s = j\omega$ setzen. Stellt man sie durch Zeiger dar, so
gewinnt man für die Lage der Spannungszeiger relativ zu dem Stromzeiger die in Bild 3.12 dargestellten Zusammenhänge. Sie lassen sich wie
folgt beschreiben:

    Die Spannung am Widerstand ist mit dem durchfließenden
    Strom "in Phase".
    Die Spannung an der Induktivität eilt dem durchfließen-
    den Strom um 90° voraus.
    Die Spannung am Kondensator eilt dem durchfließenden
    Strom um 90° nach.

Bild 3.12 macht deutlich, wie diese Aussagen sowohl in Bezug auf die
komplexen Amplituden, wie auf die Zeitfunktionen verstanden werden
können.

Unter Verwendung der komplexen Amplituden der Teilspannungen erhält
man mit der Maschenregel die Beziehung

$$U_R + U_L + U_C = U_q \ ,$$

die in Bild 3.13a für einen willkürlich gewählten komplexen Wert von
s als sogenanntes Zeigerdiagramm dargestellt wurde. Ist speziell $s = j\omega$,
so sind die beiden Teilspannungen U_L und U_C entgegengesetzt gerichtet,
während U_R gegenüber U_C um $+90^\circ$ und gegenüber U_L um -90° in der Phase
verschoben ist. Bezeichnen wir mit $U_{LC} = U_L + U_C$ die Spannung an der
Reihenschaltung von L und C, so müssen die Zeiger U_q, U_R und U_{LC}
offenbar für alle Frequenzen ein rechtwinkliges Dreieck bilden,
dessen Hypothenuse die Spannung U_q ist. Bild 3.13b gibt das zugehörige Zeigerdiagramm an, in dem U_q als bezuggebend angenommen wurde.

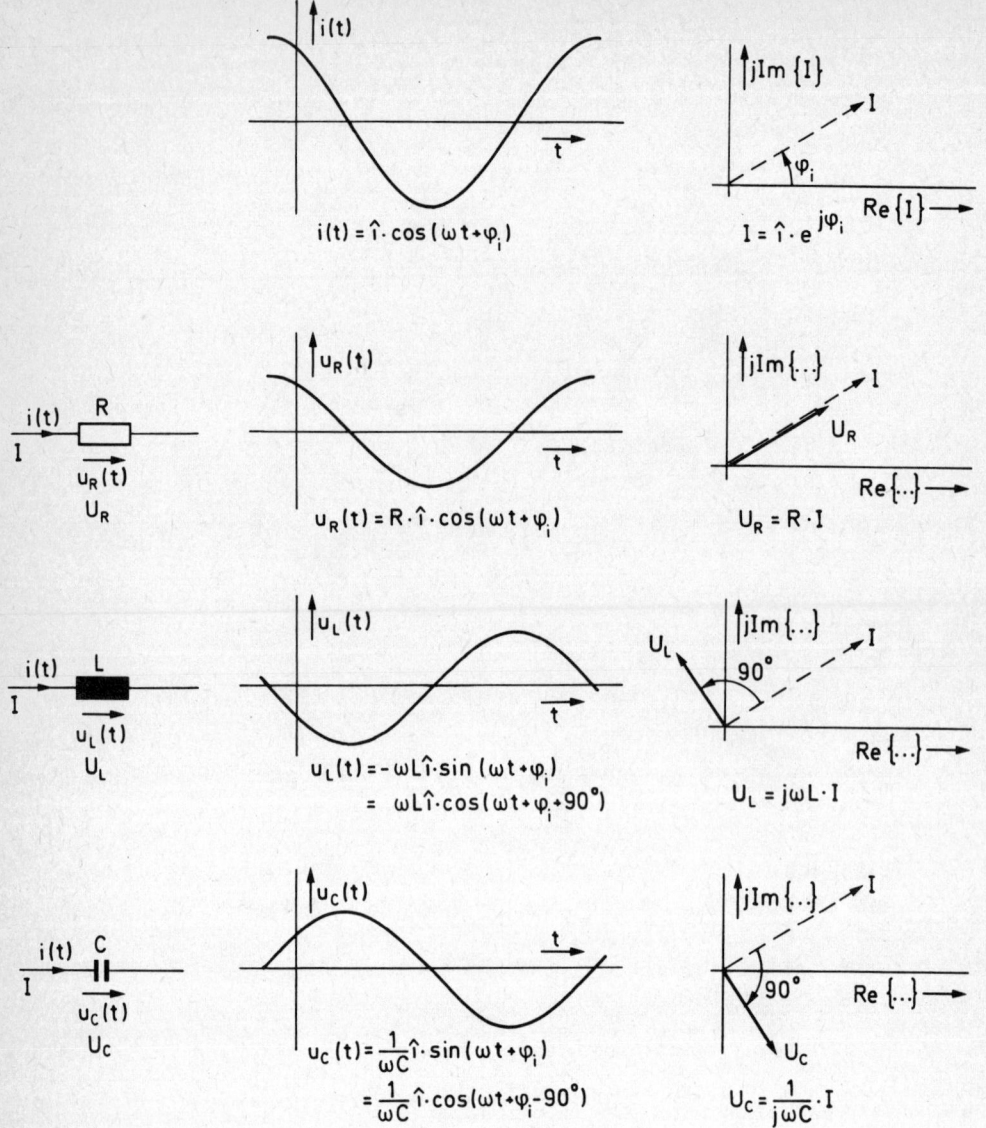

Bild 3.12   Zur Einführung komplexer Zeiger im Fall sinusförmiger Erregung

Die Spitze des Zeigers von U_R wandert bei Variation von ω auf einem Kreis (Thaleskreis).

Wir bestimmen noch die Frequenz ω_o, bei der $U_{LC} = 0$, also $U_R = U_q$ ist. Aus

$$U_{LC} = U_L + U_C = (j\omega_o L + \frac{1}{j\omega_o C}) = 0$$

folgt die Resonanzfrequenz

$$\omega_o = \frac{1}{\sqrt{LC}} \cdot \qquad\qquad (3.36)$$

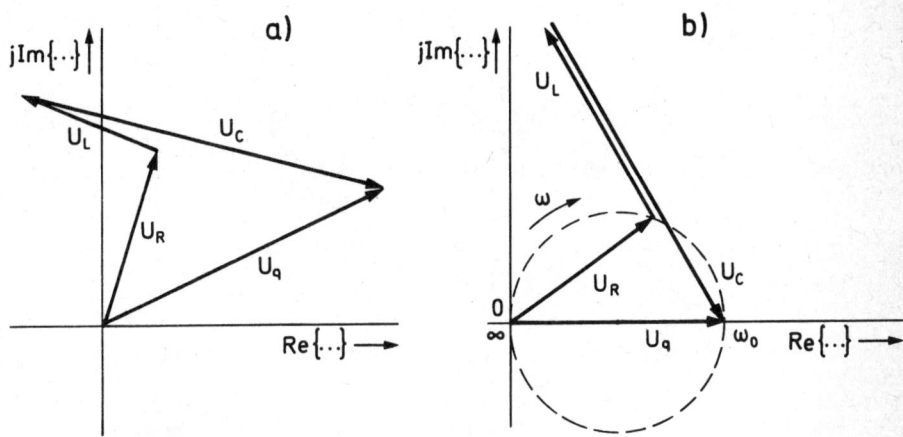

Bild 3.13   Zeigerdiagramm der Spannungen am Reihenschwingkreis

                 a) für $s = \sigma + j\omega$ mit $\sigma > 0$

                 b) für $s = j\omega$

Im folgenden diskutieren wir etwas ausführlicher die Spannungen an den einzelnen Elementen bzw. den Verlauf der entsprechenden Übertragungsfunktionen in Abhängigkeit von der Frequenz. Dazu nimmt man zweckmäßig eine Normierung vor, mit der eine dimensionslose komplexe Frequenzvariable

$$s_n = \frac{s}{\omega_n} \qquad\qquad (3.37a)$$

eingeführt wird. Wir wählen willkürlich für die normierende Frequenz

$$\omega_n = \frac{1}{\sqrt{LC}} = \omega_o$$

und führen außerdem für den Koeffizienten des linearen Gliedes im Nenner der Ausdrücke von (3.32) nach der Normierung

$$\rho = R\sqrt{\frac{C}{L}} = 2 \cos\psi \qquad\qquad (3.38a)$$

ein. Da man sich für eine Reihe von Anwendungen des Schwingkreises bei der Realisierung bemüht, den Widerstand R möglichst klein zu halten, wird der reziproke Wert von ρ häufig als Güte bezeichnet:

$$Q = \frac{1}{\rho} = \frac{1}{R}\sqrt{\frac{L}{C}} \cdot \qquad\qquad (3.38b)$$

Für die drei Übertragungsfunktionen erhalten wir aus (3.32) nach der Normierung

$$H_R(s_n) = \frac{U_R(s_n)}{U_q} = \frac{\rho s_n}{s_n^2 + \rho s_n + 1} \quad , \tag{3.39a}$$

$$H_L(s_n) = \frac{U_L(s_n)}{U_q} = \frac{s_n^2}{s_n^2 + \rho s_n + 1} \quad , \tag{3.39b}$$

$$H_C(s_n) = \frac{U_C(s_n)}{U_q} = \frac{1}{s_n^2 + \rho s_n + 1} \quad . \tag{3.39c}$$

Den Nenner dieser Übertragungsfunktionen können wir in der Form

$$s_n^2 + \rho s_n + 1 = (s_n - s_{n\infty 1})(s_n - s_{n\infty 2})$$

mit den normierten Polstellen

$$s_{n\infty 1,2} = -\frac{\rho}{2} \pm j \sqrt{1 - \left(\frac{\rho}{2}\right)^2} := \sigma_{n\infty} \pm j\Omega_\infty \tag{3.40}$$

schreiben. Bild 3.14a zeigt ihre mögliche Lage für $\rho < 2$. Dort ist auch der in (3.38a) bereits genannte Polwinkel ψ eingezeichnet, der als

$$\psi = \arctan \frac{|\Omega_\infty|}{|\sigma_{n\infty}|} = \arccos \frac{\rho}{2} \tag{3.41}$$

definiert wird. In Bild 3.14b sind die Lagen der Polstellen in Abhängigkeit von ρ eingetragen. Hier wurde auch der Fall $\rho > 2$ berücksichtigt, in dem sich aus (3.40) zwei reelle Werte für die Polstellen ergeben.

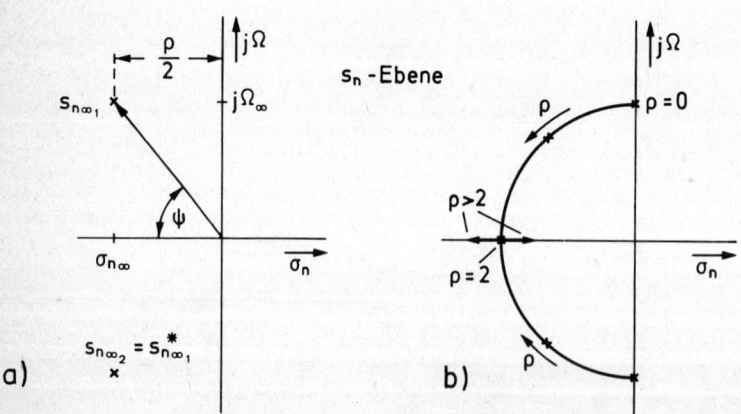

Bild 3.14   Lage der Pole $s_{n\infty 1,2}$ in der komplexen Ebene

Wir betrachten jetzt zunächst $H_C(s_n = j\Omega)$, d.h. den Frequenzgang (im engeren Sinne) der Spannung am Kondensator. Hier ist

$$\Omega = \frac{\omega}{\omega_n} = \omega \sqrt{LC} \qquad\qquad\qquad (3.37b)$$

die normierte Frequenz bei sinusförmiger Erregung. In Bild 3.15 ist die Funktion

$$H_C(j\Omega) = \frac{1}{-\Omega^2 + j\rho\Omega + 1} = |H_C(j\Omega)| e^{-jb(\Omega)} \qquad (3.42c)$$

für zwei verschiedene Polwinkel in der komplexen Ebene dargestellt. Derartige komplexe Funktionen einer reellen Variablen bezeichnet man als Ortskurven. Wir werden
sie in Abschnitt 5.5 ausführlich behandeln. Hier betrachten wir noch getrennt den
Betrag $|H_C(j\Omega)|$ und den Winkel $b(\Omega)$, die in Bild 3.16 für verschiedene Polwinkel
aufgezeichnet sind. Man erkennt, daß für größere Polwinkel ein Maximum des Betra-
ges auftritt, dessen Lage und Höhe von ψ abhängt. Für $|H_C(j\Omega)|^2$ erhält man

$$|H_C(j\Omega)|^2 = \frac{1}{(1-\Omega^2)^2 + \rho^2\Omega^2} = \frac{1}{\Omega^4 - \Omega^2(2-\rho^2) + 1} \; .$$

Extremwerte dieser Funktion liegen bei

$$\Omega = 0 \text{ und bei } \Omega^2_{max} = 1 - \frac{\rho^2}{2}$$

$$= 1 - \frac{\rho^2}{4} - \frac{\rho^2}{4} = \Omega^2_\infty - \sigma^2_{n\infty} \; . \qquad (3.43)$$

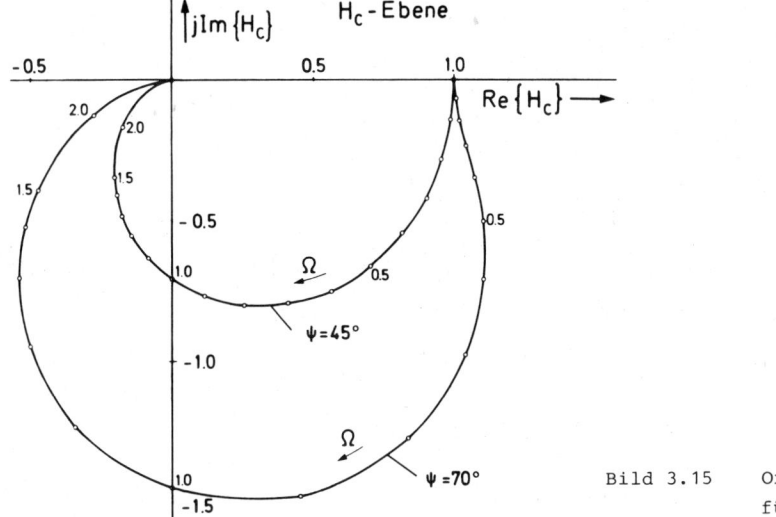

Bild 3.15   Ortskurven $H_C(j\Omega)$
                        für zwei Polwinkel

Offenbar ergibt sich ein reeller Wert für Ω_{max}, wenn $\rho^2 \leq 2$ bzw. $\Omega_\infty > |\sigma_{n\infty}|$ ist. Für
den Polwinkel bedeutet das, daß $\psi \geq 45^\circ$ sein muß. Den Ort des Maximums kann man
durch eine geometrische Konstruktion finden, die sich aus Gleichung (3.43) ergibt
und in Bild 3.17 gezeigt wird. Ein Kreisbogen um den Punkt $s_n = \sigma_{n\infty}$ mit dem Radius
Ω_∞ schneidet die Frequenzachse in den Punkten $\pm j\Omega_{max}$, wie man in der Zeichnung abliest. Schließlich findet man für die Höhe des Maximums

$$\max |H_C(j\Omega)| = \frac{2}{\rho\sqrt{4-\rho^2}} = \left| \frac{1}{2\sigma_{n\infty}\Omega_\infty} \right| . \qquad (3.44)$$

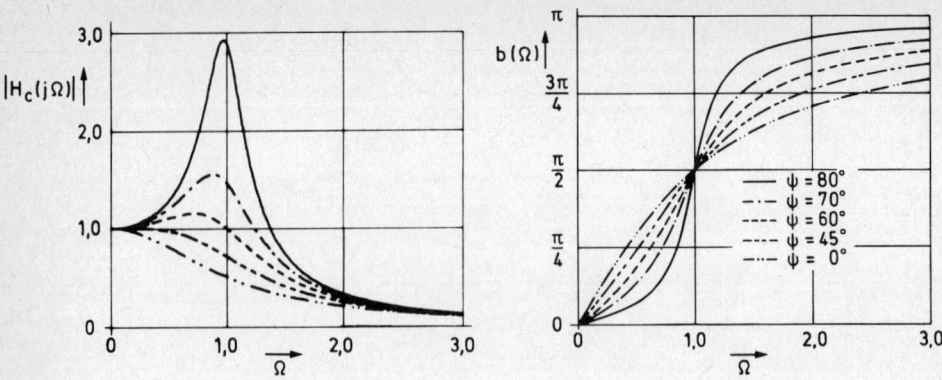

Bild 3.16   Betrag und Phase von $H_C(j\Omega)$ für verschiedene Polwinkel

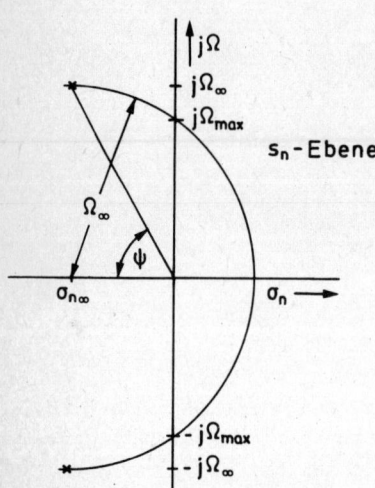

Bild 3.17   Zur Bestimmung von Ω_{max}

In Bild 3.18 wurden noch die Beträge der sich aus (3.39a) und (3.39b) ergebenden Funktionen

$$H_R(j\Omega) = \frac{j\rho\Omega}{-\Omega^2 + j\rho\Omega + 1} \qquad (3.42a)$$

$$H_L(j\Omega) = \frac{-\Omega^2}{-\Omega^2 + j\rho\Omega + 1} \qquad (3.42b)$$

bei gleicher Normierung der Frequenzskala dargestellt. Die Beziehung für $H_R(j\Omega)$ wird mit (3.38b) oft in der Form

$$H_R(j\Omega) = \frac{1}{1 + jQ(\Omega-\Omega^{-1})} \qquad (3.42d)$$

angegeben. Mit $|H_R(j\Omega_1)| = |H_R(j\Omega_2)| = \frac{1}{\sqrt{2}}$ ergibt sich eine "normierte Bandbreite"

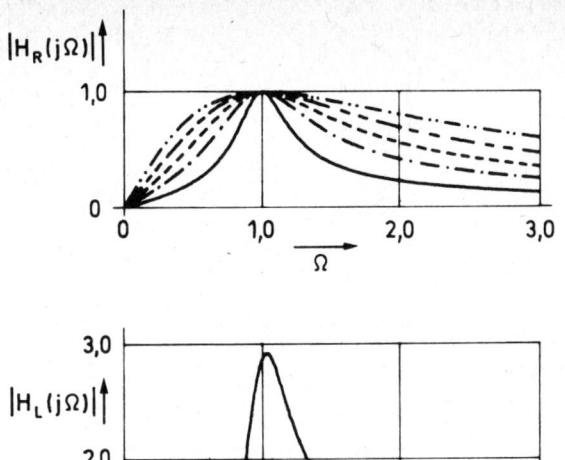

Bild 3.18   Frequenzgang des Betrages von $H_L(j\Omega)$ und $H_R(j\Omega)$ für verschiedene
             Polwinkel. Die Parametrierung wird durch die Strichart ausgedrückt,
             die der in Bild 3.16 entspricht.

$$\Delta\Omega = \Omega_2 - \Omega_1 = \frac{1}{Q} = \rho. \qquad\qquad (3.42e)$$

Die Funktionen $H_C(j\Omega)$ und $H_L(j\Omega)$ sind einander sehr ähnlich. Das Verhalten des
Betrages der einen in der Umgebung von $\Omega=\infty$ entspricht dem des Betrages der andern
in der Umgebung von $\Omega=0$. Durch Vergleich von (3.42b) mit (3.42c) erkennt man, daß
für die Phasenwinkel

$$\arg\{H_C(j\Omega)\} = \arg\{H_L(j\Omega)\} + \pi$$

gilt, wie wir es schon vorher bei der Einführung der komplexen Zeiger festgestellt
haben.

Von Interesse ist noch eine Darstellung der Funktion $|H_C(s_n)|$ für komplexe Werte
von s_n. Bild 3.19 zeigt sie für $\psi = 60^\circ$, d.h. $\rho = 1,0$. Man erkennt die beiden Pole
bei $s_{n\infty 1,2} = 0,5[-1 \pm j\sqrt{3}]$ und den Sattelpunkt bei $\sigma_{n\infty} = -0,5$. Der Vergleich des
Teilbildes a) mit Bild 3.16a macht deutlich, daß sich $|H_C(j\Omega)|$ ergibt, wenn man
die Funktion $|H_C(\sigma_n + j\Omega)|$ längs der imaginären Achse ($\sigma_n = 0$) schneidet. In Bild
3.19b sind die Linien konstanter Phase orthogonal zu denen konstanter Betrages.

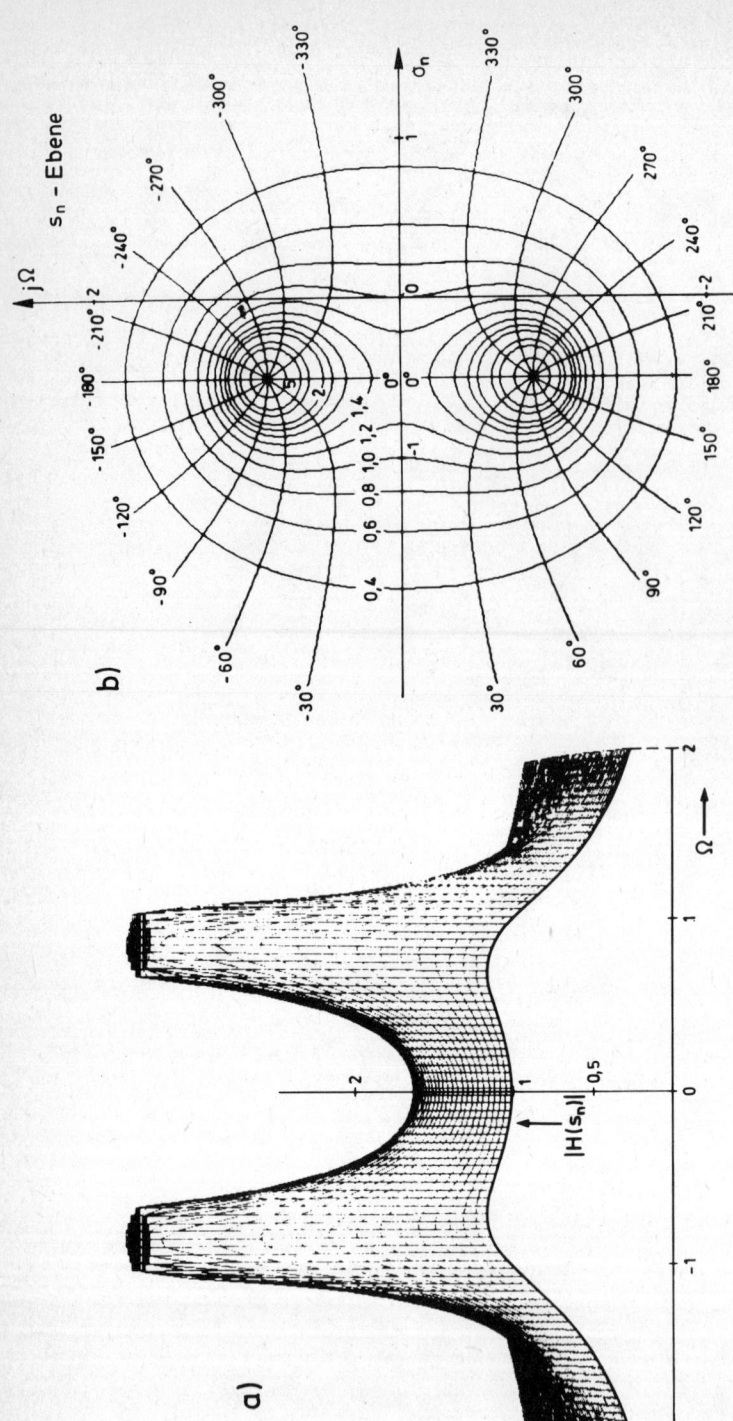

Bild 3.19   Darstellung von $H_C(s_n)$ für $\rho = 1,0$

a) $|H_C(s_n)|$ für $\mathrm{Re}\{s_n\} \leq 0$

b) Linien konstanten Betrages und konstanter Phase

Beim Durchgang durch einen Pol springt der Wert der Phasenlinie um π. Während die Symmetrie bezüglich der Senkrechten bei $\sigma_{n\infty} = -0,5$ speziell für das hier bezeichnete Beispiel gilt, ist die Symmetrie der Höhenlinien und, bis auf das Vorzeichen, die der Phasenlinien zu der reellen Achse eine wesentliche allgemeine Eigenschaft der Übertragungsfunktionen. Sie ist eine Folge der Beziehung $H(s^*) = H^*(s)$, die wir in Abschnitt 5.1.2 behandeln werden.

Die verschiedenen in diesem Abschnitt für den Reihenschwingkreis gefundenen Ergebnisse wurden in der Tabelle 3.4 zusammengestellt. Wichtiger ist aber, daß wir an diesem Beispiel die wesentlichen Punkte der komplexen Wechselstromrechnung erläutert haben, u.a. die Erweiterung der Größen *Widerstand* und *Leitwert* derart, daß die Kirchhoffsche Maschenregel wie im Gleichstromfall anzuwenden ist. Weiterhin wurden Zeigerdiagramme, Übertragungsfunktion und Frequenzgänge als neue Begriffe eingeführt.

3.2.2 Weitere Beispiele

3.2.2.1 RC-Abzweigschaltung

Wir behandeln zunächst eine RC-Abzweigschaltung, bei der wir der Einfachheit wegen annehmen, daß alle Widerstände und Kondensatoren gleich sind (Bild 3.20). Ähnlich wie in (2.20) schreiben wir, von rechts beginnend, die Gleichungen für Spannungs- und Stromteilung an:

$$i_4 = u_5 G + C \frac{du_5}{dt}$$

$$u_3 = u_5 + i_4 R$$

$$i_2 = i_4 + C \frac{du_3}{dt}$$

$$u_1 = u_3 + i_2 R$$

$$i_0 = i_2 + C \frac{du_1}{dt}$$

$$u_q = u_1 + i_0 R.$$

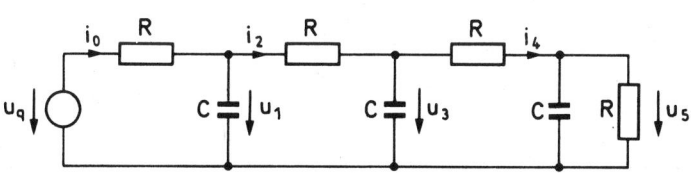

Bild 3.20   RC-Abzweigschaltungen

Tabelle 3.4   Zusammenstellung der Beziehungen für den Reihenschwingkreis

<table>
<tr><td rowspan="3">Übertragungsfunktionen</td><td>

$$H_R(s_n) = \frac{U_R}{U_q} = \frac{\rho s_n}{s_n^2 + \rho s_n + 1} = \rho s_n \, H_C(s_n)$$

</td><td>(3.39a)</td></tr>
<tr><td>

$$H_L(s_n) = \frac{U_L}{U_q} = \frac{s_n^2}{s_n^2 + \rho s_n + 1} = s_n^2 \, H_C(s_n)$$

</td><td>(3.39b)</td></tr>
<tr><td>

$$H_C(s_n) = \frac{U_C}{U_q} = \frac{1}{s_n^2 + \rho s_n + 1} = \frac{1}{(s-s_{n\infty 1})(s-s_{n\infty 2})}$$

</td><td>(3.39c)</td></tr>

<tr><td rowspan="2">Normierung</td><td>

$$s_n = \frac{s}{\omega_n} \text{ , wobei } \omega_n = \frac{1}{\sqrt{LC}}$$

</td><td>(3.37a)</td></tr>
<tr><td>

$$\rho = R\sqrt{\frac{C}{L}} = \frac{1}{Q} = 2\cos\psi$$

</td><td>(3.38a)</td></tr>

<tr><td rowspan="2">Polstellen</td><td>

$$s_{n\infty 1,2} = -\frac{\rho}{2} \pm j\sqrt{1-\left(\frac{\rho}{2}\right)^2} = \sigma_{n\infty} \pm j\Omega_\infty$$

</td><td>(3.40)</td></tr>
<tr><td>

$$= -\cos\psi \pm j\sin\psi \text{ mit } \psi = \arctan\frac{|\Omega_\infty|}{|\sigma_{n\infty}|}$$

</td><td>(3.41)</td></tr>

<tr><td rowspan="3">Frequenzgänge</td><td>

$$H_R(j\Omega) = j\rho\Omega \cdot H_C(j\Omega) = \frac{1}{1 + jQ(\Omega - \Omega^{-1})}$$

</td><td>(3.42a)</td></tr>
<tr><td>

$$H_L(j\Omega) = -\Omega^2 H_C(j\Omega) = H_C\left(\frac{1}{j\Omega}\right)$$

</td><td>(3.42b)</td></tr>
<tr><td>

$$H_C(j\Omega) = \frac{1}{-\Omega^2 + j\rho\Omega + 1}$$

</td><td>(3.42c)</td></tr>

<tr><td rowspan="4">Extremwerte</td><td>

$$\max|H_C(j\Omega)| = |H_C(j\Omega_{max})| = \frac{2}{\rho\sqrt{4-\rho^2}} = \frac{1}{2|\sigma_{n\infty}||\Omega_\infty|}$$

</td><td>(3.44)</td></tr>
<tr><td>

$$\text{mit } \Omega_{max} = \frac{1}{2}\sqrt{4-2\rho^2} = \sqrt{\Omega_\infty^2 - \sigma_{n\infty}^2}$$

</td><td>(3.43)</td></tr>
<tr><td>

$$\max|H_L(j\Omega)| = |H_L(j\Omega_{max}^{-1})| = |H_C(j\Omega_{max})|$$

</td><td></td></tr>
<tr><td>

$$\max|H_R(j\Omega)| = |H_R(j)| = 1$$

</td><td></td></tr>
</table>

Für dieses System von Differentialgleichungen erhalten wir wieder die Partikulärlösung zu einer Erregung $u_q = U_q e^{st}$, indem wir für alle auftretenden Ströme und Spannungen ansetzen $i_\nu(t) = I_\nu e^{st}$ bzw. $u_\mu(t) = U_\mu e^{st}$. Es ergeben sich Gleichungen, die wir unmittelbar für die komplexen Amplituden bekommen hätten, wenn wir unter Verwendung der komplexen Widerstände und Leitwerte der Elemente die Knoten- und Maschengleichungen angeschrieben hätten.

$$I_4 = U_5 G + sCU_5 = (sC + G)U_5$$

$$U_3 = U_5 + RI_4 = (sRC + 2)U_5$$

$$I_2 = I_4 + sCU_3 = (s^2RC^2 + 3sC + G)U_5$$

$$U_1 = U_3 + RI_2 = (s^2R^2C^2 + 4sRC + 3)U_5 \tag{3.43}$$

$$I_0 = I_2 + sCU_1 = (s^3R^2C^3 + 5s^2RC^2 + 6sC + G)U_5$$

$$U_q = U_1 + RI_0 = (s^3R^3C^3 + 6s^2R^2C^2 + 10sRC + 4)U_5 .$$

Hieraus gewinnt man, wenn man noch eine Frequenznormierung mit $s_n = sRC = \dfrac{s}{\omega_n}$ durchführt, z.B.

$$H_5(s_n) = \frac{U_5}{U_q} = \frac{1}{s_n^3 + 6s_n^2 + 10s_n + 4} ,$$

$$H_3(s_n) = \frac{U_3}{U_q} = \frac{s_n + 2}{s_n^3 + 6s_n^2 + 10s_n + 4} = \frac{U_3}{U_5} \cdot \frac{U_5}{U_q} . \tag{3.44}$$

Für $s_n = 0$ ergibt sich die Teilung einer Gleichspannung, wie unmittelbar an der Schaltung kontrolliert werden kann. Alle Übertragungsfunktionen mit einer Spannung oder einem Strom als Ausgangsgröße haben den oben für H_3 und H_5 angegebenen Nenner. Z.B. bekommt man für den Eingangsleitwert

$$Y_e = \frac{I_0}{U_q} = \frac{s_n^3 + 5s_n^2 + 6s_n + 1}{s_n^3 + 6s_n^2 + 10s_n + 4} G. \tag{3.45}$$

Ohne weitere Erläuterung stellen wir noch fest, daß der Grad des Nenners der Übertragungsfunktionen gleich der Zahl der Energiespeicher im Netzwerk ist, eine Regel, die wir beim Reihenschwingkreis von Abschnitt 3.2.1 bestätigen können, die aber nicht allgemein gilt, wie wir noch sehen werden.

Von Interesse ist weiterhin das Zeigerdiagramm für sinusförmige Erregung, d.h. für $s_n = j\Omega = j\omega RC$. Es ist in Bild 3.21 für $\Omega = 0,5$ dargestellt. Die unbekannte Spannung U_5 wählen wir als bezuggebend und legen den zugehörigen Zeiger - mit noch unbekanntem Maßstab - in die reelle Achse. Nach den Regeln von Bild 3.12 ist dann der Teilstrom I_{52} mit U_5 in Phase, während I_{51} um $+90^\circ$ phasenverschoben ist. Ihre Summe liefert I_4, das seinerseits in R_4 den gleichphasigen Spannungsabfall U_4 hervorruft usw. Offenbar kommen wir Schritt für Schritt zu einer graphischen Darstel-

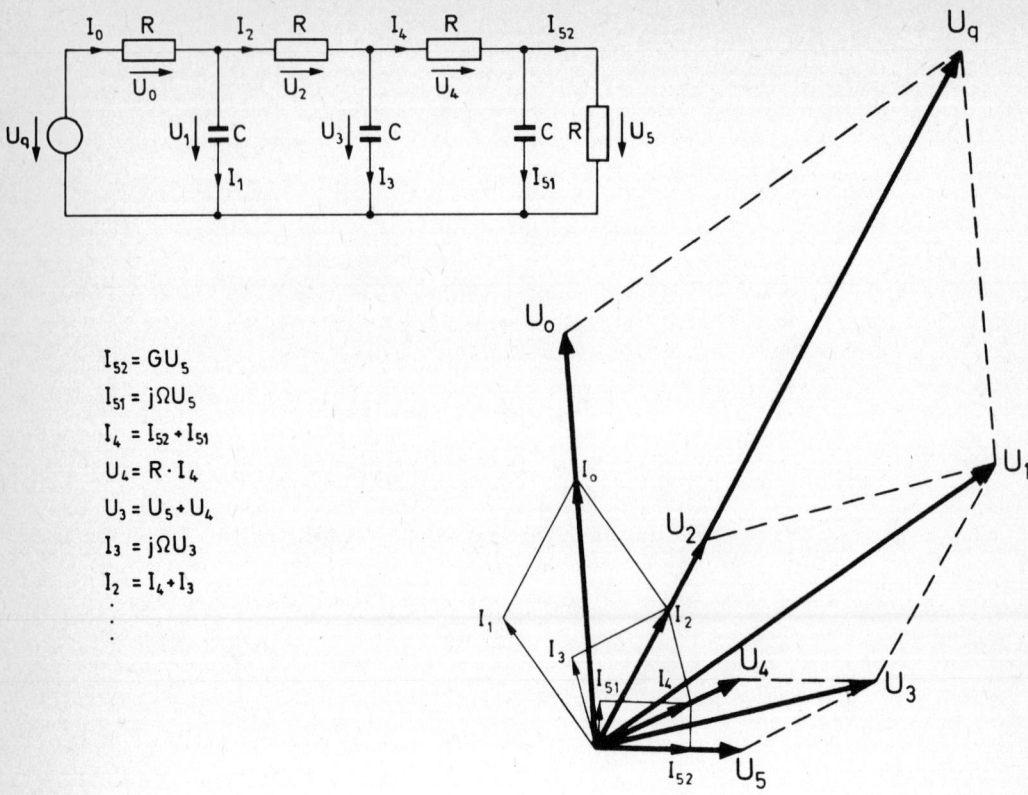

$$I_{52} = GU_5$$
$$I_{51} = j\Omega U_5$$
$$I_4 = I_{52} + I_{51}$$
$$U_4 = R \cdot I_4$$
$$U_3 = U_5 + U_4$$
$$I_3 = j\Omega U_3$$
$$I_2 = I_4 + I_3$$
$$\vdots$$

Bild 3.21   Zeigerdiagramm für eine RC-Abzweigschaltung bei $\Omega = \omega RC = 0{,}5$

lung der in (3.43) angegebenen Zusammenhänge zwischen den auftretenden Spannungen und Strömen, bei der wir schließlich zu der bekannten Quellspannung gelangen. Damit erhalten wir nachträglich den Maßstab für die Längen der Zeiger und damit die Möglichkeit, die gesamte Analyse mit einem graphischen Verfahren auch quantitativ durchzuführen. Selbstverständlich ist für jede Frequenz ein getrenntes Zeigerdiagramm zu entwickeln.

3.2.2.2 Magnetisch gekoppelte Schwingkreise

Als Beispiel für eine Schaltung mit einer Gegeninduktivität seien die beiden magnetisch gekoppelten Reihenschwingkreise von Bild 3.22 behandelt. Der Einfachheit wegen nehmen wir an, daß die Elemente in den beiden Kreisen gleich groß sind. Die beiden Maschengleichungen sind

$$L\frac{di_1}{dt} + Ri_1 + \frac{1}{C}\int_{-\infty}^{t} i_1 d\tau \qquad - M\frac{di_2}{dt} \qquad = u_q(t),$$

$$- M\frac{di_1}{dt} \qquad + L\frac{di_2}{dt} + Ri_2 + \frac{1}{C}\int_{-\infty}^{t} i_2 d\tau = 0.$$

Auch hier beschränken wir uns auf den Fall einer Erregung mit $u_q(t) = U_q \cdot e^{st}$ und

verwenden den Lösungsansatz $i_{1,2}(t) = I_{1,2} \cdot e^{st}$. Man erhält für diese Partikulärlösung

$$[sL + R + \frac{1}{sC}]I_1 \qquad - sM \cdot I_2 \qquad = U_q$$

$$- sM \cdot I_1 \qquad + [sL + R + \frac{1}{sC}]I_2 \; = 0 \qquad\qquad (3.46)$$

mit den unbekannten komplexen Amplituden $I_{1,2}(s)$. Diese Gleichungen hätten wir
unmittelbar erhalten, wenn wir unter Verwendung der für exponentielle Erregung
gültigen Definition der komplexen Widerstände der Bauelemente und der entsprechenden Definitionsgleichung (3.17) der gekoppelten Spulen die Maschenregel angewendet
hätten.

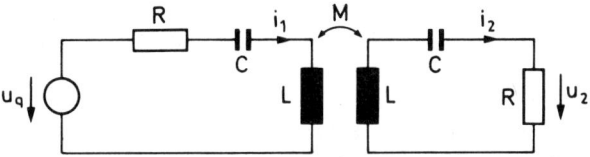

Bild 3.22   Magnetisch gekoppelte Schwingkreise

Wir berechnen noch die Übertragungsfunktion $H(s) = U_2/U_q$ und diskutieren ihren
Frequenzgang. Dazu nehmen wir wieder eine Normierung wie im Abschnitt 3.2.1 vor.
Mit (3.37a) und (3.38a) sowie unter Verwendung des Kopplungsfaktors $k = M/L$ (siehe
Anhang 2.4) erhält man zunächst

$$I_1(s_n^2 + \rho s_n + 1) - I_2 s_n^2 k \qquad = s_n\sqrt{\frac{C}{L}}\, U_q ,$$

$$-I_1 s_n^2 k \qquad + I_2(s_n^2 + \rho s_n + 1) = 0 ,$$

Daraus berechnen wir den Ausgangsstrom

$$I_2 = \frac{s_n^3 k \sqrt{\frac{C}{L}}\, U_q}{(s_n^2 + \rho s_n + 1)^2 - s_n^4 k^2}$$

und erhalten für die interessierende Übertragungsfunktion nach einer Umformung
des Nenners

$$H(s_n) = \frac{k\rho}{1-k^2}\; \frac{s_n^3}{\left(s_n^2 + \frac{\rho}{1-k}s_n + \frac{1}{1-k}\right)\left(s_n^2 + \frac{\rho}{1+k}s_n + \frac{1}{1+k}\right)} . \qquad (3.47)$$

Die vier Pole der Übertragungsfunktion liegen bei

$$s_{n\infty 1\ldots 4} = -\frac{\rho}{2(1 \pm k)} \pm j\sqrt{\frac{1}{1 \pm k} - \left(\frac{\rho}{2(1 \pm k)}\right)^2} . \qquad (3.48)$$

Sind $\rho \ll 1$ und $k \ll 1$, so reduziert sich dieser Ausdruck auf

$$s_{n\infty 1\ldots 4} \approx -\frac{\rho}{2} \pm j\left(1 \mp \frac{k}{2}\right) . \qquad (3.49)$$

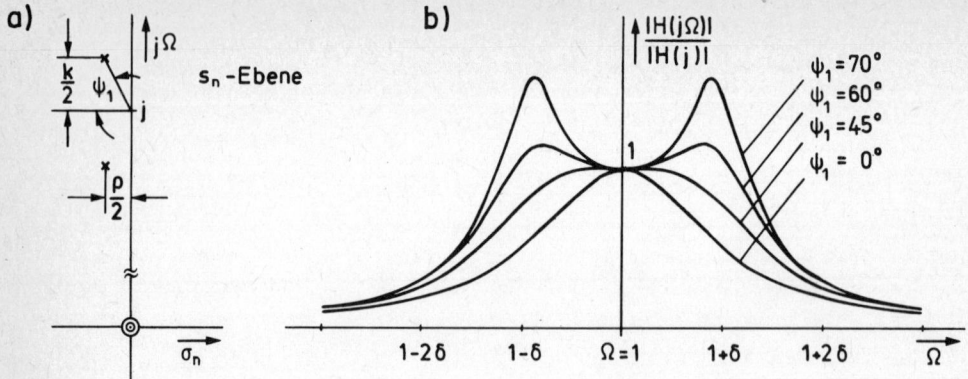

Bild 3.23   a) Lage der Pole und Nullstellen der Übertragungsfunktion H(s_n)
                für gekoppelte Schwingkreise
             b) Betragsfrequenzgang |H(jΩ)| bei gekoppelten Schwingkreisen

Bild 3.23a zeigt die Lage der Pol- und Nullstellen im zweiten Quadranten. Die Pole liegen in Paaren auf einem Kreis mit dem Radius $\delta = \frac{1}{2} \sqrt{\rho^2 + k^2}$ um den Punkt $s_n = \pm\, j$, ähnlich wie im Falle des einfachen Schwingkreises die Pole auf einem Kreis mit dem Radius 1 um den Punkt $s_n = 0$ gelegen haben. Für eine Näherungsbetrachtung können wir daher frühere Ergebnisse übernehmen. Z.B. werden wir Maxima des Betrages von H(jΩ) für |Ω| $\neq$ 1 zu erwarten haben, wenn der bei $s_n = j$ gemessene Polwinkel ψ_1 größer als 45° ist, d.h. wenn $\rho < k$ ist. In diesem Fall sprechen wir von einer überkritischen Kopplung der Schwingkreise. Verkleinern wir die Kopplung k, so kommen wir bei Vernachlässigung des Einflusses der dreifachen Nullstelle bei $s_n = 0$ und der Polstelle in der Umgebung von $s_n = -j$ mit k = ρ zur kritischen Kopplung, die durch ein flaches Maximum der Betragskurve bei Ω = 1 gekennzeichnet ist. Der Fall k < ρ wird als unterkritische Kopplung bezeichnet. Bild 3.23b zeigt einige charakteristische Verläufe von |H(jΩ)| in der Umgebung von Ω = 1, wobei jeweils auf den Wert |H(j)| bezogen wurde. Man erkennt, daß sich mit einer stärkeren Kopplung, d.h. größerem k eine Vergrößerung der Bandbreite ergibt, die aber mit einer stärkeren Schwankung des Betrages verbunden ist.

3.2.2.3 Überbrückte T-Schaltung

Als weiteres Beispiel untersuchen wir die in Bild 3.24 dargestellte Anordnung mit zwei Spannungsquellen. Offenbar stimmt der Graph dieses Netzwerkes mit dem der

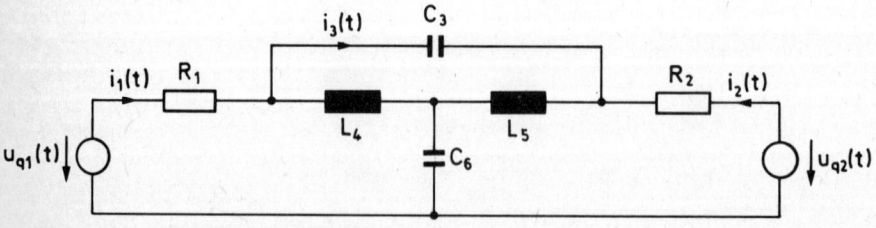

Bild 3.24   Überbrücktes T-Glied

Schaltung von Bild 2.25 überein. Wir verwenden die Maschenanalyse und denselben vollständigen Baum wie schon in Abschnitt 2.5.1. Man erhält ein System von drei Integro-Differentialgleichungen

$$L_4 \frac{di_1}{dt} + R_1 i_1 + \frac{1}{C_6} \int_{-\infty}^{t} i_1 d\tau \qquad + \frac{1}{C_6} \int_{-\infty}^{t} i_2 d\tau \qquad - L_4 \frac{di_3}{dt} \qquad = u_{q1}(t)$$

$$+ \frac{1}{C_6} \int_{-\infty}^{t} i_1 d\tau \qquad + L_5 \frac{di_2}{dt} + R_2 \cdot i_2 + \frac{1}{C_6} \int_{-\infty}^{t} i_2 d\tau + L_5 \frac{di_3}{dt} \qquad = u_{q2}(t)$$

$$- L_4 \frac{di_1}{dt} \qquad + L_5 \frac{di_2}{dt} \qquad + (L_4 + L_5) \frac{di_3}{dt} + \frac{1}{C_3} \int_{-\infty}^{t} i_3 d\tau = 0$$

$$(3.50)$$

Es sei nun $u_{q1}(t) = U_{q1} e^{s_1 t}$ und $u_{q2}(t) = U_{q2} e^{s_2 t}$. Zur Bestimmung der zugehörigen Partikulärlösung für die gesuchten Ströme i_1, i_2 und i_3 müssen wir jetzt einen Ansatz machen, der die verschiedenen Störglieder in einer Linearkombination enthält. Es ist also

$$i_\nu(t) = I_{\nu 1} e^{s_1 t} + I_{\nu 2} e^{s_2 t}, \qquad (3.51)$$

wobei die komplexen Amplituden $I_{\nu 1}$ und $I_{\nu 2}$ für die von den Quellen her fest vorgegebenen s_1 und s_2 noch zu bestimmen sind. Durch Einsetzen bekommen wir z.B. für die erste der obigen Gleichungen

$$I_{11} \left[s_1 L_4 + R_1 + \frac{1}{s_1 C_6} \right] e^{s_1 t} + I_{12} \left[s_2 L_4 + R_1 + \frac{1}{s_2 C_6} \right] e^{s_2 t} +$$

$$+ I_{21} \frac{1}{s_1 C_6} e^{s_1 t} + I_{22} \frac{1}{s_2 C_6} e^{s_2 t} - I_{31} s_1 L_4 e^{s_1 t} - I_{32} s_2 L_4 e^{s_2 t} = U_{q1} e^{s_1 t}.$$

Diese Gleichung und die entsprechenden für die beiden anderen Maschen sind nur dann für alle Werte von t zu erfüllen, wenn sie für jede der beiden durch s_1 und s_2 gekennzeichneten Exponentialfunktionen getrennt erfüllt sind. Wir bekommen daher zwei getrennte Gleichungssysteme, in denen jeweils nur eine Erregung auftritt. Nach Herauskürzen der Zeitfunktionen ergibt sich

$$I_{11} \left(s_1 L_4 + R_1 + \frac{1}{s_1 C_6} \right) \qquad + \qquad I_{21} \frac{1}{s_1 C_6} \qquad - I_{31} s_1 L_4 \qquad = U_{q1},$$

$$I_{11} \frac{1}{s_1 C_6} + I_{21} \left(s_1 L_5 + R_2 + \frac{1}{s_1 C_6} \right) + I_{31} s_1 L_5 \qquad = 0,$$

$$-I_{11} s_1 L_4 \qquad + \qquad I_{21} s_1 L_5 \qquad + I_{31} \left(s_1 (L_4 + L_5) + \frac{1}{s_1 C_3} \right) = 0,$$

$$I_{12}\left(s_2L_4 + R_1 + \frac{1}{s_2C_6}\right) \quad + \quad I_{22}\frac{1}{s_2C_6} \quad - I_{32}s_2L_4 \quad = 0,$$

$$I_{12}\frac{1}{s_2C_6} + I_{22}\left(s_2L_5 + R_2 + \frac{1}{s_2C_6}\right) + I_{32}s_2L_5 \quad = U_{q2},$$

$$-I_{12}s_2L_4 \quad + \quad I_{22}s_2L_5 \quad + I_{32}\left(s_2(L_4+L_5) + \frac{1}{s_2C_3}\right) = 0.$$

Haben beide Spannungsquellen dieselbe Frequenz s, so erhält man ein einziges Gleichungssystem, in dem auf der rechten Seite U_{q1} und U_{q2} erscheinen.

Offenbar können wir die erhaltenen Gleichungssysteme zusammenfassend in folgender Form schreiben:

$$I_1Z_{11} + I_2Z_{12} + I_3Z_{13} = U_{q1} \qquad = 0,$$

$$I_1Z_{21} + I_2Z_{22} + I_3Z_{23} = 0 \quad \text{bzw.} = U_{q2}, \qquad (3.53)$$

$$I_1Z_{31} + I_2Z_{32} + I_3Z_{33} = 0 \qquad = 0.$$

Hier sind die $Z_{\nu\mu}(s)$ einmal für $s=s_1$ und im anderen Fall für $s=s_2$ zu nehmen. Speziell ist $Z_{\nu\nu}(s) = sL_\nu + R_\nu + \frac{1}{sC_\nu}$ der so wie im Abschnitt 3.2.1 definierte komplexe Widerstand der ν-ten Masche, die die Schaltelemente L_ν, R_ν und C_ν enthält. Wie das Beispiel der 3. Maschengleichung zeigt, ist im allgemeinen Fall L_ν die Summe der Induktivitäten innerhalb der Masche. Entsprechend ergeben sich R_ν und C_ν aus allen Widerständen und Kondensatoren der Masche. Die $Z_{\nu\mu}(s)$ mit $\nu\neq\mu$ sind dagegen, eventuell abgesehen vom Vorzeichen, die ebenso definierten komplexen Widerstände der Zweige, die den Maschen ν und μ gemeinsam sind. Diese Widerstände gehen mit positivem Vorzeichen in die Gleichung ein, wenn beide beteiligten Maschen gleich orientiert sind; im anderen Fall erhalten sie ein negatives Vorzeichen. $Z_{\nu\mu}$ kann also negativ werden, wie das in unserem Beispiel für Z_{13} bzw. Z_{31} der Fall ist. Offenbar ist $Z_{\nu\mu} = Z_{\mu\nu}$, weil es sich, unabhängig davon, welche Masche Ausgangspunkt der Betrachtung ist, um den Widerstand desselben Zweiges handelt. All diese Aussagen sind Verallgemeinerungen der Ergebnisse von Abschnitt 2.5.1 insofern, als jetzt komplexe Widerstände an Stelle von reellen und komplexe Amplituden an Stelle von reellen Strömen und Spannungen auftreten. Mit dieser Festlegung lassen sich die Gleichungen (3.53) offenbar sofort anschreiben.

Aus (3.53) erhält man z.B. für die Amplituden I_{21} und I_{22} der Teilströme von $i_2(t)$

$$I_{21}(s_1) = \frac{\Delta^Z_{1,2}(s_1)}{\Delta^Z(s_1)} U_{q1}, \qquad (3.54a)$$

$$I_{22}(s_2) = \frac{\Delta^Z_{2,2}(s_2)}{\Delta^Z(s_2)} U_{q2}. \qquad (3.54b)$$

Hier ist Δ^Z die Determinante der Koeffizientenmatrix in (3.53), die wir in Verallgemeinerung der in Abschnitt 2.5.1 eingeführten Matrix **R** als die Widerstandsmatrix **Z** bezeichnen. $\Delta^Z_{1,2}$ ist die Adjunkte von Δ^Z zur ersten Zeile und zweiten Spalte. Für $s_1=s_2=s$ erhält man ebenso

$$I_2(s) = \frac{\Delta^Z_{1,2}}{\Delta^Z} U_{q1} + \frac{\Delta^Z_{2,2}}{\Delta^Z} U_{q2}. \qquad (3.54c)$$

Das Beispiel zeigt, daß man auch bei einer Erregung des Netzwerkes mit Quellen
von i.a. unterschiedlichem exponentiellen Verlauf im Prinzip so rechnen kann wie
bei der Erregung mit einer Quelle. Die sich ergebenden Zeitfunktionen der Ströme
sind, wie in (3.51) angesetzt, Linearkombinationen von Teilströmen der entsprechenden exponentiellen Form. Ihre komplexen Amplituden, die ohnehin Funktionen
der Frequenz sind, bestimmen wir getrennt für die Einzelerregungen, wie in (3.54 a,b)
angegeben. Nur dann, wenn alle Erregungen die gleiche Frequenz haben, können wir
den Gesamtstrom durch eine einzige komplexe Amplitude wie in (3.54c) beschreiben.
Andererseits können wir zunächst annehmen, alle Quellen würden Exponentialfunktionen mit der komplexen Frequenz s liefern, die von den Einzelquellen herrührenden
komplexen Amplituden als Funktionen von s errechnen und nötigenfalls dann die
speziellen Frequenzwerte s_ν einsetzen. Wir werden im Abschnitt 3.3.1 diese Aussage
verallgemeinern und anwenden.

3.2.3 Verallgemeinerung

Nach der ausführlichen Behandlung der Beispiele liegt die Verallgemeinerung nahe. Wir geben sie für den Fall der Maschenanalyse an. Bei der
Knotenanalyse ist ganz entsprechend vorzugehen:
Gegeben sei ein Netzwerk mit Widerständen, gekoppelten und ungekoppel-
ten Induktivitäten, Kapazitäten, stromgesteuerten und ungesteuerten
Spannungsquellen. Zu seiner Analyse wandeln wir zunächst die gekoppelten Induktivitäten entsprechend Tabelle 3.2 in Anordnungen mit nicht-
gekoppelten Spulen und, nötigenfalls, gesteuerten Quellen um. Bild
3.25a,b zeigt einen Ausschnitt aus einem solchen Netzwerk vor und nach
der Umwandlung. Wir zeichnen den Graphen des Netzwerkes und wählen in
ihm nach den Regeln von Abschnitt 2.5.1 einen vollständigen Baum. Damit sind die Verbindungszweige sowie die Maschen festgelegt. Für die
μ-te Masche gilt dann

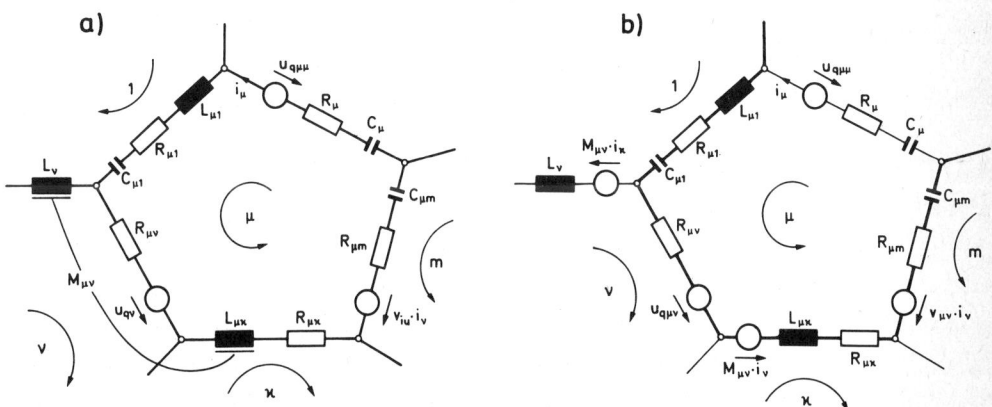

Bild 3.25   Zur Maschenanalyse allgemeiner Netzwerke

$$(L_{\mu\mu} + M_{\mu\mu})\,\frac{di_\mu}{dt} + (R_{\mu\mu} + v_{\mu\mu})i_\mu + \frac{1}{C_{\mu\mu}}\int_{-\infty}^{t} i_\mu d\tau +$$

$$\sum_{\substack{\nu=1 \\ \mu\neq\nu}}^{m} m_{\mu\nu}\left[(L_{\mu\nu} + M_{\mu\nu})\,\frac{di_\nu}{dt} + (R_{\mu\nu} + v_{\mu\nu})i_\nu + \frac{1}{C_{\mu\nu}}\int_{-\infty}^{t} i_\nu d\tau\right] = u_{q\mu}(t) \qquad (3.55a)$$

Hier ist $i_\nu(t)$, $\nu = 1(1)m$ der Strom im ν-ten Verbindungszweig. Weiterhin gilt

$$L_{\mu\mu} = L_\mu + \sum_{\substack{\nu=1 \\ \nu\neq\mu}}^{m} L_{\mu\nu},\quad R_{\mu\mu} = R_\mu + \sum_{\substack{\nu=1 \\ \nu\neq\mu}}^{m} R_{\mu\nu},\quad \frac{1}{C_{\mu\mu}} = \frac{1}{C_\mu} + \sum_{\substack{\nu=1 \\ \nu\neq\mu}}^{m} \frac{1}{C_{\mu\nu}},$$

wobei L_μ, R_μ, C_μ die Elemente im μ-ten Verbindungszweig, $L_{\mu\nu}$, $R_{\mu\nu}$, $C_{\mu\nu}$ mit $\mu \neq \nu$ die in den Baumzweigen bezeichnen, die den Maschen μ und ν gemeinsam sind. Die Faktoren $m_{\mu\nu}$ sind wie in Abschnitt 2.5.1 die Elemente der Mascheninzidenzmatrix **M** und es gilt wieder für die betreffenden Baumzweige

$$m_{\mu\nu} = \begin{array}{l} +\ 1,\ \text{wenn die Ströme } i_\mu \text{ und } i_\nu \text{ gleich orientiert sind} \\ -\ 1,\ \text{wenn die Ströme } i_\mu \text{ und } i_\nu \text{ verschieden orientiert sind} \\ 0,\ \text{wenn die Maschen } \mu \text{ und } \nu \text{ keine gemeinsamen Zweige haben.} \end{array}$$

$M_{\mu\mu}$ ist die Summe der Gegeninduktivitäten derjenigen gekoppelten Spulen, die alle vom Strom i_μ durchflossen werden. Weiterhin wird mit $v_{\mu\mu}$ die Summe der Verstärkungsfaktoren derjenigen Spannungsquellen in der Masche μ bezeichnet, die vom Strom i_μ gesteuert werden. Entsprechend berücksichtigen $M_{\mu\nu}$ und $v_{\mu\nu}$ mit $\mu \neq \nu$ die in der Masche wirksam werdenden Gegeninduktivitäten und Spannungsquellen, die mit $i_\nu(t)$ zusammenhängen.

Schließlich ist

$$u_{q\mu}(t) = \sum_{\nu=1}^{m} u_{q\mu\nu}(t)$$

die Summe der Quellspannungen in der Masche μ.

Es sind m Gleichungen der angegebenen Form anzuschreiben. Wir interessieren uns wieder für die Partikulärlösung des Gleichungssystems bei exponentieller Erregung. Ohne Einschränkung der Allgemeingültigkeit setzen wir für alle ungesteuerten Quellen $u_{q\mu\nu}(t) = U_{q\mu\nu}e^{st}$, nehmen also an, daß alle Exponentialfunktionen dieselbe Frequenz haben. Mit dem Lösungsansatz $i_\nu(t) = I_\nu e^{st}$ erhalten wir nach Kürzen durch e^{st} für die μ-te Gleichung

$$\left[s(L_{\mu\mu} + M_{\mu\mu}) + (R_{\mu\mu} + v_{\mu\mu}) + \frac{1}{sC_{\mu\mu}} \right] I_{\mu}$$

$$+ \sum_{\substack{\nu=1 \\ \nu \neq \mu}}^{m} m_{\mu\nu} \left[s(L_{\mu\nu} + M_{\mu\nu}) + (R_{\mu\nu} + v_{\mu\nu}) + \frac{1}{sC_{\mu\nu}} \right] I_{\nu} = U_{q\mu} \tag{3.55b}$$

oder allgemein

$$
\begin{aligned}
I_1 Z_{11} + \cdots + I_{\mu} Z_{1\mu} + \cdots + I_m Z_{1m} &= U_{q1} \\
&\;\vdots \\
I_1 Z_{\mu1} + \cdots + I_{\mu} Z_{\mu\mu} + \cdots + I_m Z_{\mu m} &= U_{q\mu} \\
&\;\vdots \\
I_1 Z_{m1} + \cdots + I_{\mu} Z_{m\mu} + \cdots + I_m Z_{mm} &= U_{qm}.
\end{aligned}
\tag{3.56a}
$$

Hier wurden wie früher die komplexen Widerstände

$$Z_{\mu\mu} = sL_{\mu\mu} + sM_{\mu\mu} + R_{\mu\mu} + v_{\mu\mu} + \frac{1}{sC_{\mu\mu}} \tag{3.56b}$$

$$Z_{\mu\nu} = sL_{\mu\nu} + sM_{\mu\nu} + R_{\mu\nu} + v_{\mu\nu} + \frac{1}{sC_{\mu\nu}} \tag{3.56c}$$

eingeführt, wobei zu beachten ist, daß der Verstärkungsfaktor einer
stromgesteuerten Spannungsquelle die Dimension eines Widerstandes hat.
(3.56) ist offenbar die Verallgemeinerung von (2.33). Wie in (2.34)
erhält man mit dem Vektor der komplexen Amplituden der Kreisströme

$$\mathbf{I} = [I_1, \ldots, I_{\mu}, \ldots, I_m]^T, \tag{3.57a}$$

dem Vektor der komplexen Amplituden der Quellspannungen

$$\mathbf{U}_q = [U_{q1}, \ldots, U_{q\mu}, \ldots, U_{qm}]^T \tag{3.57b}$$

und der Widerstandsmatrix $\mathbf{Z}$

$$\mathbf{Z} \cdot \mathbf{I} = \mathbf{U}_q. \tag{3.57c}$$

Wir merken noch an, daß bei einem Netzwerk mit gesteuerten Quellen
i.a. (aber nicht notwendig) $Z_{\mu\nu} \neq Z_{\nu\mu}$ ist, weil meist $v_{\mu\nu} \neq v_{\nu\mu}$ ist.
Bei einem Verstärker, der z.B. unilateral vom Zweig ν in den Zweig μ
arbeitet, ist $v_{\mu\nu} \neq 0$, aber $v_{\nu\mu} = 0$. In einem solchen Falle ist $\mathbf{Z}$ unsymmetrisch. Enthält das Netzwerk dagegen keine gesteuerten Quellen,
ist also $v_{\mu\nu} = 0 \; \forall \mu, \nu$, so gilt entsprechend (2.35)

$$\mathbf{Z}^T = \mathbf{Z}. \tag{3.58}$$

Wir werden im nächsten Abschnitt Beispiele dazu vorstellen.
Das wesentliche Ergebnis dieser Überlegungen ist, daß wir die für
die Partikulärlösung bei Erregung mit exponentiellen Quellfunktionen
gültige Beziehung (3.56a) bzw. (3.57c) unmittelbar erhalten, wenn wir
die Maschenanalyse auf ein Netzwerk anwenden, in dessen Zweigen allgemeine Widerstände liegen, wie sie durch (3.56c) beschrieben werden.

Die Einbeziehung von gesteuerten und ungesteuerten Stromquellen sowie spannungsgesteuerten Spannungsquellen ist ohne Schwierigkeiten mit
Hilfe einer entsprechenden Umwandlung möglich. Nicht berücksichtigt
wurden bisher lediglich ideale Übertrager und Gyratoren. Enthält das
Netzwerk auch derartige Elemente, so sind entsprechende weitere Gleichungen aufzustellen und zu berücksichtigen. Wir werden das im Abschnitt 3.2.4.2 an einem Beispiel zeigen.

3.2.4 Folgerungen und weitere Beispiele

Aus der Aussage von Abschnitt 3.2.3 ergeben sich sofort eine Reihe von
Verallgemeinerungen, wenn wir in den für den Gleichstromfall gewonnenen
Ergebnissen des 2. Kapitels die dort auftretenden Spannungen und
Ströme als komplexe Amplituden interpretieren und jeweils statt R den
komplexen Widerstand Z bzw. statt G den komplexen Leitwert Y verwenden. Diese Feststellung gilt also z.B. für die in Abschnitt 2.3.3 behandelten Spannungs- und Stromquellen und ihre Umwandlung ineinander,
für die in (2.36) bzw. (2.40) und (2.41) gegebene allgemeine Formulierung der Maschen- und Knotenanalyse, aber auch für die in Abschnitt
2.5.3 gezeigte topologische Analyse. Ebenso können wir die Beziehungen
für die Netzumwandlung von Abschnitt 2.3.4.2 unmittelbar übernehmen.
Da hierbei ungewohnte Schlußfolgerungen auftreten können, behandeln
wir diese Aufgabe noch etwas näher.

3.2.4.1 Netzumwandlung

Mit der obigen Argumentation erhalten wir an Stelle von (2.27)

$$Z_{\nu\mu} = \frac{Z_{\nu 0} Z_{\mu 0}}{Z_0} \quad \text{mit} \quad \frac{1}{Z_0} = \sum_{\mu=1}^{n} \frac{1}{Z_{\mu 0}} \tag{3.59a}$$

$$\text{bzw.} \quad Y_{\nu\mu} = \frac{Y_{\nu 0} Y_{\mu 0}}{Y_0} \quad \text{mit} \quad Y_0 = \sum_{\mu=1}^{n} Y_{\mu 0} \; . \tag{3.59b}$$

Die Rechnung führt auf Widerstände und Leitwerte als Funktionen von s, die dann

gegebenenfalls noch der schaltungsmäßigen Interpretation bedürfen. Wir zeigen das
Verfahren am Beispiel von Bild 3.26a. Mit

$$\frac{1}{Z_0} = \frac{2}{R} + \frac{1}{sL}$$

erhalten wir

$$Z_{12} = \frac{R^2}{Z_0} = 2R + \frac{R^2}{sL} = 2R + \frac{1}{s\frac{L}{R^2}} \quad ,$$

$$Z_{23} = Z_{31} = \frac{RsL}{Z_0} = R + 2sL \; .$$

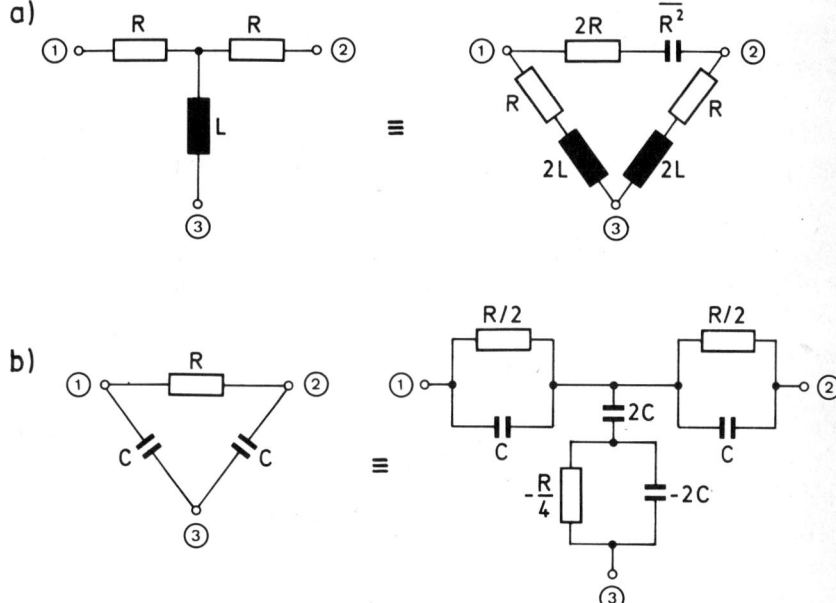

Bild 3.26   Zur Stern-Dreieck- und Dreieck-Stern-Umwandlung

Man erkennt sofort, daß sich mit der Interpretation von sL/R^2 als Leitwert eines
Kondensators die in Bild 3.26a gezeigte Schaltung ergibt, die im Gegensatz zur
Sternschaltung drei Energiespeicher verschiedener Art enthält.
Bei einer derartigen Umwandlung können sich aber auch durchaus nicht realisier-
bare Schaltungen mit negativen Elementen ergeben, wie das Beispiel von Bild 3.26b
zeigt. Hier bekommen wir aus der Beziehung für die Dreieck-Stern-Umwandlung

$$Z_{\nu 0} = \frac{Z_{\nu\mu} Z_{\nu\kappa}}{Z_\Delta} \tag{3.60}$$

mit $Z_\Delta = R + \frac{2}{sC}$

$$Z_{10} = Z_{20} = \frac{R\frac{1}{sC}}{R + \frac{2}{sC}} = \frac{1}{sC + \frac{2}{R}} \; .$$

Für Z_{30} ergibt sich dagegen

$$Z_{30} = \frac{\frac{1}{s^2 C^2}}{R + \frac{2}{sC}} = \frac{1}{s^2 RC^2 + s2C} = \frac{1}{s2C} + \frac{1}{-s2C - \frac{4}{R}} \; .$$

Die entstehende Schaltung ist sicher nicht realisierbar, da keine negativen Schaltelemente zur Verfügung stehen. Für die Anwendung in einer rechnerischen Analyse
ist die Umwandlung aber auch in dieser Form ohne Einschränkung brauchbar.

3.2.4.2 Weitere Beispiele

Wir analysieren noch einige weitere Netzwerke, die auch von praktischer Bedeutung
sind.

1. Brückenschaltung

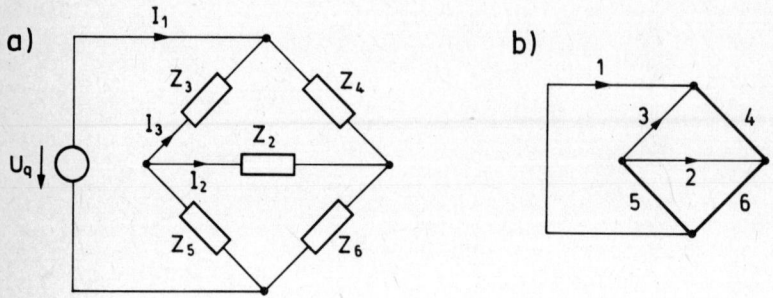

Bild 3.27   Brückenschaltung

Bild 3.27a zeigt eine Anordnung von fünf im allgemeinen komplexen Widerständen,
die wir mit der Maschenanalyse untersuchen wollen. Unter Verwendung des in Bild
3.27b gezeichneten vollständigen Baumes ergibt sich

$$I_1(Z_4 + Z_6) \quad\quad + I_2 Z_6 \quad\quad\quad\quad + I_3(Z_4 + Z_6) = U_q \; .$$

$$I_1 Z_6 \quad + I_2(Z_2 + Z_5 + Z_6) \quad\quad + I_3(Z_5 + Z_6) = 0 \; .$$

$$+ I_1(Z_4 + Z_6) + I_2(Z_5 + Z_6) + I_3(Z_3 + Z_4 + Z_5 + Z_6) = 0 \; .$$

Offenbar ist entsprechend (3.58) die Widerstandsmatrix $\mathbf{Z}$ symmetrisch. Wir interessieren uns insbesondere für den Strom I_2, für den wir nach Zwischenrechnung

$$I_2 = \frac{(Z_4 Z_5 - Z_3 Z_6) U_q}{Z_2(Z_3 + Z_5)(Z_4 + Z_6) + Z_3 Z_4(Z_5 + Z_6) + Z_5 Z_6(Z_3 + Z_4)} \tag{3.61}$$

erhalten. Für die praktische Anwendung sind einige Spezialfälle von Interesse, die
wir jetzt betrachten wollen.

a) Kapazitätsmeßbrücke

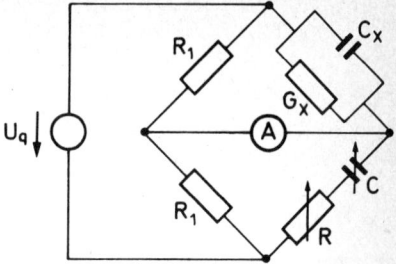

Bild 3.28   Kapazitätsmeßbrücke

Setzen wir $Z_3 = Z_5 = R_1$, $Z_6 = R + \frac{1}{sC}$ und verwenden im *Brückenquerzweig* ein Meßgerät, dessen Innenwiderstand dann Z_2 ist, so läßt sich die Schaltung zur Messung eines unbekannten Widerstandes $Z_x (= Z_4)$ verwenden. Wie Bild 3.28 zeigt, ist dabei Z_x der Widerstand einer *verlustbehafteten Kapazität* (siehe Anhang 2.2), für die eine Parallelersatzschaltung angenommen wurde. Die in dieser Anordnung veränderbaren Werte R und C werden für die Messung so eingestellt, daß $I_2 = 0$ ist. Aus (3.61) entnehmen wir, daß dazu $Z_4 \cdot Z_5 = Z_3 \cdot Z_6$ sein muß. Hier erhalten wir

$$R_1 \left(R + \frac{1}{sC} \right) = R_1 \cdot \frac{1}{G_x + sC_x}.$$

Diese Gleichung ist sicher nicht für beliebige Werte von s zu erfüllen. Praktisch wird die Schaltung von einem Generator gespeist, der eine sinusförmige Spannung bekannter Frequenz ω abgibt. Nach Abgleich erhält man aus

$$R + \frac{1}{j\omega C} = \frac{1}{G_x + j\omega C_x}$$

die unbekannten Elemente

$$C_x = C \frac{1}{1 + \omega^2 R^2 C^2}, \tag{3.62a}$$

$$G_x = \frac{\omega^2 C^2 R}{1 + \omega^2 R^2 C^2}. \tag{3.62b}$$

In praktisch wichtigen Fällen ist in der Regel $\omega^2 R^2 C^2 \ll 1$, so daß sich diese Beziehungen noch vereinfachen lassen [3.8].

b) Allpaß 1. Grades

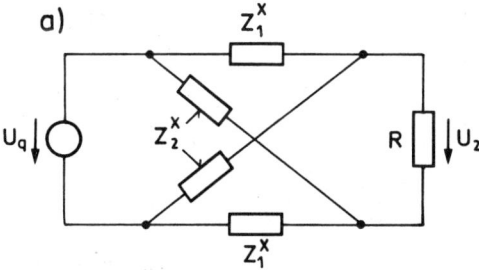

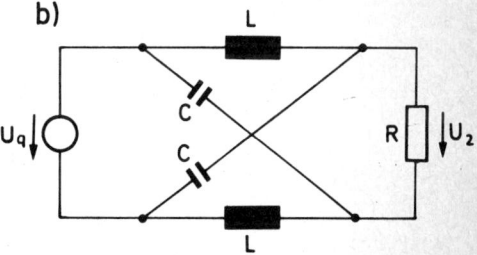

Bild 3.29   a) Symmetrisches X-Glied   b) Allpaß 1. Ordnung

Das in Bild 3.29a dargestellte symmetrische X-Glied (siehe auch Abschnitt 4.6)
erhält man durch Umzeichnen der Brückenschaltung. Es ist $Z_3 = Z_6 = z_1^x$, $Z_4 = Z_5 = z_2^x$
und $Z_2 = R$. Damit ergibt sich für die Übertragungsfunktion $H(s) = U_2/U_q$ aus (3.61)

$$H(s) = \frac{R(z_2^x - z_1^x)}{R(z_1^x + z_2^x) + 2z_1^x z_2^x} \; . \tag{3.63a}$$

Wählen wir die Bauelemente entsprechend Bild 3.29b, so ist

$$H(s) = \frac{R(1 - s^2 LC)}{R(1 + s^2 LC) + 2sL} \; .$$

Mit $R = \sqrt{L/C}$ erhalten wir schließlich

$$H(s) = \frac{1 - s\sqrt{LC}}{1 + s\sqrt{LC}} \tag{3.63b}$$

und für $s = j\omega$

$$H(j\omega) = \frac{1 - j\omega\sqrt{LC}}{1 + j\omega\sqrt{LC}} \; . \tag{3.63c}$$

Wir stellen fest, daß

$$|H(j\omega)| = \text{konstant} \; (= 1) \tag{3.63d}$$

und

$$b(\omega) = -\arg\{H(j\omega)\} = 2\arctan\omega\sqrt{LC} \tag{3.63e}$$

ist. Wegen der Eigenschaft (3.63d) bezeichnet man das betrachtete Netzwerk als
einen Allpaß (siehe auch Abschnitt 5.2).

c) Phasenschieber

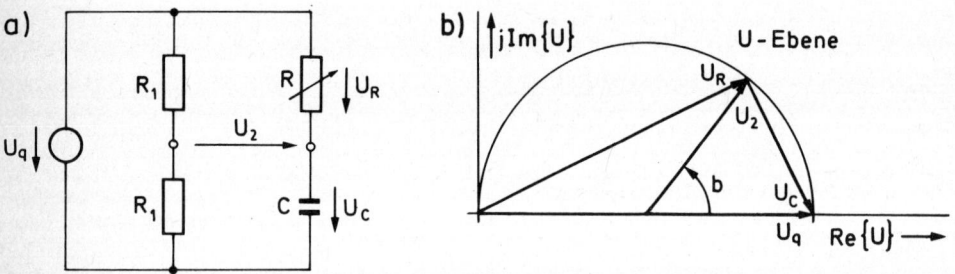

Bild 3.30   Schaltung und Zeigerdiagramm eines Phasenschiebers

Wir spezialisieren die Brückenschaltung weiterhin zu dem Netzwerk von Bild 3.30a.
Auch hier interessiert die Übertragungsfunktion $H(s) = U_2/U_q$ und zwar jetzt für
den Leerlauffall ($Z_2 = \infty$). Es ergibt sich aus (3.61)

$$H(s) = \lim_{Z_2 \to \infty} \frac{I_2 Z_2}{U_q} = \frac{sRC - 1}{2(sRC + 1)} \; . \tag{3.64a}$$

Speziell für s = jω erhalten wir

$$H(j\omega) = \frac{j\omega RC - 1}{2(j\omega RC + 1)} \;.$$ (3.64b)

Der Vergleich mit (3.63c) zeigt, daß wieder ein Allpaß vorliegt. Hier interessiert aber mehr das Verhalten bei konstanter Frequenz in Abhängigkeit von R. Offenbar ist

$$|H(j\omega,R)| = 1/2 \qquad \forall R, \text{ aber}$$

$$b(\omega,R) = -\arg\{H(j\omega,R)\} = 2\arctan\omega RC - \pi.$$ (3.64c)

Bild 3.30b zeigt das zugehörige Zeigerdiagramm. Durch Variation von R kann man also die dem Betrage nach konstante Ausgangsspannung U_2 gegenüber U_q um einen Winkel im Bereich O bis π drehen.

2. Sparbrückenschaltung

Als Beispiele für Schaltungen mit gekoppelten Spulen bzw. idealem Übertrager analysieren wir die Netzwerke von Bild 3.31a und b. Dabei wollen wir zeigen, daß die beiden Anordnungen bei geeigneter Wahl von L_O und M bzw. ü und L_1 zueinander äquivalent sind, sowie die Beziehung zu der Brückenschaltung von Bild 3.29 aufzeigen. Die Maschenanalyse der Schaltung von Bild 3.31a liefert unmittelbar oder nach Umwandlung der gekoppelten Spulen entsprechend Bild 3.6

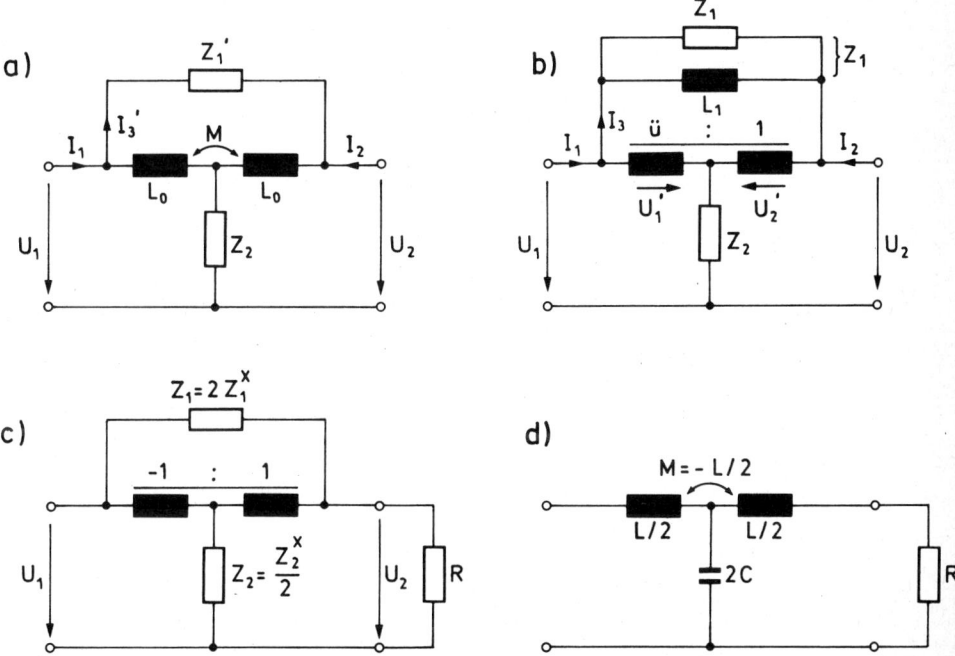

Bild 3.31   Zur Untersuchung der Sparbrückenschaltung

$$I_1(sL_o+Z_2) + I_2(sM+Z_2) - I_3's(L_o-M) = U_1$$

$$I_1(sM+Z_2) + I_2(sL_o+Z_2) + I_3's(L_o-M) = U_2$$

$$-I_1s(L_o-M) + I_2s(L_o-M) + I_3'[Z_1'+2s(L_o-M)] = 0.$$

Nach Eliminierung von I_3' erhält man

$$I_1Z_{11} + I_2Z_{12} = U_1$$

$$I_1Z_{21} + I_2Z_{22} = U_2$$

mit   (3.65a)

$$Z_{11} = Z_{22} = Z_2 + sL_o - \frac{s^2(L_o-M)^2}{Z_1' + 2s(L_o-M)}$$

$$Z_{12} = Z_{21} = Z_2 + sM + \frac{s^2(L_o-M)^2}{Z_1' + 2s(L_o-M)}.$$

Die Maschenanalyse der Schaltung 3.31b liefert unter Berücksichtigung der Gleichungen für den idealen Übertrager

$$I_1Z_2 + I_2Z_2 + U_1' = U_1$$

$$I_1Z_2 + I_2Z_2 + U_2' = U_2$$

$$I_3Z_1 - U_1' + U_2' = 0$$

$$U_1' - üU_2' = 0$$

$$I_1 + I_2\frac{1}{ü} - I_3(1 - \frac{1}{ü}) = 0.$$

Hier ist $Z_1 = \frac{sL_1Z_1'}{sL_1 + Z_1'}$ der Widerstand der Parallelschaltung von L_1 und Z_1'. Nach Eliminierung von I_3, U_1' und U_2' ergibt sich

$$I_1\left[Z_2 + \frac{ü^2}{(ü-1)^2}Z_1\right] + I_2\left[Z_2 + \frac{ü}{(ü-1)^2}Z_1\right] = U_1$$

$$I_1\left[Z_2 + \frac{ü}{(ü-1)^2}Z_1\right] + I_2\left[Z_2 + \frac{1}{(ü-1)^2}Z_1\right] = U_2.$$

                                                                 (3.65b)

Man bestätigt leicht durch Vergleich mit (3.65a), daß im Falle festgekoppelter Spulen ($M = -L_o$) die beiden Schaltungen dann äquivalent sind, wenn $ü = -1$ und $L_1 = 4L_o$ ist. Dann ergibt sich

$$I_1(Z_2 + \frac{Z_1}{4}) + I_2(Z_2 - \frac{Z_1}{4}) = U_1$$

$$I_1(Z_2 - \frac{Z_1}{4}) + I_2(Z_2 + \frac{Z_1}{4}) = U_2.$$

Ist die Anordnung weiterhin mit einem ohmschen Widerstand R abgeschlossen (siehe

Bild 3.31c), so gilt $I_2 = -U_2/R$, und man erhält nach Zwischenrechnung für die Übertragungsfunktion

$$H(s) = \frac{U_2}{U_1} = \frac{R[2Z_2 - Z_1/2]}{R[2Z_2 + Z_1/2] + 2Z_1 Z_2} \qquad (3.66)$$

Mit $Z_1/2 = Z_1^x$ und $2Z_2 = Z_2^x$ stimmt dieses Ergebnis aber mit (3.63a) überein; die
Schaltung von Bild 3.31c ist also zu der in Bild 3.29a äquivalent (siehe auch Abschnitt 4.6). Damit ist schließlich mit $Z_1 = sL_1 = 4sL_o = 2sL$ das in Bild 3.31d
angegebene Netzwerk zu dem von Bild 3.29b äquivalent. Der Name Sparbrückenschaltung erklärt sich aus der im Vergleich zu Bild 3.29 verringerten Zahl der Bauelemente.

3. Schaltungen mit gesteuerten Quellen

a) Transistorverstärker

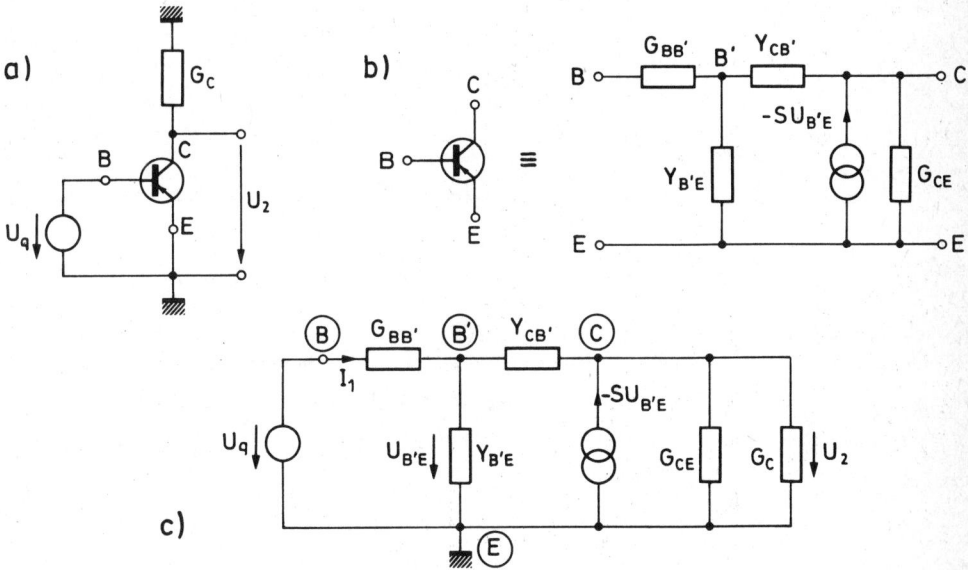

Bild 3.32   Zur Analyse eines einfachen Transistorverstärkers

Wir untersuchen eine einfache Transistorschaltung, deren Schaltbild ohne Berücksichtigung der für die Gleichstromversorgung des Transistors nötigen Elemente in
Bild 3.32a gezeichnet ist. Unter Verwendung des in Teilbild b angegebenen Ersatzschaltbildes für den Transistor (siehe auch Anhang 3) erhalten wir die in Bild
3.32c dargestellte Ersatzschaltung mit einer spannungsgesteuerten Stromquelle. Als
Bezugsknoten wählen wir den Emitterpunkt und erhalten für die Knotenpunkte B' und
C die folgenden Gleichungen:

$$U_{B'E} (Y_{B'E} + Y_{CB'} + G_{BB'}) \qquad - U_2 Y_{CB'} \qquad = U_q G_{BB'}$$

$$- U_{B'E} (Y_{CB'} - S) \qquad + U_2 (Y_{CB'} + G_{CE} + G_C) = 0.$$

Wie nach Abschnitt 3.2.3 erwartet, ist hier die Leitwertmatrix **Y** wegen der gesteuerten Stromquelle nicht mehr symmetrisch.

Vernachlässigen wir G_{CE} gegen G_C bzw. betrachten wir diesen Leitwert als in G_C einbezogen, so erhalten wir für die Spannungen

$$U_{B'E} = U_q G_{BB'} \frac{G_C + Y_{CB'}}{Y_{CB'} G_C + (Y_{B'E} + G_{BB'})(Y_{CB'} + G_C) + S Y_{CB'}}$$

$$U_2 = U_q G_{BB'} \frac{Y_{CB'} - S}{Y_{CB'} G_C + (Y_{B'E} + G_{BB'})(Y_{CB'} + G_C) + S Y_{CB'}} .$$

Der Eingangsstrom $I_1 = (U_q - U_{B'E}) G_{BB'}$ hängt offenbar von dem Außenleitwert G_C ab. Diese Abhängigkeit verschwindet nur dann, wenn $Y_{CB'}$ vernachlässigt werden kann. In diesem Fall reduziert sich die Beziehung für $U_{B'E}$ auf einen Ausdruck für die Spannungsteilung von U_q an $G_{BB'}$ und $Y_{B'E}$. Setzen wir unter diesen Umständen für den Eingangswiderstand

$$Z_0 = \frac{1}{G_{BB'}} + \frac{1}{Y_{B'E}} \quad \text{und weiterhin} \quad Z_{B'E} = \frac{1}{Y_{B'E}} ,$$

so ergibt sich

$$U_{B'E} \approx U_q \frac{Z_{B'E}}{Z_0} .$$

Für die Spannungsverstärkung erhalten wir mit der gleichen Vernachlässigung

$$\frac{U_2}{U_q} \approx - \frac{S}{G_C} \frac{G_{BB'}}{Y_{B'E} + G_{BB'}} = - \frac{S}{G_C} \frac{Z_{B'E}}{Z_0} = -\beta \cdot R_C \cdot Y_0 . \tag{3.67a}$$

Sie ist also bei den gemachten Annahmen proportional zum Außenwiderstand $R_C = \frac{1}{G_C}$ und wird im übrigen durch den Eingangsleitwert $Y_0 = \frac{1}{Z_0}$ des Transistors sowie durch $\beta = S Z_{B'E}$ beeinflußt. Die Bedeutung dieser Größe erkennen wir, wenn wir die Stromverstärkung bestimmen. Mit dem Ausgangsstrom $I_2 = U_2 G_C$ ergibt sich

$$\frac{I_2}{I_1} \approx - \beta. \tag{3.67b}$$

Der Eingangswiderstand Z_0 dieser einfachen Schaltung liegt in praktischen Fällen bei wenigen kΩ und ist damit für viele Anwendungen zu klein. Man ist daher an Verstärkerschaltungen interessiert, die höhere Eingangswiderstände haben.

b) Darlingtonschaltung

Als weiteres Beispiel behandeln wir die in Bild 3.33a gezeigte sogenannte Darlington-Schaltung. Für den Transistor verwenden wir die im Teilbild b angegebene Ersatzschaltung mit einer stromgesteuerten Stromquelle, wobei wir zur Erleichterung der Analyse annehmen, daß $Y_{CB'}$ und G_{CE} vernachlässigt werden können. Außerdem seien die beiden Transistoren identisch. Es ergibt sich:

$$U_0 \cdot 2 Y_0 \qquad = U_q Y_0 + \beta I_B^{(1)}$$

$$U_2 G_C = -\beta (I_B^{(1)} + I_B^{(2)}) .$$

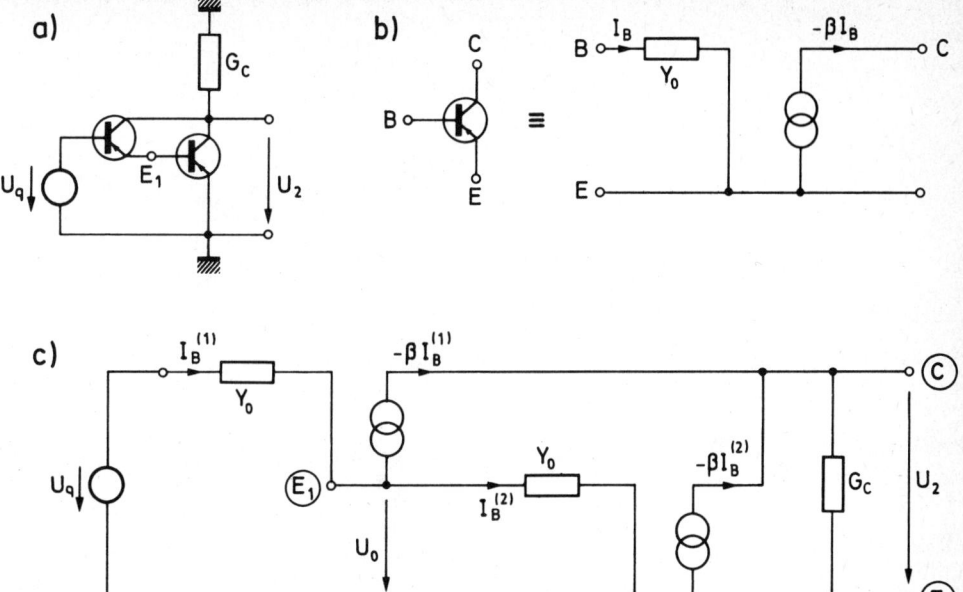

Bild 3.33   Darlington-Schaltung

Mit $I_B^{(1)} = (U_q - U_0)Y_0$ folgt zunächst $U_0 = \frac{1+\beta}{2+\beta} U_q$

und für den Eingangswiderstand

$$Z_E = \frac{U_q}{I_B^{(1)}} = (2+\beta)Y_0. \tag{3.68a}$$

Wegen $I_B^{(2)} = U_0 Y_0$ wird $I_B^{(1)} + I_B^{(2)} = U_q Y_0$ und man erhält für die Spannungsverstärkung wie beim Einzeltransistor

$$\frac{U_2}{U_q} = -\beta R_C Y_0. \tag{3.68b}$$

Die Stromverstärkung wird dagegen

$$\frac{I_2}{I_1} = -\beta(2+\beta) \approx -\beta^2. \tag{3.68c}$$

Der Eingangswiderstand der Darlington-Schaltung ist also etwa um den Stromverstär-
kungsfaktor größer als beim Einzeltransistor. Bei ungefähr gleicher Spannungsverstärkung ergibt sich eine entsprechende Vergrößerung der Stromverstärkung.

4. Schaltungen mit Operationsverstärkern

a) Analogrechenschaltungen

Wir untersuchen die Schaltung von Bild 3.34a. Nehmen wir an, daß die Ströme I_{e1}

und I_{e2} vernachlässigt werden können, so erhalten wir als Knotenpunktsgleichung
für den Eingang des Verstärkers

$$U_e \left(Y_0 + \sum_{\nu=1}^{n} Y_\nu \right) - U_a Y_0 - \sum_{\nu=1}^{n} U_\nu Y_\nu = 0.$$

a)

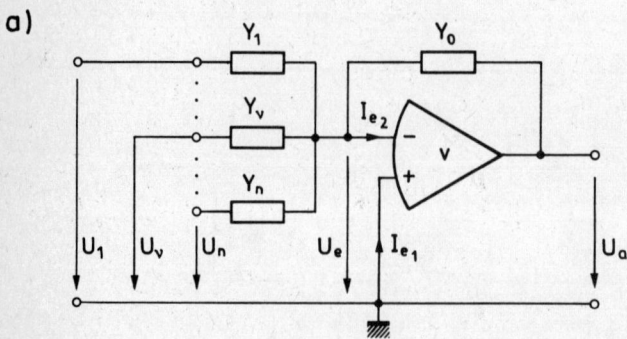

b)   c)

Bild 3.34   a) Beschalteter Operationsverstärker, Schaltzeichen für
              b) Summierer und c) Integrierer

Mit der Verstärkung $v = U_a / U_e$ bekommen wir eine Beziehung zwischen der Ausgangsspannung U_a und den Eingangsspannungen U_ν

$$U_a Y_0 \left(1 - \frac{1}{vY_0} \sum_{\nu=0}^{n} Y_\nu \right) = - \sum_{\nu=1}^{n} U_\nu Y_\nu.$$

Wird schließlich v so groß, daß $\frac{1}{vY_0} \sum_{\nu=0}^{n} Y_\nu$ gegen 1 vernachlässigt werden kann,

so erhält man

$$U_a = - \frac{1}{Y_0} \cdot \sum_{\nu=1}^{n} U_\nu Y_\nu. \tag{3.69}$$

Die Anordnung führt also eine Addition von Spannungen aus, die sich mit den Einzel-
übertragungsfunktionen $H_\nu = - \frac{Y_\nu}{Y_0}$ aus den Eingangsspannungen U_ν ergeben. Praktisch
wichtig sind dabei vor allem zwei Fälle:

Zunächst sei $Y_\nu = G_\nu$, $Y_0 = G_0$; $\frac{G_\nu}{G_0} = g_\nu$.

Dann ist $U_a = - \sum_{\nu=1}^{n} g_\nu U_\nu.$ (3.70a)

Hier bildet die Schaltung die Linearkombination der Eingangsspannungen, wobei für die Faktoren g_ν nur die Einschränkung gilt, daß sie positiv sein müssen und daß

$$\frac{1}{v} \left(1 + \sum_{\nu=1}^{n} g_\nu \right) \ll 1$$

sein muß. Die hier für die komplexen Amplituden exponentieller Zeitfunktionen hergeleitete Beziehung gilt offenbar auch für beliebige Zeitfunktionen, da die einzelnen Übertragungsfunktionen unabhängig vom Frequenzparameter s sind. Es ist also

$$u_a(t) = - \sum_{\nu=1}^{n} g_\nu u_\nu(t). \tag{3.70b}$$

Weiterhin sei

$$Y_\nu = G_\nu, \quad Y_0 = sC; \quad \frac{G_\nu}{sC} = \frac{c_\nu}{s}.$$

Dann folgt
$$U_a(s) = - \frac{1}{s} \sum_{\nu=1}^{n} c_\nu U_\nu(s). \tag{3.71a}$$

Hier wird die Linearkombination der mit $\frac{1}{s}$ multiplizierten komplexen Amplituden $U_\nu(s)$ gebildet. Für die zugehörigen exponentiellen Zeitfunktionen hat diese Gleichung dann die Form

$$U_a(s)e^{st} = - \frac{1}{s} \sum_{\nu=1}^{n} c_\nu U_\nu(s)e^{st}.$$

Die rechte Seite ist dann aber offenbar die Linearkombination der integrierten exponentiellen Testfunktionen. Wir schließen, daß dann auch für beliebige Zeitfunktionen gelten muß

$$u_a(t) = - \sum_{\nu=1}^{n} c_\nu \int_{-\infty}^{t} u_\nu(\tau)d\tau. \tag{3.71b}$$

Diese Beziehung gewinnt man unmittelbar, wenn man die Knotengleichung sofort für Zeitfunktionen anschreibt.

Summierer und summierende Integrierer, deren Schaltsymbole die Bilder 3.34b,c zeigen, sind die wichtigsten linearen Bausteine eines elektronischen Analogrechners (z.B. [3.9]). Auf seine Anwendung werden wir im zweiten Band näher eingehen.

b) System zweiter Ordnung

Bild 3.35a zeigt eine in aktiven Filtern häufig verwendete Schaltung (z.B. [3.10]). Bei der Analyse machen wir sofort von der Annahme Gebrauch, daß der Operationsverstärker ideal ist, daß also die Eingangswiderstände und die Verstärkung unendlich groß und der Innenwiderstand am Ausgang gleich Null ist. Es gilt zunächst

$$U_{e2} = \frac{R_2}{R_1+R_2} U_2 := \frac{1}{r} U_2$$

und wegen $v(U_{e1}-U_{e2}) = U_2$ folgt für $v \to \infty$

$$U_{e1} = U_{e2} = \frac{1}{r} U_2.$$

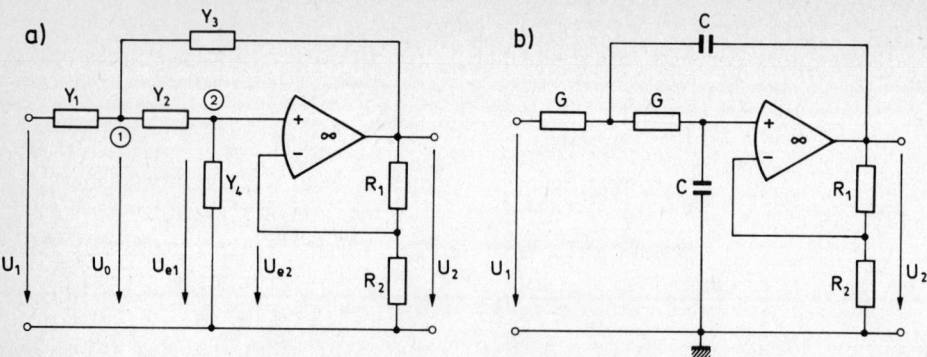

Bild 3.35   a) Schaltung eines aktiven Filterbausteins
             b) aktives System zweiter Ordnung

Dann liefert die Knotenanalyse für die Knoten 1 und 2

$$U_0(Y_1+Y_2+Y_3) - U_2(Y_3 + \frac{1}{r}Y_2) = U_1Y_1$$

$$-U_0Y_2 + U_2\frac{1}{r}(Y_2+Y_4) = 0.$$

Für die Übertragungsfunktion erhält man

$$H(s) = \frac{U_2}{U_1} = \frac{Y_1Y_2 \cdot r}{Y_1Y_2 + Y_4(Y_1+Y_2+Y_3) + Y_2Y_3(1-r)}.$$ (3.72a)

Von besonderem Interesse ist der spezielle Fall $Y_1=Y_2=G$, $Y_3=Y_4=sC$ (siehe Bild 3.35b). Hier ist mit $sRC=s_n$

$$H(s_n) = \frac{r}{s_n^2 + s_n(3-r) + 1}.$$ (3.72b)

Der Vergleich mit (3.39c) zeigt, daß hier eine enge Beziehung zu einer der am Reihenschwingkreis gefundenen Übertragungsfunktionen besteht.

c) Gyrator

Mit idealen Operationsverstärkern kann man eine Reihe von speziellen Bausteinen realisieren (z.B. [3.6], [3.11]). Wir behandeln als Beispiel die in Bild 3.36 angegebene Schaltung. Unter den gemachten Annahmen liegen an den beiden Eingängen der Operationsverstärker die Spannungen U_1 bzw. U_2. Die Knotenanalyse für die Knoten 1 bis 4 führt auf

$$U_1(G+G_1) \qquad\qquad - U_3G_1 \qquad\qquad = I_1$$
$$U_1(G+G_1) - U_2G \quad - U_3G_1 \qquad\qquad = 0$$
$$U_2(G+G_2) \qquad - U_4G_2 = 0$$
$$- U_1G \quad + U_2(G+G_2) \qquad - U_4G_2 = I_2.$$

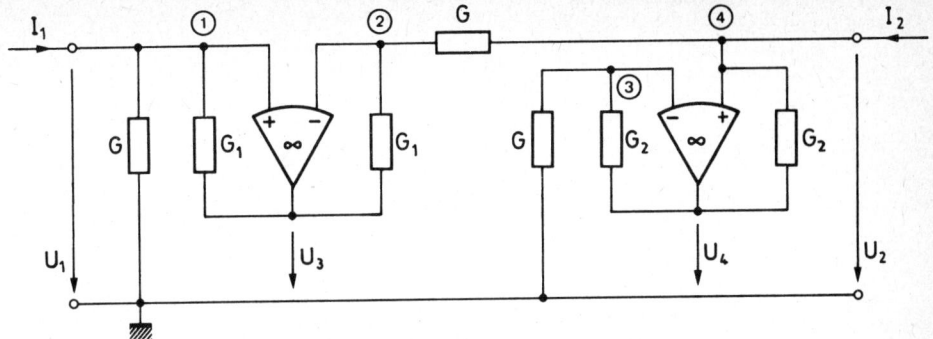

Bild 3.36   Realisierung eines Gyrators mit zwei Operationsverstärkern

Subtrahiert man hier die ersten beiden und die letzten beiden Gleichungen voneinander, so erhält man die Definitionsgleichungen des in Abschnitt 3.1.3.2 vorgestellten Gyrators

$$I_1 = GU_2 \qquad U_1 = -\frac{1}{G} I_2$$
$$\text{bzw.} \qquad\qquad\qquad (3.73)$$
$$I_2 = -GU_1 \qquad I_1 = GU_2.$$

Der Vergleich mit (3.24) zeigt, daß der Leitwert G der dort eingeführten Gyrations-
konstanten g entspricht.

3.3   Einige allgemeine Sätze der Netzwerktheorie

3.3.1 Überlagerungssatz

3.3.1.1 Allgemeines

Die gezeigten Methoden zur Analyse eines allgemeinen Netzwerkes sowie
die gewonnenen Ergebnisse gestatten die Herleitung einiger stets gül-
tiger Gesetzmäßigkeiten. Zunächst sei der schon am Beispiel in Abschnitt 3.2.2.3 behandelte Überlagerungssatz hergeleitet, wobei wir
willkürlich von den bei der Maschenanalyse gewonnenen Ausdrücken ausgehen. In Abschnitt 3.2.3 war die Beziehung

$$\mathbf{Z\,I} = \mathbf{U}_q \qquad\qquad (3.57c)$$

gefunden worden, aus der sich die allgemeine Lösung

$$\mathbf{I} = \mathbf{Z}^{-1}\mathbf{U}_q \qquad\qquad (3.74)$$

ergibt. Den Vektor der Quellenspannungen schreiben wir jetzt in der
Form

$$
\mathbf{U}_q = \begin{bmatrix} U_{q1} \\ U_{q2} \\ \cdot \\ \cdot \\ \cdot \\ U_{qm} \end{bmatrix} = \begin{bmatrix} U_{q1} \\ 0 \\ \cdot \\ \cdot \\ \cdot \\ 0 \end{bmatrix} + \begin{bmatrix} 0 \\ U_{q2} \\ \cdot \\ \cdot \\ \cdot \\ 0 \end{bmatrix} + \ldots + \begin{bmatrix} 0 \\ 0 \\ \cdot \\ \cdot \\ \cdot \\ U_{qm} \end{bmatrix}
$$

$$
= \sum_{\mu=1}^{m} \mathbf{U}_{q\mu}, \text{ wobei}
$$

$$
\mathbf{U}_{q\mu} = U_{q\mu} \cdot \mathbf{e}_{\mu} \quad \text{mit}
$$

$$
\mathbf{e}_{\mu} = [0\ldots1\ldots0]^{T} \text{ ist.}
$$

Damit folgt aus

$$
\mathbf{I} = \mathbf{Z}^{-1} \sum_{\mu=1}^{m} U_{q\mu} \mathbf{e}_{\mu}
$$

$$
\mathbf{I} = \sum_{\mu=1}^{m} U_{q\mu} \mathbf{Z}^{-1} \mathbf{e}_{\mu}
$$

und für den Kreisstrom der ν-ten Masche

$$
I_{\nu} = \mathbf{e}_{\nu}^{T} \mathbf{I} = \sum_{\mu=1}^{m} U_{q\mu} \mathbf{e}_{\nu}^{T} \mathbf{Z}^{-1} \mathbf{e}_{\mu}
$$

$$
= \sum_{\mu=1}^{m} U_{q\mu} \mathbf{Z}^{-1}_{(\nu,\mu)} \tag{3.75}
$$

$$
= \sum_{\mu=1}^{m} \frac{\Delta^{Z}_{\nu,\mu}}{\Delta^{Z}} U_{q\mu}.
$$

Hier ist entsprechend früherem $\Delta^{Z} = |\mathbf{Z}|$ die Determinante der Wider-
standsmatrix und $\Delta^{Z}_{\nu,\mu}$ die Adjunkte dieser Determinante zur ν-ten Zeile
und μ-ten Spalte.
Jede der Quellen $U_{q\mu}$ liefert einen individuellen Beitrag zum Kreisstrom
jeder Masche, der unabhängig ist von den Beiträgen der übrigen Quellen. Der Gesamtstrom in der Masche ergibt sich als Summe - als Über-

lagerung - der einzelnen Wirkungen. Für die grundsätzliche Diskussion
der Analyseverfahren ist es daher ausreichend, bei ungeändertem passiven Netz nur die Wirkung einer einzelnen Quelle zu betrachten. Interessiert die Wirkung der κ-ten Quelle, so sind alle $U_{q\mu}$ für $\mu \neq \kappa$
gleich Null zu setzen. Reale Quellen sind durch ihre Quellspannungen
und ihre Innenwiderstände gekennzeichnet. Diese Innenwiderstände gehören zum passiven Netz, bleiben also ungeändert, wenn in der Anwendung des Überlagerungssatzes die zugehörige Quellspannung gleich Null
gesetzt wird. Entsprechendes gilt, wenn die Quellen des Netzwerkes
zum Teil oder alle Stromquellen sind, da diese Stromquellen stets in
Spannungsquellen umgeformt werden können.
Bild 3.37 veranschaulicht an einem Beispiel, wie die von den Quellen
I_q und U_q herrührenden Anteile I_5' und I_5'' getrennt errechnet werden
können. Zu beachten ist bei dem Beispiel insbesondere, daß der passive Teil des Zweiges zwischen den Knoten 2 und 4 durch den Widerstand
Null gekennzeichnet ist. Dagegen hat der passive Teil des Zweiges
zwischen den Knoten 1 und 4 den Widerstand Z_1, der durch die an diesen
Knoten liegende Stromquelle keine Veränderung erfährt.

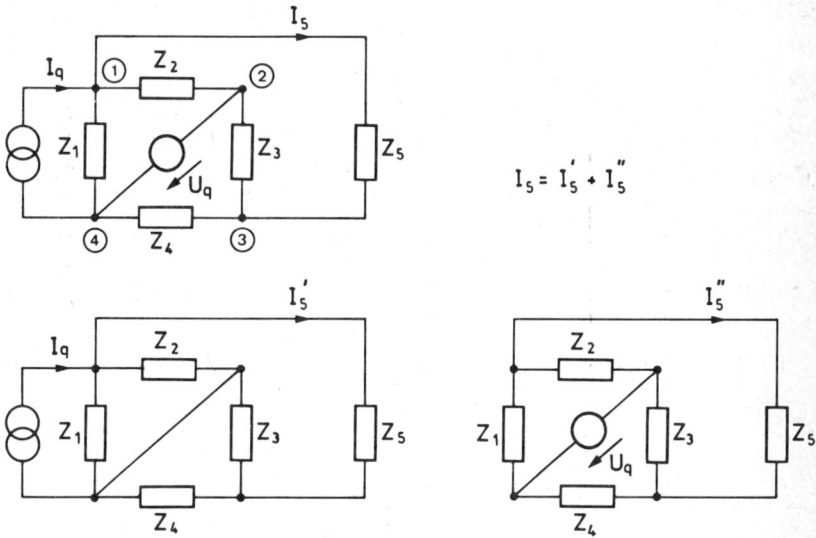

Bild 3.37   Beispiel zum Überlagerungssatz

Es sei noch einmal betont, daß die einzelnen Quellen durchaus nicht
dieselbe Frequenz s haben müssen. Haben sie verschiedene Frequenzen,
so tritt wie beim Beispiel von Abschnitt 3.2.2.3 für jede Ursache
der Form $e^{s_\kappa t}$ eine Teilwirkung gleicher Zeitabhängigkeit auf. Die Gesamtwirkung läßt sich dann allerdings nicht wie in (3.75) durch die

Addition der Einzelamplituden zur Gesamtamplitude beschreiben, sondern wie in (3.51) durch Addition der zu den einzelnen Frequenzen gehörenden Zeitfunktionen.
Der für exponentielle Erregerfunktionen hergeleitete Überlagerungssatz
wurde bei der Definition der Schaltelemente im Abschnitt 2.1.2 bereits
als kennzeichnend für die Linearität der Elemente benutzt. Er gilt
für beliebige Zeitfunktionen. Im nächsten Abschnitt wird er für nicht
exponentielle Erregungen verwendet.

3.3.1.2 Quellen mit allgemeinen periodischen Zeitfunktionen

Die Aussage des Überlagerungssatzes gestattet.es, die Klasse der Zeitfunktionen, die wir als Quellspannungen oder -ströme zugelassen haben
und für die wir die Reaktionen errechneten, wesentlich zu erweitern.
Offenbar können wir mit den uns zur Verfügung stehenden Verfahren die
Wirkung bestimmen, wenn die Ursache eine beliebige Summe von Exponentialfunktionen der Form e^{st} ist. Das ist u.a. deswegen besonders interessant, weil sich eine weitgehend beliebige periodische Funktion mit
Hilfe einer Fourierreihenentwicklung als Summe zueinander harmonischer
sinusförmiger Funktionen darstellen läßt. Die entsprechende Zerlegung
wird im Anhang 4 behandelt. Danach kann man eine durch die Eigenschaft

$$v(t) = v(t+T) \quad \forall \, t \tag{3.7}$$

gekennzeichnete periodische Funktion der Periode T mit $\omega_o = 2\pi/T$ in
der Form

$$v(t) = \sum_{\nu=-\infty}^{+\infty} c_\nu e^{j\nu\omega_o t} \tag{3.76a}$$

darstellen, wobei für die i.a. komplexen Koeffizienten c_ν mit beliebigem t_1 gilt

$$c_\nu = \frac{1}{T} \int_{t_1}^{t_1+T} v(t) e^{-j\nu\omega_o t} \, dt. \tag{3.76b}$$

Vorauszusetzen ist hier lediglich, daß $|v(t)|$ und $|v(t)|^2$ über eine
Periode integrierbar sind. Wenn wir annehmen, daß $v(t)$ reell ist,
so ist offenbar $c_\nu = c_{-\nu}^*$, und man erhält mit

$$c_\nu = \frac{1}{2} (a_\nu - jb_\nu) \quad \forall \nu \geq 0 \tag{3.76c}$$

$$v(t) = \frac{a_o}{2} + \sum_{\nu=1}^{\infty} a_\nu \cos\nu\omega_o t + \sum_{\nu=1}^{\infty} b_\nu \sin\nu\omega_o t.$$

Hierbei ist

$$a_\nu = \frac{2}{T} \int_{t_1}^{t_1+T} v(t)\cos\nu\omega_o t \, dt \qquad (3.76d)$$

$$b_\nu = \frac{2}{T} \int_{t_1}^{t_1+T} v(t)\sin\nu\omega_o t \, dt. \qquad (3.76e)$$

Die Zerlegung läßt sich anschaulich dadurch deuten, daß man z.B. die eine periodische Spannung liefernde Quelle durch die Hintereinanderschaltung von - unendlich vielen - Quellen darstellt, die sinusförmige Spannungen der Frequenz $\nu\omega_o$ und der komplexen Amplituden c_ν liefern. Speist eine Quelle mit beliebiger periodischer Spannung ein Netzwerk, so kann man dann nach dem Überlagerungssatz die Gesamtwirkung als Summe der Einzelwirkungen bestimmen. Es ergibt sich natürlich wieder eine periodische Ausgangsfunktion.

Wir behandeln ein einfaches Beispiel. In Bild 3.38a wurde angenommen, daß die Spannungsquelle eine RC-Schaltung speist. Hat sie den im Teilbild b angegebenen sägezahnförmigen Verlauf, so erhält man für die Koeffizienten

$$\frac{a_o}{2} = \frac{A}{2} \, , \quad a_\nu = 0 \quad \forall \nu > 0$$

$$b_\nu = -\frac{2A}{\pi}\left[\frac{1}{\alpha} + \frac{1}{\pi-\alpha}\right]\frac{\sin\nu\alpha}{\nu^2} \quad \forall \nu > 0.$$

Die Übertragungsfunktion des RC-Gliedes ist für $s = j\omega$

$$H(j\omega) = \frac{U(j\omega)}{U_q(j\omega)} = \frac{1}{1+j\omega RC} \, .$$

Damit erhält man für die Ausgangsspannung $u(t) = \sum_{\nu=o}^{\infty} u_\nu(t)$

$$u(t) = \frac{a_o}{2} H(0) + \sum_{\nu=1}^{\infty} b_\nu \cdot |H(j\nu\omega_o)| \sin(\nu\omega_o t - \psi_\nu)$$

mit $\psi_\nu = \arctan(\nu\omega_o RC)$.

Bild 3.38c zeigt Oszillogramme der Spannungen am Eingang und Ausgang, wobei in den Teilbildern einzelne Komponenten sowie Partialsummen dargestellt sind. Man erkennt die mit wachsendem n schnell besser werdende Annäherung an die Grenzwerte.

Die Anwendung des Überlagerungssatzes zur Berechnung der Wirkung bei periodischen Quellfunktionen läßt noch einmal erkennen, daß dieser Satz primär für den Zeitbereich, also für die Überlagerung der Teilzeitfunktionen gilt. Er läßt sich nur dann auf die Summierung von Teilamplituden zur Gesamtamplitude übertragen, wenn alle Quellen dieselbe Frequenz haben. Diese Voraussetzung war beim Beispiel von Bild 3.37 erfüllt, selbstverständlich aber nicht in dem hier behandelten Fall.

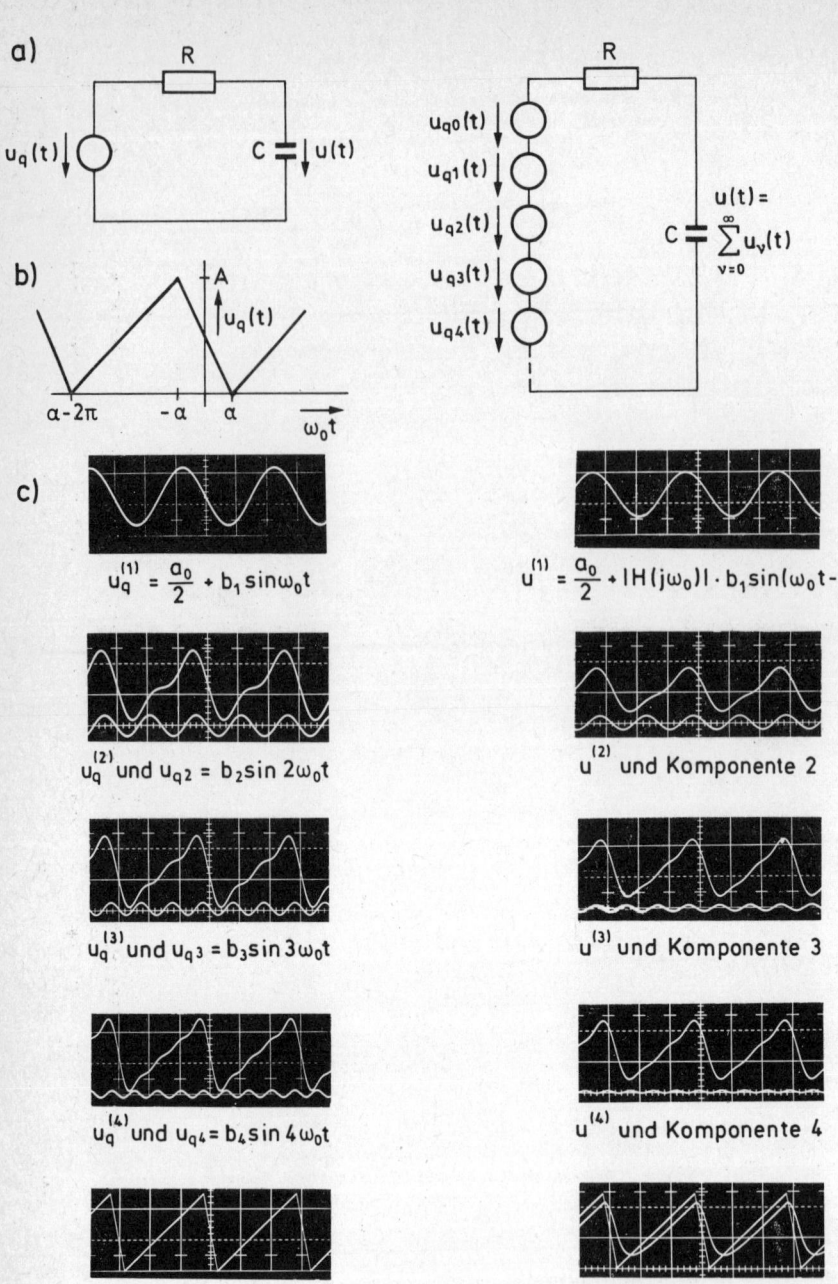

Bild 3.38   a) Ersetzen einer Quelle mit periodischer Spannung durch mehrere
                  Quellen mit sinusförmiger Spannung
              b) Sägezahnförmige Spannung
              c) Oszillogramme der Komponenten und Teilsummen am Eingang und Ausgang.
                 Es ist $u_q^{(n)}(t) = \sum_{\nu=0}^{n} u_{q\nu}(t)$ und $u^{(n)}(t) = \sum_{\nu=0}^{n} u_\nu(t)$.

3.3.2 Ersatzquellen

Wir betrachten in diesem Abschnitt ein beliebig kompliziertes Netzwerk mit gesteuerten oder ungesteuerten Spannungs- und Stromquellen,
den Elementen R und C sowie gekoppelten und nicht gekoppelten Induktivitäten. Dabei interessieren wir uns ausschließlich für den Strom
in einem bestimmten, dem n-ten Zweig. In diesem Zweig möge ein Widerstand $Z_n(s)$ liegen, von dem wir lediglich voraussetzen, daß er nicht
mit Elementen in anderen Zweigen magnetisch gekoppelt ist. Es wird
behauptet, daß der gesuchte Strom mit Hilfe einer äquivalenten Spannungsquelle bestimmt werden kann. Die Spannung dieser Quelle ergibt
sich als Spannung zwischen den Anschlußpunkten des Zweiges n, nach-
dem wir diesen Zweig aufgetrennt haben, während ihr Innenwiderstand
aus einer Messung des Stromes im n-ten Zweig bestimmt werden kann,
wenn dieser Zweig kurzgeschlossen wird. Bild 3.39 veranschaulicht
diesen Satz von der Ersatzzweipolquelle, der auf HELMHOLTZ zurückgeht
und im englischsprachigen Schrifttum meist als THEVENIN's Theorem bezeichnet wird. Er ist offenbar eine Verallgemeinerung der in Abschnitt
2.3.3 gegebenen Erläuterung zu realen Quellen.

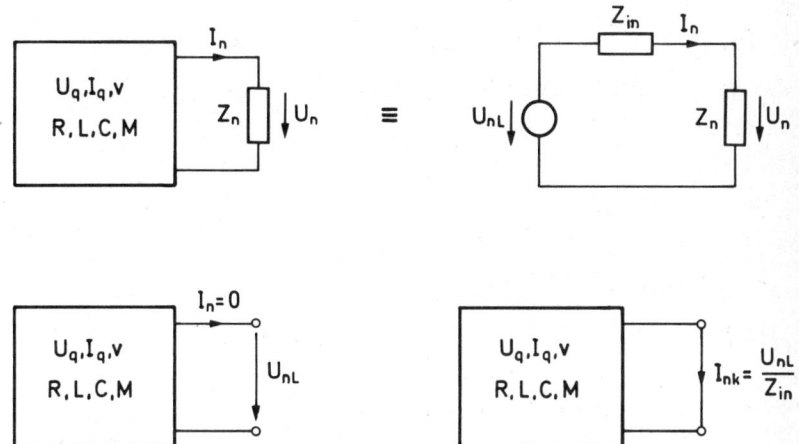

Bild 3.39   Erläuterung zur Ersatzspannungsquelle

Den Beweis führen wir zur Übung auf zwei verschiedenen Wegen. Zunächst ersetzen wir den Widerstand $Z_n(s)$ durch eine Spannungsquelle,
deren Amplitude $U_n(s)$ gleich dem Spannungsabfall des Stromes $I_n(s)$ am
Widerstand Z_n ist (Bild 3.40). Da in der Gleichung jeder Masche, die
den n-ten Zweig enthält, nach wie vor die Zweigspannung $I_n Z_n$ erscheint,
kann sich die Strom- und Spannungsverteilung im Netzwerk nicht geän-

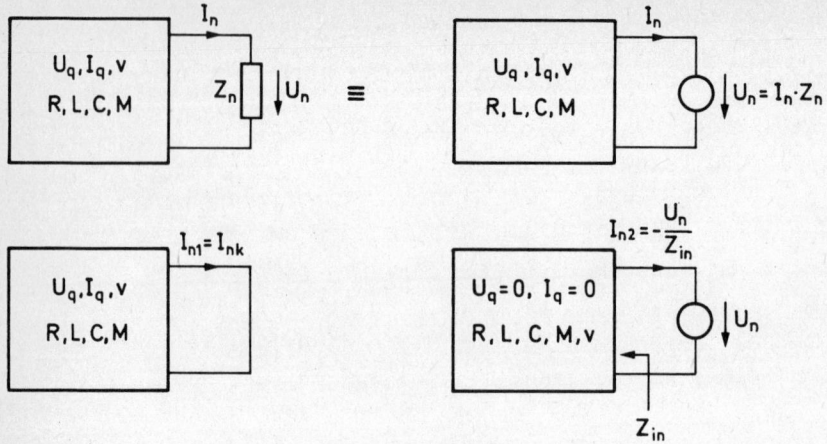

Bild 3.40   Zur Herleitung des Satzes von der Ersatzspannungsquelle

dert haben. Nun schreiben wir $I_n(s)$ als

$$I_n(s) = I_{n1}(s) + I_{n2}(s) \,, \tag{3.77a}$$

wobei wir nach dem Überlagerungssatz annehmen, daß $I_{n1}(s)$ nur von den Quellen im Innern des Netzwerkes, d.h. bei $U_n = 0$ hervorgerufen wird, während I_{n2} sich ausschließlich als Wirkung von U_n ergibt, wenn alle Quellen im Innern dss Netzwerkes zu Null gemacht werden. Der für den Fall $U_n = 0$ erhaltene Strom I_{n1} ist offenbar der Kurzschlußstrom I_{nk}, während I_{n2} als negativer Meßstrom aufgefaßt werden kann, der in das Netzwerk hineinfließt, wenn zur Messung des vom n-ten Zweig in das Netzwerk zu sehenden Widerstandes Z_{in} eine Spannung U_n angeschaltet wird (Bild 3.40). Man erhält aus (3.77a)

$$I_n = I_{nk} - \frac{U_n}{Z_{in}}.$$

Diese Beziehung muß auch dann erfüllt sein, wenn $Z_n = \infty$, also $I_n = 0$ ist. In diesem Fall ist U_n die Leerlaufspannung U_{nL}, und es ergibt sich $I_{nk} = \frac{U_{nL}}{Z_{in}}$. Damit kann man an Stelle von (3.77a) schreiben

$$I_n Z_{in} + U_n = U_{nL} \,, \tag{3.77b}$$

womit der Satz von der Ersatzspannungsquelle bewiesen ist.

Für eine andere Herleitung entwickeln wir zunächst einen Ausdruck, in dem Z_n nur in Verbindung mit I_n erscheint. Dazu wählen wir den vollständigen Baum so, daß der n-te Zweig Verbindungszweig ist. Formen wir wieder alle etwaigen Stromquellen für den Beweis in Spannungsquellen um, so erhalten wir

$$I_1 Z_{11} + \ldots + I_n Z_{1n} + \ldots + I_m Z_{1m} = U_{q1}$$
$$\vdots \qquad\qquad\qquad\qquad \vdots$$
$$I_1 Z_{n1} + \ldots + I_n Z_{nn} + \ldots + I_m Z_{nm} = U_{qn}$$
$$\vdots \qquad\qquad\qquad\qquad \vdots$$
$$I_1 Z_{m1} + \ldots + I_n Z_{mn} + \ldots + I_m Z_{mm} = U_{qm} .$$

Hier ist wichtig, daß wegen der speziellen Wahl des vollständigen Baumes der Widerstand Z_n nur in dem Matrixelement $Z_{nn} = Z_{nn}^O + Z_n$ enthalten ist. Die Auflösung nach I_n liefert wie in (3.75)

$$I_n = \sum_{\mu=1}^{m} \frac{\Delta_{\mu,n}^Z}{\Delta^Z} U_{q\mu}. \tag{3.78a}$$

Z_{nn} und damit Z_n können nur in Δ^Z, nicht dagegen in den Adjunkten $\Delta_{\mu,n}^Z$ vorkommen. Entwickeln wir Δ^Z nach der n-ten Spalte, so erhalten wir

$$\Delta^Z = Z_{1n} \Delta_{1,n}^Z + Z_{2n} \Delta_{2,n}^Z + \ldots + (Z_{nn}^O + Z_n) \Delta_{n,n}^Z + \ldots + Z_{mn} \Delta_{m,n}^Z$$

$$= \Delta^{ZO} + Z_n \Delta_{n,n}^Z .$$

Damit bekommen wir aus (3.78a)

$$I_n (\Delta^{ZO} + Z_n \Delta_{n,n}^Z) = \sum_{\mu=1}^{m} \Delta_{\mu,n}^Z U_{q\mu} \qquad \text{und}$$

$$U_n = I_n Z_n = \frac{1}{\Delta_{n,n}^Z} \sum_{\mu=1}^{m} \Delta_{\mu,n}^Z U_{q\mu} - I_n \frac{\Delta^{ZO}}{\Delta_{n,n}^Z} .$$

Diese Beziehung ist unmittelbar gleich der in (3.77b), wenn wir definieren

$$U_{nL} = \frac{1}{\Delta_{n,n}^Z} \sum_{\mu=1}^{m} \Delta_{\mu,n}^Z U_{q\mu} \qquad \text{und} \qquad Z_{in} = \frac{\Delta^{ZO}}{\Delta_{n,n}^Z} . \tag{3.78b}$$

Die Deutung ist dann die gleiche wie vorher. Die Zusammensetzung von U_{nL} aus einzelnen Anteilen der Form

$$\frac{\Delta_{\mu,n}^Z}{\Delta_{n,n}^Z} U_{q\mu}$$

entspricht einer Hintereinanderschaltung von Teil-Ersatzspannungsquellen, die jede von nur einer Quelle im Netzwerk her bestimmt werden und entsprechend verschiedene Frequenzen s_μ haben können (Bild 3.41).

Es sei noch bemerkt, daß die im Abschnitt 2.3.3 behandelte Umformung einer Stromquelle in eine Spannungsquelle ein Spezialfall des Satzes von der Ersatzspannungsquelle ist. Weiterhin kann man natürlich die hier gefundene Spannungsquelle umgekehrt in eine Stromquelle umformen, d.h. die Berechnung des interessierenden Stromes I_n mit Hilfe einer Ersatzstromquelle durchführen (Satz von MAYER bzw. NORTON).

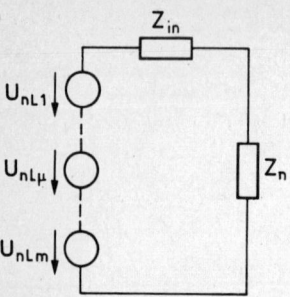

Bild 3.41
Zusammenschaltung von Teil-Ersatzspannungsquellen

Wir wenden den Satz von der Ersatzspannungsquelle auf die Berechnung des Stromes
im Querzweig einer Brückenschaltung an. Wie man in Bild 3.42 leicht abliest, liefert die Auftrennung des Zweiges 2

$$U_{2L} = U_q \left[\frac{Z_5}{Z_3+Z_5} - \frac{Z_6}{Z_4+Z_6} \right] = U_q \frac{Z_4 Z_5 - Z_3 Z_6}{(Z_3+Z_5)(Z_4+Z_6)} \ .$$

Für den Innenwiderstand bekommt man nach Kurzschluß der Knoten 1 und 4

$$Z_{i2} = \frac{Z_3 Z_5}{Z_3+Z_5} + \frac{Z_4 Z_6}{Z_4+Z_6} = \frac{Z_3 Z_4 (Z_5+Z_6) + Z_5 Z_6 (Z_3+Z_4)}{(Z_3+Z_5)(Z_4+Z_6)} \ .$$

Für den Strom I_2 erhält man dann mit

$$I_2 = \frac{U_{2L}}{Z_{i2}+Z_2}$$

denselben Ausdruck wie in Abschnitt 3.2.4.2 in Gl. (3.61).

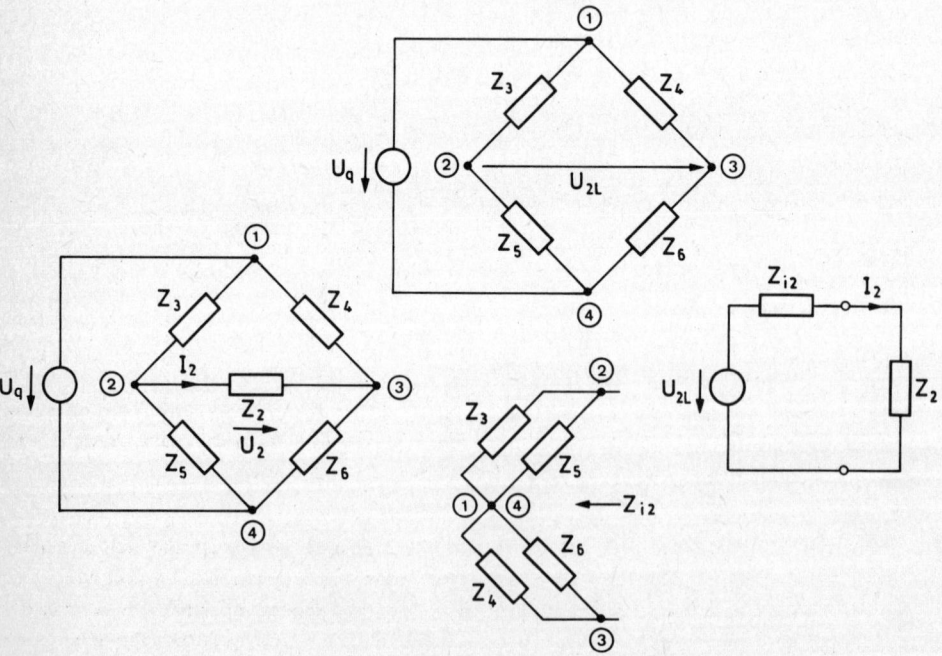

Bild 3.42   Beispiel zum Satz von der Ersatzspannungsquelle

3.3.3 Umkehrungssatz

Wir betrachten zwei Netzwerke mit m Maschen, die in ihrem passiven
Teil identisch sind. Gesteuerte Quellen seien nicht vorhanden, magnetische Kopplungen sind dagegen zugelassen. Es sei angenommen, daß
diese bereits in den Widerständen Z_ν der Netzwerke berücksichtigt
seien. Jedes Netzwerk enthält nur eine Spannungsquelle U_q. Sie liegt
beim Netzwerk a im Zweig i, beim Netzwerk b im Zweig k. Wir wollen
bei Netzwerk a den Strom I_k' im k-ten Zweig, bei Netzwerk b den Strom
I_i'' im i-ten Zweig bestimmen (s. Bild 3.43). Es wird behauptet, daß
$I_k' = I_i''$ ist, obwohl im übrigen die Stromverteilung in beiden Netzwerken völlig unterschiedlich ist.

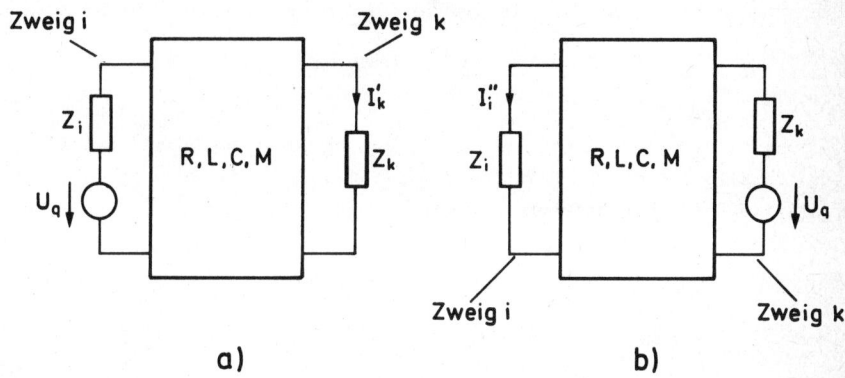

Bild 3.43   Zur Herleitung des Umkehrungssatzes

Zur Maschenanalyse legen wir den vollständigen Baum so fest, daß der
i-te und der k-te Zweig Verbindungszweige, also nicht Baumzweige sind.
Unter den gemachten Voraussetzungen erhalten wir für beide Netzwerke
dieselbe symmetrische Widerstandsmatrix $\mathbf{Z}$. Für die Ströme ergibt sich
mit (3.74):

Netzwerk a	Netzwerk b

$$\mathbf{I'} = \mathbf{Z}^{-1}\mathbf{U}_{qa}, \qquad\qquad \mathbf{I''} = \mathbf{Z}^{-1}\mathbf{U}_{qb}.$$

Es ist

$$\mathbf{U}_{qa} = [0\ldots U_q\ldots 0]^T = U_q\mathbf{e}_i, \qquad \mathbf{U}_{qb} = U_q\mathbf{e}_k$$

und damit

$$I' = U_q \mathbf{Z}^{-1} \mathbf{e}_i, \qquad\qquad I'' = U_q \mathbf{Z}^{-1} \mathbf{e}_k.$$

Dann sind die interessierenden Teilströme

$$I_k' = U_q \mathbf{e}_k^T \mathbf{Z}^{-1} \mathbf{e}_i \qquad\qquad I_i'' = U_q \mathbf{e}_i^T \mathbf{Z}^{-1} \mathbf{e}_k$$

$$\quad = U_q z_{k,i}^{-1} \qquad\qquad\qquad = U_q z_{i,k}^{-1}.$$

Da bei einer symmetrischen Matrix $\mathbf{Z}$ auch $\mathbf{Z}^{-1}$ symmetrisch ist, also $z_{k,i}^{-1} = z_{i,k}^{-1}$ ist, folgt wie behauptet

$$I_k' = I_i''. \tag{3.78}$$

Für die übrigen Ströme in beiden Netzwerken kann keine Angabe gemacht werden.

Wir wollen die Aussage dieses Satzes noch an einem Beispiel zeigen. Für die Schaltung in Bild 3.44a errechnen wir den Strom I_1' und die Spannung U_2'. Mit dem in Abschnitt 3.2.2.1 beschriebenen Verfahren erhalten wir

$$U_2' = Z_1 I_1'$$

$$I_3' = U_2' Y_2 + I_1' = (Z_1 Y_2 + 1) I_1'$$

$$U_q = I_3' Z_3 + U_2' = (Z_1 Y_2 Z_3 + Z_3 + Z_1) I_1'$$

$$I_1' = \frac{U_q}{Z_1 Y_2 Z_3 + Z_3 + Z_1} \;;\quad U_2' = \frac{Z_1}{Z_1 Y_2 Z_3 + Z_3 + Z_1}\, U_q.$$

Auf die Berechnung der Ströme in den Elementen rechts von der Spannungsquelle sei verzichtet und nur festgestellt, daß sie sicher von Null verschieden sein werden. Bei der Schaltung 3.44b erhalten wir in derselben Weise

$$U_2'' = I_4'' Z_3,$$

$$I_1'' = U_2'' Y_2 + I_4'' = (Y_2 Z_3 + 1) I_4''$$

$$U_q = I_1'' Z_1 + U_2'' = (Z_1 Y_2 Z_3 + Z_1 + Z_3) I_4''.$$

Es wird

$$I_4'' = \frac{U_q}{Z_1 Y_2 Z_3 + Z_1 + Z_3} = I_1' \;;\quad U_2'' = \frac{Z_3}{Z_1 Y_2 Z_3 + Z_1 + Z_3}\, U_q \neq U_2'.$$

Entsprechend der Aussage des Umkehrungssatzes sind also die beiden Ströme I_1' und I_4'' einander gleich, während sich im übrigen die Spannungs- und Stromverteilung im Netzwerk völlig geändert hat. Insbesondere sind die rechts vom Knoten 3 liegenden Elemente jetzt stromfrei.

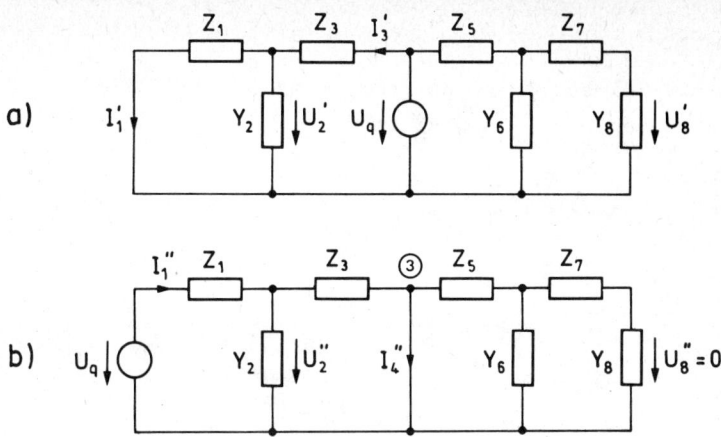

Bild 3.44   Beispiel zum Umkehrungssatz

In der Formulierung

> Vertauschen Ursache und Wirkung ihren Ort,
> so erhält man bei gleichbleibender Ursache
> dieselbe Wirkung

gilt der Umkehrungssatz in vielen Bereichen der Physik. In der Mechanik ist er als Satz von BETTI bekannt. Wir betrachten als Beispiel
die Durchbiegung eines einseitig eingespannten Balkens (Bild 3.45).
Eine Belastung des Balkens an der Stelle x_1 mit einer Kraft P ruft an
einer Stelle x_2 eine bestimmte Durchbiegung δ hervor. Wir erhalten
dieselbe Durchbiegung an der Stelle x_1, wenn wir dieselbe Kraft P an
der Stelle x_2 angreifen lassen, obwohl die Biegelinien in beiden Fällen
völlig verschieden sind.

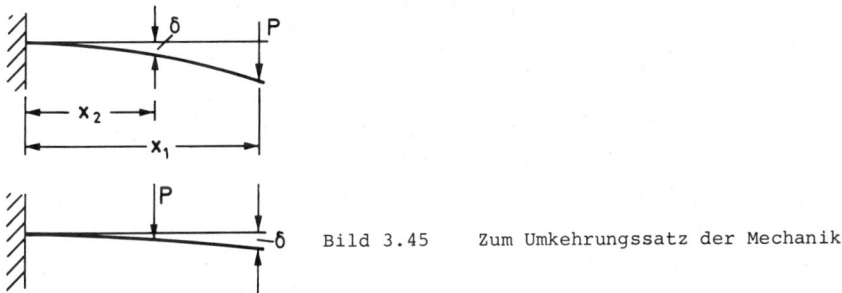

Bild 3.45   Zum Umkehrungssatz der Mechanik

3.3.4 Duale Netzwerke

Ein Zweipol mit dem Widerstand $Z(s)$ werde von einer Spannungsquelle
U_q gespeist. Es gilt

$$U_q = Z(s)I.$$

Die Division dieser Gleichung durch einen willkürlich gewählten, reellen, konstanten Widerstand R_D liefert

$$\frac{U_q}{R_D} = \frac{Z(s)}{R_D^2} R_D I.$$

Mit

$$I_q' := \frac{U_q}{R_D} , \quad Y'(s) := \frac{Z(s)}{R_D^2} \text{ und } U' := I R_D \text{ erhält man}$$

$$I_q' = Y'(s)U'$$

als Ohmsches Gesetz für einen anderen Zweipol mit dem Widerstand $Z'(s) = \frac{1}{Y'(s)}$. Offenbar gilt

$$Z(s) \cdot Z'(s) = R_D^2. \qquad (3.79)$$

Wir nennen zwei Zweipole zueinander dual, wenn das Produkt ihrer Widerstände frequenzunabhängig wird [3.12]. Für die zweipoligen Schaltelemente findet man aus (3.79) unmittelbar die folgenden Beziehungen:

a) $\qquad Z(s) = R : \quad Z'(s) = \frac{R_D^2}{R} = R'$ rein ohmisch.

Speziell $Z(s) = R_D: \quad Z'(s) = R_D$, R_D ist zu sich selbst dual.

b) $\qquad Z(s) = sL: \quad Z'(s) = \frac{1}{s}\frac{R_D^2}{L}$

$$= \frac{1}{sC'} \text{ mit } C' = \frac{L'}{R_D^2}.$$

c) $\qquad Z(s) = \frac{1}{sC}: \quad Z'(s) = sR_D^2 C$

$$= sL' \text{ mit } L' = R_D^2 C.$$

Das zur Induktivität duale Element ist also eine Kapazität und umgekehrt.

In gleicher Weise können wir von einem allgemeinen Netzwerk ausgehen, das mit der Maschenanalyse durch

$$\mathbf{U}_q = \mathbf{Z}\mathbf{I} \qquad (3.57c)$$

beschrieben wird. Die Division durch R_D liefert die Beziehung der Knotenanalyse für das zu dem ersten duale Netzwerk

$$I_q' = Y'U'. \qquad (3.80)$$

Offenbar wird aus jeder Maschengleichung des einen eine Knotengleichung des anderen Netzwerkes. Dabei gehen die Widerstände der Masche des einen in die Leitwerte am entsprechenden Knoten im anderen Netzwerk über. Die Spannungsquelle einer Masche wird zur Stromquelle an diesem Knoten. Schließlich entsprechen den Teilströmen in den Zweigen einer Masche des einen die Knotenpunktspannungen in dem anderen Netzwerk, gemessen gegenüber einem zusätzlichen Bezugsknoten. Allerdings kann man im allgemeinen Fall das duale Netzwerk nur mit Hilfe von idealen Übertragern angeben [3.12]. Liegt ein planares Netzwerk vor, d.h. ein Netzwerk, dessen Graph sich ohne Überschneidung zeichnen läßt, und besteht es aus ungesteuerten Quellen, Widerständen, Induktivitäten und Kapazitäten, so kann man das zugehörige duale nach folgenden Regeln finden (ohne Herleitung):

1.) In jede Masche des Ausgangsnetzwerkes ist ein Knoten so einzuzeichnen, daß zwischen zwei derartigen Knoten mindestens ein Zweig ist. Zusätzlich ist ein weiterer äußerer Knoten zu zeichnen.

2.) Die Knoten werden so miteinander verbunden, daß jeder Zweig des neuen Graphen genau einen Zweig des alten Graphen schneidet. Dabei entsteht der Graph des dualen Netzwerkes.

3.) Das in jedem geschnittenen Zweig liegende Element wird in das dazu duale im schneidenden Zweig überführt.

Bild 3.46 zeigt zwei Beispiele für die Entwicklung dualer Netzwerke. Man erkennt insbesondere beim Beispiel a, daß auch bezüglich Details der Strukturen enge Verwandschaften bestehen: Aus der Reihenschaltung von R_2 und C wird die Parallelschaltung von R_2' und L', die zu der Reihenschaltung parallel liegende Induktivität L geht in eine in Reihe liegende Kapazität C' über.
Als Anwendungsbeispiel betrachten wir noch einmal das in Bild 3.29a dargestellte symmetrische X-Glied. Wenn die beiden Widerstände z_1^x und z_2^x dual zueinander sind und dabei R_D gleich dem Abschlußwiderstand R gewählt wird, wenn also entsprechend (3.79) $z_1^x \cdot z_2^x = R^2$ ist, so erhält man aus (3.63a) nach Zwischenrechnung

$$H(s) = \frac{R - z_1^x(s)}{R + z_1^x(s)} . \qquad (3.81)$$

Ist weiterhin $z_1^x(j\omega)$ rein imaginär, so ergibt sich aus (3.81) $|H(j\omega)|$ = konst., die Bedingung für einen Allpaß. Die in Bild 3.29b gezeigte Schaltung eines Allpasses 1. Grades ist ein Spezialfall dieses allgemeineren Ergebnisses.
Ein weiteres Beispiel für die Anwendung dualer Zweipole werden wir im Abschnitt 4.4 betrachten.

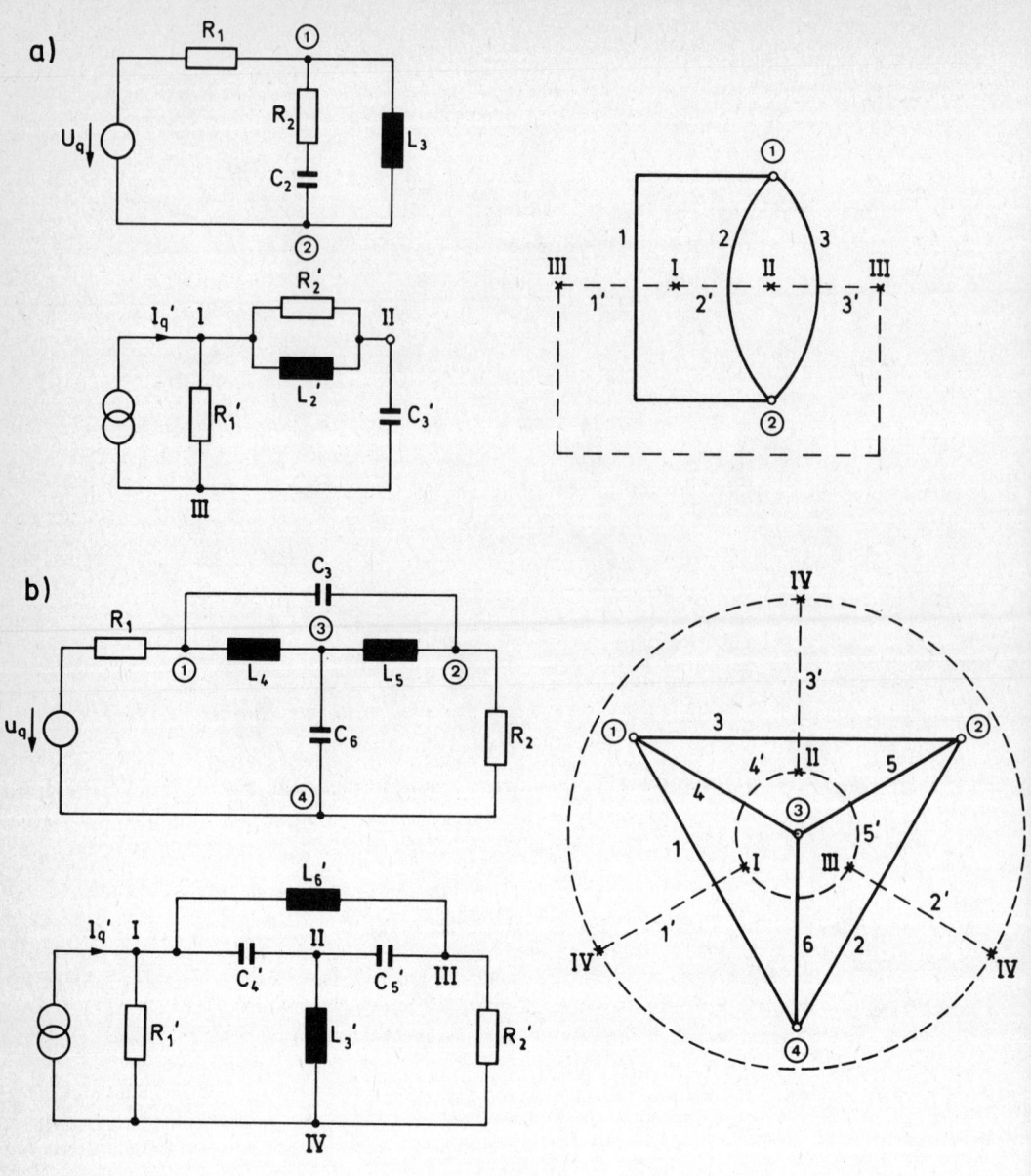

Bild 3.46   Beispiele für duale Netzwerke

———— Graph des Ausgangsnetzwerkes

----- Graph des dualen Netzwerkes

3.3.5 Leistung im Netzwerk

Wir betrachten zunächst einen linearen, quellenfreien Zweipol, an dem
eine Spannung der Form

$$u(t) = \hat{u}e^{\sigma t}\cos(\omega t+\varphi_u)$$

$$= \text{Re}\{\hat{u}e^{j\varphi_u}\cdot e^{st}\} = \text{Re}\{Ue^{st}\}$$

liegen möge. Der durch diesen Zweipol fließende Strom ist dann unter den bekannten Voraussetzungen

$$i(t) = \hat{i}e^{\sigma t}\cos(\omega t+\varphi_i)$$

$$= \text{Re}\{\hat{i}e^{j\varphi_i}\cdot e^{st}\} = \text{Re}\{Ie^{st}\}.$$

Die in dem Zweipol umgesetzte Leistung ist gleich dem Produkt von Spannung und Strom:

$$p(t) = u(t)i(t) = \hat{u}\hat{i}e^{2\sigma t}\cos(\omega t+\varphi_u)\cos(\omega t+\varphi_i)$$

$$= \frac{\hat{u}\hat{i}}{2}\left[\cos(\varphi_u-\varphi_i)+\cos(2\omega t+\varphi_u+\varphi_i)\right]e^{2\sigma t}.$$

Speziell für $\sigma=0$ ergibt sich

$$p(t) = \frac{\hat{u}\hat{i}}{2}\left[\cos(\varphi_u-\varphi_i)+\cos(2\omega t+\varphi_u+\varphi_i)\right]. \qquad (3.82)$$

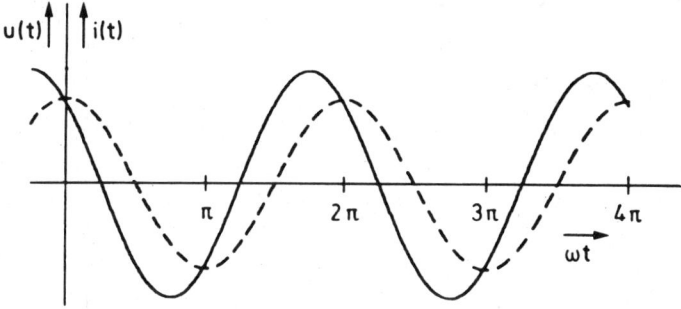

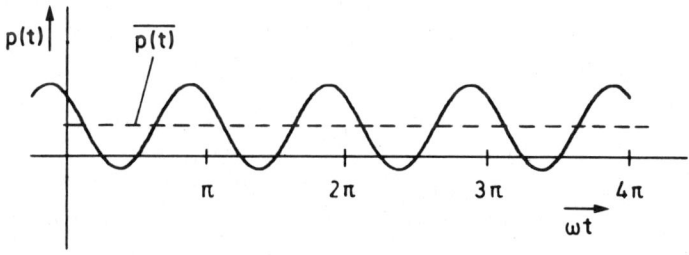

Bild 3.47   Zur Erläuterung der Leistungs-Zeitfunktion p(t)

In Bild 3.47 sind u(t), i(t) sowie die sinusförmig pulsierende Leistung p(t) gezeichnet. Für den Mittelwert von p(t) erhalten wir

$$\overline{p(t)} = \frac{1}{T} \int_{t_1}^{t_1+T} p(t)dt = \frac{\hat{u}\hat{i}}{2} \cos(\varphi_u - \varphi_i), \qquad (3.83)$$

wenn die Integration, beginnend in einem beliebigen Punkt t_1, über eine Periode $T = 2\pi/\omega$ der angelegten Spannung geführt wird.
Der Mittelwert $\overline{p(t)}$ stellt die im Zweipol verbrauchte Leistung dar. Wenn die pulsierende Leistung p(t) positiv ist, fließt Energie in den Zweipol hinein, die dort entweder in Wärme umgesetzt wird oder zum Aufbau der magnetischen und elektrischen Felder im Innern des Zweipols führt. Ist sie negativ, so fließt Energie unter Abbau dieser Felder in die Quelle zurück.
Eine andere Darstellung erhalten wir aus (3.82) mit

$$\cos(2\omega t + \varphi_u + \varphi_i) = \cos 2(\omega t + \varphi_u)\cos(\varphi_u - \varphi_i) + \sin 2(\omega t + \varphi_u)\sin(\varphi_u - \varphi_i).$$

Es ergibt sich

$$p(t) = \frac{\hat{u}\hat{i}}{2}\{[1 + \cos 2(\omega t + \varphi_u)]\cos(\varphi_u - \varphi_i) + \sin 2(\omega t + \varphi_u)\sin(\varphi_u - \varphi_i)\}.$$

Offenbar ist $\frac{\hat{u}\hat{i}}{2}[1 + \cos 2(\omega t + \varphi_u)]\cos(\varphi_u - \varphi_i) \geq 0$ für $|\varphi_u - \varphi_i| \leq \frac{\pi}{2}$.
Man nennt

$$P_w = \overline{p(t)} = \frac{\hat{u}\hat{i}}{2}\cos(\varphi_u - \varphi_i) \qquad \text{die Wirkleistung,} \qquad (3.84a)$$

$$P_b = \frac{\hat{u}\hat{i}}{2}\sin(\varphi_u - \varphi_i) \qquad \text{die Blindleistung.} \qquad (3.84b)$$

Mit den komplexen Amplituden $U = \hat{u}e^{j\varphi_u}$ und $I = \hat{i}e^{j\varphi_i}$ können wir die komplexe Scheinleistung einführen als

$$P_s = \frac{1}{2}UI^* = \frac{\hat{u}\hat{i}}{2}e^{j(\varphi_u - \varphi_i)}. \qquad (3.85)$$

Es ist $|P_s| = \frac{\hat{u}\hat{i}}{2}$. Nach (3.6) erhält man

$$|P_s| = \frac{\hat{u}}{\sqrt{2}} \cdot \frac{\hat{i}}{\sqrt{2}} = U_{eff} \cdot I_{eff}. \qquad (3.86)$$

Weiterhin folgt aus (3.85) mit (3.84)

$$P_s = P_w + jP_b. \qquad (3.87)$$

Mit $U = IZ$ bzw. $I^* = \dfrac{U^*}{Z^*} = U^* Y^*$ erhält man noch aus (3.85):

$$P_s = \frac{1}{2}\,|I|^2 Z \qquad \text{bzw.} \qquad P_s = \frac{1}{2}\,|U|^2 Y^*, \qquad\qquad (3.88a)$$

$$P_w = \frac{1}{2}\,|I|^2 \operatorname{Re}\{Z\} \qquad\qquad P_w = \frac{1}{2}\,|U|^2 \operatorname{Re}\{Y\}, \qquad (3.88b)$$

$$P_b = \frac{1}{2}\,|I|^2 \operatorname{Im}\{Z\} \qquad\qquad P_b = -\frac{1}{2}\,|U|^2 \operatorname{Im}\{Y\}. \qquad (3.88c)$$

Die im Zweipol umgesetzte mittlere Leistung wird also lediglich vom Realteil seines Widerstandes bzw. seines Leitwertes bestimmt, während die zwischen Zweipol und Quelle pendelnde Blindleistung nur vom Imaginärteil abhängt.

Als einfaches Beispiel betrachten wir die Anordnung von Bild 3.48. Es ergibt sich mit

$$Y = \frac{1}{R+j\omega L} = \frac{R}{R^2 + \omega^2 L^2} - j\,\frac{\omega L}{R^2 + \omega^2 L^2}$$

aus (3.88)

$$P_w = \frac{1}{2}\,|U_q|^2\,\frac{R}{R^2 + \omega^2 L^2},$$

$$P_b = \frac{1}{2}\,|U_q|^2\,\frac{\omega L}{R^2 + \omega^2 L^2}.$$

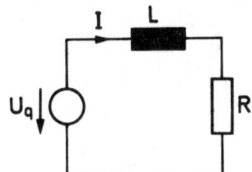

Bild 3.48   Beispiel zur Berechnung von Teilleistungen

Wir bestimmen weiterhin die Leistungen in den beiden Einzelelementen. Mit dem Strom $I = \dfrac{U_q}{R+j\omega L}$ erhält man für die Leistungen an der Induktivität

$$P_{wL} = \frac{1}{2}\,|I|^2 \operatorname{Re}\{j\omega L\} = 0 \qquad \text{und} \qquad P_{bL} = \frac{1}{2}\,|U_q|^2 \cdot \frac{\omega L}{R^2 + \omega^2 L^2} = P_b$$

und für die an dem ohmschen Widerstand

$$P_{wR} = \frac{1}{2}\,|I|^2 \operatorname{Re}\{R\} = \frac{1}{2}\,|U_q|^2 \cdot \frac{R}{R^2 + \omega^2 L^2} = P_w,$$

$$P_{bR} = \frac{1}{2}\,|I|^2 \operatorname{Im}\{R\} = 0.$$

Wie nach den allgemeinen Betrachtungen zu erwarten war, wird die gesamte an den

Zweipol abgegebene Wirkleistung im Widerstand verbraucht, während die gesamte
Blindleistung zwischen Induktivität und Quelle pendelt.

Zum Abschluß dieses Abschnittes greifen wir die im 2. Kapitel für den
Gleichstromfall behandelte Frage nach der maximal von einer Quelle ab-
gebbaren Leistung noch einmal auf. Wir nehmen dazu eine Spannungsquelle mit U_q und dem komplexen Innenwiderstand Z_i an und fragen, wie der
Lastwiderstand Z_a gewählt werden muß, damit die an ihn abgegebene
Wirkleistung maximal wird. Entsprechend (2.29) und mit $I = U_q/(Z_i+Z_a)$
erhält man aus (3.88b)

$$P_w = \frac{1}{2} \, |I|^2 \, \text{Re}\{Z_a\}$$

$$= \frac{1}{2} \, \frac{|U_q|^2}{|Z_i+Z_a|^2} \, \text{Re}\{Z_a\}.$$

Mit $Z_i = R_i+jX_i$ und $Z_a = R_a+jX_a$ ergibt sich

$$P_w = \frac{1}{2} \, \frac{|U_q|^2}{(R_i+R_a)^2+(X_i+X_a)^2} \cdot R_a.$$

Da der Imaginärteil X_a von Z_a entgegengesetztes Vorzeichen wie X_i haben kann, wird P_w in Abhängigkeit von X_a für $X_a = -X_i$ maximal. Dann
reduziert sich aber der Ausdruck für P_w im wesentlichen auf den für
P_a in (2.29), der für $R_a=R_i$ maximal wurde. Es ergibt sich insgesamt,
daß die maximale Wirkleistung für

$$Z_a = Z_i^* \hspace{6cm} \text{(3.89a)}$$

abgegeben wird. Sie beträgt mit $|U_q| = \hat{u}_q = \sqrt{2} \, U_{qeff}$

$$\text{max} P_w = \frac{|U_q|^2}{8R_i} = \frac{U_{qeff}^2}{4R_i} \hspace{4cm} \text{(3.89b)}$$

3.3.6 Satz von TELLEGEN

An dieser Stelle behandeln wir ein nach TELLEGEN benanntes Theorem,
das trotz seiner scheinbar einfachen Aussage von großer Bedeutung ist
und mit dem auch andere wichtige Gesetze, z.B. der Umkehrungssatz, hergeleitet werden können [3.13]. Wir betrachten dazu ein allgemeines
Netzwerk, in dessen Zweigen die Ströme $i_\nu(t)$ fließen und dort die Spannungsabfälle $u_{z\nu}(t)$ hervorrufen. Wie schon früher nehmen wir an, daß

Zweigspannungen und Zweigströme in gleicher Richtung positiv gezählt
werden (Bild 3.49). Unter der Voraussetzung, daß die Kirchhoffschen
Regeln gelten, wird nun behauptet, daß für die Leistungen der einzelnen Zweige $u_{z\nu}(t)i_\nu(t)$ die Beziehung

$$\sum_\nu u_{z\nu}(t)i_\nu(t) = 0 \qquad\qquad (3.90)$$

gilt. Zum Beweis gehen wir von den Knotengleichungen aller k Knoten
des Netzwerkes aus, nach denen die Summe der auf den Knoten zufließenden Ströme gleich Null ist. Jeder der Ströme erscheint in den Gleichungen zweimal, einmal mit positivem, einmal mit negativem Vorzeichen. Wir verwenden weiterhin die in bezug auf einen beliebigen Punkt
gemessenen Knotenspannungen $u_\kappa(t)$ und multiplizieren jede Knotengleichung für die Ströme mit der zugehörigen Knotenspannung.

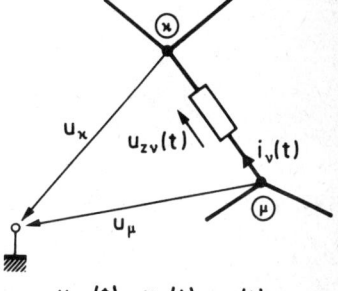

Bild 3.49
Zur Definition der Zweigspannungen und -ströme

$$u_{z\nu}(t) = u_\mu(t) - u_\kappa(t)$$

Ein Ausschnitt aus dem entstehenden Gleichungssystem ist dann z.B.

$$u_1(t)[i_1(t) \qquad +i_2(t) \qquad -i_4(t) \qquad \ldots] = 0$$
$$u_2(t)[-i_1(t) \qquad\qquad +i_3(t) \qquad\qquad \ldots] = 0$$
$$u_3(t)[\qquad -i_2(t) \qquad\qquad +i_5(t) \quad \ldots] = 0$$
$$u_4(t)[\qquad\qquad -i_3(t)+i_4(t)-i_5(t) \quad \ldots] = 0.$$

Die Summierung all dieser Gleichungen liefert dann

$$i_1(t)(u_1-u_2)+i_2(t)(u_1-u_3)+i_3(t)(u_2-u_4)+ \ldots = 0.$$

Die entstehenden Differenzen von Knotenspannungen sind entsprechend
der Kirchhoffschen Maschenregel unmittelbar die negativ genommenen
Zweigspannungen $u_{z\nu}$ (Bild 3.49). Nach Multiplikation mit -1 ist die
aufgestellte Behauptung bewiesen.

Über die Elemente in den einzelnen Zweigen des Netzwerkes wurden
keine Voraussetzungen gemacht. Das bedeutet, daß nicht nur die linearen Elemente R, L und C sowie gekoppelte Induktivitäten, ungesteuerte
und gesteuerte Quellen zugelassen sind, sondern auch nichtlineare Elemente.

Wenn wir alle ungesteuerten Spannungs- und Stromquellen aus dem Netzwerk herausziehen und, wie bei Quellen üblich, in diesen Zweigen Spannung und Strom als entgegengesetzt gerichtet annehmen (Bild 3.50), so
nimmt TELLEGENS Satz die Form

$$\sum_{\nu} u_{z\nu} i_{\nu} = \sum_{\lambda=1}^{\ell} u_{q\lambda} i_{\lambda} + \sum_{\rho=1}^{r} i_{q\rho} u_{\rho} \qquad (3.91)$$

an. Die Summierung muß dabei über alle inneren Zweige sowie über die
Anschlüsse der ℓ Spannungsquellen und r Stromquellen erfolgen.

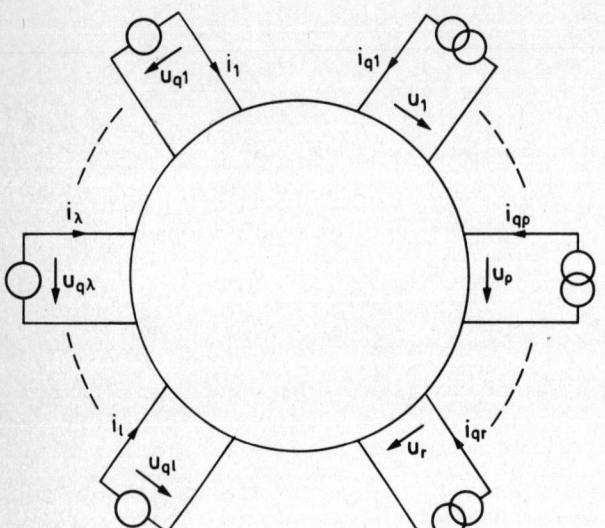

Bild 3.50   Zum Leistungssatz

Diesen allgemeinen Satz wollen wir jetzt noch für den Fall des vorher
betrachteten linearen, quellenfreien Zweipols spezialisieren, der von
einer einzelnen Spannungsquelle mit $u_q(t) = \mathrm{Re}\{U_q e^{j\omega t}\}$ gespeist wird.
Zunächst ergibt sich aus (3.91)

$$u_q(t) i(t) = \sum_{\nu} u_{z\nu}(t) i_{z\nu}(t).$$

Der in den Zweipol fließende Strom i(t) sowie die im Innern vorliegenden Zweigströme und -spannungen sind rein sinusförmig. Sie haben
die komplexen Amplituden I bzw. I_ν und U_ν. Dann gilt für die Gesamt-
scheinleistung, wenn Z der Gesamtwiderstand und Z_ν der Widerstand des
ν-ten Zweiges ist

$$P_s = \frac{1}{2} U_q I^* = \frac{1}{2}|I|^2 Z = \frac{1}{2} \sum_\nu |I_\nu|^2 Z_\nu = P_w + jP_b. \qquad (3.92)$$

Für Wirk- und Blindleistung erhält man

$$P_w = \frac{1}{2} |I|^2 Re\{Z\} = \frac{1}{2} \sum_\nu |I_\nu|^2 Re\{Z_\nu\},$$

$$P_b = \frac{1}{2} |I|^2 Im\{Z\} = \frac{1}{2} \sum_\nu |I_\nu|^2 Im\{Z_\nu\}.$$

Da jeder Zweig aus der Reihenschaltung von ohmschem Widerstand, Induktivität und Kapazität bestehen kann, ergibt sich aus

$$Z_\nu = R_\nu + j\omega L_\nu + \frac{1}{j\omega C_\nu}$$

$$P_w = \frac{1}{2} |I|^2 Re\{Z\} = \frac{1}{2} \sum_\nu |I_\nu|^2 R_\nu , \qquad (3.93a)$$

$$P_b = \frac{1}{2} |I|^2 Im\{Z\} = \frac{1}{2} \sum_\nu |I_\nu|^2 (\omega L_\nu - \frac{1}{\omega C_\nu}). \qquad (3.93b)$$

Die Gesamtwirkleistung ist also gleich der Summe der in den einzelnen
Zweigen verbrauchten Wirkleistungen, die Gesamtblindleistung gleich
der Summe der in den Reaktanzen benötigten Einzelblindleistungen. Dies
ist offenbar eine Verallgemeinerung der in dem einfachen Beispiel des
letzten Abschnittes gemachten Aussage.

3.4 Mehrphasensysteme (z. B. [3.14])

3.4.1 Grundschaltung

Wir betrachten die in Bild 3.51 angegebene Zusammenschaltung von m
Quellen gleicher Frequenz ω_o, die über die Leitwerte Y_μ an den gemeinsamen Leitwert Y_o geschaltet sind. Die Knotenanalyse liefert unmittelbar für die Spannung an Y_o:

$$U_o = \frac{\sum\limits_{\mu=1}^{m} U_\mu \cdot Y_\mu}{\sum\limits_{\mu=o}^{m} Y_\mu} . \qquad (3.94)$$

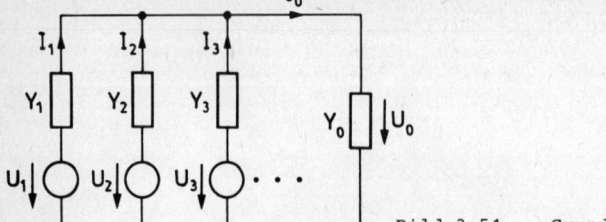

Bild 3.51   Grundschaltung eines Mehrphasensystems

Jetzt nehmen wir speziell an, daß

$$U_\mu = U \cdot e^{-j(\mu-1)\frac{2\pi}{m}}$$

$$\mu = 1 \ldots m \qquad (3.95)$$

$$Y_\mu = Y$$

ist. Die Spannungen der Quellen sollen also dem Betrage nach gleich, aber gegeneinander in der Phase um $-\frac{2\pi}{m}$ verschoben sein. In Bild 3.52 ist ein Zeigerdiagramm für m = 6 mit arg{U} = 0 gezeichnet. Aus (3.94) folgt

$$U_O = \frac{Y \sum_{\mu=1}^{m} U_\mu}{Y_O + mY}.$$

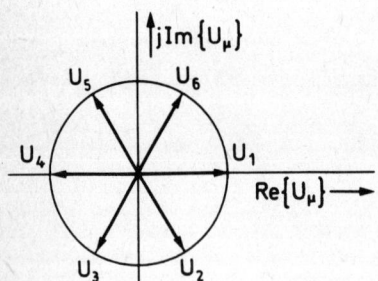

Bild 3.52   Zeigerdiagramm der Spannungen für m=6

Für die Summe der Spannungen ergibt sich

$$\sum_{\mu=1}^{m} U_\mu = U \sum_{\mu=1}^{m} e^{-j(\mu-1)\frac{2\pi}{m}} = U \frac{e^{-j2\pi}-1}{e^{-j2\pi/m}-1} = 0, \text{ wenn m>1.} \quad (3.96)$$

Damit wird $U_O = I_O = 0$, unabhängig von Y_O. Sind die Y_μ die Lastleitwerte, so ist offenbar bei den angenommenen Phasenlagen sowie bei symmetrischer Belastung (d.h. bei $Y_\mu = Y$) der zurückfließende Strom gleich Null.

Wir betrachten als nächstes die Leistung im symmetrischen m-Phasen-
system. Mit $|U| = \hat{u}$ und $|I| = |U|\cdot|Y| = \hat{i}$ wird

$$u_\mu(t) = \hat{u}\,\cos[\omega_o t + \varphi_u - (\mu-1)\frac{2\pi}{m}] \quad \text{und}$$

$$i_\mu(t) = \hat{i}\,\cos[\omega_o t + \varphi_i - (\mu-1)\frac{2\pi}{m}] \quad \text{sowie nach (3.82)}$$

$$p_\mu(t) = \frac{\hat{u}\hat{i}}{2}[\cos(\varphi_u - \varphi_i) + \cos(2\omega_o t + \varphi_u + \varphi_i - 2(\mu-1)\frac{2\pi}{m}].$$

Die gesamte, von den Quellen abzugebende Leistung wird dann für m>2

$$p(t) = \sum_{\mu=1}^{m} p_\mu(t) = m\,\frac{\hat{u}\hat{i}}{2}\cos(\varphi_u - \varphi_i)\,, \tag{3.97}$$

da entsprechend (3.96) $\sum_{\mu=1}^{m} \cos(2\omega_o t + \varphi_u + \varphi_i - 2(\mu-1)\frac{2\pi}{m}) =$

$$= \mathrm{Re}\Big\{ e^{j(2\omega_o t + \varphi_u + \varphi_i)}\,\sum_{\mu=1}^{m} e^{-j2(\mu-1)\frac{2\pi}{m}} \Big\} = O \text{ ist für m>2.}$$

Die von den Quellen gemeinsam abzugebende Leistung ist also im Gegensatz zu der einer Einzelquelle eine Konstante. Das ist praktisch von
sehr großer Bedeutung, weil die zur Erzeugung der elektrischen Energie verwendeten rotierenden Generatoren von einer gemeinsamen Antriebs-
maschine bewegt werden, die unter den genannten Bedingungen konstant
belastet ist. Dabei wird in der Regel mit m=3 gearbeitet. Mit Hilfe
von Bild 3.53 wird das Prinzip erläutert. In einem Gehäuse sind 3 Spulen untergebracht, die räumlich gegeneinander um 120° versetzt sind.

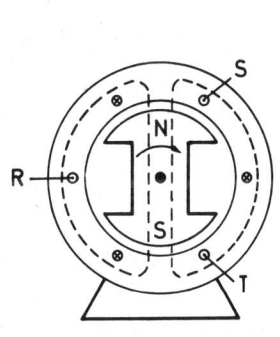
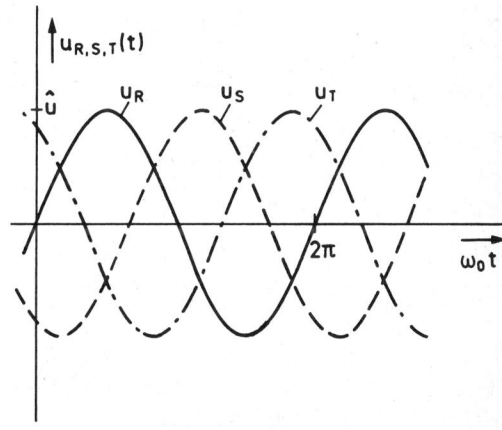

Bild 3.53   Prinzip der Erzeugung und Verlauf der Spannungen im Drehstromnetz

Sie wurden in dem Bild durch jeweils eine Windung dargestellt, deren
Schnittflächen gezeichnet sind. Zwischen ihnen bewegt sich mit konstanter Winkelgeschwindigkeit ω_0 ein Rotor. Das von ihm ausgehende Magnetfeld induziert in den Spulen sinusförmige Spannungen, deren zeitliche Versetzung gegeneinander durch die räumliche Versetzung der
Spulen bestimmt wird. Die erzeugten Spannungen, üblicherweise mit den
Indizes R, S, T gekennzeichnet, sind in Bild 3.53 ebenfalls dargestellt.

Wir bemerken noch, daß die schematisch gezeichnete Maschine als Motor
betrieben werden kann. Den drei Spulen werden dann die drei Spannungen
u_R, u_S und u_T zugeführt. Mit einer Herleitung, die der für die Gesamtleistung entspricht, stellt man fest, daß sich ein betragsmäßig kon-
stantes, aber dabei rotierendes Magnetfeld ergibt, das man als Drehfeld bezeichnet. Die von dem Motor abgegebene mechanische Leistung
ist zeitlich konstant.

3.4.2 Unsymmetrische Belastung

Hier und im folgenden beschränken wir uns auf den speziellen Fall
m=3. Die Anordnung und die üblichen Bezeichnungen zeigt Bild 3.54.
Man nennt U_R, U_S, U_T die Strang- oder Sternspannungen.

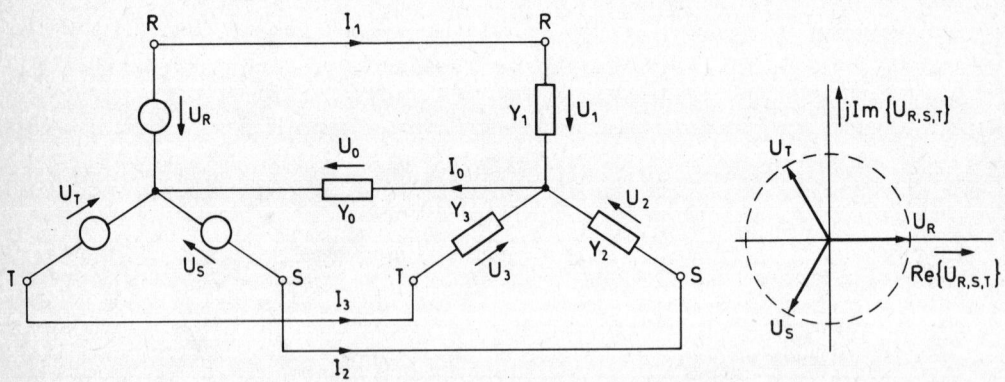

Bild 3.54   Drehstromnetz bei unsymmetrischer Last

Für die Analyse eines unsymmetrisch belasteten Drehstromnetzes ist die
Verwendung eines Drehoperators

$$a = e^{j2\pi/3}$$

(3.98)

zweckmäßig. Mit ihm kann man die Sternspannungen in folgender Form angeben:

$$U_R = U \qquad \text{(bezuggebend)}$$
$$U_S = U \cdot a^2 = U \cdot a^* \qquad\qquad (3.99)$$
$$U_T = U \cdot a = U(a^2)^*.$$

In Bild 3.55 sind die Zeiger für a und für einige, daraus abgeleitete Größen sowie eine Reihe von Beziehungen für den Drehoperator und seine Potenzen angegeben.

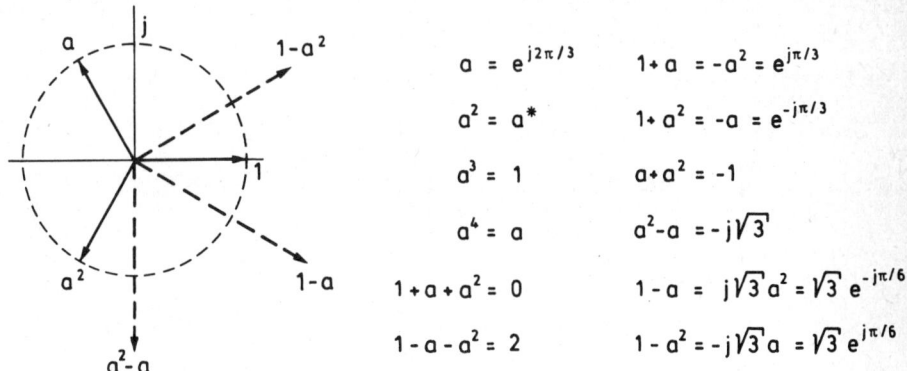

$$a = e^{j2\pi/3} \qquad\qquad 1+a = -a^2 = e^{j\pi/3}$$
$$a^2 = a^* \qquad\qquad 1+a^2 = -a = e^{-j\pi/3}$$
$$a^3 = 1 \qquad\qquad a+a^2 = -1$$
$$a^4 = a \qquad\qquad a^2-a = -j\sqrt{3}$$
$$1+a+a^2 = 0 \qquad 1-a = j\sqrt{3}\,a^2 = \sqrt{3}\,e^{-j\pi/6}$$
$$1-a-a^2 = 2 \qquad 1-a^2 = -j\sqrt{3}\,a = \sqrt{3}\,e^{j\pi/6}$$

Bild 3.55   Zur Rechnung mit dem Drehoperator a

Wir betrachten jetzt den Fall unterschiedlicher Leitwerte Y_μ. Zunächst wird dann U_o mit Hilfe von (3.94) bestimmt, für das sich jetzt ein Wert $\neq$ 0 ergeben wird. Damit lassen sich die Spannungen an den Leitwerten Y_1, Y_2, Y_3 als

$$U_1 = U_R - U_o$$
$$U_2 = U_S - U_o \qquad\qquad (3.100)$$
$$U_3 = U_T - U_o$$

sowie die Teilströme $I_\nu = U_\nu Y_\nu$ berechnen. Für sie gilt natürlich

$$\sum_{\nu=1}^{3} I_\nu = I_o. \qquad\qquad (3.101)$$

Wir betrachten zwei Beispiele

a) Es sei $Y_o = 0$ und daher $I_o = U_o Y_o = 0$. Weiterhin wählen wir $Y_1 = G$, $Y_2 = 2G$, $Y_3 = 3G$. Aus (3.94) folgt mit den Beziehungen von Bild 3.55

$$U_o = \frac{U}{6} [1+2a^2+3a] = -\frac{U}{6}(1-a) = 0,2887 \cdot e^{j150°} \cdot U;$$

es wird $\quad U_1 = 1,2583 \cdot e^{-j6,587^{\circ}} \cdot U$; $\quad I_1 = 1,2583 \cdot e^{-6,587^{\circ}} \cdot U \cdot G$;

$\quad U_2 = 1,0408 \cdot e^{-j103,9^{\circ}} \cdot U$; $\quad I_2 = 2,0817 \cdot e^{-j103,9^{\circ}} \ U \cdot G$;

$\quad U_3 = 0,7638 \cdot e^{j109,1^{\circ}} \cdot U$; $\quad I_3 = 2,2913 \cdot e^{j109,1^{\circ}} \ U \cdot G$.

In Bild 3.56 ist das Zeigerdiagramm der auftretenden Spannungen und Ströme dargestellt.

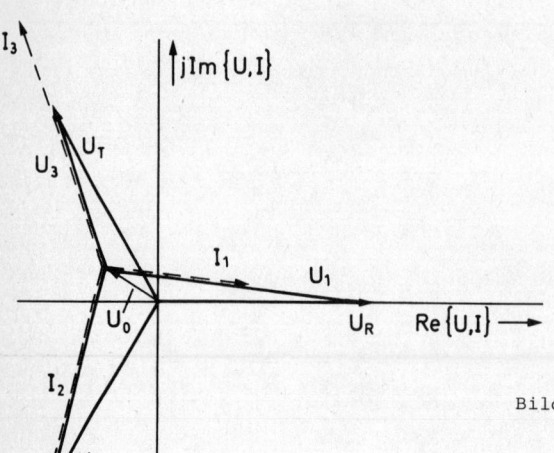

Bild 3.56   Diagramm der Spannungs- und
Stromzeiger bei unsymmetrischer
Last entsprechend Beispiel a

b) Es sei jetzt $Y_o \neq 0$, $Y_1 = Y_3 = Y$. Wir wollen den Strom I_2 als Funktion von Y_o
und Y_2 bestimmen. Aus $I_2 = Y_2(U_S-U_o)$ erhalten wir mit (3.94)

$$I_2 = Y_2 \left[U_S - \frac{Y(U_R+U_T)+Y_2 U_S}{Y_o+Y_2+2Y} \right].$$

Nach Zwischenrechnung ergibt sich

$$I_2 = UY_2 a^2 \frac{Y_o + 3Y}{Y_o+Y_2+2Y}.$$

Wir spezialisieren dieses Ergebnis auf den Fall eines Erdschlusses im Strang 2,
d.h. auf $Y_2 \to \infty$. Der dabei fließende Kurzschlußstrom

$$\lim_{Y_2 \to \infty} I_2 = Ua^2(Y_o+3Y)$$

verschwindet offenbar dann, wenn der noch zu wählende Leitwert $Y_o = -3Y$ wird. In
diesem Extremfall ist dabei für Y nur der Leitwert der Kapazität der Leitung gegen
Erde einzusetzen (siehe Bild 3.57). Es ist $Y=j\omega_o C$, wobei die Kapazität der Länge
der Leitung zwischen Generator und Verbraucher proportional ist. Für die feste
Frequenz ω_o ergibt sich

$$Y_o = -3j\omega_o C = \frac{1}{j\omega_o L_o} \quad \text{mit} \quad L_o = \frac{1}{3\omega_o^2 C} \ .$$

Bei Verwendung dieser "Erdschluß-Löschspule" (PETERSEN-Spule) erhält man für die Spannungen und Ströme

$$U_o = a^2 U = U_S \qquad\qquad I_o = -j3a^2\omega_o C\, U$$

$$U_1 = U_R - U_o = (1-a^2)U \qquad I_1 = j(1-a^2)\omega_o C\, U$$

$$U_2 = U_S - U_o = 0 \qquad\qquad I_2 = 0$$

$$U_3 = U_T - U_o = (a-a^2)U \qquad I_3 = j(a-a^2)\omega_o C\, U.$$

Das zugehörige Zeigerdiagramm ist ebenfalls in Bild 3.57 dargestellt.

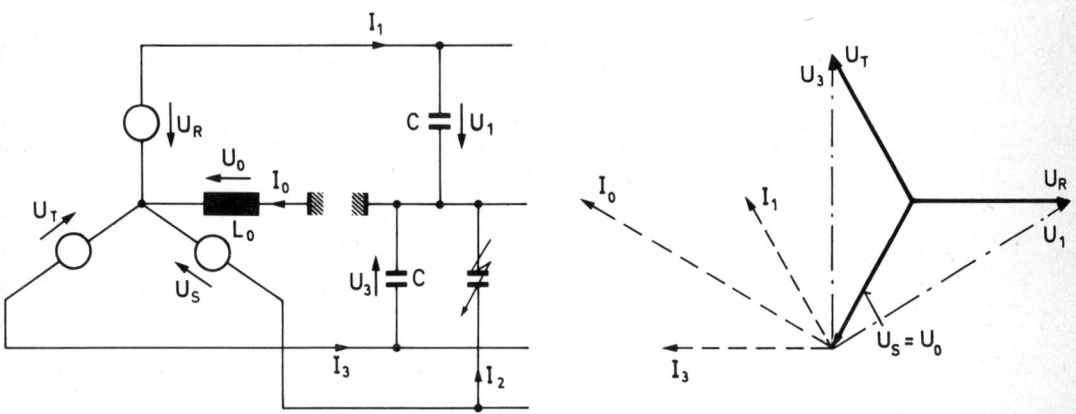

Bild 3.57   Zur Löschung des Erdschlußstromes

3.4.3 Dreieckförmig geschalteter Verbraucher

Bild 3.58 zeigt den Fall einer dreieckförmig geschalteten Belastung des Netzes. Die an den einzelnen Leitwerten auftretenden Spannungen U_{RS}, U_{ST} und U_{TR} werden als Leiter- bzw. als verkettete Spannungen bezeichnet. Es gilt

$$U_{RS} = U_R - U_S = U(1-a^2) = U\sqrt{3}\cdot e^{j30^\circ}$$

$$U_{ST} = U_S - U_T = U(a^2-a) = U\sqrt{3}\cdot e^{-j90^\circ} \qquad (3.102)$$

$$U_{TR} = U_T - U_R = U(a-1) = U\sqrt{3}\cdot e^{j150^\circ}.$$

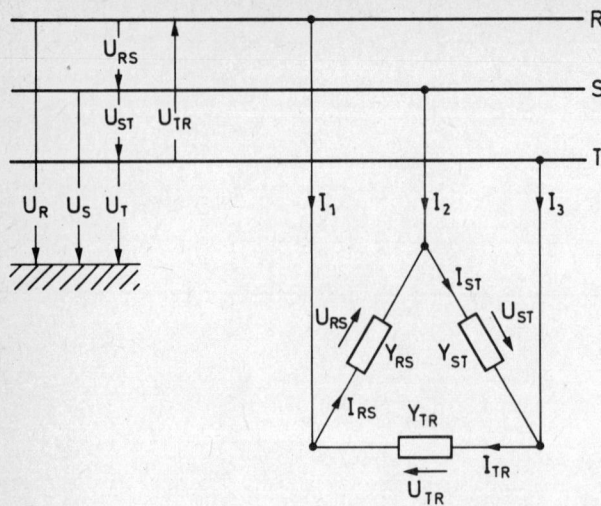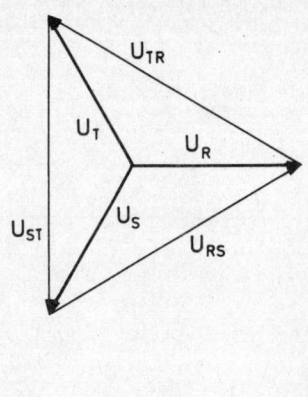

Bild 3.58   Drehstromnetz mit dreieckförmiger Belastung

In Bild 3.58 ist zusätzlich das Zeigerdiagramm für die auftretenden
Spannungen angegeben. Die Berechnung der Ströme I_1, I_2 und I_3 kann
einmal nach

$$I_1 = I_{RS} - I_{TR}$$
$$I_2 = I_{ST} - I_{RS} \qquad (3.103)$$
$$I_3 = I_{TR} - I_{ST}$$

erfolgen, wobei $I_{RS} = U_{RS}Y_{RS}$ usw. ist. Zum andern kann man das Dreieck
der Lastwiderstände in einen äquivalenten Stern entsprechend (3.60) umwandeln, für den dann die interessierenden Ströme direkt berechnet
werden können.

3.4.4 Symmetrische Komponenten

Bei einer unsymmetrischen Belastung und $Y_o \neq \infty$ entstehen beim Verbraucher Spannungen, die i.a. unterschiedliche Beträge haben und nicht
mehr gleichmäßig gegeneinander versetzt sind. Damit sind die Voraussetzungen für die im Abschnitt gefundenen Eigenschaften eines Dreh-
stromsystems, wie konstante Leistung und Drehfeld konstanten Betrages
nicht mehr gegeben. Für die Analyse ist es nun zweckmäßig, einen "unsymmetrischen Spannungsstern" in eine Summe von drei symmetrischen
Systemen zu zerlegen. Diese Teilsysteme werden als "Mit-", "Gegen-"
und "Null-"System bezeichnet. Das Mitsystem entspricht dem bisher untersuchten Fall, bei dem aufeinanderfolgende Zeiger um $-2\pi/3$ gegenein-

ander versetzt sind. Beim Gegensystem ist die Verschiebung dagegen $+2\pi/3$, während die Zeiger beim Nullsystem gleichgerichtet sind (siehe Bild 3.59a).

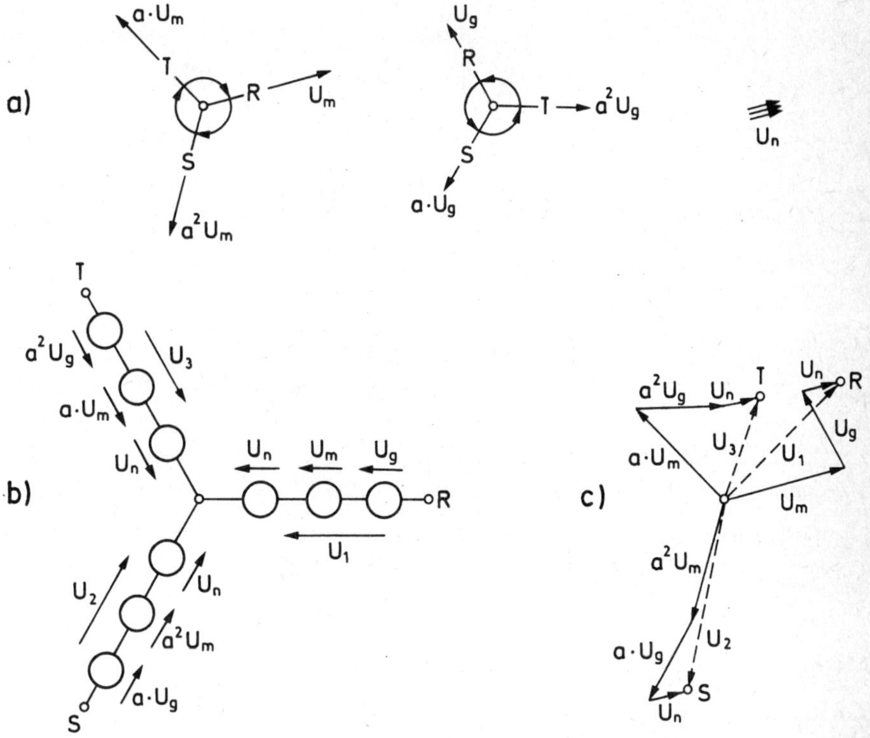

Bild 3.59   Zur Zerlegung eines unsymmetrischen Spannungssterns in symmetrische Komponenten

Wir gehen für die folgende Zerlegung von einem beliebigen unsymmetrischen Stern aus, dessen Spannungen wir jetzt als Summe entsprechender Teilspannungen der symmetrischen Systeme darstellen. Die unbekannten Spannungen U_n, U_m und U_g bestimmen wir aus (siehe Bild 3.59b):

$$
\begin{aligned}
U_1 &= U_n + U_m + U_g \\
U_2 &= U_n + a^2 U_m + a U_g \\
U_3 &= U_n + a U_m + a^2 U_g.
\end{aligned}
\tag{3.104}
$$

Mit $\mathbf{U} = [U_1, U_2, U_3]^T$, $\mathbf{U}_k = [U_n, U_m, U_g]^T$ und der Transformationsmatrix

$$
\mathbf{T} = \begin{bmatrix} 1 & 1 & 1 \\ 1 & a^2 & a \\ 1 & a & a^2 \end{bmatrix}
\tag{3.105a}
$$

läßt sich (3.104) in der Form

$$\mathbf{U} = \mathbf{T} \cdot \mathbf{U}_k$$

schreiben. Es ist

$$\mathbf{T}^{-1} = \frac{1}{3} \begin{bmatrix} 1 & 1 & 1 \\ 1 & a & a^2 \\ 1 & a^2 & a \end{bmatrix} = \frac{1}{3} \mathbf{T}^*, \qquad (3.105b)$$

die Matrix ist also bis auf den Faktor 1/3 unitär. Für die gesuchten Komponenten erhält man

$$\begin{aligned} U_n &= \frac{1}{3} [U_1 + U_2 + U_3] \\ U_m &= \frac{1}{3} [U_1 + aU_2 + a^2 U_3] \\ U_g &= \frac{1}{3} [U_1 + a^2 U_2 + aU_3]. \end{aligned} \qquad (3.106)$$

Man kann natürlich mit entsprechenden Gleichungen dieselbe Zerlegung für die Ströme vornehmen.

Interessant ist noch die Beziehung zu der in Abschnitt 3.4.2 behandelten unsymmetrischen Belastung. Mit Hilfe von (3.100) erhalten wir zunächst

$$U_n = -U_o, \quad U_m = U_R = U, \quad U_g = 0$$

sowie mit (3.101)

$$I_n = \frac{1}{3} I_o.$$

Ein Beispiel für die Zusammensetzung eines allgemeinen unsymmetrischen Spannungssystems aus den Komponenten zeigt Bild 3.59c, wobei von den im Teilbild a dargestellten willkürlich gewählten Lagen ausgegangen wurde. Weiterhin behandeln wir die im Abschnitt 3.4.2 untersuchten Fälle. Im Beispiel a) erhält man wegen $I_o = 0 : I_3 = -I_1 - I_2$ und damit

$$\begin{aligned} I_m &= \frac{1}{3} [I_1 (1 - a^2) + I_2 (a - a^2)] \\ I_g &= \frac{1}{3} [I_1 (1 - a) + I_2 (a^2 - a)]. \end{aligned}$$

Mit den Zahlenwerten des Beispiels wird

$$I_m = 1{,}8333 \cdot U \cdot G; \quad I_g = 0{,}6 \cdot e^{-j166{,}1^\circ} \cdot U \cdot G.$$

Für den weiterhin diskutierten Erdschlußfall ergibt sich unter Berücksichtigung der Löschspule

$$I_n = \frac{1}{3} I_o = -ja^2 \omega_o CU; \quad I_m = j\omega CU ; \quad I_g = 0.$$

Literatur

[3.1]   G. Bosse: Grundlagen der Elektrotechnik I. B.I.-Hochschultaschenbücher
         Band 182, Mannheim 1966.

[3.2]   G. Bosse: Grundlagen der Elektrotechnik II. B.I.-Hochschultaschenbücher
         Band 183, Mannheim 1967.

[3.3]   G. Bosse: Grundlagen der Elektrotechnik III. B.I.-Hochschultaschenbücher
         Band 184, Mannheim 1969.

[3.4]   O. Zinke: Widerstände, Kondensatoren, Spulen und ihre Werkstoffe.
         Springer-Verlag, Berlin/Heidelberg/New York 1965.

[3.5]   R. Feldtkeller: Theorie der Spulen und Übertrager. S. Hirzel-Verlag,
         Stuttgart 1963.

[3.6]   S.K. Mitra: Analysis and Synthesis of Linear Active Networks. John Wiley &
         Sons Inc., New York/London/Sidney/Toronto 1969.

[3.7]   W. Klein, T. Motz im Kapitel Grundlagen in
         Handbuch für Hochfrequenz- und Elektro-Techniker, Band 2, herausgegeben
         von C. Rint, Hüthig & Pflaum-Verlag, München/Heidelberg 1978.

[3.8]   K. Küpfmüller: Einführung in die theoretische Elektrotechnik. Springer-
         Verlag,Berlin/Heidelberg/New York, 10. Auflage 1973.

[3.9]   W. Giloi, R. Lauber: Analogrechnen. Springer-Verlag, Berlin/Heidelberg/
         New York 1963.

[3.10]   N. Fliege: Lineare Schaltungen mit Operationsverstärkern. Springer-Verlag,
         Berlin/Heidelberg/New York 1979.

[3.11]   U. Tietze, Ch. Schenk: Halbleiter-Schaltungstechnik. Springer-Verlag,
         Berlin/Heidelberg/New York, 4. Auflage 1978.

[3.12]   R. Feldtkeller: Einführung in die Vierpoltheorie der elektrischen Nach-
         richtentechnik. S. Hirzel-Verlag, Stuttgart, 8. Auflage 1962.

[3.13]   R. Unbehauen: Elektrische Netzwerke. Eine Einführung in die Analyse.
         Springer-Verlag, Berlin/Heidelberg/New York 1972.

[3.14]   G. Bosse: Grundlagen der Elektrotechnik IV. B.I.-Hochschultaschenbücher
         Band 185, Mannheim 1973.

4 Vierpoltheorie

4.1 Vierpolgleichungen

Wir wollen in diesem Kapitel Vierpole oder Zweitore näher untersuchen. Dabei beschränken wir uns auf eine kurzgefaßte Darstellung ihrer wichtigsten Eigenschaften und verweisen im übrigen auf die Literatur (z.B. [4.1] - [4.5]).

Wie schon in Abschnitt 2.3.2 gesagt, sind Vierpole dadurch gekennzeichnet, daß bei ihnen zwei Klemmenpaare vorliegen, wobei die Gleichheit der Ströme in den Anschlüssen eines Paares durch den an diesen Klemmen angeschlossenen Zweipol erzwungen wird.

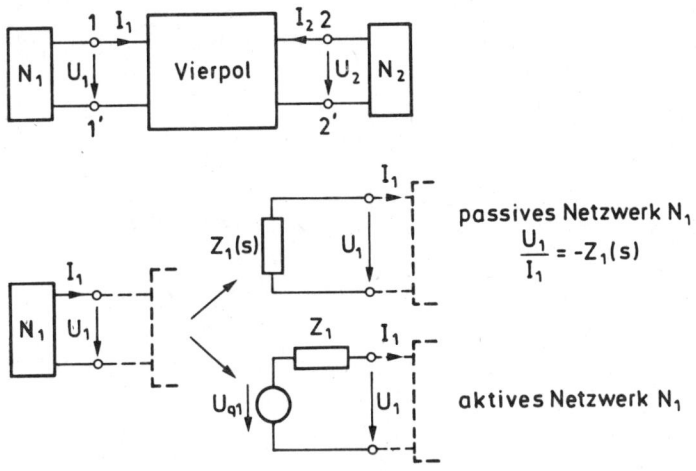

Bild 4.1   Zur Definition eines Vierpols

Bild 4.1 zeigt noch einmal die Zusammenhänge. Die Netzwerke N_1 und N_2 können passiv sein. Setzen wir wieder eine Erregung durch Exponentialfunktionen voraus, so werden sie durch die Widerstände $Z_1(s)$ bzw. $Z_2(s)$ beschrieben. Wenn N_1 und N_2 Quellen enthalten, können sie z.B. durch eine Ersatzspannungsquelle mit den Größen $U_{q1}(s)$ und $Z_1(s)$ bzw.

$U_{q2}(s)$ und $Z_2(s)$ gekennzeichnet werden (siehe Erläuterung für N_1 in Bild 4.1). Für die weiteren Untersuchungen interessieren uns der durch N_1 und N_2 eingegrenzte Vierpol und die Beziehungen zwischen den an seinen Klemmenpaaren auftretenden Größen I_1 und U_1 sowie I_2 und U_2. In der Vierpoltheorie wird das Verhalten der Anordnung ausschließlich durch Angabe dieser Beziehungen beschrieben, d.h. ohne Kenntnis der Strom- und Spannungsverteilung im Innern des "schwarzen Kastens".

Im Rahmen unserer Untersuchungen wollen wir uns auf Vierpole beschränken, die nur die Elemente R, L, C und M, also keine gesteuerten oder unabhängigen Quellen im Innern enthalten. Um die gesuchte Beschreibung herzuleiten, gehen wir zunächst von einer vollkommen bekannten Schaltung aus. Wir behandeln sie z.B. mit der Maschenanalyse, wobei wir den vollständigen Baum so' legen wollen, daß die von außen zugänglichen Zweige 1 und 2 Verbindungszweige sind, die Ströme I_1 und I_2 also explizit erscheinen. Wir erhalten in diesem Fall entsprechend (3.56)

$$I_1 Z_{11} + I_2 Z_{12} + \dots + I_\nu Z_{1\nu} + \dots + I_m Z_{1m} = U_1$$

$$I_1 Z_{21} + I_2 Z_{22} + \dots + I_\nu Z_{2\nu} + \dots + I_m Z_{2m} = U_2$$

$$I_1 Z_{31} + I_2 Z_{32} + \dots + I_\nu Z_{3\nu} + \dots + I_m Z_{3m} = 0 \tag{4.1}$$

$$\vdots$$

$$I_1 Z_{m1} + I_2 Z_{m2} + \dots + I_\nu Z_{m\nu} + \dots + I_m Z_{mm} = 0.$$

Unter den gemachten Annahmen ist nach (3.58) die Widerstandsmatrix symmetrisch. Es gilt also $Z_{\nu\mu} = Z_{\mu\nu}$. Die Spannungen U_1 und U_2 werden an den Klemmenpaaren 1 und 2 gemessen. Wir betrachten sie als unabhängige Größen, wobei wir zunächst nicht berücksichtigen, daß eine zusätzliche Beziehung zu den Strömen I_1 und I_2 besteht, falls die Abschlußnetzwerke N_1 und N_2 gegeben sind. Dann können wir das Gleichungssystem (4.1) nach den Strömen I_1 und I_2 auflösen und erhalten mit bekannten Bezeichnungen

$$I_1 = \frac{\Delta^Z_{1,1}}{\Delta^Z} U_1 + \frac{\Delta^Z_{2,1}}{\Delta^Z} U_2,$$

$$I_2 = \frac{\Delta^Z_{1,2}}{\Delta^Z} U_1 + \frac{\Delta^Z_{2,2}}{\Delta^Z} U_2. \tag{4.2}$$

Die auf der rechten Seite erscheinenden Faktoren der Spannungen müssen
die Dimension eines Leitwertes haben. Wir können daher

$$I_1 = Y_{11}U_1 + Y_{12}U_2,$$

$$I_2 = Y_{21}U_1 + Y_{22}U_2 \tag{4.3}$$

schreiben und nennen

$$\mathbf{Y} = \begin{bmatrix} Y_{11} & Y_{12} \\ Y_{21} & Y_{22} \end{bmatrix} \tag{4.4}$$

die Leitwert- oder Admittanzmatrix des Vierpols. Ihre Elemente sind im
allgemeinen Funktionen der Frequenz s. Aus den Gleichungen (4.3) lesen
wir jetzt ab, wie die Größen Y_{ik} gemessen werden können. Es ist

$$Y_{11} = \left(\frac{I_1}{U_1}\right)_{U_2=0} \qquad \text{der Eingangsleitwert am Klemmenpaar 1 bei Kurzschluß des Klemmenpaares 2,}$$

$$Y_{12} = \left(\frac{I_1}{U_2}\right)_{U_1=0} \qquad \text{der Übertragungsleitwert bei Kurzschluß des Klemmenpaares 1,}$$

$$Y_{21} = \left(\frac{I_2}{U_1}\right)_{U_2=0} \qquad \text{der Übertragungsleitwert bei Kurzschluß des Klemmenpaares 2,}$$

$$Y_{22} = \left(\frac{I_2}{U_2}\right)_{U_1=0} \qquad \text{der Eingangsleitwert am Klemmenpaar 2 bei Kurzschluß des Klemmenpaares 1.}$$

Bild 4.2 erläutert die zugehörigen Meßschaltungen.

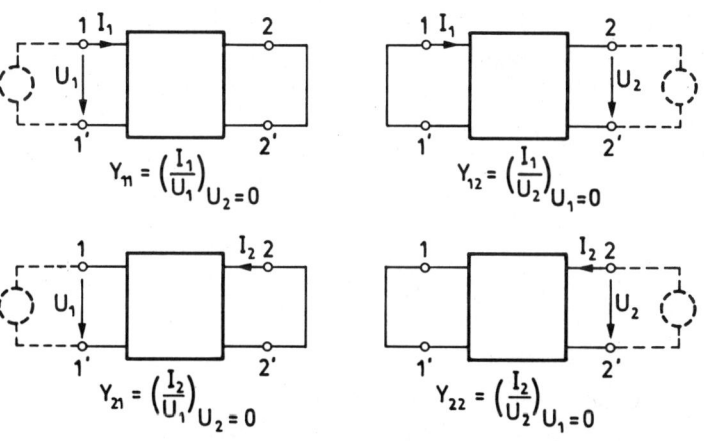

Bild 4.2   Messungen zur Bestimmung von Y_{ik}

Diese Beziehungen können offenbar bei bekannter Schaltung zu einer
i.a. einfacheren Bestimmung der Y_{ik} verwendet werden. Sie zeigen aber
vor allem, daß durch zunächst vier Messungen an den Klemmen die Vierpolparameter ohne Kenntnis der inneren Anordnung vollständig ermittelt
werden können.

Als ein einfaches Beispiel betrachten wir die überbrückte T-Schaltung von Bild
4.3a. Wir erhalten

$$
\begin{aligned}
I_1(Z_4+Z_6) \quad &+I_2 Z_6 \quad &-I_3 Z_4 \quad &= U_1 \\
+I_1 Z_6 \quad &I_2(Z_5+Z_6) \quad &+I_3 Z_5 \quad &= U_2 \\
-I_1 Z_4 \quad &+I_2 Z_5 \quad &+I_3(Z_3+Z_4+Z_5) \quad &= 0.
\end{aligned}
$$

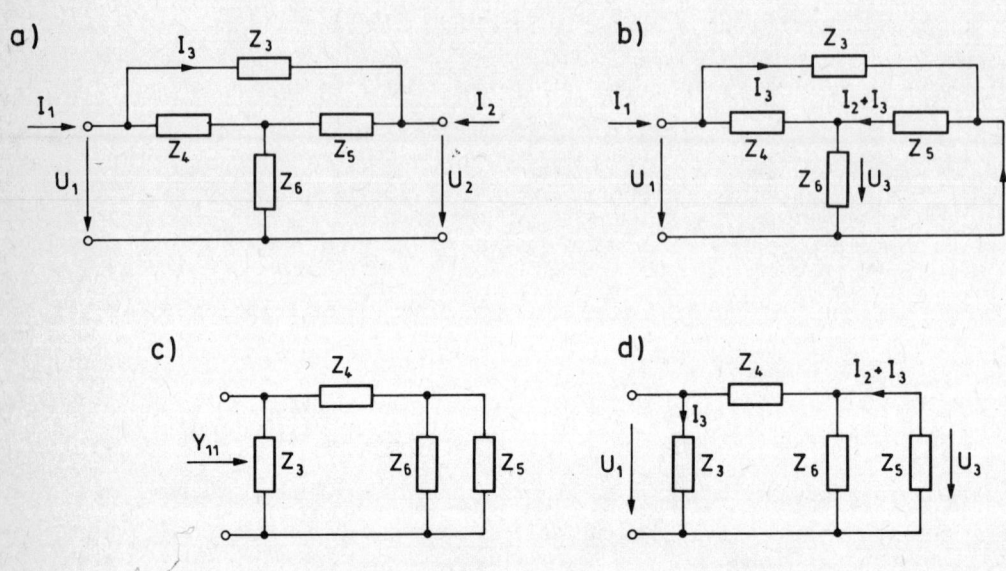

Bild 4.3   Zur Bestimmung der Leitwertmatrix bei einem überbrückten T-Glied

Auf die Ausrechnung der Elemente Y_{ik} der Leitwertmatrix aus diesem Gleichungssystem
sei verzichtet. Wir bestimmen sie statt dessen durch die Anwendung der in Bild 4.2
für den allgemeinen Fall angegebenen Meßschaltungen. Sie sind in den Teilbildern
4.3b-d für dieses Beispiel bei einer Erregung von links angegeben. Man erhält zunächst

$$
Y_{11} = \frac{1}{Z_3} + \frac{Z_5+Z_6}{Z_4 Z_5 + Z_4 Z_6 + Z_5 Z_6} = Y_3 + \frac{Y_4(Y_5+Y_6)}{Y_4+Y_5+Y_6}
$$

und entsprechend, nach Vertauschen von Z_4 und Z_5

$$
Y_{22} = \frac{1}{Z_3} + \frac{Z_4+Z_6}{Z_4 Z_5 + Z_4 Z_6 + Z_5 Z_6} = Y_3 + \frac{Y_5(Y_4+Y_6)}{Y_4+Y_5+Y_6}.
$$

Weiterhin ist $Y_{21} = \left(\dfrac{I_2}{U_1}\right)_{U_2=0}$ mit $I_2 = -\left(\dfrac{U_3}{Z_5} + I_3\right)$,

wobei $U_3 = \dfrac{Z_5 \cdot Z_6}{Z_4 Z_5 + Z_4 Z_6 + Z_5 Z_6}\, U_1$ und $I_3 = \dfrac{U_1}{Z_3}$ ist.

Damit folgt

$$Y_{21} = -\left[\frac{1}{Z_3} + \frac{Z_6}{Z_4 Z_5 + Z_4 Z_6 + Z_5 Z_6}\right] = -\left[Y_3 + \frac{Y_4 \cdot Y_5}{Y_4 + Y_5 + Y_6}\right].$$

Da bei Vertauschen von Z_4 und Z_5 sich keine Änderung ergibt, ist offenbar $Y_{12} = Y_{21}$.

In den Vierpolgleichungen (4.2) erscheinen vier Größen, von denen die Spannungen als unabhängige, die Ströme als abhängige Größen beschrieben wurden. Da man bei vier Größen sechs verschiedene Möglichkeiten hat, zwei von ihnen als unabhängige auszuwählen, kann man sechs verschiedene Vierpol-Gleichungspaare anschreiben. Wir nennen

$$\begin{bmatrix} I_1 \\ I_2 \end{bmatrix} = \mathbf{Y} \begin{bmatrix} U_1 \\ U_2 \end{bmatrix} \quad \text{die Leitwertform,} \qquad (4.5a)$$

$$\begin{bmatrix} U_1 \\ U_2 \end{bmatrix} = \mathbf{Z} \begin{bmatrix} I_1 \\ I_2 \end{bmatrix} \quad \text{die Widerstandsform,} \qquad (4.5b)$$

$$\begin{bmatrix} U_1 \\ I_1 \end{bmatrix} = \mathbf{A} \begin{bmatrix} U_2 \\ I_2 \end{bmatrix} \quad \text{die Primärform,} \qquad (4.5c)$$

$$\begin{bmatrix} U_2 \\ I_2 \end{bmatrix} = \mathbf{B} \begin{bmatrix} U_1 \\ I_1 \end{bmatrix} \quad \text{die Sekundärform,} \qquad (4.5d)$$

$$\begin{bmatrix} U_1 \\ I_2 \end{bmatrix} = \mathbf{H} \begin{bmatrix} I_1 \\ U_2 \end{bmatrix} \quad \text{die Reihen-Parallelform,} \qquad (4.5e)$$

$$\begin{bmatrix} I_1 \\ U_2 \end{bmatrix} = \mathbf{C} \begin{bmatrix} U_1 \\ I_2 \end{bmatrix} \quad \text{die Parallel-Reihenform} \qquad (4.5f)$$

der Vierpolgleichungen. Die Elemente der einzelnen Matrizen sind natürlich im allgemeinen Funktionen von s. Sie lassen sich ohne Schwierigkeiten berechnen, wenn man eine der Vierpolmatrizen kennt. In Ta-

belle 4.1 sind alle Umrechnungsbeziehungen zusammengestellt. Sechs
von ihnen ergeben sich unmittelbar, da nach (4.5) gilt

$$\mathbf{Z} = \mathbf{Y}^{-1} \; , \; \mathbf{Y} = \mathbf{Z}^{-1} \tag{4.6a}$$

$$\mathbf{B} = \mathbf{A}^{-1} \; , \; \mathbf{A} = \mathbf{B}^{-1} \tag{4.6b}$$

$$\mathbf{C} = \mathbf{H}^{-1} \; , \; \mathbf{H} = \mathbf{C}^{-1}. \tag{4.6c}$$

Tabelle 4.1   Umrechnung der Vierpolmatrizen

	Y	Z	A	B	H	C
Y	$\begin{bmatrix} Y_{11} & Y_{12} \\ Y_{21} & Y_{22} \end{bmatrix}$	$\dfrac{1}{\Delta^Z}\begin{bmatrix} Z_{22} & -Z_{12} \\ -Z_{21} & Z_{11} \end{bmatrix}$	$\dfrac{1}{A_{12}}\begin{bmatrix} A_{22} & -\Delta^A \\ 1 & -A_{11} \end{bmatrix}$	$\dfrac{1}{B_{12}}\begin{bmatrix} -B_{11} & 1 \\ -\Delta^B & B_{22} \end{bmatrix}$	$\dfrac{1}{H_{11}}\begin{bmatrix} 1 & -H_{12} \\ H_{21} & \Delta^H \end{bmatrix}$	$\dfrac{1}{C_{22}}\begin{bmatrix} \Delta^C & C_{12} \\ -C_{21} & 1 \end{bmatrix}$
Z	$\dfrac{1}{\Delta^Y}\begin{bmatrix} Y_{22} & -Y_{12} \\ -Y_{21} & Y_{11} \end{bmatrix}$	$\begin{bmatrix} Z_{11} & Z_{12} \\ Z_{21} & Z_{22} \end{bmatrix}$	$\dfrac{1}{A_{21}}\begin{bmatrix} A_{11} & -\Delta^A \\ 1 & -A_{22} \end{bmatrix}$	$\dfrac{1}{B_{21}}\begin{bmatrix} -B_{22} & 1 \\ -\Delta^B & B_{11} \end{bmatrix}$	$\dfrac{1}{H_{22}}\begin{bmatrix} \Delta^H & H_{12} \\ -H_{21} & 1 \end{bmatrix}$	$\dfrac{1}{C_{11}}\begin{bmatrix} 1 & -C_{12} \\ C_{21} & \Delta^C \end{bmatrix}$
A	$\dfrac{1}{Y_{21}}\begin{bmatrix} -Y_{22} & 1 \\ -\Delta^Y & Y_{11} \end{bmatrix}$	$\dfrac{1}{Z_{21}}\begin{bmatrix} Z_{11} & -\Delta^Z \\ 1 & -Z_{22} \end{bmatrix}$	$\begin{bmatrix} A_{11} & A_{12} \\ A_{21} & A_{22} \end{bmatrix}$	$\dfrac{1}{\Delta^B}\begin{bmatrix} B_{22} & -B_{12} \\ -B_{21} & B_{11} \end{bmatrix}$	$\dfrac{1}{H_{21}}\begin{bmatrix} -\Delta^H & -H_{11} \\ -H_{22} & -1 \end{bmatrix}$	$\dfrac{1}{C_{21}}\begin{bmatrix} 1 & -C_{22} \\ C_{11} & -\Delta^C \end{bmatrix}$
B	$\dfrac{1}{Y_{12}}\begin{bmatrix} -Y_{11} & 1 \\ -\Delta^Y & Y_{22} \end{bmatrix}$	$\dfrac{1}{Z_{12}}\begin{bmatrix} Z_{22} & -\Delta^Z \\ 1 & -Z_{11} \end{bmatrix}$	$\dfrac{1}{\Delta^A}\begin{bmatrix} A_{22} & -A_{12} \\ -A_{21} & A_{11} \end{bmatrix}$	$\begin{bmatrix} B_{11} & B_{12} \\ B_{21} & B_{22} \end{bmatrix}$	$\dfrac{1}{H_{12}}\begin{bmatrix} 1 & -H_{11} \\ H_{22} & -\Delta^H \end{bmatrix}$	$\dfrac{1}{C_{12}}\begin{bmatrix} -\Delta^C & C_{22} \\ -C_{11} & 1 \end{bmatrix}$
H	$\dfrac{1}{Y_{11}}\begin{bmatrix} 1 & -Y_{12} \\ Y_{21} & \Delta^Y \end{bmatrix}$	$\dfrac{1}{Z_{22}}\begin{bmatrix} \Delta^Z & Z_{12} \\ -Z_{21} & 1 \end{bmatrix}$	$\dfrac{1}{A_{22}}\begin{bmatrix} A_{12} & \Delta^A \\ 1 & -A_{21} \end{bmatrix}$	$\dfrac{1}{B_{11}}\begin{bmatrix} -B_{12} & 1 \\ \Delta^B & B_{21} \end{bmatrix}$	$\begin{bmatrix} H_{11} & H_{12} \\ H_{21} & H_{22} \end{bmatrix}$	$\dfrac{1}{\Delta^C}\begin{bmatrix} C_{22} & -C_{12} \\ -C_{21} & C_{11} \end{bmatrix}$
C	$\dfrac{1}{Y_{22}}\begin{bmatrix} \Delta^Y & Y_{12} \\ -Y_{21} & 1 \end{bmatrix}$	$\dfrac{1}{Z_{11}}\begin{bmatrix} 1 & -Z_{12} \\ Z_{21} & \Delta^Z \end{bmatrix}$	$\dfrac{1}{A_{11}}\begin{bmatrix} A_{21} & \Delta^A \\ 1 & -A_{12} \end{bmatrix}$	$\dfrac{1}{B_{22}}\begin{bmatrix} -B_{21} & 1 \\ \Delta^B & B_{12} \end{bmatrix}$	$\dfrac{1}{\Delta^H}\begin{bmatrix} H_{22} & -H_{12} \\ -H_{21} & H_{11} \end{bmatrix}$	$\begin{bmatrix} C_{11} & C_{12} \\ C_{21} & C_{22} \end{bmatrix}$

Tabelle 4.2 gibt für einige einfache Netzwerke alle Vierpolmatrizen an, soweit sie
existieren (siehe auch [4.1] und [4.5]). Andere Beispiele haben wir schon in Abschnitt 3.1.3 kennengelernt. So entnehmen wir aus (3.17), daß für die gekoppelten
Spulen gilt

$$\mathbf{Z} = \begin{pmatrix} sL_1 & sM \\ sM & sL_2 \end{pmatrix}, \tag{4.7a}$$

während wir den idealen Übertrager nach (3.21) durch

$$\mathbf{A} = \begin{pmatrix} \ddot{u} & 0 \\ 0 & -\dfrac{1}{\ddot{u}} \end{pmatrix} \tag{4.7b}$$

und den Gyrator entsprechend (3.24) durch

$$\mathbf{A} = \begin{pmatrix} 0 & -\dfrac{1}{g} \\ g & 0 \end{pmatrix} \tag{4.7c}$$

beschreiben.

Tabelle 4.2　　　Vierpolmatrizen einiger Elementarvierpole

Schaltung	Y	Z	A
Längs-Z	$Y\begin{bmatrix}1 & -1\\ -1 & 1\end{bmatrix}$	—	$\begin{bmatrix}1 & -Z\\ 0 & -1\end{bmatrix}$
Quer-Z	—	$Z\begin{bmatrix}1 & 1\\ 1 & 1\end{bmatrix}$	$\begin{bmatrix}1 & 0\\ Y & -1\end{bmatrix}$
Kreuz Z_1, Z_2	$\dfrac{1}{Z_1+Z_2}\begin{bmatrix}1 & 1\\ 1 & 1\end{bmatrix}$	—	$\begin{bmatrix}-1 & Z_1+Z_2\\ 0 & 1\end{bmatrix}$
Z_1, Z_2	$\begin{bmatrix}Y_1 & -Y_1\\ -Y_1 & Y_1+Y_2\end{bmatrix}$	$\begin{bmatrix}Z_1+Z_2 & Z_2\\ Z_2 & Z_2\end{bmatrix}$	$\begin{bmatrix}1+Z_1Y_2 & -Z_1\\ Y_2 & -1\end{bmatrix}$
Z_1, Z_2	$\begin{bmatrix}Y_1+Y_2 & -Y_2\\ -Y_2 & Y_2\end{bmatrix}$	$\begin{bmatrix}Z_1 & Z_1\\ Z_1 & Z_1+Z_2\end{bmatrix}$	$\begin{bmatrix}1 & -Z_2\\ Y_1 & -(1+Y_1Z_2)\end{bmatrix}$
Z_1, Z_2, Z_3	$\dfrac{1}{Y_1+Y_2+Y_3}\begin{bmatrix}Y_1(Y_2+Y_3) & -Y_1Y_2\\ -Y_1Y_2 & Y_2(Y_1+Y_3)\end{bmatrix}$	$\begin{bmatrix}Z_1+Z_3 & Z_3\\ Z_3 & Z_2+Z_3\end{bmatrix}$	$\begin{bmatrix}1+Z_1Y_3 & -(Z_1+Z_2+Z_1Z_2Y_3)\\ Y_3 & -(1+Z_2Y_3)\end{bmatrix}$
Z_1, Z_3, Z_2	$\begin{bmatrix}Y_1+Y_3 & -Y_3\\ -Y_3 & Y_2+Y_3\end{bmatrix}$	$\dfrac{1}{Z_1+Z_2+Z_3}\begin{bmatrix}Z_1(Z_2+Z_3) & Z_1Z_2\\ Z_1Z_2 & Z_2(Z_1+Z_3)\end{bmatrix}$	$\begin{bmatrix}1+Y_2Z_3 & -Z_3\\ Y_1+Y_2+Y_1Y_2Z_3 & -(1+Y_1Z_3)\end{bmatrix}$

Schaltung	B	H	C
Längs-Z	$\begin{bmatrix}1 & -Z\\ 0 & -1\end{bmatrix}$	$\begin{bmatrix}Z & 1\\ -1 & 0\end{bmatrix}$	$\begin{bmatrix}0 & -1\\ 1 & Z\end{bmatrix}$
Quer-Z	$\begin{bmatrix}1 & 0\\ Y & -1\end{bmatrix}$	$\begin{bmatrix}0 & 1\\ -1 & Y\end{bmatrix}$	$\begin{bmatrix}Y & -1\\ 1 & 0\end{bmatrix}$
Kreuz Z_1, Z_2	$\begin{bmatrix}-1 & Z_1+Z_2\\ 0 & 1\end{bmatrix}$	$\begin{bmatrix}Z_1+Z_2 & -1\\ 1 & 0\end{bmatrix}$	$\begin{bmatrix}0 & 1\\ -1 & Z_1+Z_2\end{bmatrix}$
Z_1, Z_2	$\begin{bmatrix}1 & -Z_1\\ Y_2 & -(1+Z_1Y_2)\end{bmatrix}$	$\begin{bmatrix}Z_1 & 1\\ -1 & Y_2\end{bmatrix}$	$\begin{bmatrix}1/(Z_1+Z_2) & -1/(1+Z_1Y_2)\\ 1/(1+Z_1Y_2) & 1/(Y_1+Y_2)\end{bmatrix}$
Z_1, Z_2	$\begin{bmatrix}1+Y_1Z_2 & -Z_2\\ Y_1 & -1\end{bmatrix}$	$\begin{bmatrix}1/(Y_1+Y_2) & 1/(1+Y_1Z_2)\\ -1/(1+Y_1Z_2) & 1/(Z_1+Z_2)\end{bmatrix}$	$\begin{bmatrix}Y_1 & -1\\ 1 & Z_2\end{bmatrix}$
Z_1, Z_2, Z_3	$\begin{bmatrix}1+Z_2Y_3 & -(Z_1+Z_2+Z_1Z_2Y_3)\\ Y_3 & -(1+Z_1Y_3)\end{bmatrix}$	$\begin{bmatrix}Z_1+1/(Y_2+Y_3) & 1/(1+Z_2Y_3)\\ -1/(1+Z_2Y_3) & 1/(Z_2+Z_3)\end{bmatrix}$	$\begin{bmatrix}1/(Z_1+Z_3) & -1/(1+Z_1Y_3)\\ 1/(1+Z_1Y_3) & Z_2+1/(Y_1+Y_3)\end{bmatrix}$
Z_1, Z_3, Z_2	$\begin{bmatrix}1+Y_1Z_3 & -Z_3\\ Y_1+Y_2+Y_1Y_2Z_3 & -(1+Y_2Z_3)\end{bmatrix}$	$\begin{bmatrix}1/(Y_1+Y_3) & 1/(1+Y_1Z_3)\\ -1/(1+Y_1Z_3) & Y_2+1/(Z_1+Z_3)\end{bmatrix}$	$\begin{bmatrix}Y_1+1/(Z_2+Z_3) & -1/(1+Y_2Z_3)\\ 1/(1+Y_2Z_3) & 1/(Y_2+Y_3)\end{bmatrix}$

Ebenso wie bei der Leitwertmatrix erläutert, kann man die Elemente der übrigen Vierpolmatrizen auch aus Messungen in extremen Belastungsfällen, d.h. bei Kurzschluß
bzw. Leerlauf einer Seite des Vierpols gewinnen. Man überlegt sich leicht, daß es
12 derartige Messungen gibt, mit denen dann je 2 Elemente der Vierpolmatrizen bestimmt werden. In der Tabelle 4.3 sind sie zusammengestellt. Es sei noch einmal
betont, daß diese Messungen ohne Kenntnis der inneren Schaltung zu einer vollständigen Beschreibung des Vierpols führen, wobei wir allerdings die Meßergebnisse in
ihrer Abhängigkeit von s angeben müssen.

Von Interesse sind noch die Beziehungen für die Eingangswiderstände
des Vierpols von links nach rechts, wenn die jeweils andere Seite mit
einem Zweipol abgeschlossen ist (Bild 4.4). Aus der Primärform ergibt
sich

$$Z_{B1} = \frac{U_1}{I_1} = \frac{A_{11}U_2 + A_{12}I_2}{A_{21}U_2 + A_{22}I_2}.$$

Mit $Z_2 = -\dfrac{U_2}{I_2}$ erhält man

$$Z_{B1} = \frac{A_{12} - A_{11}Z_2}{A_{22} - A_{21}Z_2}. \tag{4.8a}$$

Ebenso ergibt sich, wenn man noch die Umrechnung der Elemente von **B**
in die von **A** vornimmt,

$$Z_{B2} = \frac{U_2}{I_2} = \frac{B_{12} - B_{11}Z_1}{B_{22} - B_{21}Z_1} = -\frac{A_{12} + A_{22}Z_1}{A_{11} + A_{21}Z_1}. \tag{4.8b}$$

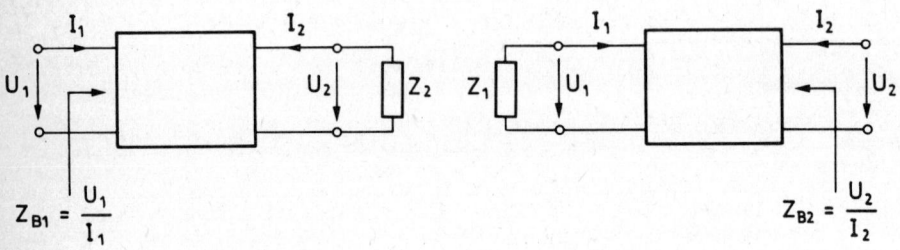

$$Z_{B1} = \frac{U_1}{I_1} \qquad\qquad\qquad\qquad Z_{B2} = \frac{U_2}{I_2}$$

Bild 4.4   Zur Bestimmung der Eingangsbetriebswiderstände

Der Eingangswiderstand erscheint als Funktion des Abschlußwiderstandes.
Die Art der Funktion und damit die Abbildung des Abschlußwiderstandes
auf den Eingangswiderstand wird durch die Vierpolparameter und damit
durch den Vierpol bestimmt.

Spezialfälle der Eingangswiderstände ergeben sich, wenn wir für die
Abschlußwiderstände die Werte 0 (Kurzschluß des Vierpols) und ∞ (Leer-

Tabelle 4.3　　Schaltungen zur Messung der Vierpolparameter

Meßschaltung	Messung von	Bezeichnung
	$\left.\dfrac{U_1}{I_1}\right\|_{U_2=0} = H_{11} = \dfrac{1}{Y_{11}}$	primärseitiger Kurzschluß-Eingangswiderstand
	$\left.\dfrac{U_1}{I_2}\right\|_{U_2=0} = A_{12} = \dfrac{1}{Y_{21}}$	primärseitiger Kurzschluß-Kernwiderstand
	$\left.\dfrac{I_2}{I_1}\right\|_{U_2=0} = H_{21} = \dfrac{1}{A_{22}}$	Kurzschlußstromübertragung von Primärseite
	$\left.\dfrac{U_1}{U_2}\right\|_{I_2=0} = A_{11} = \dfrac{1}{C_{21}}$	Leerlaufspannungsüber-tragung von Primärseite
	$\left.\dfrac{U_2}{I_1}\right\|_{I_2=0} = Z_{21} = \dfrac{1}{A_{21}}$	primärseitiger Leerlauf-Kernwiderstand
	$\left.\dfrac{U_1}{I_1}\right\|_{I_2=0} = Z_{11} = \dfrac{1}{C_{11}}$	primärseitiger Leerlauf-Eingangswiderstand
	$\left.\dfrac{U_2}{I_2}\right\|_{U_1=0} = C_{22} = \dfrac{1}{Y_{22}}$	sekundärseitiger Kurz-schluß-Eingangswiderstand
	$\left.\dfrac{U_2}{I_1}\right\|_{U_1=0} = B_{12} = \dfrac{1}{Y_{12}}$	sekundärseitiger Kurz-schluß-Kernwiderstand
	$\left.\dfrac{I_1}{I_2}\right\|_{U_1=0} = C_{12} = \dfrac{1}{B_{22}}$	Kurzschlußstromübertragung von Sekundärseite
	$\left.\dfrac{U_1}{U_2}\right\|_{I_1=0} = H_{12} = \dfrac{1}{B_{11}}$	Leerlaufspannungsübertra-gung von Sekundärseite
	$\left.\dfrac{U_1}{I_2}\right\|_{I_1=0} = Z_{12} = \dfrac{1}{B_{21}}$	sekundärseitiger Leerlauf-Kernwiderstand
	$\left.\dfrac{U_2}{I_2}\right\|_{I_1=0} = Z_{22} = \dfrac{1}{H_{22}}$	sekundärseitiger Leerlauf-Eingangswiderstand

lauf des Vierpols) annehmen. Man erhält mit Hilfe der Tabellen 4.3 und 4.1

$$Z_{B1}(0) = \frac{A_{12}}{A_{22}} = \frac{1}{Y_{11}}, \qquad\qquad Z_{B1}(\infty) = \frac{A_{11}}{A_{21}} = Z_{11}, \qquad (4.9a)$$

$$Z_{B2}(0) = \frac{B_{12}}{B_{22}} = -\frac{A_{12}}{A_{11}} = \frac{1}{Y_{22}}. \qquad Z_{B2}(\infty) = \frac{B_{11}}{B_{21}} = -\frac{A_{22}}{A_{21}} = Z_{22}. \qquad (4.9b)$$

4.2 Vierpolarten

Für eine weitere Überlegung betrachten wir noch einmal die Meßschaltungen zur Bestimmung von Y_{12} und Y_{21} in Bild 4.2. Bei der Ermittlung von Y_{12} liegt die speisende Quelle mit der Spannung U_2 im Zweig 2, und wir messen den Strom im Zweig 1. Bei der Messung von Y_{21} liegt die speisende Quelle mit der Spannung U_1 im Zweig 1, während der Strom im Zweig 2 ermittelt wird. Der passive Teil des Netzwerkes wird bei dem Übergang von der einen zur anderen Meßschaltung nicht geändert. Die beiden Schaltungen unterscheiden sich nur dadurch, daß der Ort der Speisung und der Ort, an dem die Wirkung beobachtet wird, ihre Plätze vertauschen. Da das Netzwerk nur die Elemente R, L, C und M enthalten soll, sind sicher alle Voraussetzungen für die Gültigkeit des Umkehrungssatzes erfüllt. Führt man also die beiden Messungen mit gleichen Spannungen durch, so müssen die gemessenen Kurzschlußströme gleich sein, und es gilt

$$Y_{12} = Y_{21}. \qquad (4.10)$$

Allgemein bezeichnet man die Vierpole, die die Eigenschaft (4.10) haben, als umkehrbar. Neben den Vierpolen mit den Elementen R, L, C und M, die entsprechend der Herleitung umkehrbar sein müssen, sind auch Vierpole mit gesteuerten Quellen möglich, für die (4.10) gilt und die daher umkehrbar sind, ohne daß für alle Punkte in ihrem Innern der Umkehrungssatz gilt.

Zwischen den vier Elementen der Vierpolmatrizen besteht bei den hier betrachteten umkehrbaren Vierpolen eine Bindung, so daß schon drei, allerdings nicht beliebige Matrixelemente zur Kennzeichnung des Vierpols ausreichen. Bei der Leitwertmatrix ist die Bindung durch (4.10) gegeben. Für die Widerstandsmatrix finden wir mit dem Umkehrungssatz aus der Betrachtung der Meßschaltungen in Tabelle 4.3 entsprechend

$$Z_{12} = Z_{21}. \qquad (4.11)$$

Diese und die in den anderen Vierpolparametern ausgedrückten Bedingungen für umkehrbare Vierpole erhält man im übrigen aus der ersten
Zeile von Tabelle 4.1, mit der man aus $Y_{12}=Y_{21}$ z.B. für die Primärmatrix die Vorschrift

$$\Delta^A = -1 \tag{4.12}$$

bekommt. Mit (4.7) stellen wir noch fest, daß die gekoppelten Spulen
ebenso wie der ideale Übertrager offenbar umkehrbar sind, während für
den Gyrator $\Delta^A = +1$ gilt. Er ist also nicht umkehrbar.

Wir wollen weiter den speziellen Fall von Vierpolen behandeln, bei
denen sich zwischen entsprechenden Leitwert- und Widerstandsmessungen
von der Seite 1 und der Seite 2 kein Unterschied zeigt. Wenn wir wieder
von der Leitwertmatrix ausgehen, so erkennen wir, daß für diese Vierpole zumindest

$$Y_{11} = Y_{22} \tag{4.13}$$

gelten muß. Allgemein bezeichnet man Vierpole mit der Eigenschaft
(4.13) als symmetrisch. Selbstverständlich sind symmetrisch aufgebaute Vierpole auch symmetrisch im Sinne dieser Definition. In dem Beispiel des letzten Abschnittes wird natürlich $Y_{11}=Y_{22}$, wenn $Z_4=Z_5$ ist.
Doch ist ein symmetrischer Aufbau nicht notwendig für die Erfüllung
der Symmetriebedingung (4.13).

Wir betrachten dazu ein einfaches Beispiel. Für den in Bild 4.5 gezeigten, unsymmetrisch aufgebauten Vierpol erhalten wir

$$Y_{11} = G_{11} = \frac{G(G+G_1)}{2G+G_1} \quad ; \quad Y_{22} = G_{22} = G_2 + \frac{2GG_1}{2G+G_1}.$$

Die Bedingung $G_{11} = G_{22}$ läßt sich dann mit $G_2 = \frac{G(G-G_1)}{2G+G_1}$ erfüllen. Bei beliebigem G
und $G_1 < G$ wird also durch passende Wahl von G_2 der Vierpol symmetrisch.

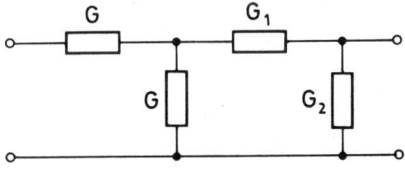

Bild 4.5   Beispiel eines unsymmetrisch aufgebauten Vierpols, der symmetrisch
            im Sinne der Vierpoltheorie sein kann

Die Formulierung der Symmetriebedingung in den Elementen der übrigen
Matrizen ergibt sich wieder aus der ersten Zeile von Tabelle 4.1.
Z.B. erhält man

$$Z_{11} = Z_{22}, \qquad\qquad\qquad (4.14)$$

was sich auch sofort aus der Forderung ergibt, daß die von beiden Seiten gemessenen Leerlaufwiderstände gleich sein müssen. Für die Elemente von **A** erhält man die Bindung

$$A_{11} = - A_{22}. \qquad\qquad\qquad (4.15)$$

Mit Hilfe der Beziehung (4.8) für die Eingangswiderstände erkennt man,
daß bei Erfüllung von (4.15) und bei Gleichheit der Abschlußwiderstände
$Z_1 = Z_2 = Z$ tatsächlich

$$Z_{B1}(Z) = Z_{B2}(Z) = - \frac{A_{12} - A_{11}Z}{A_{11} + A_{21}Z}$$

ist. Die aus der Forderung nach der Gleichheit der Ergebnisse von Zwei-
polmessungen von Seite 1 und Seite 2 hergeleitete notwendige Bedingung (4.13) für die Gleichheit der Kurzschlußleitwerte ist also auch
hinreichend für die verlangte Gleichheit der Eingangswiderstände bei
gleichen, aber beliebigen Abschlußwiderständen. Diese Überlegungen
für symmetrische Vierpole gelten auch dann, wenn die Umkehrbarkeits-
bedingung (4.10) nicht erfüllt ist. Allgemeine symmetrische Vierpole
lassen sich also durch drei Parameter beschreiben. Für umkehrbare
symmetrische Vierpole muß dagegen sowohl (4.10) als auch (4.13) erfüllt
sein. Vierpole dieser Art sind daher schon mit zwei Parametern, z.B.
mit Y_{11} und Y_{12} vollständig beschreibbar.
Weitere Vierpolarten ergeben sich, wenn man andere oder zusätzliche
Vorschriften für die Elemente im Innern macht. Diese Betrachtungen
gehen aber über den Rahmen unserer Überlegungen hinaus.

4.3   Zusammenschaltung von Vierpolen

4.3.1 Parallel- und Reihenschaltung

Wir betrachten zunächst sogenannte erdunsymmetrische Vierpole, bei denen die Klemmen 1' und 2' direkt miteinander verbunden sind (Bild 4.6).

Bild 4.6   Erdunsymmetrischer Vierpol

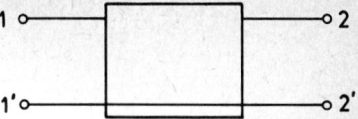

Zwei dieser Vierpole schalten wir in der im Bild 4.7 angegebenen
Weise parallel. Gesucht sind die Gleichungen für den entstehenden Gesamtvierpol. Dazu gehen wir von der Leitwertform der Gleichungen für
die Teilvierpole aus: Mit

$$\mathbf{I}^{(k)} = [I_1^{(k)}, I_2^{(k)}]^T, \quad \mathbf{U}^{(k)} = [U_1^{(k)}, U_2^{(k)}]^T, \quad k = 1,2 \text{ ist}$$

$$\mathbf{I}^{(1)} = \mathbf{Y}^{(1)}\mathbf{U}^{(1)}$$

$$\mathbf{I}^{(2)} = \mathbf{Y}^{(2)}\mathbf{U}^{(2)}.$$

Durch Schaltungszwang gilt

$$\left. \begin{array}{l} U_1^{(1)} = U_1^{(2)} = U_1 \\[2mm] U_2^{(1)} = U_2^{(2)} = U_2 \end{array} \right\} \quad \mathbf{U}^{(1)} = \mathbf{U}^{(2)} = \mathbf{U}$$

$$\left. \begin{array}{l} I_1^{(1)} + I_1^{(2)} = I_1 \\[2mm] I_2^{(1)} + I_2^{(2)} = I_2 \end{array} \right\} \quad \mathbf{I}^{(1)} + \mathbf{I}^{(2)} = \mathbf{I}$$

und damit

$$\mathbf{I} = (\mathbf{Y}_1 + \mathbf{Y}_2)\mathbf{U} . \qquad\qquad (4.16a)$$

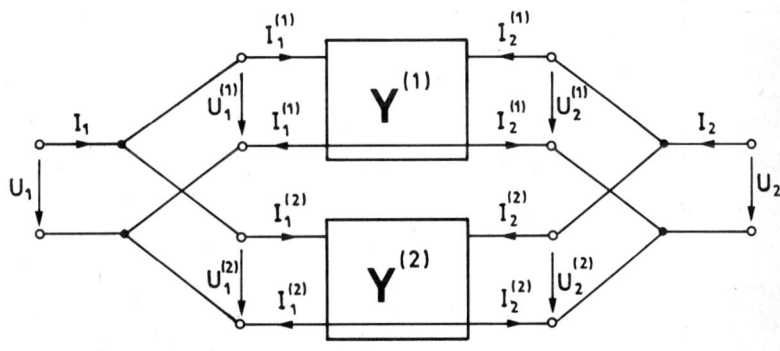

Bild 4.7   Parallelschaltung von erdunsymmetrischen Vierpolen

Die Beziehung für die Parallelschaltung von Vierpolen entspricht also
völlig der für Parallelschaltung von Zweipolen.

Die Herleitung beschränkte sich auf erdunsymmetrische Vierpole. Das
war deshalb nötig, weil im allgemeinen Fall zwischen den Klemmen 1'
und 2' eine Spannung U_3 besteht, die bei den beiden Vierpolen vor dem
Zusammenschalten in der Regel verschieden sein wird (Bild 4.8). Eine
Parallelschaltung entsprechend Bild 4.7 führt dann zu einem Ausgleichsstrom, der sich zu den aus den Vierpolen austretenden Strömen addiert
bzw. von ihnen subtrahiert. Damit ist die Voraussetzung für die Gültigkeit der Vierpolgleichungen der Einzelvierpole nicht mehr erfüllt,
wonach der in ein Klemmenpaar eintretende Strom gleich dem austretenden
sein muß. Ein solcher Ausgleichsstrom wird nur dann nicht fließen,
wenn die Teilspannungen $U_3^{(1)}$ und $U_3^{(2)}$ vor dem Zusammenschalten bei
$U_1^{(1)} = U_1^{(2)}$ und $U_2^{(1)} = U_2^{(2)}$ gleich sind bzw., wie hier zunächst vorausgesetzt, speziell gleich Null sind. Ist das der Fall, so sind auch
die Spannungen $U_4^{(1)}$ und $U_4^{(2)}$ gleich, so daß durch die Klemmen 1 und 2
kein Ausgleichsstrom fließt.

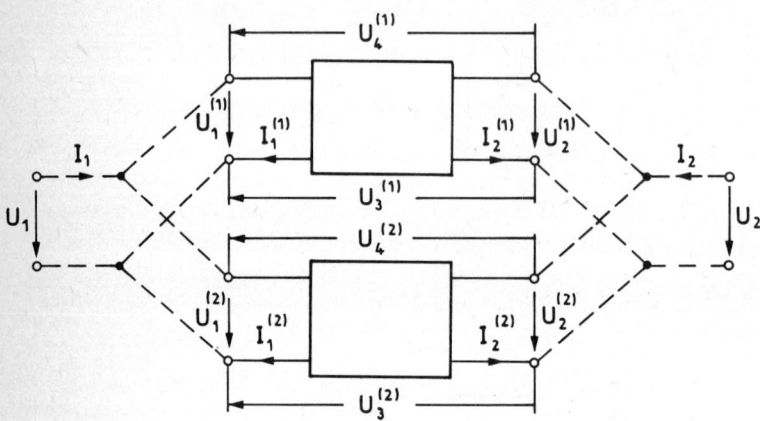

Bild 4.8   Zu den Bedingungen für die Parallelschaltung von Vierpolen

Für allgemeine Vierpole kann man die Gültigkeit von (4.16) erreichen,
wenn man die Gleichheit der Ströme in den Klemmenpaaren mit Hilfe eines
idealen Übertragers mit dem Übersetzungsverhältnis 1:1 erzwingt, der
in Kette zu einem der Vierpole geschaltet wird (Bild 4.9a).

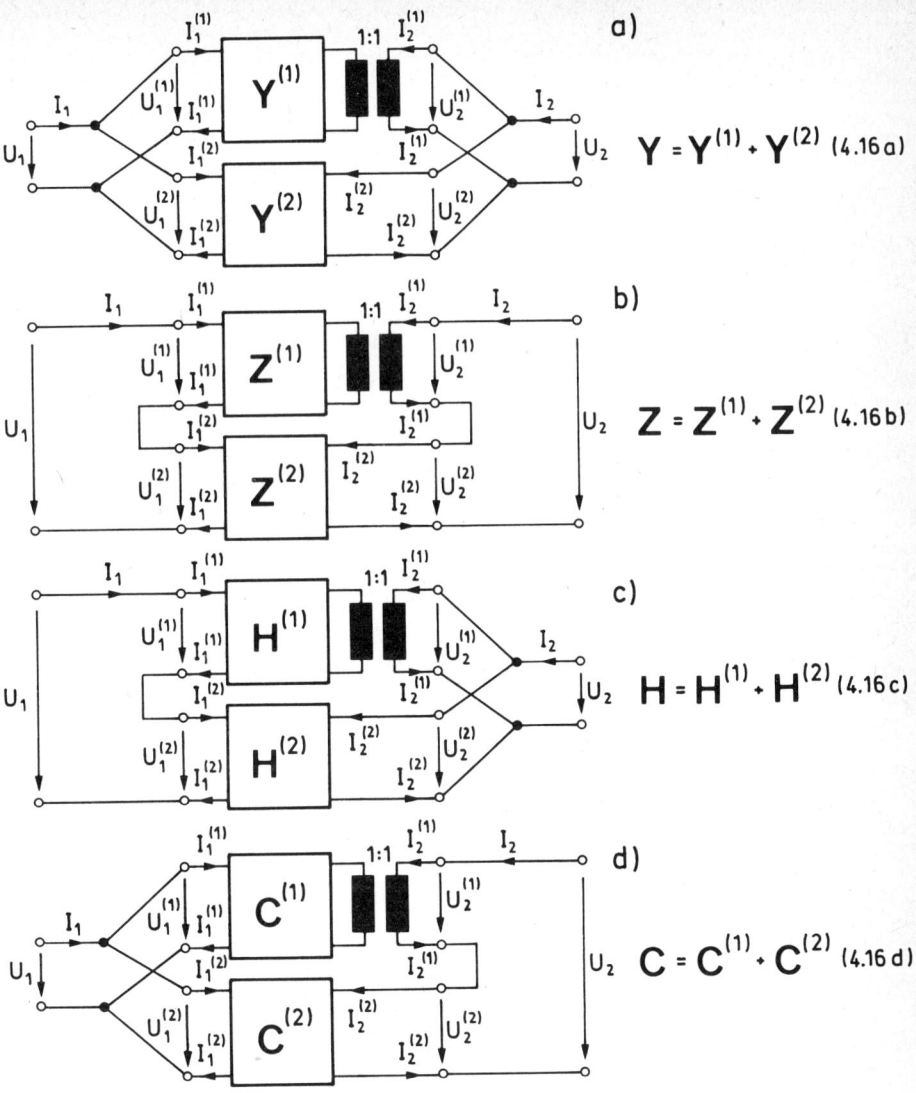

Bild 4.9   Parallel- und Reihenschaltungen von Vierpolen

Insgesamt sind vier Zusammenschaltungen möglich, bei denen zwei Vierpole beidseitig oder einseitig parallel oder in Reihe geschaltet werden. Dieser Schaltungszwang bedeutet nun wie im Falle der Parallelschaltung, daß eine bestimmte Bindung der Teilspannungen und -ströme
untereinander und mit den Spannungen und Strömen des Gesamtvierpols
besteht, die man unmittelbar angeben kann. Im allgemeinen Fall wird
man auch hier durch Zuschalten eines idealen Übertragers die Gleichheit der Ströme in den Klemmenpaaren erzwingen müssen. Bei Verwendung
der geeigneten Matrizen für die Teilvierpole ergibt sich als Matrix
des Gesamtvierpols jeweils die Summe der Matrizen der Einzelvierpole.

In Bild 4.9b-d sind für die restlichen Parallel- und Reihenschaltungs-
möglichkeiten die Anordnungen und die Beziehungen für die Gesamtvier-
pole angegeben.

Wir betrachten noch einige Beispiele. In Bild 4.10 wird gezeigt, wie sich das sogenannte Π-Glied aus der Parallelschaltung zweier einfacher erdunsymmetrischer
Vierpole ergibt. Man erhält unmittelbar

$$\begin{pmatrix} Y_1+Y_3 & -Y_3 \\ -Y_3 & Y_2+Y_3 \end{pmatrix} = \begin{pmatrix} Y_3 & -Y_3 \\ -Y_3 & Y_3 \end{pmatrix} + \begin{pmatrix} Y_1 & 0 \\ 0 & Y_2 \end{pmatrix}.$$

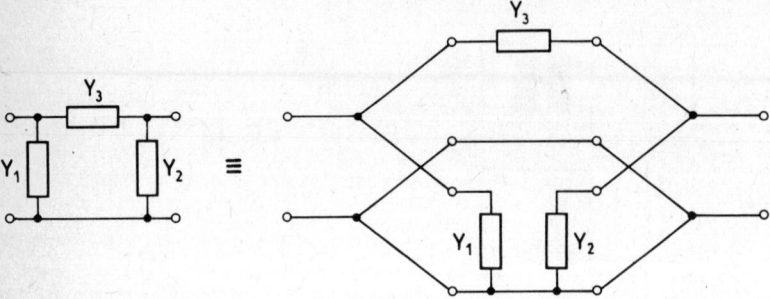

Bild 4.10   Π-Glied als Parallelschaltung zweier einfacher Vierpole

In Bild 4.11 wird das überbrückte T-Glied einmal als Parallelschaltung eines T-
Gliedes mit einem Längswiderstand (Teilbild a) und einmal als Hintereinanderschaltung eines Π-Gliedes mit einem Querwiderstand dargestellt (Teilbild b).
Zweckmäßig arbeitet man im ersten Fall mit den Leitwertmatrizen und im zweiten
mit den Widerstandsmatrizen. Mit Hilfe der in Tabelle 4.2 angegebenen Matrizen für
die Teilvierpole ergibt sich

Fall a (vergleiche auch Beispiel in Abschnitt 4.1):

$$\begin{bmatrix} Y_3+\dfrac{Y_4(Y_5+Y_6)}{Y_4+Y_5+Y_6} & -\left(Y_3+\dfrac{Y_4Y_5}{Y_4+Y_5+Y_6}\right) \\ -\left(Y_3+\dfrac{Y_4Y_5}{Y_4+Y_5+Y_6}\right) & Y_3+\dfrac{Y_5(Y_4+Y_6)}{Y_4+Y_5+Y_6} \end{bmatrix} = \begin{bmatrix} Y_3 & -Y_3 \\ -Y_3 & Y_3 \end{bmatrix} + \begin{bmatrix} \dfrac{Y_4(Y_5+Y_6)}{Y_4+Y_5+Y_6} & -\dfrac{Y_4Y_5}{Y_4+Y_5+Y_6} \\ -\dfrac{Y_4Y_5}{Y_4+Y_5+Y_6} & \dfrac{Y_5(Y_4+Y_6)}{Y_4+Y_5+Y_6} \end{bmatrix}$$

Fall b:

$$\begin{bmatrix} z_6 + \dfrac{z_4(z_3+z_5)}{z_3+z_4+z_5} & z_6 + \dfrac{z_4 z_5}{z_3+z_4+z_5} \\[2ex] z_6 + \dfrac{z_4 z_5}{z_3+z_4+z_5} & z_6 + \dfrac{z_5(z_3+z_4)}{z_3+z_4+z_5} \end{bmatrix} = \begin{bmatrix} \dfrac{z_4(z_3+z_5)}{z_3+z_4+z_5} & \dfrac{z_4 z_5}{z_3+z_4+z_5} \\[2ex] \dfrac{z_4 z_5}{z_3+z_4+z_5} & \dfrac{z_5(z_3+z_4)}{z_3+z_4+z_5} \end{bmatrix} + \begin{bmatrix} z_6 & z_6 \\[2ex] z_6 & z_6 \end{bmatrix}$$

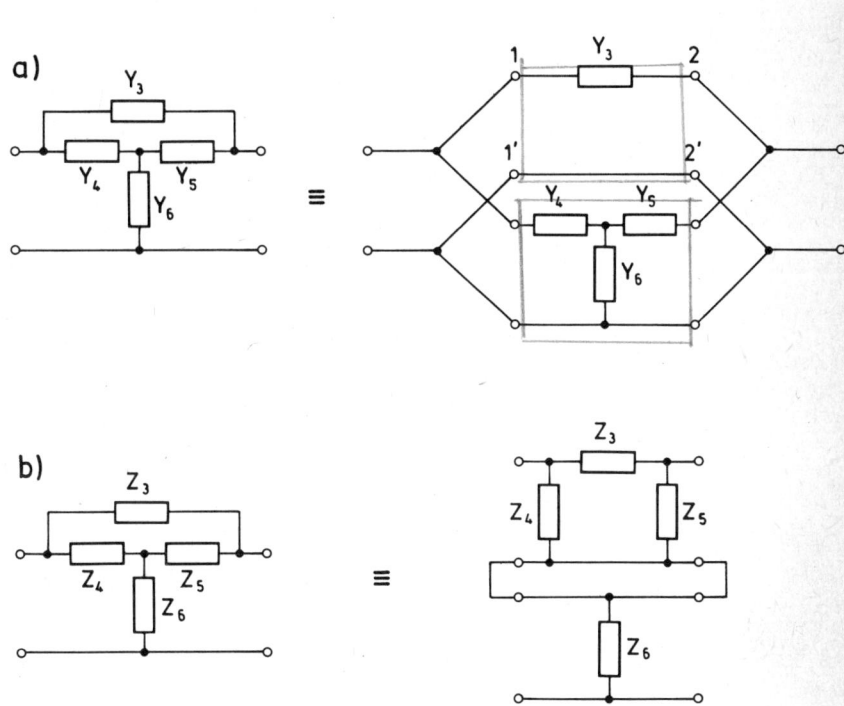

Bild 4.11   Überbrücktes T-Glied als Parallel- und Reihenschaltung einfacher Vierpole

Die in Bild 4.11 angegebene Parallelschaltung zweier Vierpole zum überbrückten T-Glied wollen wir noch dadurch variieren, daß wir den Vierpol mit Längswiderstand durch Vertauschen von 1 mit 1' und 2 mit 2' herumdrehen. Offenbar sind jetzt die Klemmen 1' und 2' nicht mehr verbunden. Bild 4.12a zeigt, daß die Parallelschaltung jetzt zu einer völlig anderen Anordnung führt. Man erkennt leicht, daß für diese Schaltung die Leitwertmatrix gar nicht existiert. Verwendet man dagegen einen idealen Übertrager in Kette mit dem ersten Vierpol, so ergibt sich wieder das gewünschte überbrückte T-Glied. Die Äquivalenz zeigt man z.B., indem man in der Schaltung mit Übertrager die Elemente der Leitwertmatrix bestimmt, wie in 4.12c und d für Y_{11} und Y_{12} angegeben.

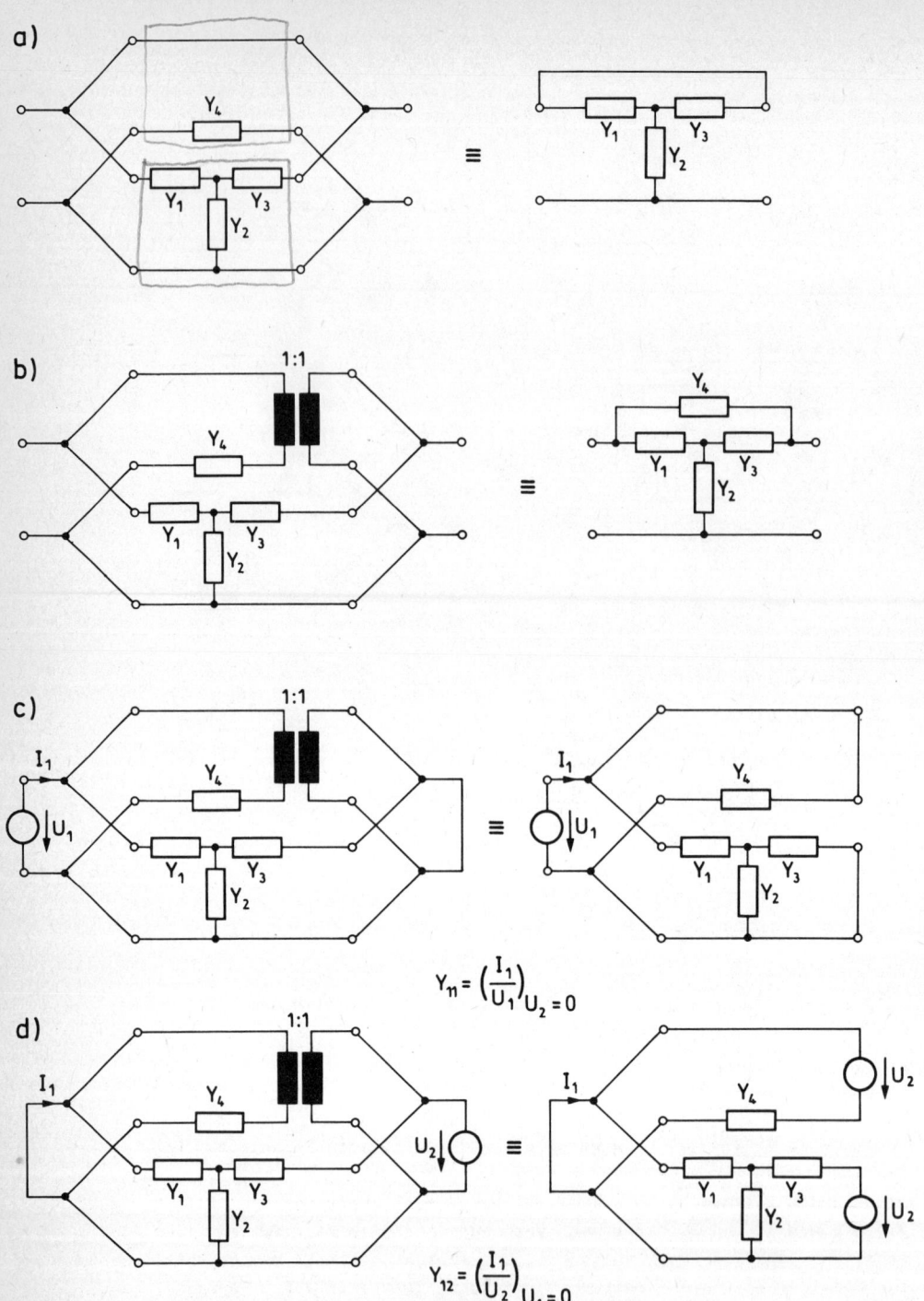

$$Y_{11} = \left(\frac{I_1}{U_1}\right)_{U_2 = 0}$$

$$Y_{12} = \left(\frac{I_1}{U_2}\right)_{U_1 = 0}$$

Bild 4.12   Beispiel für die Bedeutung der Parallelschaltungsbedingungen

4.3.2 Kettenschaltung von Vierpolen

Bei der sogenannten Kettenschaltung zweier Vierpole werden die Ausgangsklemmen des ersten mit den Eingangsklemmen des zweiten verbunden (Bild 4.13). Für die Gewinnung der Matrix des Gesamtvierpols geht man hier zweckmäßig von der Primärform der Gleichungen für die Einzelvierpole aus. Es ist

$$\begin{bmatrix} U_1^{(1)} \\ I_1^{(1)} \end{bmatrix} = \mathbf{A}^{(1)} \begin{bmatrix} U_2^{(1)} \\ I_2^{(1)} \end{bmatrix} \quad ; \quad \begin{bmatrix} U_1^{(2)} \\ I_1^{(2)} \end{bmatrix} = \mathbf{A}^{(2)} \begin{bmatrix} U_2^{(2)} \\ I_2^{(2)} \end{bmatrix} .$$

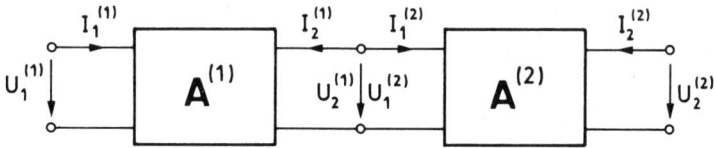

Bild 4.13   Kettenschaltung von Vierpolen

Hier gilt durch Schaltungszwang

$$\begin{bmatrix} U_1^{(1)} \\ I_1^{(1)} \end{bmatrix} = \begin{bmatrix} U_1 \\ I_1 \end{bmatrix} \quad , \quad \begin{bmatrix} U_2^{(2)} \\ I_2^{(2)} \end{bmatrix} = \begin{bmatrix} U_2 \\ I_2 \end{bmatrix}$$

sowie

$$\begin{bmatrix} U_2^{(1)} \\ I_2^{(1)} \end{bmatrix} = \begin{bmatrix} U_1^{(2)} \\ -I_1^{(2)} \end{bmatrix} = \begin{bmatrix} 1 & 0 \\ 0 & -1 \end{bmatrix} \begin{bmatrix} U_1^{(2)} \\ I_1^{(2)} \end{bmatrix} .$$

Damit folgt sofort

$$\begin{bmatrix} U_1 \\ I_1 \end{bmatrix} = \mathbf{A}^{(1)} \begin{bmatrix} 1 & 0 \\ 0 & -1 \end{bmatrix} \cdot \mathbf{A}^{(2)} \begin{bmatrix} U_2 \\ I_2 \end{bmatrix} = \mathbf{A} \begin{bmatrix} U_2 \\ I_2 \end{bmatrix} .$$

Mit den modifizierten Primärmatrizen

$$\mathbf{A}^{(k)}{}' = \mathbf{A}^{(k)} \begin{pmatrix} 1 & 0 \\ 0 & -1 \end{pmatrix}$$

erhält man für den Gesamtvierpol

$$\mathbf{A'} = \mathbf{A}^{(1)'} \cdot \mathbf{A}^{(2)'} \tag{4.17a}$$

und für eine Kettenschaltung von n Vierpolen

$$\mathbf{A'} = \prod_{\nu=1}^{n} \mathbf{A}^{(\nu)'}. \tag{4.17b}$$

Arbeitet man mit den modifizierten Sekundärformen, so erhält man auf demselben Wege bei entsprechender Argumentation

$$\mathbf{B'} = \mathbf{B}^{(2)'} \cdot \mathbf{B}^{(1)'}, \tag{4.18a}$$

bzw. bei n-gliedriger Kette

$$\mathbf{B'} = \prod_{\nu=0}^{n-1} \mathbf{B}^{(n-\nu)'}. \tag{4.18b}$$

Die Reihenfolge der Matrizen ist also hier vertauscht.

Als Beispiel bestimmen wir die Primärmatrix einer T-Schaltung. Hier sind drei elementare Vierpole in Kette zu schalten (Bild 4.14). Mit den der Tabelle 4.2 zu entnehmenden Primärmatrizen der Elementarvierpole erhält man

$$\mathbf{A} = \begin{pmatrix} 1 & Z_1 \\ 0 & 1 \end{pmatrix} \cdot \begin{pmatrix} 1 & 0 \\ Y_3 & 1 \end{pmatrix} \cdot \begin{pmatrix} 1 & Z_2 \\ 0 & 1 \end{pmatrix} \cdot \begin{pmatrix} 1 & 0 \\ 0 & -1 \end{pmatrix}$$

$$= \begin{pmatrix} 1+Z_1Y_3 & -(Z_1+Z_2+Z_1Z_2Y_3) \\ Y_3 & -(1+Z_2Y_3) \end{pmatrix}.$$

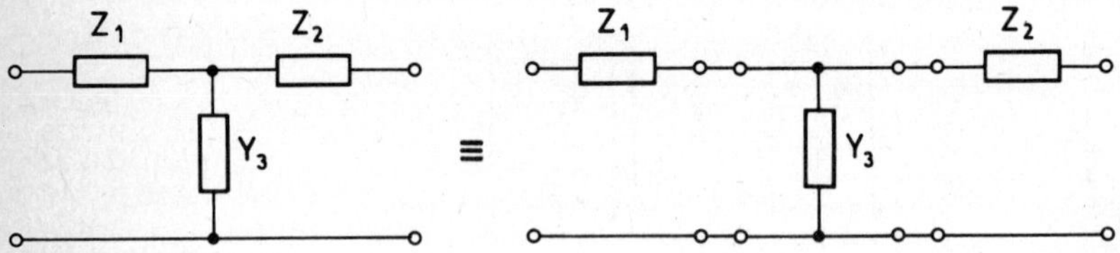

Bild 4.14   T-Glied als Kettenschaltung einfacher Vierpole

4.4 Wellenparameter

Außer durch die Elemente der in (4.5) angegebenen Matrizen kann man einen Vierpol auch noch durch die sogenannten Wellenparameter beschreiben, die sich aus dem Eingangswiderstand und dem Übertragungsverhalten des Vierpols bei bestimmtem Abschluß ergeben. Man kam ursprünglich von

der Leitungstheorie her auf die Untersuchung von Vierpolen. Daher be-
mühte man sich, die dort gebräuchlichen Begriffe auch für Vierpole zu
verwenden. Im zweiten Band werden wir bei der Behandlung homogener Leitungen noch einmal darauf zurückkommen.

Wir behandeln hier die Wellenparameter im wesentlichen nur für den
speziellen Fall des symmetrischen, umkehrbaren Vierpols. Für die Wellen-
parametertheorie des allgemeinen Vierpols sei insbesondere auf [4.1]
und [4.2] verwiesen. In dem gewählten Spezialfall gilt für die Koeffizienten der Primärform nach (4.15) bzw. (4.12)

$$A_{11} = -A_{22} \qquad \text{(Symmetrie)},$$

$$\Delta^A = A_{11}A_{22} - A_{12}A_{21} = -1 \qquad \text{(Umkehrbarkeit)}.$$

Daraus folgt zunächst

$$A_{11}^2 + A_{12}A_{21} = 1.$$

Wir gehen nun von dem Eingangswiderstand eines solchen Vierpols aus,
wie er in (4.8a) als Funktion des Abschlußwiderstandes gegeben ist.
Mit $A_{22} = -A_{11}$ erhält man

$$Z_B = \frac{A_{11}Z_2 - A_{12}}{A_{21}Z_2 + A_{11}}.$$

Gesucht wird nun der Fixpunkt der durch den Vierpol vermittelten Abbildung, d.h. der Wert des Widerstandes Z_2, für den $Z_B = Z_2$ ist. Diesen
Wert nennen wir den Wellenwiderstand Z_w. Aus

$$Z_B(Z_w) := Z_w \;, \qquad Z_w = \frac{A_{11}Z_w - A_{12}}{A_{21}Z_w + A_{11}}$$

folgt mit (4.9a)

$$Z_w^2 = -\frac{A_{12}}{A_{21}} = \frac{Z_{11}}{Y_{11}} = Z_B(\infty) \cdot Z_B(0). \qquad (4.19)$$

Wir können also den Wellenwiderstand aus den Messungen des Eingangswiderstandes bei ausgangsseitigem Leerlauf und Kurzschluß bestimmen.

Weiterhin wollen wir das Verhältnis der Spannungen und Ströme des Vierpols in Abhängigkeit vom Abschlußwiderstand Z_2 betrachten. Aus der
Primärform gewinnt man unmittelbar mit $I_2 = - U_2/Z_2$

$$\frac{U_1}{U_2} = A_{11} - A_{12}\frac{1}{Z_2} \quad \text{und} \quad -\frac{I_1}{I_2} = A_{21}Z_2 + A_{11}.$$

Im allgemeinen wird natürlich das Verhältnis der Spannungen verschieden von dem Verhältnis der Ströme sein. Es interessiert, ob es einen
Wert für Z_2 gibt, bei dem beide gleich sind. Man findet sofort, daß
das für

$$z_2^2 = -\frac{A_{12}}{A_{21}} = z_w^2$$

der Fall ist. Der Abschluß des Vierpols mit dem Wellenwiderstand ist
also in doppelter Hinsicht ein besonderer Fall.

Für das Verhältnis der Spannungen bzw. Ströme bei Abschluß mit $Z_2=Z_w$
führen wir eine neue Größe ein. Es sei

$$\left(\frac{U_1}{U_2}\right)_{Z_2=Z_w} = \left(-\frac{I_1}{I_2}\right)_{Z_2=Z_w} := e^{g_w}. \qquad (4.20)$$

Dabei wird die im allgemeinen komplexe Größe $g_w=a_w+jb_w$ das Wellenüber-
tragungsmaß oder Vierpolübertragungsmaß genannt. Weiter ist

$$a_w = \ln\left|\frac{U_1}{U_2}\right|_{Z_2=Z_w} = \ln\left|\frac{I_1}{I_2}\right|_{Z_2=Z_w} \qquad \text{die Vierpoldämpfung}$$

und   (4.21)

$$b_w = \arg\left\{\frac{U_1}{U_2}\Big|_{Z_2=Z_w}\right\} = \arg\left\{-\frac{I_1}{I_2}\Big|_{Z_2=Z_w}\right\} \qquad \text{die Vierpolphase.}$$

Mit den beiden Vierpolgrößen Z_w und g_w läßt sich der symmetrische,
umkehrbare Vierpol nun ebenfalls vollständig beschreiben. Nach Zwischenrechnung erhält man unter Verwendung der Hyperbelfunktionen

$$A = \begin{pmatrix} \cosh g_w & -Z_w\sinh g_w \\ \frac{1}{Z_w}\sinh g_w & -\cosh g_w \end{pmatrix}. \qquad (4.22)$$

Tabelle 4.4   Wellenparameter und Dimensionierung einfacher Vierpole

Schaltung	Analyse	Dimensionierung
	$$Z_w = Z_1^\pi \sqrt{\frac{Z_2^\pi}{2Z_1^\pi + Z_2^\pi}}$$ $$\cosh g_w = 1 + \frac{Z_2^\pi}{Z_1^\pi}$$	$$Z_1^\pi = \frac{Z_w}{\tanh \frac{g_w}{2}}$$ $$Z_2^\pi = Z_w \sinh g_w$$
	$$Z_w = \sqrt{Z_1^T(Z_1^T + 2Z_2^T)}$$ $$\cosh g_w = 1 + \frac{Z_1^T}{Z_2^T}$$	$$Z_1^T = Z_w \cdot \tanh \frac{g_w}{2}$$ $$Z_2^T = \frac{Z_w}{\sinh g_w}$$
	$$Z_w = \sqrt{Z_1^X \cdot Z_2^X}$$ $$e^{g_w} = \frac{1 + \sqrt{Z_1^X/Z_2^X}}{1 - \sqrt{Z_1^X/Z_2^X}}$$	$$Z_1^X = Z_w \cdot \tanh \frac{g_w}{2}$$ $$Z_2^X = \frac{Z_w}{\tanh \frac{g_w}{2}}$$
	$$Z_w = R$$ $$e^{g_w} = 1 + \frac{Z}{R}$$	$$R = Z_w$$ $$Z = R\left[e^{g_w} - 1\right]$$

In der Tabelle 4.4 sind die Wellenparameter von vier einfachen Vierpolen angegeben sowie die Beziehungen, mit denen man ihre Elemente bei gegebenem Z_w und g_w bestimmen kann. Das überbrückte T-Glied wurde in einer speziellen Form aufgenommen, die sich durch einen konstanten Wellenwiderstand auszeichnet. Man erkennt leicht, daß wir diese Eigenschaft auch beim symmetrischen X-Glied erreichen, wenn wir $Z_1^X \cdot Z_2^X = R^2$ wählen, die beiden Widerstände also zueinander dual sind. Dann wird (siehe auch (3.81))

$$e^{g_w} = \frac{R + Z_1^X}{R - Z_1^X}.$$

Die Wellenparameter lassen sich besonders bei der Kettenschaltung von
Vierpolen gleichen Wellenwiderstandes mit Vorteil verwenden. In Bild
4.15 sind zwei symmetrische, umkehrbare Vierpole in Kette geschaltet,
von denen wir annehmen, daß sie den gleichen Wellenwiderstand haben.
Sie können im übrigen verschieden sein. Der zweite Vierpol ist mit
seinem Wellenwiderstand Z_w abgeschlossen. Sein Eingangswiderstand,
der zugleich Abschlußwiderstand für den ersten Vierpol ist, ist daher
gleich Z_w. Damit ist der Eingangswiderstand der Kettenschaltung ebenfalls Z_w und eine Kenngröße des Gesamtvierpols, nämlich sein Wellenwiderstand bereits bestimmt.

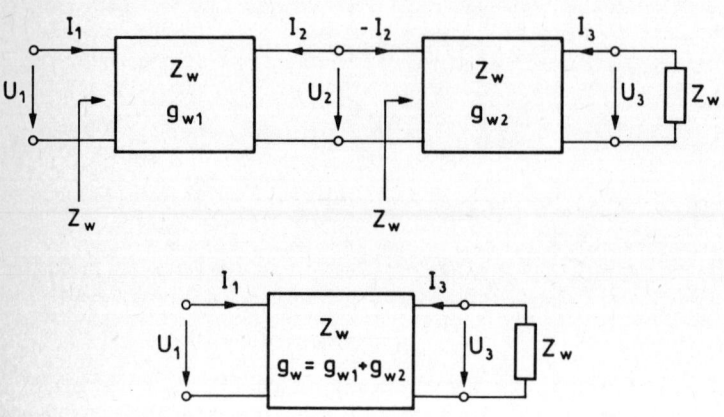

Bild 4.15   Kettenschaltung von Vierpolen gleichen Wellenwiderstandes

Da sowohl jeder Teilvierpol als auch der Gesamtvierpol mit Z_w abgeschlossen ist, gilt für die Spannungsverhältnisse

$$\frac{U_1}{U_2} = e^{g_{w1}} \quad ; \quad \frac{U_2}{U_3} = e^{g_{w2}} \quad ; \quad \frac{U_1}{U_3} = e^{g_w} = \frac{U_1}{U_2}\frac{U_2}{U_3} = e^{g_{w1}+g_{w2}} .$$

Für die Stromverhältnisse bekommt man dasselbe Ergebnis. Bei Kettenschaltung von zwei Vierpolen gleichen Wellenwiderstandes hat also der
Gesamtvierpol die Wellenparameter

$$Z_w \quad \text{und} \quad g_w = g_{w1} + g_{w2} . \tag{4.23a}$$

Wegen der Symmetrie der Vierpole gilt dies unabhängig von der Reihenfolge der Zusammenschaltung. Die Gesamtanordnung ist im Sinne der Vierpoltheorie symmetrisch, ist aber natürlich i.a. nicht symmetrisch aufgebaut.

Wir bemerken noch, daß sich aus der allgemeinen Beziehung (4.17a) für die Kettenschaltung sowie (4.22) und (4.23a) die Beziehungen

$$\cosh(g_{w1}+g_{w2}) = \cosh g_{w1} \cdot \cosh g_{w2} + \sinh g_{w1} \cdot \sinh g_{w2}$$

$$\sinh(g_{w1}+g_{w2}) = \sinh g_{w1} \cdot \cosh g_{w2} + \cosh g_{w1} \cdot \sinh g_{w2}$$

ergeben, die Additionstheoreme der Hyperbelfunktionen.

Das Ergebnis (4.23a) läßt sich ohne weiteres auf eine Kettenschaltung von n Vierpolen gleichen Wellenwiderstandes erweitern. Die Wellenparameter des Gesamtvierpols sind dann

$$Z_w \quad \text{und} \quad g_w = \sum_{\nu=1}^{n} g_{w\nu}. \tag{4.23b}$$

Wir betrachten einige Beispiele. Mit einer Untersuchung des in Bild 4.16 gezeigten Vierpols wollen wir die Wellenparameter noch einmal erläutern. Wir erhalten mit Tabelle 4.4 und (4.22) bzw. Tabelle 4.2

$$Z_w = R_w = R\sqrt{\frac{\rho}{2+\rho}} \quad ; \quad \cosh g_w = \cosh a_w = 1+\rho$$

$$\mathbf{A} = \begin{pmatrix} 1+\rho & -\rho R \\ \frac{1}{R} \cdot (2+\rho) & -(1+\rho) \end{pmatrix}.$$

Weiterhin erhält man für den Eingangsbetriebswiderstand bei Normierung auf den Wellenwiderstand

$$\frac{Z_B}{R_w} = \frac{R_B}{R_w} = \frac{(1+\rho)r + \sqrt{\rho(2+\rho)}}{1+\rho + r \cdot \sqrt{\rho(2+\rho)}} \quad \text{mit } r = \frac{R_2}{R_w}$$

und für die Spannungs- und Stromverhältnisse

$$\frac{U_1}{U_2} = 1 + \rho + \frac{1}{r} \cdot \sqrt{\rho(2+\rho)} \qquad -\frac{I_1}{I_2} = 1 + \rho + r \cdot \sqrt{\rho(2+\rho)}.$$

Die Bilder 4.16b und c zeigen diese Beziehungen als Funktion von r für drei Werte von ρ. Der Definition entsprechend ist für r=1 $R_B = R_w$ und $U_1/U_2 = -I_1/I_2$. Weiterhin ist zu erkennen, daß für große Werte von ρ der Eingangswiderstand sich bei Variation von r nur wenig ändert. Das hängt mit den in diesem Fall großen Werten für die Dämpfung zusammen, für die wir bei dieser Anordnung mit $R_2 = R_w$

$$a_w - \text{arcosh}(1+\rho) = \ln(1+\rho + \sqrt{\rho(2+\rho)})$$

bekommen.

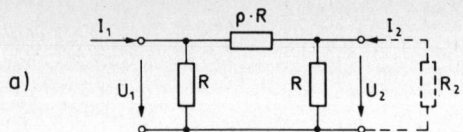

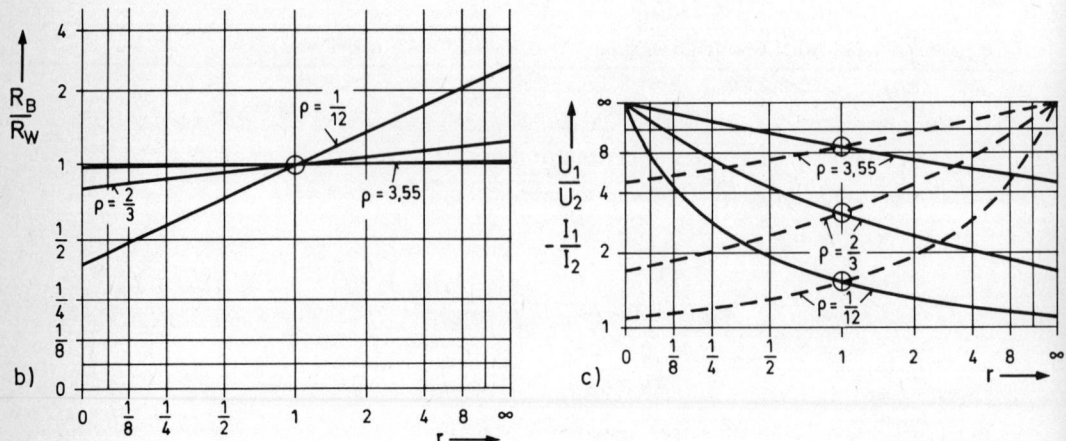

Bild 4.16   Zur Erläuterung der Wellenparameter am Beispiel eines ohmschen
             Π-Gliedes
             a) Schaltung
             b) Eingangswiderstand als Funktion des Abschlußwiderstandes
                (normierte Darstellung)
             c) U_1/U_2 (———) und $-I_1/I_2$ (- - - -) als Funktion des normierten
                Abschlußwiderstandes

Weiterhin betrachten wir noch einmal den Kettenleiter von Bild 2.18. Wie Bild 4.17a
erläutert kann er als Kettenschaltung von n identischen Π-Gliedern aufgefaßt werden.

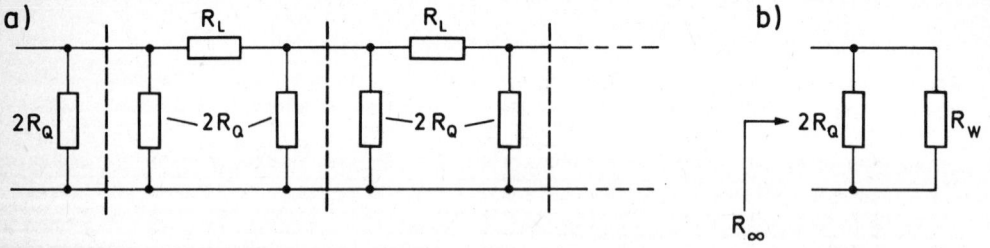

Bild 4.17   Kettenleiter

Da sich nach (4.23b) die Vierpoldämpfungen addieren und die Gesamtdämpfung mit
wachsender Zahl der Glieder über alle Grenzen wächst, wird der Eingangswiderstand
dieser Anordnung gegen den Wellenwiderstand gehen. Wir erhalten dann

$$R_\infty = \frac{2R_Q R_W}{2R_Q + R_W} \quad \text{mit } R_W = 2R_Q \sqrt{\frac{R_L}{4R_Q + R_L}}.$$

Nach Zwischenrechnung folgt mit $r = R_L G_Q$ wie in Abschnitt 2.34

$$R_\infty G_Q = -\frac{r}{2} + \sqrt{\left(\frac{r}{2}\right)^2 + r}.$$

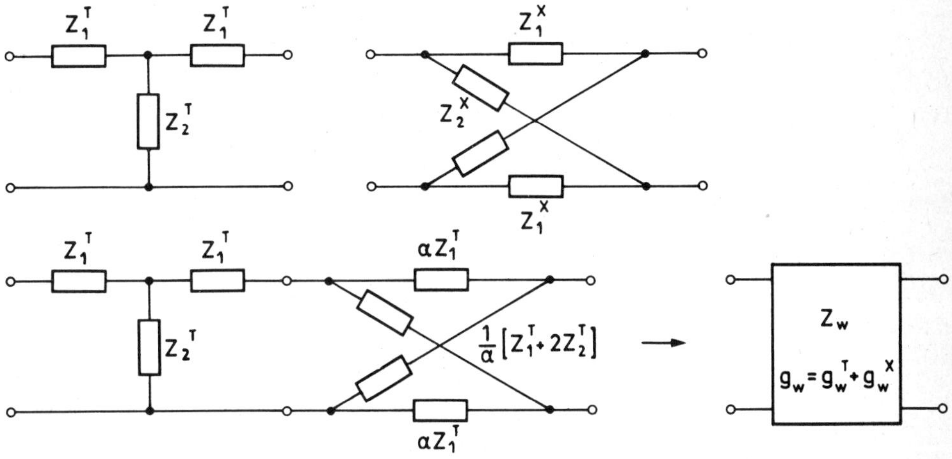

Bild 4.18   Beispiel für die Kettenschaltung von Vierpolen gleichen
Wellenwiderstandes

Wir untersuchen als nächstes die Kettenschaltung eines T-Gliedes mit einem X-Glied
(Bild 4.18). Die Wellenparameter entnehmen wir aus Tabelle 4.4. Wählt man nun z.B.
$z_1^X = \alpha z_1^T$ und $z_2^X = \frac{1}{\alpha} (z_1^T + 2z_2^T)$, wobei $\alpha > 0$ eine reelle Konstante ist, so werden
die Wellenwiderstände der beiden Vierpole gleich. Die Kettenschaltung liefert einen
Gesamtvierpol, der im Sinne der Vierpoltheorie symmetrisch ist, obwohl er nicht
symmetrisch aufgebaut ist.

Die Kettenschaltung von ohmschen Vierpolen gleichen Wellenwiderstandes und unterschiedlicher Dämpfung findet bei der Eichleitung eine Anwendung, die in einer im
nächsten Abschnitt zu behandelnden Weise zur Messung von Dämpfungen gebraucht wird.

Schließlich behandeln wir als Beispiel für einen verlustfreien Vierpol die in Bild
4.19a angegebene Schaltung. Die Analyse liefert hier

$$z_w = \sqrt{\frac{L}{C}} \cdot \sqrt{1 + s^2 LC} \quad \text{und} \quad \cosh g_w = 1 + 2s^2 LC.$$

Im Gegensatz zu den bisher gewonnenen Widerständen von Zweipolen wird also hier
der Wellenwiderstand eine nicht-rationale Funktion. Für $s = j\omega$ ist er im Bereich
$|\omega| \le +\sqrt{\frac{1}{LC}}$ reell, sonst imaginär. Bild 4.19a zeigt den Verlauf.

Die Frequenzabhängigkeit der Komponenten von g_w bestimmen wir wie folgt. Für
$s = j\omega$ ist

$$\cosh(a_w + jb_w) = \cosh a_w \cdot \cos b_w + j \sinh a_w \cdot \sin b_w = 1 - 2\omega^2 LC$$

rein reell. Daher muß entweder $a_w = 0$ oder $b_w = k \cdot \pi$ sein mit $k = 0, \pm 1, \ldots$

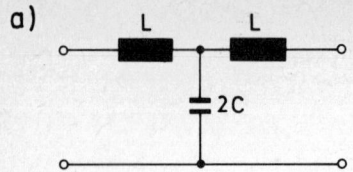

a)

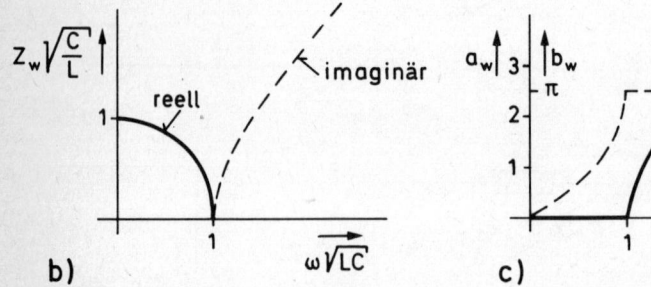

b)   c)

Bild 4.19   a) Verlustfreies T-Glied
               b) Wellenwiderstand und c) Vierpolübertragungsmaß des T-Gliedes
               als Funktionen der normierten Frequenz

a) $a_w=0$: $\cos b_w = 1-2\omega^2 LC$ ist möglich für $|\omega| \leq \sqrt{1/LC}$.

Eine Umformung liefert

$$b_w = 2\arcsin \omega\sqrt{LC} \quad \text{für} \quad |\omega| \leq + \sqrt{1/LC}.$$

b) $b_w=k\pi$, $\cos b_w = \pm 1$: $\pm \cosh a_w = 1-2\omega^2 LC$ ist nur möglich für

$$|\omega| \geq \sqrt{1/LC} \quad \text{und} \quad \cos b_w = -1, \text{ d.h. } b_w = \pm\pi.$$

Von den möglichen Phasenwerten wird $b_w = +\pi$ für $\omega \geq + \sqrt{1/LC}$ und $b_w = -\pi$ für
$\omega \leq - \sqrt{1/LC}$ wegen des stetigen Anschlusses an das Verhalten im Intervall
$|\omega| < \sqrt{1/LC}$ gesgewählt.

Aus $\cosh a_w = 2\omega^2 LC-1$ erhält man mit einer Umformung

$$a_w = 2\text{arcosh } \omega\sqrt{LC} \quad \text{für} \quad |\omega| > \sqrt{1/LC}.$$

Bild 4.19c zeigt den Verlauf der Dämpfung und der Phase in Abhängigkeit von der
Frequenz.
Verlustfreie Vierpole gleichen Wellenwiderstandes wie im obigen Beispiel wurden
früher häufig als Bausteine von selektiven Systemen (Filtern) verwendet (z.B.
[4.2]), da mit ihnen der Entwurf mit geringem rechnerischen Aufwand möglich ist.
Heute sind andere Verfahren gebräuchlich, auf die wir im nächsten Kapitel kurz
eingehen werden.

Zum Abschluß dieses Abschnittes zeigen wir noch, wie die Wellenpara-
metertheorie auf umkehrbare, unsymmetrische Vierpole erweitert werden
kann. Dazu spiegelt man den Vierpol an seinen Klemmenpaaren und schal-

tet die so gewonnenen neuen Vierpole mit dem ursprünglichen zu zwei
symmetrischen Vierpolen zusammen, die verschiedene Wellenwiderstände
haben (Bild 4.20). Dem ursprünglichen unsymmetrischen Vierpol werden
die so gefundenen Wellenwiderstände als linksseitiger und rechtsseiti-
ger Wellenwiderstand sowie das halbe Vierpolübertragungsmaß des symmetrischen Vierpoles zugeschrieben; er wird also, wie erforderlich, durch
drei Größen beschrieben.

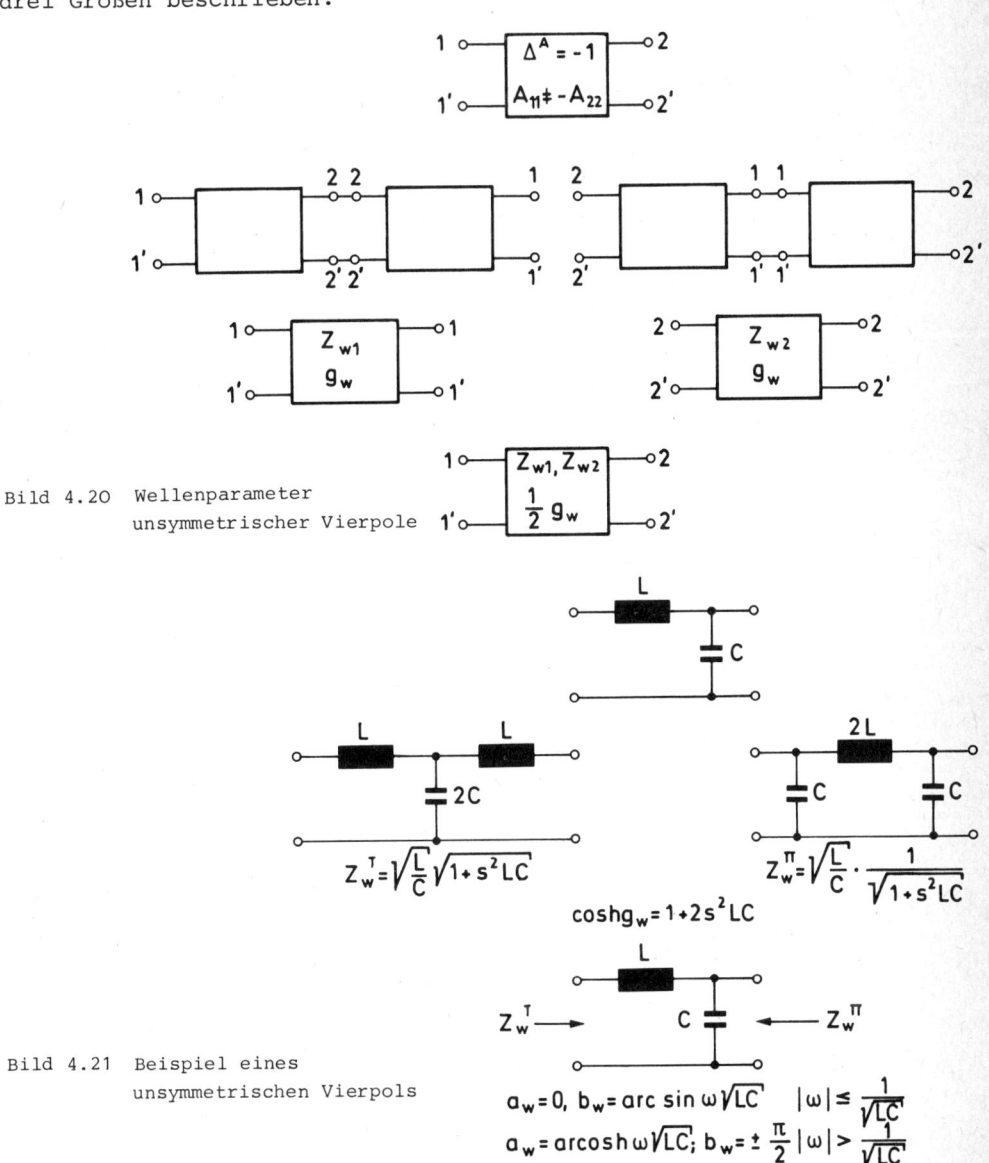

Bild 4.20 Wellenparameter
           unsymmetrischer Vierpole

Bild 4.21 Beispiel eines
           unsymmetrischen Vierpols

Als Beispiel diene die Schaltung von Bild 4.21. Ihre Spiegelung an der rechten Seite
führt auf das bereits behandelte T-Glied (Bild 4.19), während die Spiegelung an der
rechten Seite auf das Π-Glied mit gleichem Vierpolübertragungsmaß, aber anderem Wel-

lenwiderstand führt. Die Beziehungen für die symmetrischen Schaltungen und für den ursprünglichen unsymmetrischen Vierpol, das sogenannte Halbglied, sind in Bild 4.21 angegeben.

4.5 Betriebsparameter

Die für die Anwendung der Wellenparameter wesentliche Voraussetzung, daß die Vierpole mit ihrem Wellenwiderstand abgeschlossen sind, ist in der Praxis nur selten erfüllt. Das gilt vor allem dann, wenn der Wellenwiderstand frequenzabhängig ist. Für den praktischen Betrieb interessiert nun das Verhalten des Vierpols bei Abschluß mit einem konstanten reellen Widerstand R_2, der vom angeschlossenen Verbraucher her vorgeschrieben ist, und bei Speisung aus einer Quelle mit gegebenem Innenwiderstand R_1 (Bild 4.22a). Vor allem interessieren uns unter diesen Bedingungen das Verhältnis der Spannungen, der Ströme und bestimmter, noch genauer anzugebender Spannungs-Stromprodukte. Spannungs- und Stromverhältnis wurden im letzten Abschnitt schon für den symmetrischen Vierpol mit dem Abschlußwiderstand Z_2 angegeben. Hier erhält man

$$N(s) = \frac{U_1}{U_2} = A_{11} - \frac{A_{12}}{R_2},$$

$$M(s) = \frac{I_1}{I_2} = A_{22} - A_{21}R_2.$$

(4.24)

a)

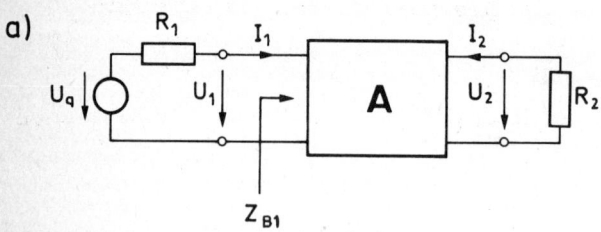

b)

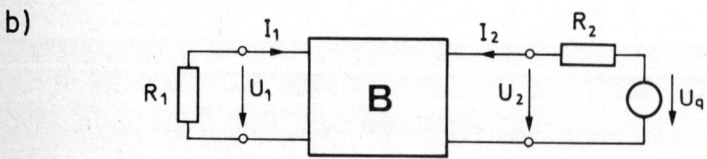

Bild 4.22   Zur Bestimmung der Betriebsparameter bei Speisung von der
              Seite 1 (a) und 2 (b)

Weiterhin wird das Übertragungsverhalten durch

$$D_B(s) = \sqrt{\frac{P_{max}}{P_2}} = e^{g_B} \qquad (4.25a)$$

beschrieben, wobei $g_B = (a_B + jb_B)$ das Betriebsübertragungsmaß ist. Hier sind die Beträge der Größen P_{max} und P_2 zunächst für sinusförmige Erregung erklärt. Mit den hier gewählten Bezeichnungen ist dann nach (3.89b) $|P_{max}| = |U_q|^2 / 8R_1$ die Wirkleistung, die ein Generator mit der Quellenspannung U_q und dem Innenwiderstand R_1 maximal abzugeben vermag. Entsprechend ist $|P_2| = |U_2 I_2|/2 = |U_2|^2/R_2$ die Wirkleistung, die nach Zwischenschaltung des Vierpols an den Abschlußwiderstand R_2 abgegeben wird. In formaler Erweiterung und für beliebige Werte von s setzen wir $P_{max} = U_q^2 / 8R_1$ und $P_2 = U_2^2 / 2R_2$ und erhalten

$$D_B(s) = \sqrt{P_{max}/P_2} = \frac{U_q}{2U_2} \sqrt{R_2/R_1}. \qquad (4.25b)$$

Wir wollen auch $D_B(s)$ noch durch die Elemente der Matrix **A** ausdrücken. Zunächst liefert (4.24)

$$U_1 = (A_{11}R_2 - A_{12}) \frac{U_2}{R_2}.$$

Andererseits können wir die Beziehung zwischen U_1 und U_q angeben. Aus der Spannungsteilung am Vierpoleingang folgt mit (4.8a)

$$U_1 = \frac{U_q Z_{B1}}{R_1 + Z_{B1}} = (A_{11}R_2 - A_{12}) \frac{U_2}{R_2}.$$

Daraus erhält man für das Verhältnis von U_q und U_2

$$\frac{U_q}{U_2} = \frac{1}{R_2} (A_{11}R_2 - A_{12} + A_{21}R_1R_2 - A_{22}R_1)$$

und schließlich

$$D_B(s) = e^{g_B} = \frac{1}{2} \left[A_{11}\sqrt{R_2/R_1} - \frac{A_{12}}{\sqrt{R_1 R_2}} + A_{21}\sqrt{R_1 R_2} - A_{22}\sqrt{R_1/R_2} \right]. \quad (4.26a)$$

Mit (4.24) ergibt sich noch

$$D_B = \frac{1}{2} \left(\sqrt{R_2/R_1}\, N(s) - \sqrt{R_1/R_2}\, M(s) \right). \qquad (4.26b)$$

Um die Verbindung mit dem Vierpolübertragungsmaß zu zeigen, setzen wir speziell $R_1 = R_2 = R_w$ (reeller Wellenwiderstand). Mit (4.22) folgt

$$e^{g_B} = \frac{1}{2} (\cosh g_w + \sinh g_w + \sinh g_w + \cosh g_w) = e^{g_w}.$$

Das Betriebsübertragungsmaß g_B enthält also das Vierpolübertragungs-maß als Spezialfall.

Wir wollen den Vierpol noch in umgekehrter Richtung betreiben. Dazu schalten wir die Spannungsquelle in den Ausgangszweig, belassen aber die Widerstände R_1 und R_2 an ihren Plätzen (Bild 4.22b). Unter Verwendung der Elemente der Matrix **B** bekommen wir mit derselben Herleitung wie eben

$$D_{B2}(s) = \frac{U_q}{2U_1} \sqrt{R_1/R_2} = \frac{1}{2}\left(B_{11}\sqrt{R_1/R_2} - \frac{B_{12}}{\sqrt{R_1R_2}} + B_{21}\sqrt{R_1R_2} - B_{22}\sqrt{R_2/R_1}\right).$$

Drücken wir jetzt die Elemente von **B** durch die von **A** aus, so erhalten wir

$$D_{B2}(s) = \frac{1}{2\Delta^A}\left(-A_{11}\sqrt{R_2/R_1} + \frac{A_{12}}{\sqrt{R_1R_2}} - A_{21}\sqrt{R_1R_2} + A_{22}\sqrt{R_1/R_2}\right).$$

$$(4.27)$$

Dieser Ausdruck geht in (4.26a) über, wenn $\Delta^A = -1$ ist. Bei umkehrbaren Vierpolen ist also das Betriebsübertragungsmaß bei beiden Betriebsrichtungen dasselbe, wenn beim Wechseln der Richtung beide Abschlußwiderstände ihre Plätze behalten.

Für die Messung der Betriebsdämpfung

$$a_B = \ln\left|\frac{U_q}{2U_2}\sqrt{R_2/R_1}\right| = \ln\left|\frac{U_q}{2U_2}\right| + \ln\left|\sqrt{R_2/R_1}\right|$$

bei sinusförmiger Erregung in Abhängigkeit von der Frequenz gibt es eine interessante Schaltung, die uns einerseits die praktische Anwendung einer Eichleitung zeigt, andererseits aber auch die Zusammenhänge noch einmal deutlich macht. In Bild 4.23 sind die Eichleitung und der zu messende Vierpol eingangsseitig über die vorgeschriebenen Abschlußwiderstände R_w und R_1 parallel geschaltet. Am Knotenpunkt ist außerdem eine Spannungsquelle mit der Spannung U_0 und dem beliebigen Innenwiderstand R_i angeschaltet. Die Spannung am Knotenpunkt werde ausnahmsweise mit U_q bezeichnet, obwohl sie natürlich keine Quellspannung ist. Da die Eichleitung mit ihrem Wellenwiderstand R_w abgeschlossen ist, muß auch ihr Eingangswiderstand gleich R_w sein. Ihre Eingangsspannung ist dann $\frac{U_q}{2}$. Nun wird die Dämpfung a_w der Eichleitung so eingestellt, daß die Beträge der Spannungen an den Ausgängen gleich sind ($|U_2'| = |U_2|$). Dann ist

$$a_w = \ln\left|\frac{U_q}{2U_2'}\right| = \ln\left|\frac{U_q}{2U_2}\right|.$$

Das ist aber gerade der interessierende Teil der Betriebsdämpfung, so daß gilt

$$a_B = a_w + \ln\left|\sqrt{R_2/R_1}\right|.$$

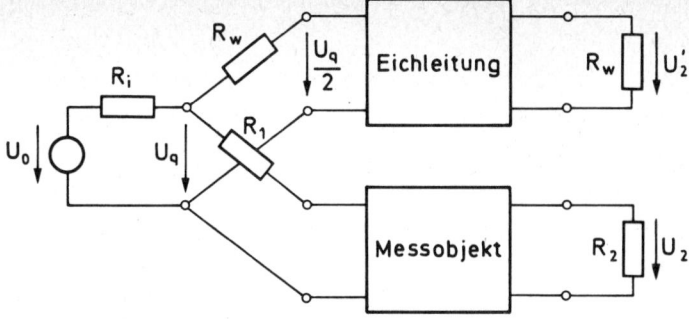

Bild 4.23   Schaltung zur Messung der Betriebsdämpfung

4.6 Ersatzschaltungen

Wir haben gesehen, daß sich ein Vierpol durch die Elemente einer seiner
Matrizen beschreiben läßt. Diese Beziehung kann man auch schaltungstechnisch zum Ausdruck bringen, indem man einen Ersatzvierpol ermittelt, dessen Schaltelemente so gewählt werden, daß seine Vierpolgleichungen mit denen des ursprünglichen übereinstimmen. Der Ersatzvierpol ist dann zum Ausgangsvierpol äquivalent, d.h. von den Klemmenpaaren
her lassen sich zwischen beiden keine Unterschiede feststellen.

Geht man von der Widerstands- oder Leitwertmatrix aus, so findet man
Ersatzschaltungen für allgemeine Vierpole besonders einfach, wenn man
gesteuerte Spannungs- oder Stromquellen verwendet. In Tabelle 3.2 war
bereits ein so entstandenes Ersatzbild für zwei gekoppelte Spulen gezeigt worden. Bild 4.24 bringt Schaltungen für den allgemeinen Fall mit
vier Parametern.

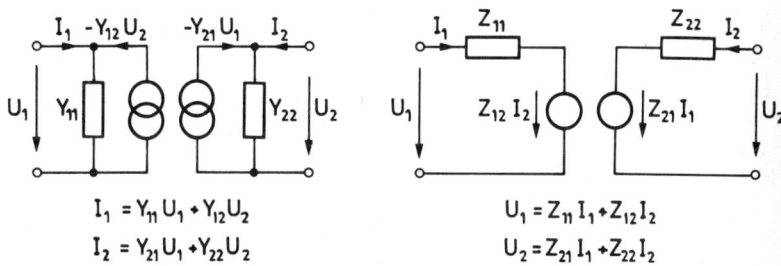

$$I_1 = Y_{11} U_1 + Y_{12} U_2$$
$$I_2 = Y_{21} U_1 + Y_{22} U_2$$

$$U_1 = Z_{11} I_1 + Z_{12} I_2$$
$$U_2 = Z_{21} I_1 + Z_{22} I_2$$

Bild 4.24   Allgemeine Ersatzschaltungen

Für umkehrbare Vierpole genügen drei Parameter zur Beschreibung. Daher muß man Vierpole mit drei Widerständen angeben können, die zu
einem gegebenen umkehrbaren Vierpol äquivalent sind. Die Tabelle 4.5

zeigt die Π- und die T-Schaltung, die zugehörige Leitwert- bzw. Widerstandsmatrix sowie die Beziehungen, mit denen man die Schaltelemente
aus den Elementen der Matrizen eines vorgegebenen Vierpols gewinnt.
Umgekehrt können die Schaltelemente als Parameter aufgefaßt werden,
die für die Beschreibung des Vierpols hinreichend sind.

Die Π- und die T-Schaltung lassen sich natürlich für den Fall eines
symmetrischen Vierpols spezialisieren. Es ist dann $Y_1^\Pi = Y_3^\Pi$ und
$Z_1^T = Z_3^T$. Man kann aber auch hier das X-Glied mit vier paarweise gleichen Widerständen verwenden, das ebenfalls in Tabelle 4.5 aufgeführt
ist. Wie wir in Abschnitt 3.2.4.2 im 2. Beispiel gesehen haben, ist
dazu die in Bild 3.31 angegebene Sparbrückenschaltung mit zwei Widerständen und einem idealen Übertrager äquivalent. Andere zur X-Schaltung äquivalente Sparbrückenschaltungen finden sich z.B. in [4.1] und
[4.2].

Tabelle 4.5   Ersatzschaltungen

Schaltung	Analyse	Dimensionierung
Π-Schaltung mit Y_2^Π, Y_1^Π, Y_3^Π	$Y = \begin{pmatrix} Y_1^\Pi + Y_2^\Pi & -Y_2^\Pi \\ -Y_2^\Pi & Y_2^\Pi + Y_3^\Pi \end{pmatrix}$	$Y_1^\Pi = Y_{11} + Y_{12}$ $Y_2^\Pi = -Y_{12}$ $Y_3^\Pi = Y_{22} + Y_{12}$
T-Schaltung mit Z_1^T, Z_3^T, Z_2^T	$Z = \begin{pmatrix} Z_1^T + Z_2^T & Z_2^T \\ Z_2^T & Z_2^T + Z_3^T \end{pmatrix}$	$Z_1^T = Z_{11} - Z_{12}$ $Z_2^T = Z_{12}$ $Z_3^T = Z_{22} - Z_{12}$
Für symmetrische Vierpole X-Schaltung mit Z_1^X, Z_2^X	$Z = \begin{pmatrix} \dfrac{Z_1^X + Z_2^X}{2} & \dfrac{Z_2^X - Z_1^X}{2} \\ \dfrac{Z_2^X - Z_1^X}{2} & \dfrac{Z_1^X + Z_2^X}{2} \end{pmatrix}$	$Z_1^X = Z_{11} - Z_{12}$ $Z_2^X = Z_{11} + Z_{12}$

Mit Hilfe der Formeln von Tabelle 4.5 kann man stets Ersatzschaltungen für umkehrbare Vierpole angeben. Das bedeutet aber nicht, daß diese Schaltungen auch
stets realisierbar sind, d.h. mit realen, positiven Bauelementen aufgebaut werden können. In Bild 4.25 ist gezeigt, daß das zu dem T-Glied von Bild 4.19 äquivalente Π-Glied negative Bauelemente enthält, also nicht realisierbar ist. Ein
anderes Beispiel, bei dem die Umwandlung eines Π-Gliedes in ein T-Glied auf negative Elemente führte, wurde in Abschnitt 3.2.4.1 (Bild 3.26b) im Zusammenhang
mit der Dreieck-Sternumwandlung gezeigt.

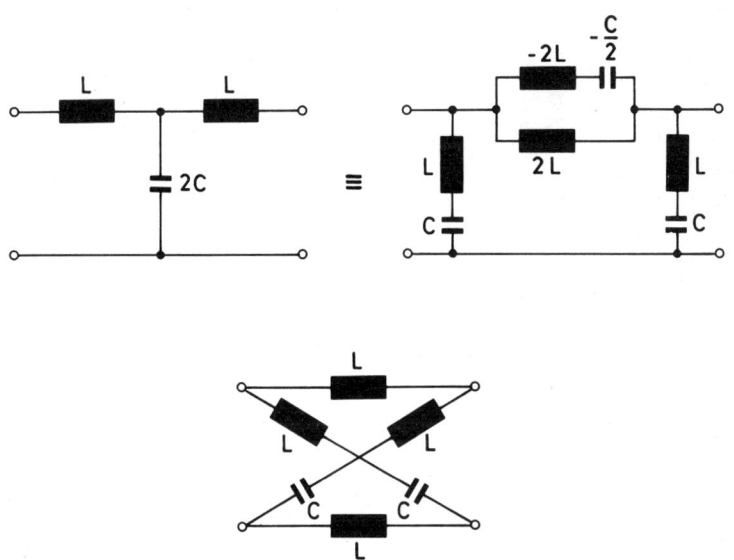

Bild 4.25   Beispiel von zueinander äquivalenten T-, Π- und X-Schaltungen

Während Π- und T-Ersatzschaltung gegebenenfalls nicht realisierbar
werden, kann man für symmetrische Vierpole stets eine realisierbare
X-Schaltung bzw. eine zugehörige äquivalente Schaltung mit Übertrager
angeben. Setzt man nämlich in der Widerstandsform der zugehörigen Vierpolgleichungen

$$U_1 = \frac{z_1^X + z_2^X}{2} I_1 + \frac{z_2^X - z_1^X}{2} I_2 \ ,$$

$$U_2 = \frac{z_2^X - z_1^X}{2} I_1 + \frac{z_1^X + z_2^X}{2} I_2$$

$I_1 = -I_2$, so erkennt man, daß $\frac{U_1}{I_1} = \frac{U_2}{I_2} = Z_1^X$ ist. Für $I_1 = I_2$ wird

$\frac{U_1}{I_1} = \frac{U_2}{I_2} = Z_2^X$. Die hier vorausgesetzten Beziehungen zwischen Eingangs-

und Ausgangsstrom kann man mit den Schaltungen von Bild 4.26 erzwingen.

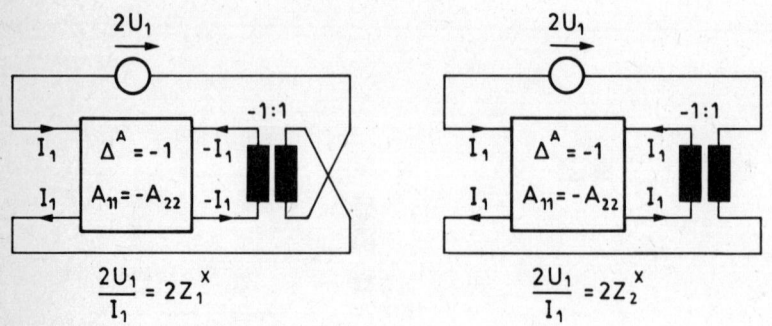

$$\frac{2U_1}{I_1} = 2Z_1^X \qquad\qquad \frac{2U_1}{I_1} = 2Z_2^X$$

Bild 4.26   Schaltung zur Messung von Z_1^X und Z_2^X

Die beiden Widerstände der X-Schaltung sind also offenbar an realen
Vierpolen unmittelbar meßbar, also auch sicher realisierbar. Bild 4.25
zeigt noch die zur T-Schaltung (und damit auch zur zugehörigen Π-Schal-
tung) äquivalente X-Schaltung, die nur positive Elemente enthält.

Im Sonderfall eines symmetrisch *aufgebauten* Vierpols kann man die Widerstände der äquivalenten X-Schaltung besonders einfach mit dem *Bartlettschen Symmetrietheorem* bestimmen. Der in Bild 4.27 a gezeichnete Vierpol möge, wie symbolisch angedeutet, aus zwei zueinander
spiegelbildlichen Hälften bestehen. Setzt man $U_2=U_1$, so müssen die Verbindungen zwischen den Vierpolhälften stromlos sein. Eine Auftrennung
wird dann die Stromverteilung im Innern nicht ändern. Der Eingangswiderstand der ausgangsseitig leerlaufenden Vierpolhälfte ist dann Z_2^X
(Bild 4.27b).

Bei $U_2 = -U_1$ muß dagegen die Ebene zwischen den Teilvierpolen span-
nungsfrei sein. Daher wird jetzt ein Kurzschluß der Verbindungslei-
tungen die Stromverteilung nicht beeinflussen. Der Eingangswiderstand der ausgangsseitig kurzgeschlossenen Vierpolhälfte ist gleich
Z_1^X. Man erhält daher die in Bild 4.27c angegebene Ersatzschaltung.

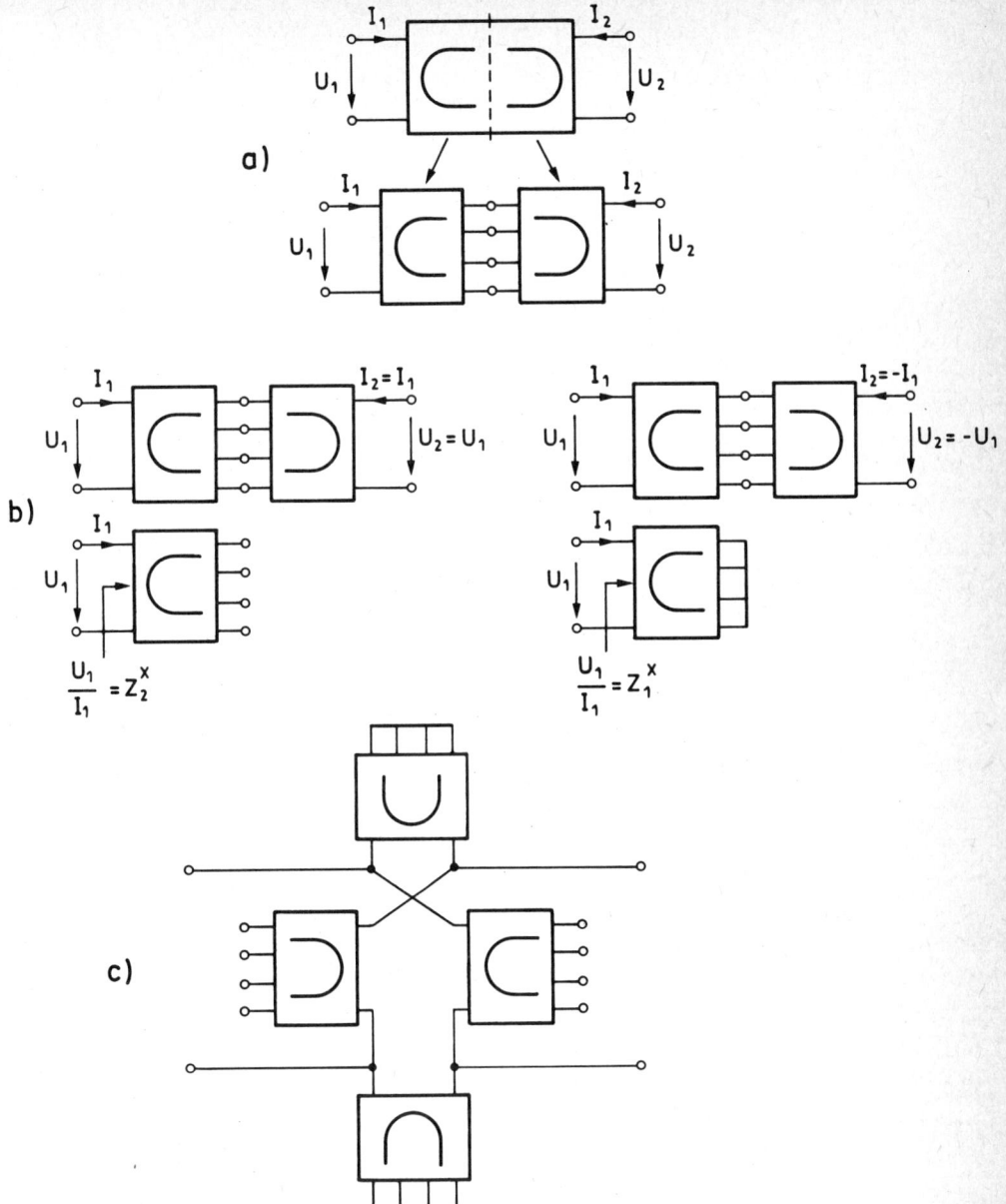

Bild 4.27   Zum Bartlettschen Symmetrietheorem

Bild 4.28 zeigt als Anwendungsbeispiel noch die Bestimmung der Widerstände einer X-Schaltung, die zu einem symmetrischen überbrückten
T-Glied äquivalent ist.

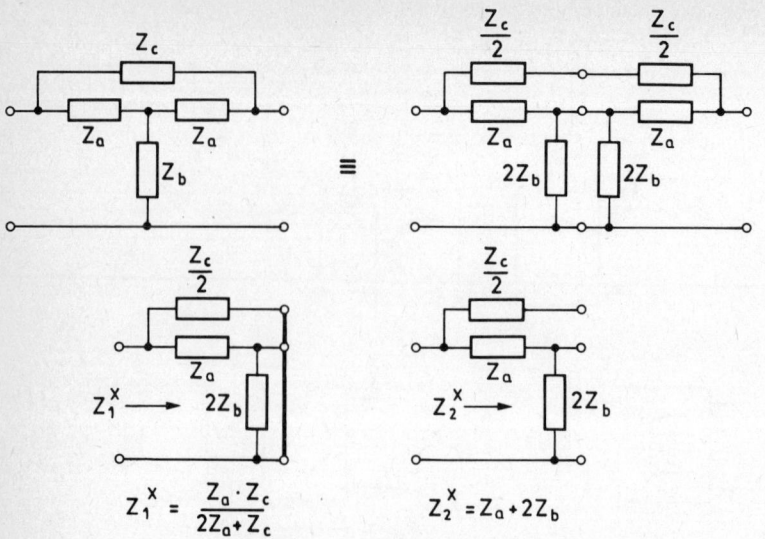

Bild 4.28   Bestimmung der äquivalenten X-Schaltung zum symmetrischen
             überbrückten T-Glied

Das Bartlettsche Symmetrietheorem läßt sich z.B. mit Erfolg bei der
Berechnung der Wellenparameter eines symmetrisch aufgebauten Vierpols
verwenden, da entsprechend Tabelle 4.4 zwischen den Widerständen des
X-Gliedes und den Parametern Z_w und g_w ein einfacher Zusammenhang besteht.

Literatur

[4.1]   R. Feldtkeller: Einführung in die Vierpoltheorie der elektrischen Nachrich-
         tentechnik. S. Hirzel-Verlag, Stuttgart, 8. Auflage 1962

[4.2]   W. Cauer: Theorie der linearen Wechselstromschaltungen. Akademieverlag
         Berlin, 2. Auflage 1954, III. Kapitel.

[4.3]   G. Bosse: Grundlagen der Elektrotechnik III. B.I.-Hochschultaschenbücher
         Band 184, 1968.

[4.4]   R. Unbehauen: Elektrische Netzwerke: Eine Einführung in die Analyse.
         Springer-Verlag, Berlin/Heidelberg/New York 1972.

[4.5]   W. Klein: Vierpoltheorie. B.I. Wissenschaftsverlag, Bibliographisches
         Institut, Mannheim/Wien/Zürich 1972.

5 Übertragungsfunktionen

5.1 Allgemeines

5.1.1 Darstellungen einer Übertragungfunktion

Wir haben im 3. Kapitel gesehen, daß die aus den eingangs definierten
idealen Elementen bestehenden Netzwerke durch ein System von Integro-
Differentialgleichungen beschrieben werden. Zur Bestimmung der Span-
nungs- und Stromverteilung im Netzwerk können wir uns wegen der Gültigkeit des Überlagerungssatzes auf die Berechnung der Wirkung nur einer
Quelle beschränken. Sie möge wieder eine Zeitfunktion der Form $v(t) = V(s)e^{st}$ abgeben, wobei wir ihren Einspeisungspunkt als Eingang des
Systems bezeichnen. Ferner nehmen wir an, daß uns nur die Reaktion an
einer Stelle interessiert, die wir als Ausgang ansehen (siehe Bild 5.1).

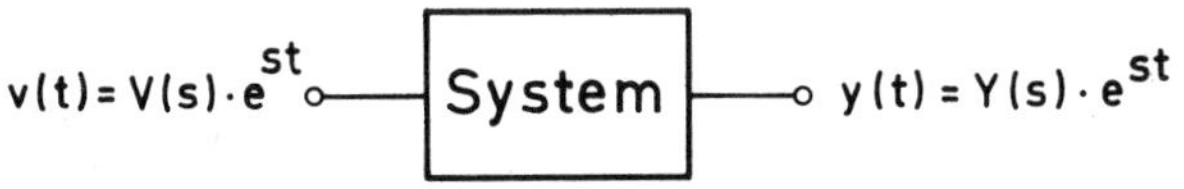

$$v(t) = V(s) \cdot e^{st} \circ\!\!-\!\!\boxed{\text{System}}\!\!-\!\!\circ\ y(t) = Y(s) \cdot e^{st}$$

Bild 5.1   System mit einem Eingang und einem Ausgang

Unter denselben Voraussetzungen wie früher ist sie von der Form $y(t) = Y(s)e^{st}$. Den Quotienten der komplexen Amplituden bezeichneten wir bereits in Abschnitt 3.2.1 als Übertragungsfunktion $H(s)$. Sie ist eine
rationale Funktion der Frequenzvariablen s. Es ist also

$$H(s) = \frac{Y(s)}{V(s)} = \frac{\sum\limits_{\mu=0}^{m} b_\mu s^\mu}{\sum\limits_{\nu=0}^{n} c_\nu s^\nu} \ . \tag{5.1}$$

Hier ergeben sich die Koeffizienten b_μ und c_ν aus den reellen Kennwer-
ten der Bauelemente und sind daher selbst reell. Wir haben in den letzten beiden Kapiteln eine Vielzahl von Beispielen für derartige Übertragungsfunktionen kennengelernt. Die Allgemeingültigkeit der eben ge-

machten Aussagen ergibt sich ohne weiteres aus Abschnitt 3.2.3. Die genauere Diskussion der Funktion $H(s)$ und einiger ihrer Eigenschaften ist Gegenstand dieses Kapitels.

Eine rationale Funktion kann man in verschiedener Form darstellen. Wenn wieder mit $s_{0\mu}$ die Nullstellen von $H(s)$ und mit $s_{\infty\nu}$ die Polstellen dieser Funktion, d.h. die Nullstellen des Nennerpolynoms $N(s) = \sum\limits_{\nu=0}^{n} c_\nu s^\nu$ bezeichnet werden und ohne Einschränkung der Allgemeingültigkeit $c_n=1$ gesetzt wird, so gilt

$$H(s) = b_m \frac{\prod\limits_{\mu=1}^{m} (s-s_{0\mu})}{\prod\limits_{\nu=1}^{n} (s-s_{\infty\nu})} \qquad (b_m \neq 0). \qquad (5.2)$$

Weiterhin läßt sich eine Summendarstellung angeben. Ist $\lambda = m-n \geq 0$, so gilt zunächst

$$H(s) = A_\lambda s^\lambda + A_{\lambda-1} s^{\lambda-1} + \ldots A_1 s^1 + A_0 s^0 + H_0(s). \qquad (5.3)$$

Die Koeffizienten A_λ gewinnt man dabei mit Hilfe einer *Durchdivision*. Ist z.B. $\lambda=1$, so erhält man mit $n=m-1$ und $c_n=1$

$$H(s) = b_m s + (b_{m-1} - b_m c_{n-1}) s^0 + H_0(s).$$

Hier ist $H_0(s)$ eine echt gebrochene Funktion der Form

$$H_0(s) = \frac{\sum\limits_{\mu=0}^{n-1} b'_\mu s^\mu}{\sum\limits_{\nu=0}^{n} c_\nu s^\nu} = \frac{\sum\limits_{\mu=0}^{n-1} b'_\mu s^\mu}{\prod\limits_{\nu=1}^{n} (s-s_{\infty\nu})} .$$

Ist $\lambda < 0$, so bleibt in (5.3) nur $H_0(s)$ übrig, das jetzt in eine Summe von Partialbrüchen zerlegt werden soll. Zur Vereinfachung der Schreibweise gehen wir dazu wieder von

$$H(s) = \frac{\sum\limits_{\mu=0}^{m} b_\mu s^\mu}{\sum\limits_{\nu=0}^{n} c_\nu s^\nu} = \frac{\sum\limits_{\mu=0}^{m} b_\mu s^\mu}{\prod\limits_{\nu=1}^{n} (s-s_{\infty\nu})} = \frac{Z(s)}{N(s)} \qquad (5.4)$$

aus, wobei jetzt $m < n$ vorausgesetzt wird. Es gilt dann im Falle einfacher Pole (d.h. $s_{\infty\nu} \neq s_{\infty\kappa} \;\; \forall \nu \neq \kappa$)

$$H(s) = \sum\limits_{\nu=1}^{n} \frac{B_\nu}{s-s_{\infty\nu}} \qquad (5.5a)$$

mit den Koeffizienten

$$B_{\nu} = \lim_{s \to s_{\infty\nu}} (s-s_{\infty\nu}) H(s) = \frac{Z(s_{\infty\nu})}{N'(s_{\infty\nu})} \;, \qquad (5.5b)$$

wobei $N'(s_{\infty\nu}) = \left.\dfrac{dN(s)}{ds}\right|_{s=s_{\infty\nu}}$ ist.

Im Falle mehrfacher Pole sind die Verhältnisse etwas komplizierter. Zunächst wird das Nennerpolynom

$$N(s) = \prod_{\nu=1}^{n_o} (s-s_{\infty\nu})^{n_{\nu}} .$$
$$(5.6)$$

Es sind also n_o unterschiedliche Pole $s_{\infty\nu}$, jeweils mit der Vielfachheit $n_{\nu} \geq 1$, vorhanden. Der Gesamtgrad ist daher

$$\sum_{\nu=1}^{n_o} n_{\nu} = n.$$

Die Partialbruchentwicklung liefert hier für den ν-ten Pol n_{ν} Terme, insgesamt also wieder n Terme. Man erhält

$$H(s) = \sum_{\nu=1}^{n_o} \sum_{\kappa=1}^{n_{\nu}} \frac{B_{\nu\kappa}}{(s-s_{\infty\nu})^{\kappa}} \qquad (5.7a)$$

mit

$$B_{\nu\kappa} = \frac{1}{(n_{\nu}-\kappa)!} \lim_{s \to s_{\infty\nu}} \frac{d^{n_{\nu}-\kappa}}{ds^{n_{\nu}-\kappa}} \left[(s-s_{\infty\nu})^{n_{\nu}} H(s) \right] . \qquad (5.7b)$$

5.1.2 Reellwertigkeit und Stabilität

Die bisherigen Ergebnisse gestatten bereits einige allgemeine Aussagen. Zunächst hat die Feststellung, daß die Koeffizienten b_{μ} und c_{ν} reell sind, wichtige Konsequenzen. Geht man von einem Argument s zu dem konjugiert komplexen Argument s* über, so geht wegen dieser Eigenschaft die Funktion H(s) in ihren konjugiert komplexen Wert über. Es gilt also

$$H(s^*) = H^*(s) . \qquad (5.8)$$

Diese Bedingung ist notwendig und hinreichend für sogenannte reellwertige Systeme, die auf eine reelle Eingangsfunktion mit einer reellen

Ausgangsfunktion reagieren. Ist mit reellem Wert V

$$v(t) = V(e^{st} + e^{s^*t}) = 2\,Ve^{\sigma t}\cdot\cos\omega t$$

die reelle Eingangsfunktion, so kann

$$y(t) = V[H(s)e^{st} + H(s^*)e^{s^*t}]$$

offenbar nur dann reell sein, wenn (5.8) gilt. Man erhält eine Reihe von wichtigen Einzelaussagen. Es gilt

$$H(\sigma) \text{ ist reell} \tag{5.9a}$$
$$|H(s)| = |H(s^*)| \tag{5.9b}$$
$$\arg\{H(s)\} = -\arg\{H(s^*)\}. \tag{5.9c}$$

Speziell für $s=j\omega$ ergibt sich mit

$$H(j\omega) = |H(j\omega)|e^{-jb(\omega)} = e^{-[a(\omega)+jb(\omega)]}$$

$$H(j\omega) = H^*(-j\omega) \tag{5.10a}$$
$$\text{bzw.} \quad |H(j\omega)| = |H(-j\omega)| \tag{5.10b}$$
$$-\ln|H(j\omega)| = a(\omega) = a(-\omega) \tag{5.10c}$$
$$-\arg\{H(j\omega)\} = b(\omega) = -b(-\omega). \tag{5.10d}$$

Der Betrag des Frequenzganges $|H(j\omega)|$ und die Dämpfung $a(\omega)$ sind also gerade Funktionen der Frequenz, während die Phase $b(\omega)$ eine ungerade ist.

Aus (5.9b) folgt schließlich für komplexe Pol- und Nullstellen:

Mit $s_{O\mu}$ ist auch $s_{O\mu}^*$ Nullstelle von $H(s)$,
und   (5.11)
mit $s_{\infty\nu}$ ist auch $s_{\infty\nu}^*$ Polstelle von $H(s)$.

Die Null- und Polstellen liegen also symmetrisch zur reellen Achse. Beispiele zeigen die Bilder 3.14 und 3.23. Für die Koeffizienten der Partialbruchentwicklung ergibt sich, wenn $s_{\infty\rho} = s_{\infty\nu}^*$ ist, $s_{\infty\rho}$ und $s_{\infty\nu}$ also ein komplexes Polpaar bilden

$$B_\rho = B_\nu^* \tag{5.12a}$$
$$\text{bzw.}$$
$$B_{\rho\kappa} = B_{\nu\kappa}^*. \tag{5.12b}$$

Schon an dieser Stelle wollen wir weiterhin Systeme durch Angabe
ihrer Stabilitätseigenschaften kennzeichnen, obwohl eine genaue Untersuchung erst später in einem andern Zusammenhang möglich sein wird.
Dazu erläutern wir zunächst, ausgehend von der Definition der Übertragungsfunktion, die Bedeutung der Null- und Polstellen. Aus

$$y(t) = V(s) \cdot H(s) e^{st}$$

folgt, daß

      a) $y(t) = 0$ ist für $s = s_{0\mu}$ und daß

      b) $y(t) \neq 0$ möglich ist für $s = s_{\infty\nu}$, auch wenn
         $V(s_{\infty\nu}) = 0$ ist.

Für die Stabilität des Systems ist die zweite Aussage wichtig. Offenbar
würde im Falle $\sigma_{\infty\nu} = \mathrm{Re}\{s_{\infty\nu}\} > 0$ eine exponentiell wachsende Ausgangsfunktion ohne Erregung möglich sein. Auch der Fall einer für $\sigma_{\infty\nu} = 0$
auftretenden Spannung konstanter Amplitude ist kritisch. Bei einem stabilen System treten diese Fälle nicht auf. Es ist entsprechend durch
die Lage seiner Polstellen zu kennzeichnen. Noch ohne detaillierte Be-
gründung geben wir die folgende Einteilung von Systemen nach ihren Stabilitätseigenschaften an. Man nennt ein System
stabil, wenn gilt

$$\sigma_{\infty\nu} = \mathrm{Re}\{s_{\infty\nu}\} < 0 \quad \forall \nu; \qquad\qquad (5.13a)$$

bedingt stabil, wenn gilt

$$\sigma_{\infty\nu} = \mathrm{Re}\{s_{\infty\nu}\} \leq 0 \quad \forall \nu \qquad\qquad (5.13b)$$
mit der Zusatzbedingung: Vielfachheit $n_\nu = 1$
für die bei $s_{\infty\nu} = j\omega_{\infty\nu}$ liegenden Pole;

instabil, wenn gilt

$$\sigma_{\infty\nu} = \mathrm{Re}\{s_{\infty\nu}\} > 0$$
oder $\quad \sigma_{\infty\nu} = \mathrm{Re}\{s_{\infty\nu}\} = 0 \quad$ mit $n_\nu > 1 \qquad (5.13c)$
für wenigstens ein ν.

Wir erläutern diese Aussagen durch einige Bemerkungen und Folgerungen:
Da nach (5.13a) alle Pole eines stabilen Systems in der offenen linken Halbebene
liegen müssen, ist auch ein Pol im Unendlichen ausgeschlossen. Es gilt also $m \leq n$.

Bei einem bedingt stabilen System müssen nach (5.13b) alle Pole in der abgeschlossenen linken Halbebene liegen, wobei die Pole auf dem Rande nur einfach sein dürfen.

Da das auch für s→∞ gilt, muß m ≤ n+1 sein.

Die Aussage (5.13c) schließt ebenfalls den Fall s→∞ ein. Ein System ist also auch dann instabil, wenn m > n+1 ist, also ein mehrfacher Pol im Unendlichen liegt.

5.1.3 Erläuterung und Beispiele

In Bild 5.2 ist dargestellt, wie sich H(s) bis auf die multiplikative Konstante b_m aus den Linearfaktoren des Zählers und Nenners bestimmen läßt. Aus (5.2) folgt

$$|H(s)| = |b_m| \cdot \frac{\prod\limits_{\mu=1}^{m} |s-s_{0\mu}|}{\prod\limits_{\nu=1}^{n} |s-s_{\infty\nu}|} \qquad (5.14a)$$

$$-arg\{H(s)\} = (\pm\pi) + \sum_{\nu=1}^{n} arg\{s-s_{\infty\nu}\} - \sum_{\mu=1}^{m} arg\{s-s_{0\mu}\}$$
$$(5.14b)$$

$$= (\pm\pi) + \sum_{\nu=1}^{n} b_{\infty\nu} - \sum_{\mu=1}^{m} b_{0\mu}.$$

Das additive Glied $\pm\pi$ tritt in (5.14b) auf, wenn $b_m < 0$. In Bild 5.2 ist auch die Bildung von H(s*) veranschaulicht. Die Gültigkeit von (5.9b) und (5.9c) ist damit unmittelbar zu bestätigen.

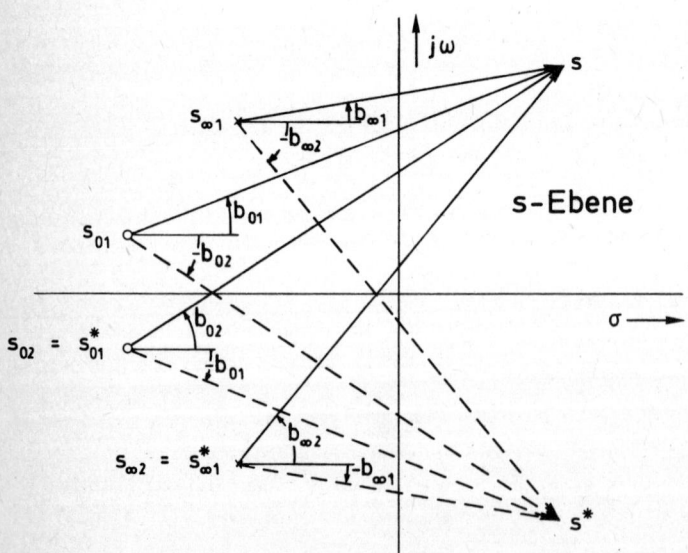

Bild 5.2   Zur Bestimmung von H(s) aus den Polen und Nullstellen

Wir zeigen die verschiedenen Darstellungen einer Übertragungsfunktion an zwei Beispielen. Es sei

$$H(s) = \frac{s^2+3s}{s^4+5s^3+10s^2+10s+4}$$

$$= \frac{s(s+3)}{(s+1)(s+2)(s+1+j)(s+1-j)} .$$

Bild 5.3a zeigt das Pol-Nullstellendiagramm des offenbar stabilen Systems. Die Übertragungsfunktion hat 2 einfache Nullstellen und 4 einfache Polstellen, von denen zwei zueinander konjugiert komplex sind. Die Partialbruchentwicklung führt auf

$$H(s) = \frac{-2}{s+1} + \frac{1}{s+2} + \frac{0,5+j}{s+1+j} + \frac{0,5-j}{s+1-j}$$

$$= \frac{-2}{s+1} + \frac{1}{s+2} + \frac{s+3}{s^2+2s+2} .$$

Im zweiten Beispiel sei

$$H(s) = \frac{s^{10}-3s^9+7s^8-12s^7+16s^6-18s^5+16s^4-12s^3+7s^2-3s+1}{s^9+6s^8+19s^7+39s^6+57s^5+61s^4+48s^3+27s^2+10s+2}$$

$$= \frac{(s^2+1)^3(s-1)^2(s^2-s+1)}{(s+1)(s^2+2s+2)(s^2+s+1)^3} .$$

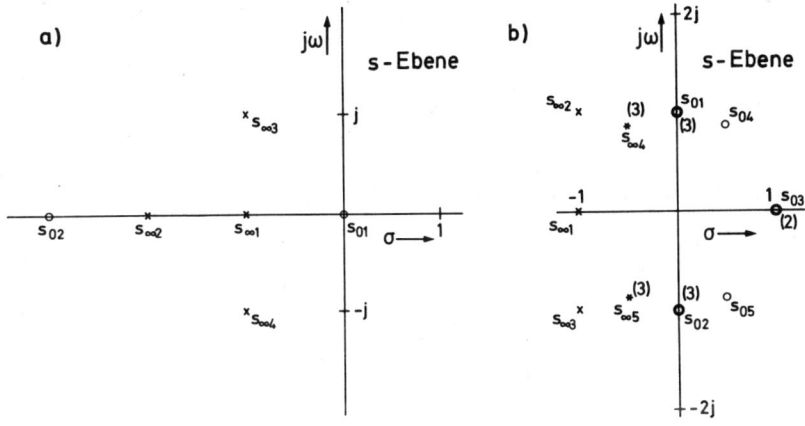

Bild 5.3   Pole und Nullstellen für die behandelten Beispiele

Bild 5.3b veranschaulicht, daß wir hier neben einfachen Null- und Polstellen ein Paar dreifacher Nullstellen bei $s_{o1,2} = \pm j$, eine doppelte Nullstelle bei $s_{o3} = 1$ und ein Paar dreifacher Polstellen bei $s_{\infty 4,5} = 0,5(-1\pm j\sqrt{3})$ haben. Da der Grad des Zählers den des Nenners um eins übersteigt, haben wir auch eine einfache Polstelle

im Unendlichen. Das System ist also bedingt stabil. Die Partialbruchzerlegung
führt hier auf

$$H(s) = s-9 + \frac{96}{s+1} + \frac{-87,5+j50}{s+1-j} + \frac{-87,5-j50}{s+1+j} +$$

$$+ \frac{1089+j163\sqrt{3}}{18} \cdot \frac{1}{s+0,5(1-j\sqrt{3})} + \frac{1089-j163\sqrt{3}}{18} \cdot \frac{1}{s+0,5(1+j\sqrt{3})}$$

$$+ \frac{35+j8\sqrt{3}}{3} \cdot \frac{1}{[s+0,5(1-j\sqrt{3})]^2} - \frac{35-j8\sqrt{3}}{3} \cdot \frac{1}{[s+0,5(1+j\sqrt{3})]^2}$$

$$+ \frac{3+j\sqrt{3}}{3} \cdot \frac{1}{[s+0,5(1-j\sqrt{3})]^3} + \frac{3-j\sqrt{3}}{3} \cdot \frac{1}{[s+0,5(1+j\sqrt{3})]^3}.$$

In diesem Fall wird $A_1 = 1$ und $A_0 = -9$. Die Gültigkeit von (5.12) wird in den Beispielen bestätigt.

Die Zusammenfassung der zueinander konjugiert komplexen Terme liefert

$$H(s) = s-9 + \frac{96}{s+1} - \frac{175s+275}{s^2+2s+2}$$

$$+ \frac{1}{3}\frac{363s+80}{s^2+s+1} - \frac{1}{3}\frac{50s^2-18s-59}{(s^2+s+1)^2} - \frac{1}{3}\frac{14s^3-18s^2+18s-14}{(s^2+s+1)^3}.$$

Die numerische Berechnung der Koeffizienten der Partialbruchentwicklung ist bei
Übertragungsfunktionen höheren Grades sehr langwierig und bereits im zweiten Beispiel trotz der ganzzahligen Werte für die Koeffizienten von Zähler- und Nennerpolynom und der einfachen Werte für die Pole von Hand nur noch schwer durchzuführen. Aber auch bei der Verwendung von Rechenmaschinen treten bei mehrfachen bzw.
bei eng benachbarten Polen sehr leicht numerische Schwierigkeiten auf (z.B. [5.1]).

5.2 Mindestphasensysteme und Allpässe

In diesem Abschnitt nehmen wir eine andere Einteilung der Systeme vor,
die von der Lage der Nullstellen her bestimmt wird. Wir betrachten dazu zwei stabile Systeme mit folgenden Eigenschaften:

$$H_1(s) = \frac{Z_1(s)}{N_1(s)} = b_m^{(1)} \frac{\prod\limits_{\mu=1}^{m}(s-s_{0\mu}^{(1)})}{\prod\limits_{\nu=1}^{n}(s-s_{\infty\nu}^{(1)})} \quad ; \quad H_2(s) = \frac{Z_2(s)}{N_2(s)} = b_m^{(2)} \frac{\prod\limits_{\mu=1}^{m}(s-s_{0\mu}^{(2)})}{\prod\limits_{\nu=1}^{n}(s-s_{\infty\nu}^{(2)})} .$$

Es sei

$$\text{Re}\{s_{0\mu}^{(1)}\} \leq 0 \quad \forall\mu \quad ; \quad s_{0\mu}^{(2)} = -s_{0\mu}^{(1)} := -s_{0\mu} \quad \forall\mu$$

$$s_{\infty\nu}^{(2)} = s_{\infty\nu}^{(1)} := s_{\infty\nu} \quad \forall\nu .$$

Unter den gemachten Voraussetzungen ist

$$N_2(s) = N_1(s) := N(s) \text{ und}$$

$$Z_2(s) = b_m^{(2)} \prod_{\mu=1}^{m} (s+s_{0\mu}) = b_m^{(2)} (-1)^m \prod_{\mu=1}^{m} (-s-s_{0\mu})$$

$$= (-1)^m \frac{b_m^{(2)}}{b_m^{(1)}} Z_1(-s) := a \cdot Z(-s).$$

Damit folgt wegen $Z(-j\omega) = Z^*(j\omega)$

$$|a| \cdot |H_1(j\omega)| = |H_2(j\omega)| \qquad (5.15)$$

$$(\text{aber } |a| \cdot |H_1(s)| \neq |H_2(s)| \text{ für } s \neq j\omega),$$

$$-\arg\{H_1(j\omega)\} = b_1(\omega) = \sum_{\nu=1}^{n} b_{\infty\nu}(\omega) - \sum_{\mu=1}^{m} b_{0\mu}(\omega)$$

$$-\arg\{H_2(j\omega)\} = b_2(\omega) = \sum_{\nu=1}^{n} b_{\infty\nu}(\omega) - \sum_{\mu=1}^{m} b'_{0\mu}(\omega).$$

Es ist nun $b'_{0\mu}(\omega) = \text{sgn}(\omega-\omega_{0\mu}) \cdot \pi - b_{0\mu}(\omega)$ und damit erhält man

$$b_2(\omega) = b_1(\omega) + 2 \sum_{\mu=1}^{m} b_{0\mu}(\omega) + \sum_{\mu=1}^{m} \text{sgn}(\omega-\omega_{0\mu}) \cdot \pi. \quad (5.16)$$

Bild 5.4 erläutert die Zusammenhänge für ein Beispiel mit n=3 und m=2. Das durch $H_1(s)$ beschriebene System, dessen Nullstellen in der abgeschlossenen linken Halbebene liegen, nennen wir *minimalphasig*, das durch $H_2(s)$ dargestellte System, dessen Frequenzgang dem Betrage nach, abgesehen von einer multiplikativen Konstanten, mit dem des ersten Systems übereinstimmt, wird entsprechend nichtminimalphasig oder *allpaßhaltig* genannt.

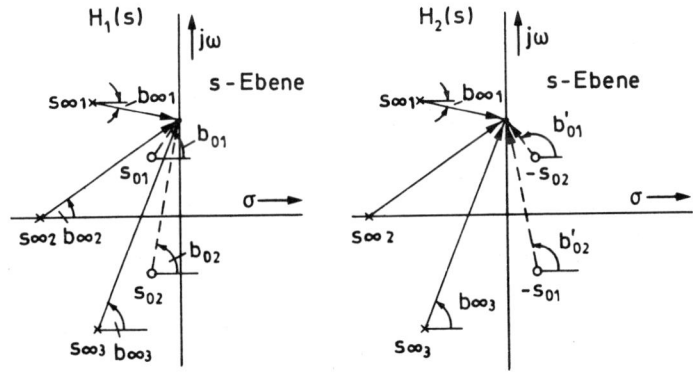

Bild 5.4   Zur Definition von Mindestphasensystemen

In den Abschnitten 3.2.4.2 und 3.3.4 haben wir bereits Schaltungen ken-
nengelernt, für die $|H(j\omega)|$ = konstant galt und die wir daher als All-
pässe bezeichneten. Hier wollen wir für den allgemeinen Fall Aussagen
über die Lage der Pole und Nullstellen eines Allpasses machen. Dabei
zeigen wir zunächst, daß man die Übertragungsfunktion eines allpaß-
haltigen Systems stets als Produkt der Übertragungsfunktionen eines
Mindestphasensystems und eines Allpasses darstellen kann. Wir gehen dazu
von einem stabilen System mit der Übertragungsfunktion H(s) aus, deren
Zählerpolynom Z(s) auch Nullstellen in der offenen rechten Halbebene
hat. Dann sei

$$Z(s) = Z_1(s) \cdot Z_2(s),$$

mit

$$Z_1(s) = b_{m1} \cdot \prod_{\mu=1}^{m_1} (s-s_{0\mu}), \text{ wobei } Re\{s_{0\mu}\} \leq 0 \quad \mu=1,\ldots,m_1$$

und

$$Z_2(s) = b_{m2} \cdot \prod_{\mu=m_1+1}^{m} (s-s_{0\mu}), \text{ wobei } Re\{s_{0\mu}\} > 0 \quad \mu=m_1+1,\ldots,m.$$

Jetzt bilden wir

$$H(s) = \frac{Z_1(s)Z_2(-s)}{N(s)} \cdot \frac{Z_2(s)}{Z_2(-s)},$$

erweitern also mit dem Polynom $Z_2(-s)$, dessen Nullstellen in der offenen linken Halbebene liegen. Damit können wir H(s) in der Form

$$H(s) = H_M(s) \cdot H_A(s)$$

darstellen, wobei

$$H_M(s) = \frac{Z_1(s)Z_2(-s)}{N(s)}$$

nach der eben gegebenen Definition die Übertragungsfunktion eines minimalphasigen Sysmems ist, während

$$H_A(s) = \frac{Z_2(s)}{Z_2(-s)}$$

einen Allpaß beschreibt. Diese Zerlegung wird in Bild 5.5 für das Beispiel von Bild 5.4 erläutert. Aus der durchgeführten Betrachtung ergeben sich damit folgende allgemeine Definitionen:

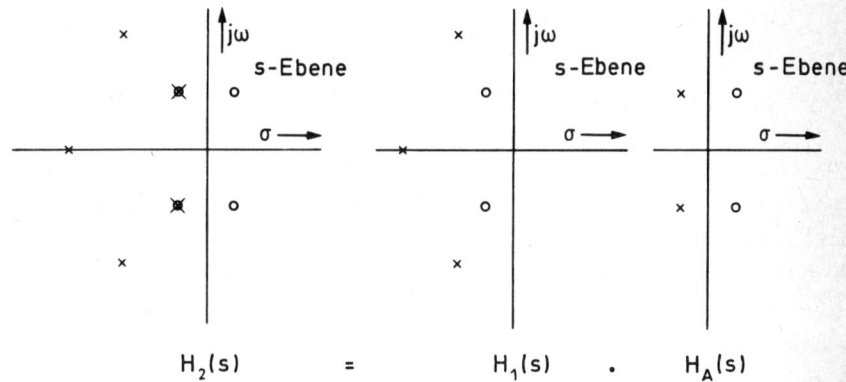

Bild 5.5   Zur Aufspaltung eines allgemeinen Systems in ein minimalphasiges und einen Allpaß

Ein System heißt minimalphasig, wenn für die Nullstellen $s_{0\mu}$ seiner Übertragungsfunktion $H_M(s) = Z(s)/N(s)$ gilt:

$$\mathrm{Re}\{s_{0\mu}\} \leq 0 \qquad \mu = 1(1)m. \tag{5.17}$$

Ein System mit der Übertragungsfunktion $H_A(s)$ ist ein Allpaß, wenn

$$|H_A(j\omega)| = |b_n| = \text{konstant} \qquad \forall \omega. \tag{5.18a}$$

Für die Null- und Polstellen von $H_A(s)$ gilt dann

$$s_{0\nu} = -s_{\infty\nu} \qquad \nu = 1(1)n. \tag{5.18b}$$

Damit ist

$$H_A(s) = b_n \frac{\prod\limits_{\nu=1}^{n}(s+s_{\infty\nu})}{\prod\limits_{\nu=1}^{n}(s-s_{\infty\nu})} = b_n(-1)^n \cdot \frac{N(-s)}{N(s)}. \tag{5.18c}$$

5.3 Zweipolfunktionen, Reaktanzfunktionen

Wir haben schon im Abschnitt 3.2 festgestellt, daß der Eingangswiderstand $Z(s)$ oder -leitwert $Y(s)$ eines Netzwerkes als spezieller Fall einer Übertragungsfunktion aufgefaßt werden kann. Es zeigt sich, daß

eine solche Funktion bei einem aus den Elementen R, L, C und M bestehenden Netzwerk besondere Eigenschaften hat, die wir in diesem Abschnitt
kurz behandeln wollen. Für eine eingehendere Darstellung sei z.B. auf
[5.2] bis [5.4] verwiesen.

Zunächst ist festzustellen, daß sicher (5.8) gilt, daß also

$$Z(s^*) = Z^*(s), \quad Y(s^*) = Y^*(s)$$

ist. Weiterhin wird eine Zweipolfunktion wenigstens bedingt stabil
sein. Für ihre Polstellen und damit wegen $Z(s) = 1/Y(s)$ auch für
ihre Nullstellen gilt also, daß sie nicht in der rechten Halbebene
liegen können. Besonders wichtig sind aber die Bedingungen

$$\text{Re}\{Z(s)\} > 0, \ \text{Re}\{Y(s)\} > 0 \ \text{für Re}\{s\} > 0 \qquad (5.19a)$$

sowie $\qquad \text{Re}\{Z(j\omega)\} \geq 0, \ \text{Re}\{Y(j\omega)\} \geq 0.$ $\qquad\qquad\qquad$ (5.19b)

Zum Beweise dieser Eigenschaft, wegen der Zweipolfunktionen als *positiv reell*
oder kurz als *positive Funktionen* bezeichnet werden, nehmen wir an, daß der Zwei-
pol von einer Spannungsquelle mit $u_q(t) = \text{Re}\{U_q e^{st}\}$ mit $\sigma = \text{Re}\{s\} > 0$ beginnend
bei $t = -\infty$, gespeist werde. Dann fließt ein Strom $i(t) = \text{Re}\{Ie^{st}\}$ mit $I(s) = U_q Y(s)$
und es gilt für die Augenblicksleistung nach Abschnitt 3.3.5 mit $U_q = \hat{u}_q e^{j\varphi_u}$ und
$I = \hat{i}e^{j\varphi_i}$

$$p(t) = \frac{\hat{u}_q \hat{i}}{2} e^{2\sigma t} [\cos(\varphi_u - \varphi_i) + \cos(2\omega t + \varphi_u + \varphi_i)]$$

$$= \frac{e^{2\sigma t}}{2} \text{Re}\{U_q I^* + U_q I \cdot e^{j2\omega t}\}$$

$$= \frac{e^{2\sigma t}}{2} \hat{u}_q^2 \text{Re}\{Y^*(s) + Y(s) \cdot e^{j2(\omega t + \varphi_u)}\}.$$

Für die gesamte, bis zum Zeitpunkt t zugeführte Energie erhält man dann

$$\int_{-\infty}^{t} p(\tau)d\tau = \frac{e^{2\sigma t}}{2} \hat{u}_q^2 \text{Re}\{\frac{Y^*(s)}{2\sigma} + \frac{Y(s)}{2(\sigma + j\omega)} \cdot e^{j2(\omega t + \varphi_u)}\}.$$

Dieser Ausdruck muß stets positiv sein, auch für die Werte von t, in denen der
zweite Term in der Klammer rein imaginär ist. Damit gilt

$$\text{Re}\{Y^*(s)\} = \text{Re}\{Y(s)\} > 0 \qquad \forall \sigma > 0.$$

Im Falle $\sigma = 0$ erhält man dagegen bei Integration über eine Periode $T = \frac{2\pi}{\omega}$ nach (3.83)

$$\overline{p(t)} = \frac{1}{T} \int_{t_1}^{t_1 + T} p(t)dt = \frac{\hat{u}_q \hat{i}}{2} \cos(\varphi_u - \varphi_i)$$

$$= \frac{\hat{u}_q}{2} \text{Re}\{Y(j\omega)\}.$$

Dieser Ausdruck kann Null, nicht dagegen negativ werden. Damit erhält man

$$\text{Re}\{Y(j\omega)\} \geq 0.$$

Schließlich ist $\text{Re}\{Z(s)\} = \text{Re}\{\frac{1}{Y(s)}\} = \frac{\text{Re}\{Y\}}{|Y(s)|^2}$. Daher ist mit Y(s) auch Z(s) eine

positive Funktion und (5.19a,b) bewiesen.

Aus (5.19b) erhalten wir noch eine Aussage über den Winkel einer Zwei-
polfunktion. Wir formulieren sie für den Leitwert. Mit $Y(j\omega) = |Y(j\omega)|e^{-jb(\omega)}$ und $\text{Re}\{Y(j\omega)\} = |Y(j\omega)|\cos b(\omega)$ erhält man

$$-\frac{\pi}{2} \leq b(\omega) \leq +\frac{\pi}{2}. \qquad\qquad (5.20a)$$

Im nächsten Abschnitt werden wir zeigen, daß für den Grenzwert der Phase einer beliebigen Übertragungsfunktion

$$b(\infty) = (n-m)\cdot\frac{\pi}{2} \qquad\qquad (5.29)$$

gilt. Wegen (5.20a) schließen wir daraus, daß für den Grad des Zähler-
und des Nennerpolynoms die Bedingung

$$|n-m| \leq 1 \qquad\qquad (5.20b)$$

erfüllt sein muß.

Wir betrachten noch etwas eingehender den verlustfreien, sogenannten
Reaktanzzweipol, der nur die Elemente L, C, M sowie ideale Übertrager
und Gyratoren enthält. Er nimmt bei sinusförmiger Erregung im Mittel
keine Leistung auf (siehe auch Abschnitt 3.3.5). Für ihn gilt also

$$\text{Re}\{Z(j\omega)\} = 0, \quad \text{Re}\{Y(j\omega)\} = 0 \;\forall\omega. \qquad (5.19c)$$

Die zugehörigen Funktionen Z(s) und Y(s) werden Reaktanzfunktionen
genannt. Wir verwenden für beide die allgemeine Bezeichnung $\Psi(s)$.
Eine Reaktanzfunktion $\Psi(s)$ hat nun die folgenden Eigenschaften:

$$a) \quad \Psi(s) = \frac{G}{U} \quad\text{oder}\quad \frac{U}{G}. \qquad\qquad (5.21a)$$

Hier sind $G(s) = G(-s)$ bzw. $U(s) = -U(-s)$ gerade bzw. ungerade
reelle Polynome

$$b) \quad \begin{aligned} \text{Re}\{\Psi(s)\} &< 0 \quad\text{für}\quad \text{Re}\{s\} < 0 \\ \text{Re}\{\Psi(s)\} &= 0 \quad\text{für}\quad \text{Re}\{s\} = 0 \\ \text{Re}\{\Psi(s)\} &> 0 \quad\text{für}\quad \text{Re}\{s\} > 0 \end{aligned}$$

oder in Kurzschreibweise

$$\mathrm{Re}\{\Psi(s)\} \gtreqless 0 \quad \text{für} \quad \mathrm{Re}\{s\} \gtreqless 0. \tag{5.21b}$$

    c) Die Pole und Nullstellen von $\Psi(s)$
    liegen auf der imaginären Achse,   (5.21c)
    sie sind einfach und wechseln sich
    ab.

Die Eigenschaft (5.21b) entspricht bezüglich der offenen rechten Halbebene der in (5.19a) ausgedrückten allgemeinen Bedingung für Zweipolfunktionen. Die Aussage $\mathrm{Re}\{\Psi(j\omega)\} = 0$ wurde bereits in (5.19c) für eine Reaktanzfunktion angegeben. Aus ihr leiten wir jetzt die übrigen in (5.21) genannten Eigenschaften her.

Zunächst stellen wir fest, daß man ein beliebiges reelles Polynom in der Form $P(s) = G(s) + U(s)$ schreiben kann. Dann ist sicher $G(j\omega)$ rein reell und $U(j\omega)$ rein imaginär. Aus dem Ansatz

$$\Psi(s) = \frac{G_1(s) + U_1(s)}{G_2(s) + U_2(s)}$$

folgt also mit

$$\mathrm{Re}\{\Psi(j\omega)\} = \frac{G_1(j\omega)G_2(j\omega) - U_1(j\omega)U_2(j\omega)}{G_2^2(j\omega) - U_2^2(j\omega)} = 0,$$

daß $G_1 G_2 - U_1 U_2 = 0 \; \forall \omega$ sein muß. Das ist aber nur möglich, wenn entweder $G_1 = U_2 = 0$ oder $G_2 = U_1 = 0$ ist. Damit folgt mit allgemeinen Bezeichnungen die Aussage (5.21a). Es gilt dann aber auch

$$\Psi(s) = -\Psi(-s)$$

bzw. $\mathrm{Re}\{\Psi(s)\} + j\mathrm{Im}\{\Psi(s)\} = -\mathrm{Re}\{\Psi(-s)\} - j\mathrm{Im}\{\Psi(-s)\}.$

Aus $\mathrm{Re}\{\Psi(s)\} > 0 \quad \text{für} \quad \mathrm{Re}\{s\} > 0$

folgt dann die restliche Aussage von (5.21b):

$$\mathrm{Re}\{\Psi(s)\} < 0 \quad \text{für} \quad \mathrm{Re}\{s\} < 0.$$

Aus (5.21a) können wir weiterhin schließen, daß die Pole von $\Psi(s)$ nur auf der imaginären Achse liegen können. Hat nämlich das Nennerpolynom von $\Psi(s)$ eine Nullstelle bei s_ν, dann muß auch bei $-s_\nu$ eine Nullstelle vorliegen, da es ja nach (5.21a) gerade oder ungerade sein muß. Da aber eine Zweipolfunktion keine Polstellen in der offenen rechten Halbebene haben kann, hat eine Reaktanzfunktion auch keine Polstel-

len in der offenen linken Halbebene. Alle Polstellen müssen also auf der imaginären
Achse liegen. Weil aber auch $1/\Psi(s)$ eine Reaktanzfunktion ist, gilt das auch für
die Nullstellen.

Um weiterhin zu zeigen, daß Pole und Nullstellen einfach sind, führen wir eine Partialbruchentwicklung von $\Psi(s)$ durch. Man erhält entsprechend Abschnitt 5.1

$$\Psi(s) = \sum_{\nu=1}^{n_0} \sum_{\kappa=1}^{n_\nu} \frac{B_{\nu\kappa}}{(s-s_\nu)^\kappa} + B_\infty s,$$

wobei $B_\infty \neq 0$ ist, wenn der Zählergrad größer als der Nennergrad ist. In der Umgebung einer Nullstelle s_ν des Nenners gilt dann

$$\Psi(s) \approx \frac{B_{\nu n_\nu}}{(s-s_\nu)^{n_\nu}} \, ,$$

wobei n_ν wieder die Vielfachheit dieser Nullstelle ist. Mit $B_{\nu n_\nu} = |B_{\nu n_\nu}| \cdot e^{j\psi_\nu}$ und
$s-s_\nu = r e^{j\varphi}$ folgt aus (5.21b)

$$\mathrm{Re}\{\Psi(s)\} \approx \frac{|B_{\nu n_\nu}|}{r^{n_\nu}} \cos(\psi_\nu - n_\nu \cdot \varphi) \lesseqgtr 0 \text{ für } \mathrm{Re}\{s\} \gtreqless 0.$$

Bild 5.6 erläutert, wie sich das Vorzeichen von $\mathrm{Re}\{\Psi(s)\}$ auf einem Kreis um den
Punkt s_ν ändern würde, wenn für n_ν und ψ_ν bestimmte Annahmen gemacht werden. Man
erkennt, daß zur Erfüllung der Bedingung (5.21b) $n_\nu = 1$ und $\psi_\nu = 0$ sein müssen.

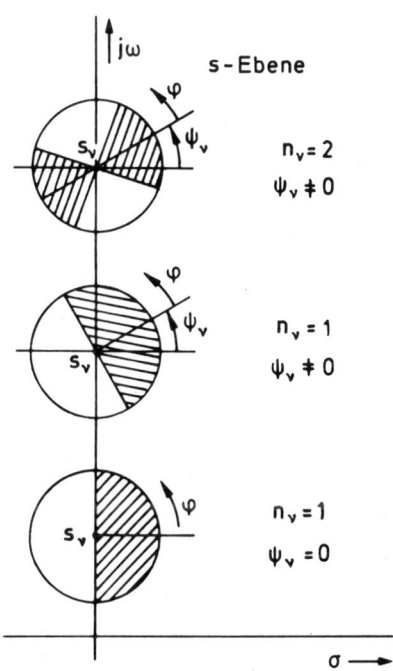

Bild 5.6   Zum Beweise der Eigenschaften von $\Psi(s)$
              Schraffierter Bereich: $\cos(\psi_\nu - n_\nu\varphi) > 0$

Die Pole sind also einfach. Für die Koeffizienten der Partialbruchentwicklung
schreiben wir entsprechend B_ν und stellen fest, daß es sich um die Residuen der
Funktion $\Psi(s)$ in ihren Polen handelt (z.B. [5.5]). Wegen $\psi_\nu = 0$ sind sie offenbar
positiv reell. Das gilt auch für B_∞, also auch dann, wenn im Unendlichen ein Pol
liegt. Da die Herleitung sowohl für G/U als auch für U/G gilt, müssen die Nullstellen, wie die Pole, einfach sein. Um noch die weitere Aussage zu zeigen, daß sie
sich auch abwechseln, betrachten wir die Ableitung von $\Psi(s)$ auf der imaginären
Achse. Nach Spezialisierung der Partialbruchentwicklung auf Grund des obigen Ergebnisses gilt zunächst

$$\Psi(s) = \sum_\nu \frac{B_\nu}{(s-j\omega_\nu)} + B_\infty s$$

mit B_ν, B_∞ reell > 0. Wegen der Reellwertigkeit der beteiligten Funktionen muß nach
(5.11) und (5.12) hier

$$B_\nu = B_\kappa \quad \text{für} \quad \omega_\nu = -\omega_\kappa$$

sein. Für die Summe der entsprechenden Partialbrüche ergibt sich dann

$$\frac{B_\nu}{s-j\omega_\nu} + \frac{B_\nu}{s+j\omega_\nu} = \frac{2 \cdot B_\nu s}{s^2 + \omega_\nu^2} .$$

Insgesamt folgt

$$\Psi(s) = \frac{B_0}{s} + \sum_\nu \frac{2 \cdot B_\nu s}{s^2 + \omega_\nu^2} + B_\infty s, \qquad (5.22)$$

wobei berücksichtigt ist, daß auch bei s = 0 ein Pol liegen kann. Offenbar ist
$\Psi(j\omega)$, wie erforderlich, rein imaginär. Wir bilden jetzt

$$\frac{d}{ds}[\Psi(s)] = -\frac{B_0}{s^2} + \sum_\nu \frac{2 \cdot B_\nu(\omega_\nu^2 - s^2)}{(s^2 + \omega_\nu^2)^2} + B_\infty .$$

Für s = jω ergibt sich

$$\frac{d}{ds}[\Psi(s)]\bigg|_{s=j\omega} = \frac{B_0}{\omega^2} + \sum_\nu \frac{2 \cdot B_\nu(\omega_\nu^2 + \omega^2)}{(\omega_\nu^2 - \omega^2)^2} + B_\infty > 0 \quad \forall \; \omega .$$

Der Anstieg von $\Psi(j\omega)$ ist also stets positiv. Damit müssen sich die Pol- und Nullstellen abwechseln, wie in (5.21c) behauptet. Bild 5.7a zeigt einen möglichen Verlauf von $\text{Im}\{\Psi(j\omega)\}$ für n = 5 und das zugehörige Pol-Nullstellendiagramm von
$\Psi(s) = G(s)/U(s)$.

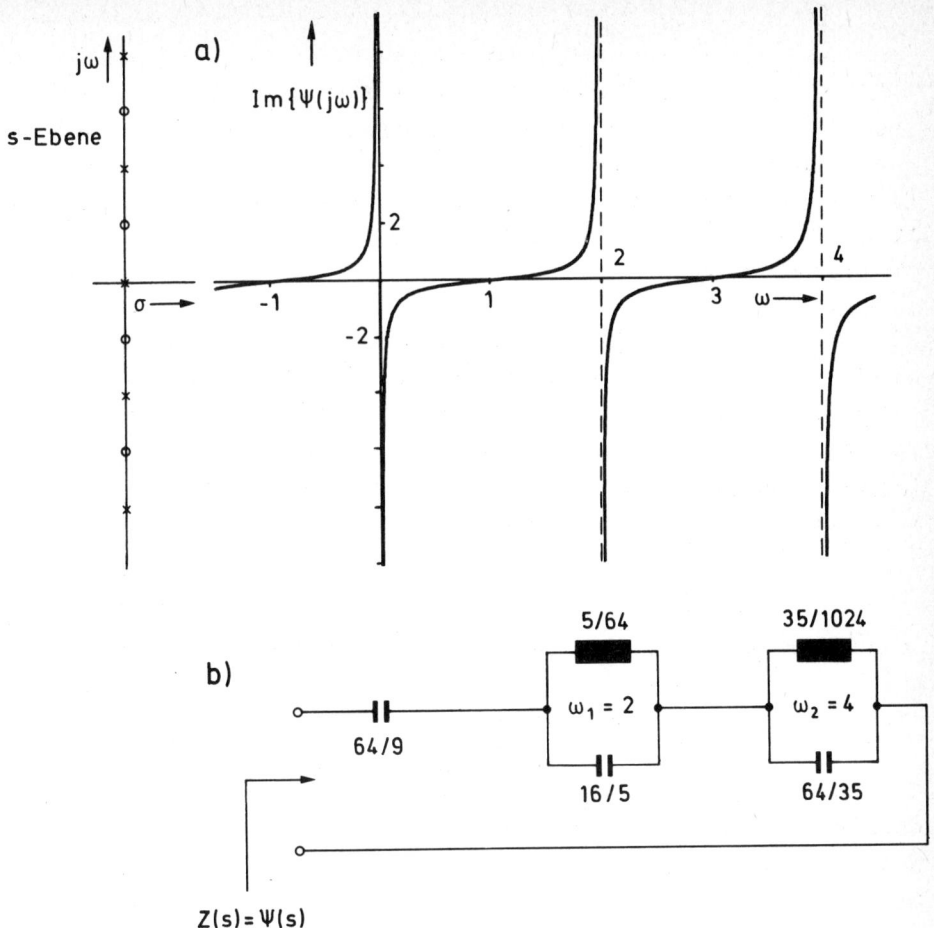

Bild 5.7   a) $Im\{\Psi(j\omega)\}$ für $\Psi(s) = \dfrac{(s^2+1)\,(s^2+9)}{s\,(s^2+4)\,(s^2+16)}$

b) Zweipol, für dessen Widerstand gilt

$$Z(s) = \Psi(s) = \frac{9}{64}\,\frac{1}{s} + \frac{5}{16}\,\frac{s}{s^2+4} + \frac{35}{64}\,\frac{s}{s^2+16}\ .$$

Wir bemerken noch, daß die Bedingungen (5.19) bzw. (5.21) auch hinreichend sind. Hat also eine rationale Funktion $\Psi(s)$ die Eigenschaften
(5.19) bzw. (5.21), so kann man Zweipole angeben, deren Widerstand
oder Leitwert $\Psi(s)$ ist. Im Fall einer allgemeinen Zweipolfunktion liefert der *Bruneprozess* die Schaltung. Seine Behandlung geht über den
Rahmen dieses Buches hinaus (siehe z.B. [5.2] ... [5.4]). Bei einer
Reaktanzfunktion erhält man eine mögliche Schaltung, z.B. für den Fall,
daß $\Psi(s)$ eine Widerstandsfunktion ist, indem man in der Darstellung
(5.22) die einzelnen Terme als Widerstände eines Kondensators der
Größe $C_o = 1/B_o$, einer Induktivität der Größe $L_\infty = B_\infty$ sowie von Pa-

rallelschwingkreisen der Resonanzfrequenz ω_ν mit den Elementen C_ν = $1/2B_\nu$ und $L_\nu = 2B_\nu/\omega_\nu^2$ auffaßt und diese Bausteine in Reihe schaltet. In Bild 5.7b wird nach diesem Verfahren für das dort behandelte Beispiel der Reaktanzzweipol angegeben, dessen Widerstand $Z(s) = \Psi(s)$ ist. Neben dieser sogenannten Partialbruchschaltung gibt es weitere mögliche Realisierungen. Die Zahl der äquivalenten Schaltungen steigt mit dem Grad sehr stark an. Eine weitere Art werden wir im Abschnitt 5.6.2 kennenlernen.

Ähnlich wie wir hier für den Zweipolfall die Eigenschaften der beschreibenden Funktionen ermittelt haben, kann man auch für Vierpole feststellen, welchen Bedingungen Funktionen genügen müssen, um Elemente einer Matrix eines passiven oder speziell eines verlustfreien Vierpols sein zu können. Auch hierzu verweisen wir auf die schon früher zitierte Literatur [5.2] ... [5.4].

5.4 Frequenzgang der Dämpfung, Phase und Gruppenlaufzeit

5.4.1 Allgemeine Untersuchung, Bode-Diagramme

In diesem Abschnitt wollen wir den Frequenzgang, d.h. $H(s)$ für $s=j\omega$ näher untersuchen. Dabei werden insbesondere die daraus abgeleiteten Funktionen, die Dämpfung

$$a(\omega) = -20\lg|H(j\omega)| \tag{5.23}$$

in Dezibel (dB) und die Phase

$$b(\omega) = -\arg\{H(j\omega)\} \tag{5.24}$$

für den Fall bestimmt, daß die Pole $s_{\infty\nu}$ und die Nullstellen $s_{0\mu}$ von $H(s)$ bekannt sind. Die dabei erhaltenen Kennlinien werden als *Bode-Diagramme* bezeichnet (z.B. [5.6], [5.7]). Für die Dämpfung ergibt sich aus (5.14a)

$$a = 20\lg \frac{\prod\limits_{\nu=1}^{n} |j\omega - s_{\infty\nu}|}{|b_m| \prod\limits_{\mu=1}^{m} |j\omega - s_{0\mu}|} \tag{5.25}$$

$$= K + 20 \cdot \sum_{\nu=1}^{n} \lg\left|j\frac{\omega}{s_{\infty\nu}} - 1\right| - 20 \cdot \sum_{\mu=1}^{m} \lg\left|j\frac{\omega}{s_{0\mu}} - 1\right|$$

mit

$$K = 20\lg \frac{\prod\limits_{\nu=1}^{n} |s_{\infty\nu}|}{|b_m| \prod\limits_{\mu=1}^{m} |s_{o\mu}|} .$$

Zur Diskussion der Terme in (5.25) betrachten wir zunächst den Fall einer reellen Polstelle.

Für $s_{\infty\nu} = \sigma_{\infty\nu}$ erhält man für einen Summanden:

$$20\lg\left|j\frac{\omega}{\sigma_{\infty\nu}} -1\right| = 20\lg|1+j\Omega_\nu| \quad \text{mit } \Omega_\nu = -\frac{\omega}{\sigma_{\infty\nu}} . \qquad (5.26a)$$

Es gilt für $\Omega_\nu \ll 1$: $20\lg|1+j\Omega_\nu| \rightarrow 0$

$\qquad\qquad\quad \Omega_\nu \gg 1$: $20\lg|1+j\Omega_\nu| \rightarrow 20\lg\Omega_\nu$.

Zeichnet man $20\lg|1+j\Omega_\nu|$ über einer logarithmischen Frequenzskala $x_\nu = \lg\Omega_\nu$ auf, so nähert sich diese Funktion für kleine Werte von Ω_ν asymptotisch der Nullinie, für wachsende Ω_ν der Geraden $20\lg\Omega_\nu$, die mit 6 dB/Oktave ansteigt (siehe Bild 5.8a).

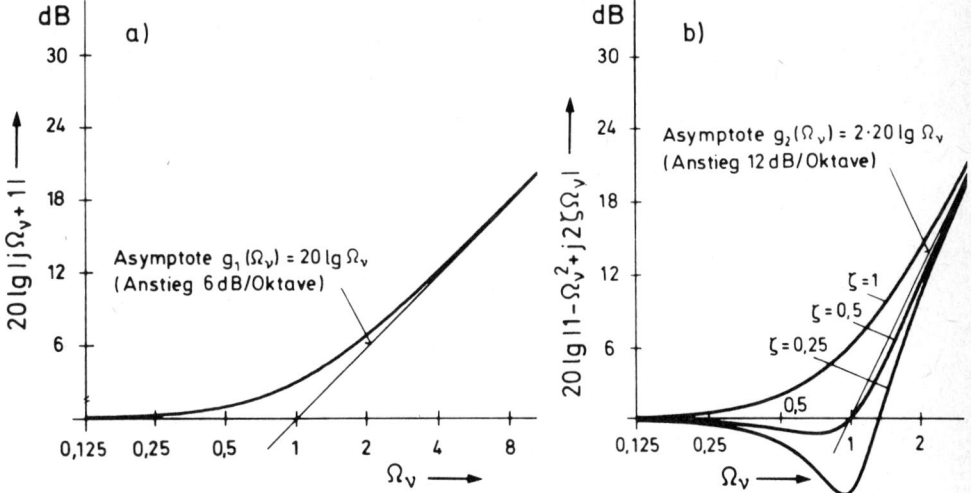

Bild 5.8   a) Dämpfungsgang eines reellen Pols bei $s_{\infty\nu} = \sigma_{\infty\nu}$ in Abhängigkeit

von der normierten Frequenz $\Omega_\nu = -\omega/\sigma_{\infty\nu}$

b) Dämpfungsgang eines konjugiert komplexen Polpaares bei

$s_{\infty\nu} = \sigma_{\infty\nu} \pm j\omega_{\infty\nu}$ in Abhängigkeit von der normierten Frequenz

$\Omega_\nu = \omega/|s_{\infty\nu}|$ für verschiedene Werte von $\zeta = -\sigma_{\infty\nu}/|s_{\infty\nu}|$.

Bei komplexen Pol- bzw. Nullstellen faßt man die Anteile zusammen, die zu zueinander konjugiert komplexen Pol- bzw. Nullstellen gehören. Es ist

$$\left|\left(\frac{j\omega}{s_{\infty\nu}} -1\right)\left(\frac{j\omega}{s_{\infty\nu}^*} -1\right)\right| = \left|1- \frac{\omega^2}{|s_{\infty\nu}|^2} - j\frac{\omega}{|s_{\infty\nu}|}\cdot\frac{2\sigma_{\infty\nu}}{|s_{\infty\nu}|}\right| .$$

Mit $\Omega_\nu = \dfrac{\omega}{|s_{\infty\nu}|}$ und $\zeta = -\dfrac{\sigma_{\infty\nu}}{|s_{\infty\nu}|}$ erhält man

$$20[\lg|j\frac{\omega}{s_{\infty\nu}} -1| + \lg|j\frac{\omega}{s_{\infty\nu}^*} -1|] = 20\lg|1-\Omega_\nu^2 + j2\zeta\Omega_\nu|. \quad (5.26b)$$

Diese Funktion nähert sich für kleiner werdende Werte von Ω_ν asymptotisch der Null-
linie und für wachsendes Ω_ν, über einer logarithmischen Skala aufgetragen, der Geraden $2 \cdot 20\lg \Omega_\nu$, die mit 12 dB/Oktave ansteigt. Bild 5.8b zeigt diese Funktion für
verschiedene Werte des Parameters ζ. Für Werte $\zeta^2 < 1/2$ hat sie ein Minimum bei
$\Omega_{\nu min}^2 = 1-2\zeta^2$ mit dem Wert $10\lg[4\zeta^2(1-\zeta^2)]$.

Die zu den Nullstellen der Übertragungsfunktion gehörenden Terme in (5.25) gehen
mit anderem Vorzeichen ein. Entsprechend sind die zugehörigen Geraden mit negativem Anstieg zu zeichnen.
Nach diesen Überlegungen kann man den Dämpfungsgang eines Systems näherungsweise
konstruieren, wenn man für jeden der Summanden bzw. jedes Summandenpaar eine Gerade
mit dem Anstieg 6 dB/Oktave bzw. 12 dB/Oktave zeichnet, deren Schnittpunkt mit
der Abzisse von der Lage der jeweiligen Pol- bzw. Nullstelle abhängt. Dabei
ist eine einheitliche Frequenznormierung erforderlich. Die Summe der durch die Geraden gegebenen Anteile gibt einen Polygonzug, der eine Näherung für den Dämpfungsgang darstellt.

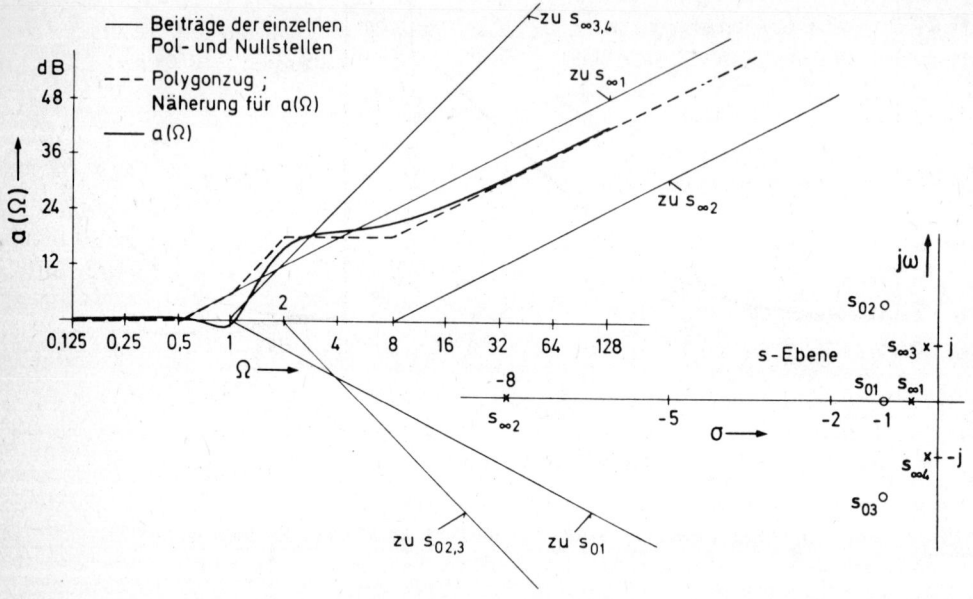

Bild 5.9   Beispiel für die Bestimmung des Dämpfungsganges mit dem Bode-Diagramm

Wir zeigen das Verfahren an einem Beispiel. In Bild 5.9 ist die Konstruktion zusammen mit dem genauen Verlauf für

$$H(s) = \frac{(s+1)(s^2+2s+4)}{(s+0,5)(s+8)(s^2+0,5s+1)}$$

gezeichnet. Das zugehörige Pol-Nullstellendiagramm wurde angegeben. Die Frequenz-
normierung wurde willkürlich auf $|s_{\infty 3}| = 1$ vorgenommen und $\Omega (\hat{=} \Omega_3) = \frac{\omega}{1}$ gesetzt.
Für die übrigen Ω_ν ergibt sich dann eine dem jeweiligen $|s_{\infty \nu}|$ bzw. $|s_{O\mu}|$ ent-
sprechende Verschiebung des Knickpunktes. Das Beispiel läßt erkennen, daß der
Verlauf der Dämpfung für $\Omega \gg |s_{\infty \nu}|$, $|s_{O\mu}|$ und $\Omega \ll |s_{\infty \nu}|$, $|s_{O\mu}|$ außerordentlich
gut durch den Polygonzug wiedergegeben wird. In der Umgebung von Knickstellen zei-
gen sich stärkere Abweichungen vom exakten Verlauf.

Für die Phase $b(\omega)$ erhalten wir aus (5.14b)

$$b(\omega) = (\underline{+}\pi) + \sum_{\nu=1}^{n} \arg\{j\omega - s_{\infty \nu}\} - \sum_{\mu=1}^{m} \arg\{j\omega - s_{O\mu}\}$$

$$(5.27)$$

$$= (\underline{+}\pi) + \sum_{\nu=1}^{n} b_{\infty \nu}(\omega) - \sum_{\mu=1}^{m} b_{O\mu}(\omega).$$

Der im Falle $b_m < 0$ auftretende additive Anteil ist für $\omega > 0$ positiv
und für $\omega < 0$ negativ zu nehmen (oder umgekehrt), damit sich, wie erforderlich, $b(\omega)$ als ungerade Funktion ergibt.
Für die einzelnen Summanden in (5.27) erhält man

$$b_{\infty \nu} = \arctan \frac{\omega - \omega_{\infty \nu}}{-\sigma_{\infty \nu}} \qquad (5.28a)$$

und entsprechend

$$b_{O\mu} = \arctan \frac{\omega - \omega_{O\mu}}{-\sigma_{O\mu}}. \qquad (5.28b)$$

Bild 5.10 zeigt diese Anteile für den Fall reeller Pol- bzw. Nullstellen für verschiedene Werte von σ. Summanden für Pol- oder Nullstellen
im Komplexen ergeben sich durch Verschiebung dieser Kurven um $\omega_{\infty \nu}$ bzw.
$\omega_{O\mu}$. In Bild 5.11 wird am Beispiel von Bild 5.9 erläutert, wie sich die
Gesamtphase aus den einzelnen Anteilen der beschriebenen Form zusammensetzt.

Von Interesse ist noch der Grenzwert der Phase für $\omega \to \infty$. Man erhält

$$b(\infty) = (\underline{+}\pi) + \sum_{\nu=1}^{n} b_{\infty \nu}(\infty) - \sum_{\mu=1}^{m} b_{O\mu}(\infty).$$

$$b(\infty) = (\underline{+}\pi) + (n-m)\frac{\pi}{2}. \qquad (5.29)$$

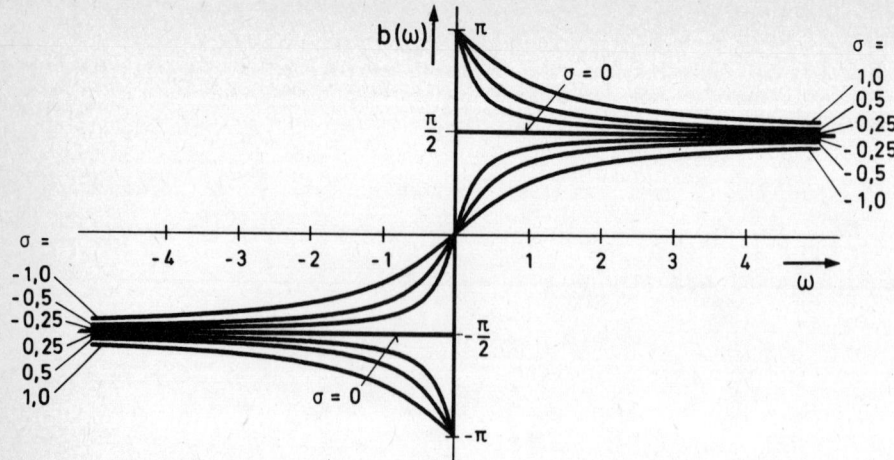

Bild 5.10   Beitrag einer reellen Null- (bzw. Pol-)-stelle zum Phasengang
              eines Systems

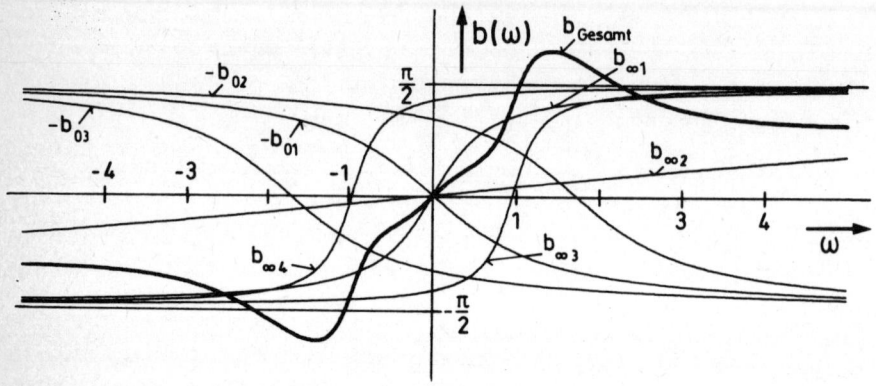

Bild 5.11   Gesamtphase und Phasenanteile des Beispiels von Bild 5.9

In der Regelungstechnik ist es nach BODE üblich, auch die Phasenanteile über einer
logarithmischen Frequenzskala aufzutragen. Wir betrachten zunächst wieder den Fall
eines reellen Poles.

Für $\omega_{\infty\nu} = 0$ bekommen wir aus (5.28a)

$$b_{\infty\nu} = \arctan \frac{\omega}{-\sigma_{\infty\nu}} = \arctan \Omega_\nu.$$

Offenbar ist $b_{\infty\nu} (\Omega_\nu = 1) = \frac{\pi}{4}$. Allgemein gilt nun

$$\arctan \Omega_\nu + \arctan \Omega_\nu^{-1} = \frac{\pi}{2}$$

und daher

$$\arctan \Omega_\nu - \frac{\pi}{4} = \frac{\pi}{4} - \arctan \Omega_\nu^{-1}. \tag{5.30}$$

Der Phasenanteil eines reellen Poles (bzw. einer reellen Nullstelle) ist also bei Auftragung über einer logarithmischen Skala punktsymmetrisch zu $(\Omega_\nu=1, \; b_\nu = \frac{\pi}{4})$. Er hat den in Bild 5.12a skizzierten Verlauf.

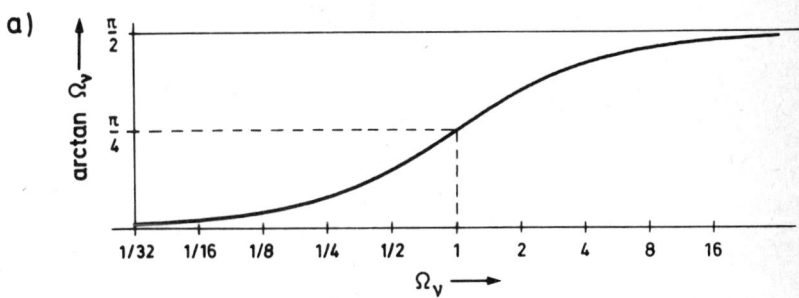

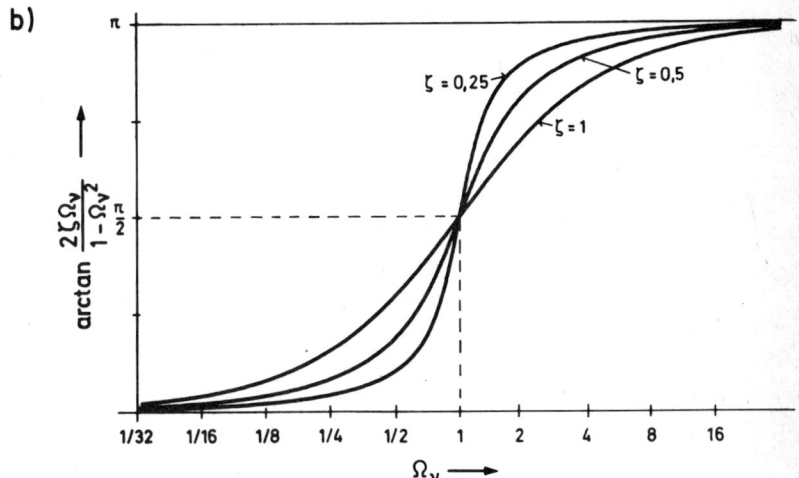

Bild 5.12   a) Beitrag eines reellen Pols bei $\sigma_{\infty\nu}$ zur Gesamtphase in Abhängigkeit von der normierten Frequenz $\Omega_\nu = -\omega/\sigma_{\infty\nu}$.
b) Beitrag eines konjugiert komplexen Polpaares bei $s_{\infty\nu} = \sigma_{\infty\nu} \pm j\omega_{\infty\nu}$ zur Gesamtphase in Abhängigkeit von der normierten Frequenz $\Omega_\nu = \omega/|s_{\infty\nu}|$ für verschiedene Werte von $\zeta = -\sigma_{\infty\nu}/|s_{\infty\nu}|$.

Bei komplexen Pol- bzw. Nullstellenpaaren werden wieder die zu zueinander konjugiert komplexen Pol- bzw. Nullstellen gehörigen Linearfaktoren zusammengefaßt. Für den Fall eines Polstellenpaares erhält man mit den gleichen Bezeichnungen wie vorher

$$(j\omega - s_{\infty\nu})(j\omega - s_{\infty\nu}^*) = |s_{\infty\nu}|^2 \, (1-\Omega_\nu^2 + j2\zeta\Omega_\nu).$$

Der zugehörige Phasenanteil ergibt sich als

$$b_{\infty\nu} + b_{\infty(\nu+1)} = b'_{\infty\nu} = \arctan \frac{2\zeta\Omega_\nu}{1-\Omega_\nu^2}.$$

Offenbar ist $b_{\infty\nu}(\Omega_\nu=1) = \frac{\pi}{2}$. Wegen $\dfrac{2\zeta\Omega_\nu}{1-\Omega_\nu^2} = -\dfrac{2\zeta\Omega_\nu^{-1}}{1-\Omega_\nu^{-2}}$ ergibt sich

$$\arctan \frac{2\zeta\Omega_\nu}{1-\Omega_\nu^2} + \arctan \frac{2\zeta\Omega_\nu^{-1}}{1-\Omega_\nu^{-2}} = \pi$$

bzw.

$$\arctan \frac{2\zeta\Omega_\nu}{1-\Omega_\nu^2} - \frac{\pi}{2} = \frac{\pi}{2} - \arctan \frac{2\zeta\Omega_\nu^{-1}}{1-\Omega_\nu^{-2}} . \qquad (5.31)$$

Bei Auftragung über einer logarithmischen Frequenzskala wird also der Phasenanteil eines komplexen Pol- (oder Nullstellen-)paares punktsymmetrisch zu ($\Omega_\nu=1$, $b_\nu = \frac{\pi}{2}$). In Bild 5.12b ist der Verlauf für verschiedene Werte von ζ skizziert. Bild 5.13 zeigt die Anwendung des Verfahrens auf das Beispiel von Bild 5.9.

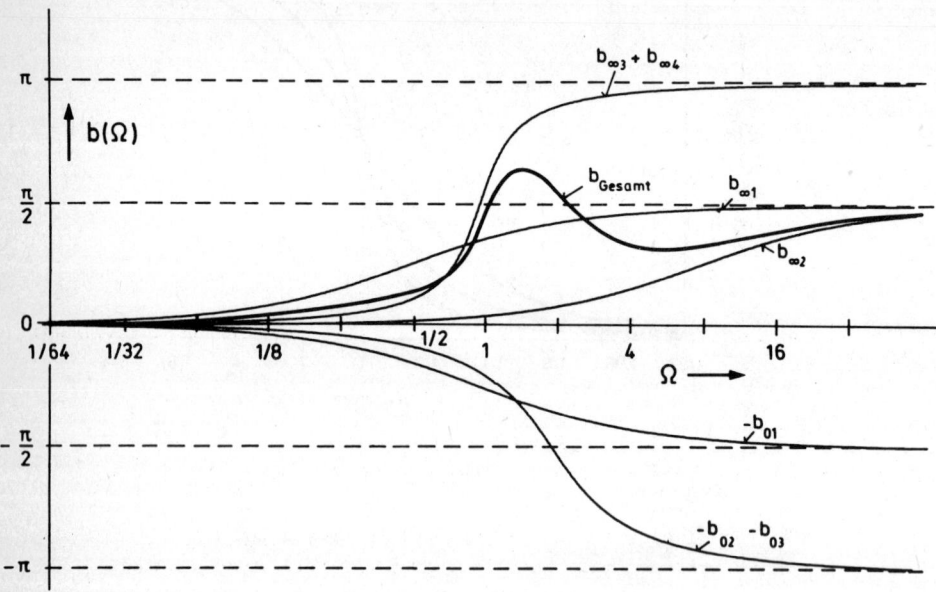

Bild 5.13   Gesamtphase und Phasenanteile des Beispiels von Bild 5.9 über einer
             logarithmischen Frequenzskala

Häufig wird zur Kennzeichnung eines Systems neben der Dämpfung die Gruppenlaufzeit an Stelle der Phase angegeben. Es ist

$$\tau_g = \frac{db(\omega)}{d\omega} = \sum_{\nu=1}^{n} \frac{-\sigma_{\infty\nu}}{\sigma_{\infty\nu}^{2} + (\omega-\omega_{\infty\nu})^{2}} - \sum_{\mu=1}^{m} \frac{-\sigma_{0\mu}}{\sigma_{0\mu}^{2} + (\omega-\omega_{0\mu})^{2}}$$

$$\qquad\qquad (5.32)$$

$$= \sum_{\nu=1}^{n} \tau_{g\infty\nu} - \sum_{\mu=1}^{m} \tau_{g0\mu}.$$

In Bild 5.14 wurde einer der hier auftretenden Summanden in der Form

$$\tau_{g\nu} = \frac{|\sigma_{\nu}|}{\sigma_{\nu}^{2} + \omega^{2}}$$

für verschiedene Werte von $|\sigma_{\nu}|$ aufgezeichnet.

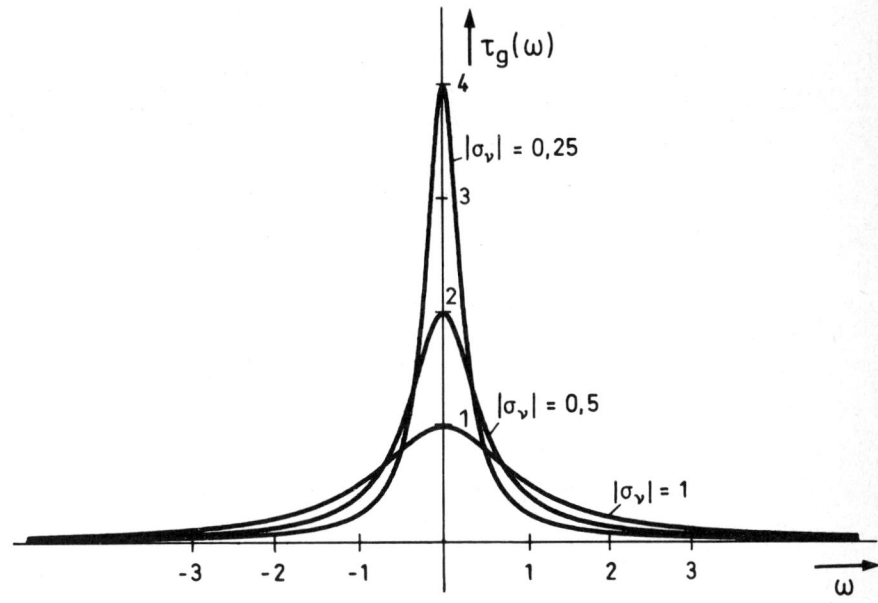

Bild 5.14   Beitrag einer Pol- oder Nullstelle zur Gruppenlaufzeit

Setzen wir stabile Systeme voraus, bei denen $\sigma_{\infty\nu} < 0 \; \forall \nu$ ist (siehe Abschnitt 5.1.2), so liefern die von den Polstellen herrührenden Summanden offenbar stets positive Beiträge zur Gesamtlaufzeit. In der linken s-Halbebene liegende Nullstellen liefern dagegen negative Beiträge, während die von Nullstellen in der rechten Halbebene ($\sigma_{0\mu} > 0$) herrührenden Anteile positiv eingehen.

Bild 5.15 zeigt, wie sich bei dem Beispiel die Gruppenlaufzeit aus den einzelnen Anteilen ergibt.

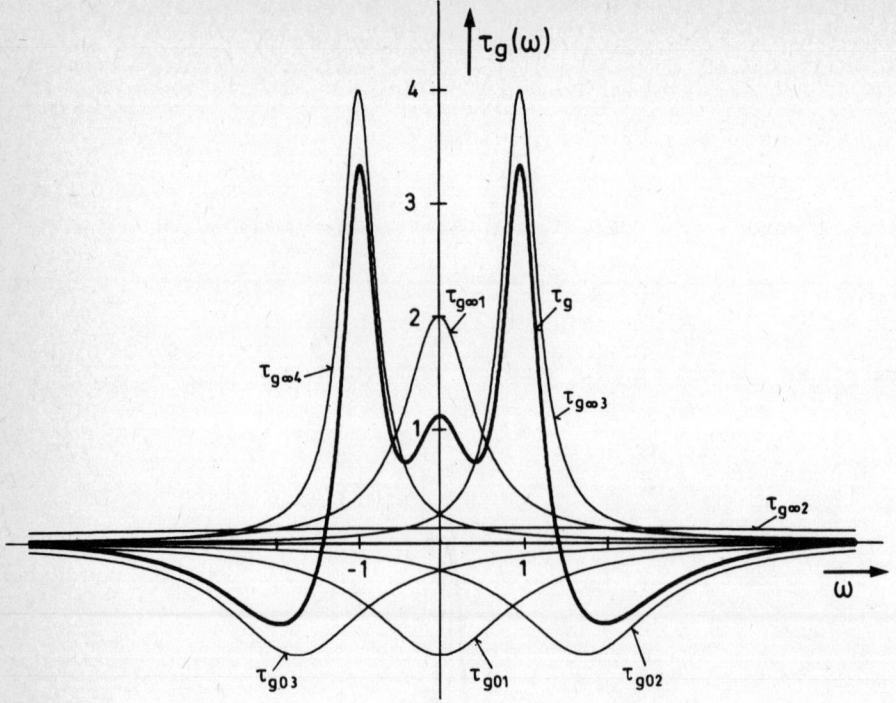

Bild 5.15   Gruppenlaufzeitbeiträge der einzelnen Pol- und Nullstellen und
             Gesamtlaufzeit beim Beispiel von Bild 5.9

Von Interesse ist noch ihr Wert bei $\omega = 0$. Aus

$$H(j\omega) = \frac{Z(j\omega)}{N(j\omega)} = \frac{Re\{Z\}+j\,Im\{Z\}}{Re\{N\}+j\,Im\{N\}}$$

ergibt sich zunächst

$$b(\omega) = \arctan \frac{Im\{N\}}{Re\{N\}} - \arctan \frac{Im\{Z\}}{Re\{Z\}}$$

und daraus

$$\tau_g = \frac{db}{d\omega} = \frac{Re\{N\}\cdot(Im\{N\})'-Im\{N\}\cdot(Re\{N\})'}{|N(j\omega)|^2} - \frac{Re\{Z\}(Im\{Z\})'-Im\{Z\}(Re\{Z\})'}{|Z(j\omega)|^2}.$$

Wegen

$$Z(s) = \sum_{\mu=0}^{m} b_\mu s^\mu \quad \text{und} \quad N(s) = \sum_{\nu=0}^{n} c_\nu s^\nu \quad \text{ist}$$

$$Re\{Z\} = b_o-b_2\omega^2+b_4\omega^4 \mp \ldots; \quad Re\{N\} = c_o-c_2\omega^2+c_4\omega^4 \mp \ldots$$

$$Im\{Z\} = b_1\omega-b_3\omega^3 \pm \ldots; \qquad Im\{N\} = c_1\omega-c_3\omega^3 \pm \ldots$$

und es folgt aus dem obigen allgemeinen Ausdruck speziell für $\omega = 0$

$$\tau_g(0) = \frac{c_0 c_1}{|N(0)|^2} - \frac{b_0 b_1}{|Z(0)|^2}.$$

Mit $N(0) = c_0$ und $Z(0) = b_0$ ergibt sich schließlich

$$\tau_g(0) = \frac{c_1}{c_0} - \frac{b_1}{b_0}. \tag{5.33}$$

Die Ergebnisse (5.27/28) und (5.32/33) wollen wir noch auf den Fall eines Allpasses spezialisieren. Aus (5.18b) folgt für die Phase

$$b_A(\omega) = (\pm\pi) + 2 \cdot \sum_{\nu=1}^{n} \arctan \frac{\omega - \omega_{\infty\nu}}{-\sigma_{\infty\nu}}, \tag{5.34a}$$

für die Gruppenlaufzeit

$$\tau_{gA} = 2 \cdot \sum_{\nu=1}^{n} \frac{-\sigma_{\infty\nu}}{\sigma_{\infty\nu}^2 + (\omega - \omega_{\infty\nu})^2} \tag{5.34b}$$

sowie

$$\tau_{gA}(0) = 2 \frac{c_1}{c_0}. \tag{5.34c}$$

5.4.2 Charakteristische Frequenzgänge

Für bestimmte Anwendungen sind Systeme von Interesse, deren Frequenzverhalten einem idealisierten Wunschverlauf möglichst nahe kommt. Z.B. werden vielfach Systeme mit Filterwirkung gebraucht. Im Idealfall haben sie einen Amplitudengang $|H(j\omega)|$, der in einem gewissen Frequenzintervall, dem Durchlaßbereich, gleich 1 ist, im komplementären Bereich dagegen verschwindet. Bild 5.16a zeigt als Beispiel den Amplitudengang eines idealen Tiefpasses, der die Spektralanteile eines Eingangssignals bis zu seiner Grenzfrequenz ω_D passieren läßt, die Anteile höherer Frequenz dagegen völlig unterdrückt. Entsprechend läßt sich ein idealer Hochpaß definieren sowie ein idealer Bandpaß mit einem oder mehreren Durchlaßbereichen.

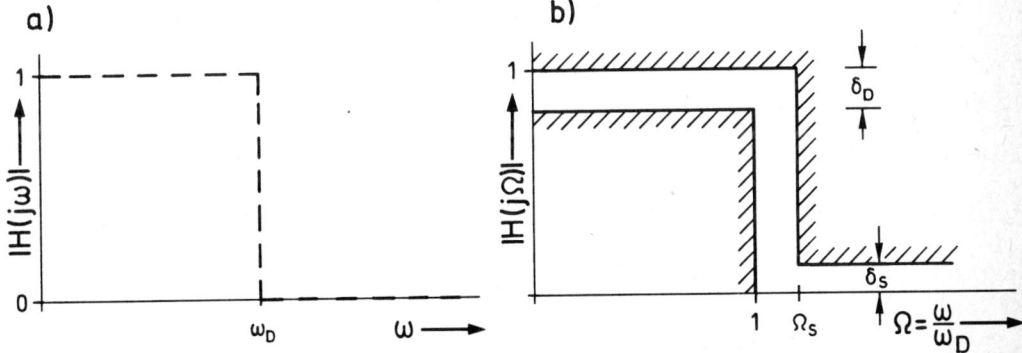

Bild 5.16   Idealer Amplitudengang und Toleranzschema eines Tiefpasses

Da $H(s)$ rational ist, kann $|H(j\omega)|$ nicht bereichsweise konstant sein. Der Frequenz-
gang eines idealen Filters ist also höchstens approximativ zu erreichen. Die noch
zulässige Abweichung vom idealisierten Verhalten wird meist durch die Angabe eines
Toleranzschemas vorgeschrieben, wie das in Bild 5.16b angegeben ist. Es wird beim
Tiefpaß durch die tolerierten Abweichungen δ_D und δ_S im Durchlaß- und Sperrbereich
sowie durch die Sperrgrenze Ω_S beschrieben, wobei eine normierte Frequenz $\Omega = \omega/\omega_D$
durch Bezug auf die Grenze des Durchlaßbereiches ω_D eingeführt wird. Der erforderliche Aufwand für die Realisierung eines Filters wird größer, wenn die Parameter
δ_D oder δ_S oder Ω_S verkleinert und damit das Toleranzschema eingeengt wird.

Für den idealen Tiefpaß gibt es eine Reihe von Standardapproximationen, von denen
drei im folgenden in Beispielen kurz vorgestellt werden. Sie sind in Tabelle 5.1
zusammengestellt. Für eine ausführliche Behandlung wird auf die Literatur verwiesen (z.B. [5.2] ... [5.4]; in [5.8] findet man ein umfangreiches Tabellenwerk mit
den Parametern und Schaltelementen der normierten Tiefpässe neben einer ausführlichen Anleitung).

Beim sogenannten *Potenzfilter* (auch Butterworth-Filter genannt) ist

$$|H(j\Omega)| = \frac{1}{\sqrt{1+\varepsilon^2\Omega^{2n}}}. \tag{5.35}$$

Charakteristisch für den Verlauf dieser Funktion ist, daß sie bei $\Omega=0$ maximal
flach ist. Es gilt nämlich

$$|H(j\Omega)| = 1 - \frac{1}{2}\varepsilon^2\Omega^{2n} + \frac{3}{8}\varepsilon^4\Omega^{4n} \mp \ldots$$

für $\varepsilon^2\Omega^{2n} < 1$. Die ersten $2n-1$ Ableitungen verschwinden für $\Omega=0$. Für wachsendes Ω
sinkt $|H(j\Omega)|$ monoton. Die Polstellen der zugehörigen Funktion

$$H(s) = \frac{b_0}{\sum\limits_{\nu=0}^{n} c_\nu s^\nu} = \frac{b_0}{\prod\limits_{\nu=1}^{n}(s-s_{\infty\nu})} \tag{5.36a}$$

liegen gleichmäßig verteilt auf einem Halbkreis in der linken Halbebene mit dem
Radius $\varepsilon^{-1/n}$ bei

$$s_{\infty\nu} = \varepsilon^{-1/n}\, e^{j\left[\frac{\pi}{2} + \frac{2\nu-1}{2n}\pi\right]} \qquad \nu=1(1)n. \tag{5.36b}$$

Die beiden Entwurfsparameter n und ε ergeben sich aus den vorgeschriebenen Werten
des Toleranzschemas. Für $\Omega=1$ erhält man aus (5.35) die Bedingung

$$|H(j)| = \frac{1}{\sqrt{1+\varepsilon^2}} \geq 1 - \delta_D.$$

Damit folgt

$$\varepsilon \leq \frac{\sqrt{2\delta_D-\delta_D^2}}{1-\delta_D} = \Delta_1. \tag{5.37a}$$

Bei $\Omega = \Omega_S$ muß gelten

$$|H(j\Omega_S)| = \frac{1}{\sqrt{1+\varepsilon^2 \Omega_S^{2n}}} \leq \delta_S \, .$$

Setzt man hier für ε den Höchstwert Δ_1 entsprechend (5.37a) ein, so erhält man die Bedingung

$$n \geq \frac{\lg \Delta_2/\Delta_1}{\lg\Omega_S} \ \text{mit} \ \Delta_2 = \frac{\sqrt{1-\delta_S^2}}{\delta_S} \, . \tag{5.37b}$$

Da n ganzzahlig zu wählen ist, ergibt sich in der Regel ein Frequenzgang, der ein eingeschränktes Toleranzschema, z.B. mit $\delta_D' < \delta_D$ und (oder) $\delta_S' < \delta_S$ befriedigt. Dazu ist ε im Intervall

$$\Delta_2 \, \Omega_S^{-n} \leq \varepsilon \leq \Delta_1 \tag{5.37c}$$

zu wählen.

In der Tabelle 5.1 ist ein beidseitig ohmisch abgeschlossener Reaktanzvierpol 5. Grades gezeichnet, dessen Betriebsübertragungsfunktion $H(s) = 2U_2/U_q$ das bezüglich $|H(j\omega)|$ gewünschte Verhalten aufweist. Die so definierte Übertragungsfunktion ist der Kehrwert der in Abschnitt 4.5 definierten Funktion $D_B(s)$.

Die Zahlenwerte der Elemente sind in normierter Form als

$$R_\mu' = \frac{R_\mu}{R_N} = 1, \ L_\nu' = \frac{\omega_N}{R_N} L_\nu, \ C_\lambda' = \omega_N R_N C_\lambda \tag{5.38}$$

angegeben. Für δ_D wurde 0,133 angenommen. Die Dämpfung $a = -20\lg|H(j\Omega)|$ erreicht dann bei $\Omega=1$ den Wert 1,25 dB. Als Sperrgrenze Ω_S wurde der Punkt gewählt, von dem ab die Dämpfung mindestens 20 dB beträgt ($\delta_S = 0,1$). Es ist $\Omega_S = 1,75$. Die Lage der Polstellen ist skizziert. Die zugehörigen Zahlenwerte sind in der Tabelle 5.2 angegeben. In der Tabelle 5.1 sind Betragsverlauf, Dämpfungsgang und Verlauf der Gruppenlaufzeit gezeichnet.

Beim *Tschebyscheff-Filter* wird eine gleichmäßige Approximation des idealen Verhaltens im Durchlaßbereich erreicht. Es ist hier

$$|H(j\Omega)| = \frac{1}{\sqrt{1 + \varepsilon^2 T_n^2(\Omega)}} \tag{5.39}$$

wobei $T_n(\Omega)$ das durch

$$T_n(\Omega) = \begin{cases} \cos(n \arccos\Omega) & |\Omega| \leq 1 \\ \\ \cosh(n \, \text{arcosh}\Omega) & |\Omega| \geq 1 \end{cases} \tag{5.40a}$$

definierte Tschebyscheff-Polynom ist. Unter Verwendung von $T_0(\Omega) = 1$ und $T_1(\Omega) = \Omega$ lassen sich diese Polynome mit der Rekursionsformel

$$T_{n+1}(\Omega) = 2\Omega T_n(\Omega) - T_{n-1}(\Omega) \tag{5.40b}$$

Tabelle 5.1 Standardapproximationen für Tiefpässe

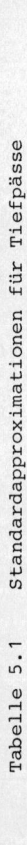

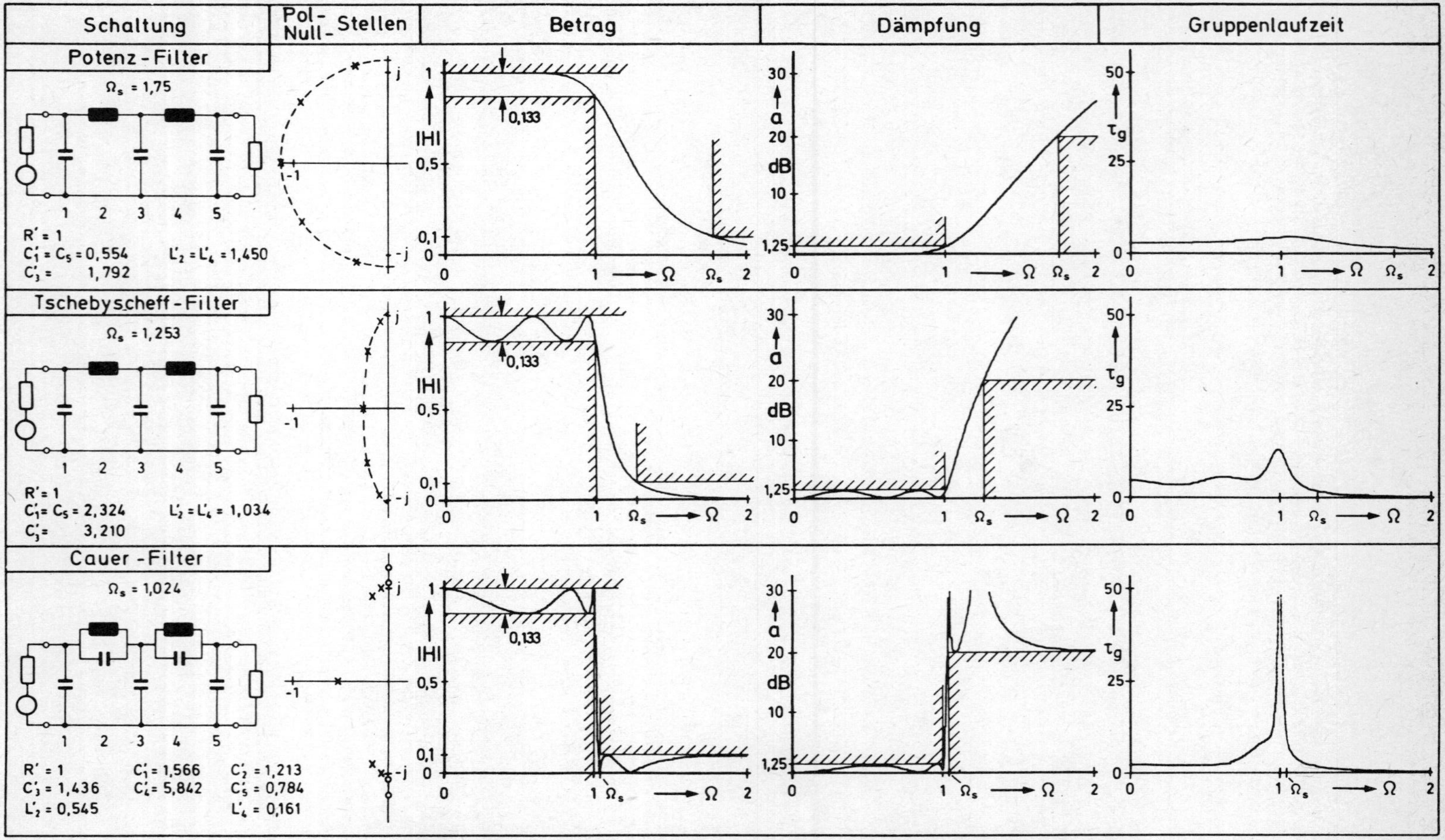

Schaltung
Pol- Null- Stellen
Betrag
Dämpfung
Gruppenlaufzeit
Potenz-Filter
Ωs = 1,75
R' = 1
C'1 = C5 = 0,554
C'3 = 1,792
L'2 = L'4 = 1,450
Tschebyscheff-Filter
Ωs = 1,253
R' = 1
C'1 = C5 = 2,324
C'3 = 3,210
L'2 = L'4 = 1,034
Cauer-Filter
Ωs = 1,024
R' = 1
C'3 = 1,436
L'2 = 0,545
C'1 = 1,566
C'4 = 5,842
C'2 = 1,213
C'5 = 0,784
L'4 = 0,161
0,133
|H|
a
dB
τg
Ω
Ωs

berechnen. Die zu dem in (5.39) angegebenen Frequenzgang des Betrages gehörende
Übertragungsfunktion H(s) ist von derselben allgemeinen Form wie die des Potenzfil-
ters (siehe (5.36a)). Die Polstellen liegen jetzt bei

$$s_{\infty\nu} = -\text{sinhd} \cdot \sin \frac{2\nu-1}{n} \frac{\pi}{2} + j\text{coshd} \cdot \cos \frac{2\nu-1}{n} \frac{\pi}{2} \qquad \nu = 1(1)n \quad (5.36c)$$

mit $d = \frac{1}{n} \text{arsinh} \frac{1}{\varepsilon}$. Sie liegen auf einer Ellipse mit den Halbachsen sinhd und
coshd. Man überlegt sich leicht, daß für ε auch hier (5.37a) gilt. An Stelle von
(5.37c) tritt für den entsprechenden Fall

$$\Delta_2 \, T_n^{-1}(\Omega_s) \leq \varepsilon \leq \Delta_1. \qquad (5.37d)$$

Für den Grad n erhält man mit derselben Überlegung wie eben

$$n \geq \frac{\text{arcosh } \Delta_2/\Delta_1}{\text{arcosh } \Omega_s}. \qquad (5.37e)$$

In der zweiten Zeile der Tabelle 5.1 sind wieder Schaltung, Polstellenlage sowie
Betragsverlauf, Dämpfungsgang und der Verlauf der Gruppenlaufzeit für ein Beispiel
angegeben. Die Konstante ε und der Grad n wurden wieder ebenso gewählt wie beim

Tabelle 5.2   Parameter der Systeme mit charakteristischen Frequenzgängen

	Potenz	Tschebyscheff	Cauer	Bessel	Tscheb.-Laufz.
$\sigma_{\infty 1}$	-1.116121	-0.266448	-0.536828	-1.077641	-0.300282
$\omega_{\infty 1}$	0.0	0.0	0.0	0.0	0.0
$\sigma_{\infty 2/4}$	-0.344901	-0.082336	-0.014127	-0.990531	-0.292381
$\omega_{\infty 2/4}$	± 1.061496	± 0.984238	± 1.000059	± 0.514970	± 0.485877
$\sigma_{\infty 3/5}$	-0.902963	-0.215560	-0.145480	-0.68690	-0.245340
$\omega_{\infty 3/5}$	± 0.656041	± 0.608292	± 0.896079	± 1.055267	± 0.937654
b_m	1.732051	0.108253	0.274122	2.129472	0.090707
$\omega_{o 1/3}$	-	-	± 1.033049	-	-
$\omega_{o 2/4}$	-	-	± 1.229953	-	-

Potenzfilter. Die in gleicher Weise wie eben definierte Sperrgrenze ist jetzt
$\Omega_s = 1,253$ und damit wesentlich geringer als beim Potenzfilter. Die Tabelle läßt
die charakteristischen Unterschiede beider Approximationen erkennen, die bei gleicher Schaltungsstruktur durch unterschiedliche Werte für die Bauelemente erreicht
werden. Die Tabelle 5.2 enthält wieder die Parameter der Übertragungsfunktion.

Beim *Cauerfilter* (oder elliptischen Filter) wird eine gleichmäßige Approximation
des idealen Verhaltens im Durchlaß- und Sperrbereich erreicht. Auch hier gibt es
geschlossene Lösungen, die aber komplizierter sind. Die Übertragungsfunktion ist
bei ungeradem Grad n von der Form

$$H(s) = \frac{b_{n-1} \sum\limits_{\mu=1}^{\frac{n-1}{2}} (s^2 + \omega_{o\mu}^2)}{\prod\limits_{\nu=1}^{n} (s - s_{\infty\nu})} . \tag{5.41}$$

Die Tabelle 5.1 macht für die gleichen Bedingungen, d.h. für n=5, die gleiche maximale Dämpfung von 1,25 dB im Durchlaßbereich und minimale Dämpfung von 20 dB im
Sperrbereich die entsprechenden Angaben zum Vergleich. Diese Approximation ist
optimal in dem Sinne, daß sich bei Einhaltung der Schranken im Durchlaß- und Sperrbereich die niedrigste Grenzfrequenz (hier $\Omega_s = 1,024$) ergibt. Die Nullstellen der
Übertragungsfunktion im Sperrbereich sind unmittelbar die Resonanzfrequenzen der
Parallelschwingkreise in den Längszweigen der Abzweigschaltung. Besonders zu erwähnen ist noch die hohe Spitze der Gruppenlaufzeit in der Nähe der Grenzfrequenz.
Die Zahlenwerte der Pol- und Nullstellen sowie die Konstante b_4 sind in der Tabelle
5.2 angegeben.

Eine völlig andere Aufgabenstellung liegt vor, wenn Vorschriften bezüglich des
Gruppenlaufzeitverhaltens gemacht werden. Von besonderem Interesse ist die Appro-
ximation einer konstanten Gruppenlaufzeit in einem bestimmten Frequenzintervall.
In der Tabelle 5.3 sind die charakteristischen Angaben für zwei Systeme dieser
Art gemacht, Polstellen enthält wieder die Tabelle 5.2.

Im Falle eines sogenannten Bessel-Tiefpasses wird ein maximal flacher Verlauf der
Gruppenlaufzeit bei $\Omega = 0$ erreicht. Für die Übertragungsfunktion gilt

$$H(s) = \frac{b_o}{B_n(s)} , \tag{5.42a}$$

wobei $B_n(s)$ ein Bessel-Polynom ist, das sich mit $B_o = 1$ und $B_1 = s+1$ mit der Rekursionsformel

$$B_n = (2n-1)B_{n-1} + s^2 \cdot B_{n-2} \tag{5.42b}$$

berechnen läßt. Bei dem Beispiel in Tabelle 5.3 wurde die Normierung so vorgenommen,
daß bei der Grenzfrequenz die Abweichung von der Konstanten 5% beträgt. Der Bezugs-
wert ist dabei $\tau_{gn} = 3,384$.

Für die Tschebyscheffsche Approximation der konstanten Gruppenlaufzeit gibt es
keine geschlossene Lösung. Mit numerischen Methoden lassen sich aber die Parameter

Tabelle 5.3   Standardapproximationen der konstanten Gruppenlaufzeit

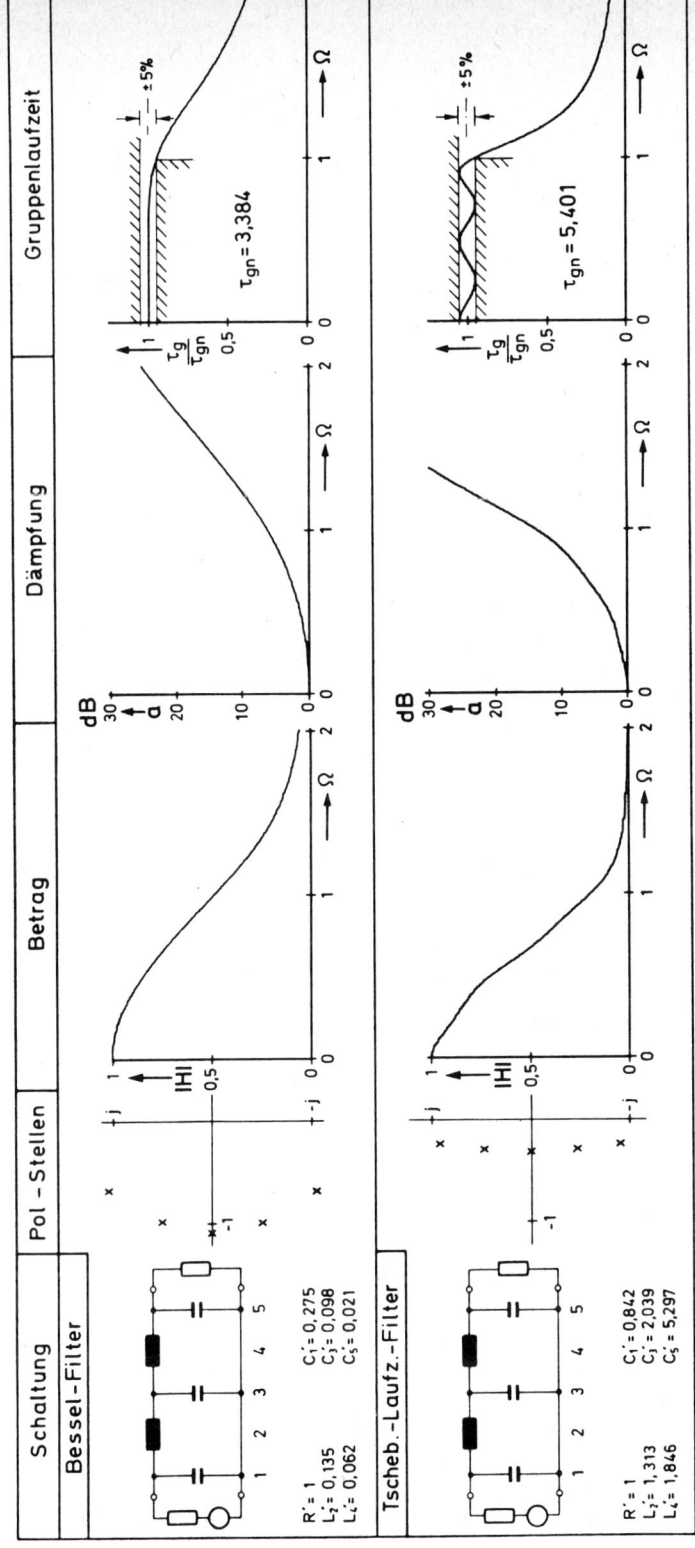

der Systeme finden, deren Gruppenlaufzeit ein solches Verhalten aufweist (z.B.
[5.9]). Beim Beispiel in Tabelle 5.3 wurde eine Abweichung von ± 5% toleriert. Hier
wird eine Bezugsgruppenlaufzeit von τ_{gn} = 5,401 erreicht, offenbar wesentlich mehr
als bei der maximal flachen Approximation.

Von besonderem Interesse ist die Verwendung der in Tabelle 5.3 vorgestellten Lösungen für den Aufbau von Verzögerungsgliedern. Dazu überführt man die vorgestellten Tiefpässe in Allpässe, indem man die in Tabelle 5.2 angegebenen Pole durch dazu
spiegelbildlich zum Nullpunkt liegende Nullstellen ergänzt. Man erreicht Verzöge-
rungsglieder, die im Bereich $0 \leq |\Omega| \leq 1$ die doppelte Bezugslaufzeit maximal flach
oder im Tschebyscheffschen Sinne approximieren.

5.4.3 Messung des Frequenzganges

Zum Abschluß dieses Abschnittes behandeln wir noch kurz Verfahren zur Messung der
komplexen Übertragungsfunktion $H(j\omega)$, des Amplitudenganges $|H(j\omega)|$ bzw. der
Dämpfung $a(\omega)$, der Phase und der Gruppenlaufzeit.

Es sei zunächst eine einfache Methode zur Messung von $H(j\omega)$ beschrieben, deren
Prinzip interessant ist, die aber keine hohen Genauigkeitsforderungen erfüllt.
Das zu messende System wird dabei mit einer Spannung $u_1(t) = \hat{u}_1 \sin\omega t$ gespeist.
Am Ausgang erhält man

$$u_2(t) = \hat{u}_1 \ |H(j\omega)| \ \cdot \ \sin[\omega t - b(\omega)]. \tag{5.43}$$

In den Zeitpunkten $t_\nu = \nu \frac{2\pi}{\omega}$, d.h. dort, wo $u_1(t)$ mit positiver Steigung durch
Null geht, wird

$$u_2(t_\nu) = -\hat{u}_1 |H(j\omega)| \sin b(\omega) = \hat{u}_1 \ \text{Im}\{H(j\omega)\}.$$

Ebenso erhält man für $t_\mu = \frac{(2\mu+0,5)\pi}{\omega}$, d.h. wenn $u_1(t)$ seinen Maximalwert $\hat{u}_1$ annimmt

$$u_2(t_\mu) = \hat{u}_1 |H(j\omega)| \cos b(\omega) = \hat{u}_1 \ \text{Re}\{H(j\omega)\}.$$

Bild 5.17 zeigt zunächst $u_1(t)$ für den Fall, daß die Frequenz linear mit der Zeit
wächst. Weiterhin sind für ein willkürlich gewähltes Beispiel die Ausgangsspannung
$u_2(t)$ sowie die durch Abtastung von $u_2(t)$ entstehenden Treppenspannungen $x(t)$ und
$y(t)$ angegeben, deren Werte im jeweiligen Abtastaugenblick den Komponenten der
Übertragungsfunktion proportional sind, wenn $\hat{u}_1$ konstant ist. Dieser Darstellung
wurde eine wesentlich schnellere Variation der Frequenz zugrundegelegt als bei einer
praktischen Messung erreicht werden kann. An einem Tschebyscheff-Tiefpaß, der der
in Tabelle 5.1 angegebenen normierten Schaltung entspricht, wurde mit dieser Methode die in Bild 5.22a gezeigte Übertragungsfunktion gemessen.

Die Messung des Betrages $|H(j\omega)|$ der Übertragungsfunktion kann mit der einfachen
Anordnung von Bild 5.18 erfolgen. Wenn wieder unterstellt werden kann, daß der

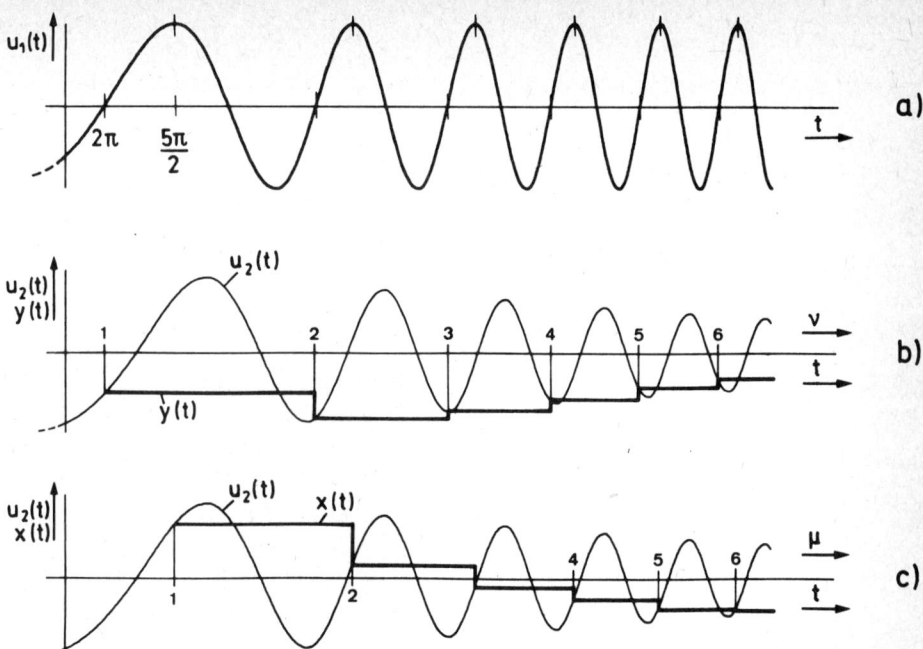

Bild 5.17   Zur Erläuterung des Abtastverfahrens zur Messung von H(jω)

Scheitelwert $\hat{u}_1$ der sinusförmigen Eingangsspannung $u_1(t)$ bei Variation von ω konstant bleibt, ist entsprechend (5.43) der am Spannungsmesser angezeigte Wert $\hat{u}_2$ proportional zu $|H(j\omega)|$.

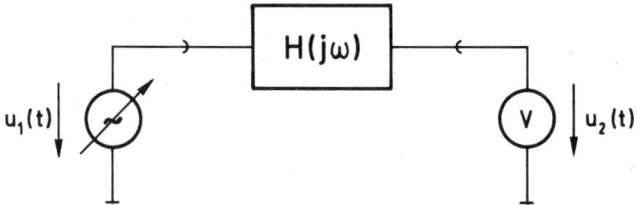

Bild 5.18   Zur Messung von $|H(j\omega)|$

Bild 5.22b zeigt den am oben erwähnten Tschebyscheff-Tiefpaß gemessenen Amplitudengang. Die erkennbaren Abweichungen vom Tschebyscheffschen Verlauf sind darauf zurückzuführen, daß insbesondere die Spulen Verluste aufweisen, d.h. zusätzlich eine ohmsche Komponente enthalten.

Die Genauigkeit des Verfahrens wird unmittelbar durch die Konstanz der Spannungsquelle und den Fehler bei der Spannungsmessung am Ausgang bei Variation der Frequenz bestimmt. Beide Fehlerquellen lassen sich eliminieren, wenn man die in Abschnitt 4.5 beschriebene Methode zur Bestimmung der Betriebsdämpfung verwendet, die auf einer Vergleichsmessung beruht, allerdings nur punktweise durchgeführt werden kann.

Die Messung der Phase $b(\omega)$ eines Systems kann im Prinzip mit Hilfe eines Oszillos-
kops erfolgen, wenn man bei der Anordnung von Bild 5.18 die Eingangsgröße $u_1(t) = \hat{u}_1\sin\omega t$ auf das eine, die Ausgangsgröße $u_2(t) = \hat{u}_2\sin(\omega t - b)$ auf das andere Platten-
paar gibt. Es ergibt sich als spezielle, sogenannte *Lissajous*-Figur eine Ellip-
(siehe Bild 5.19), aus deren Achsenabschnitten man b bestimmen kann. Mit den Bezeichnungen von Bild 5.19a ergibt sich

$$b = \arcsin \frac{u_{20}}{\hat{u}_2} = \arcsin \frac{u_{10}}{\hat{u}_1}.$$

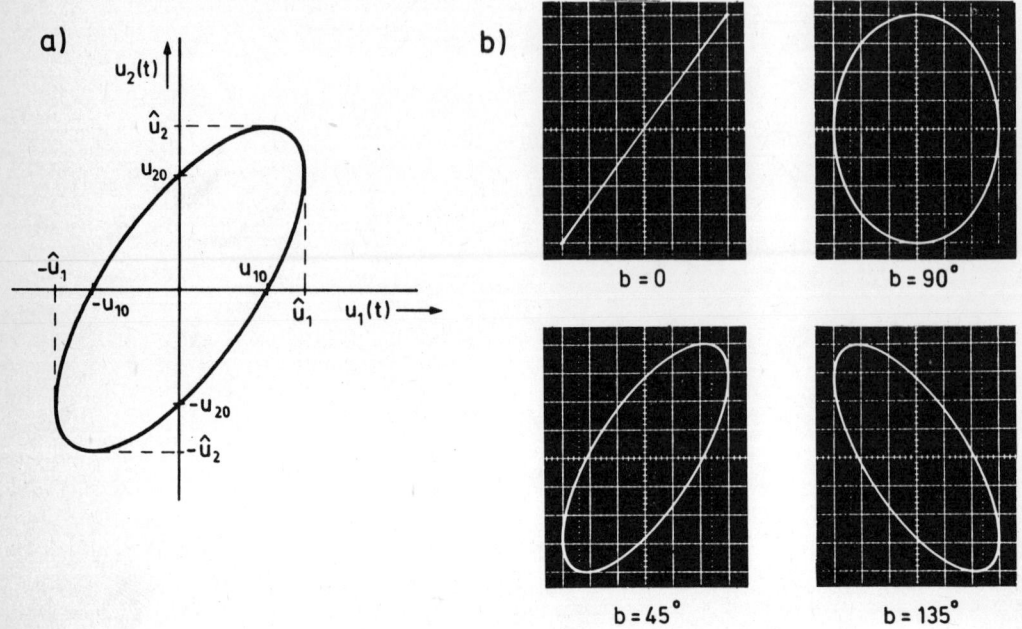

Bild 5.19   Zur Phasenmessung mit Hilfe der Lissajous-Figur.
               Oszillogramme : $u_1(t) = \hat{u}_1\sin\omega t$, $u_2(t) = 4/3\ \hat{u}_1\sin(\omega t - b)$

Offenbar kann auch hier die Messung nur punktweise erfolgen. Weiterhin ist das Ergebnis in Vielfachen von π (nicht 2π) mehrdeutig. Schließlich ist natürlich die erreichbare Genauigkeit begrenzt. Ein Meßverfahren, das alle diese Nachteile vermei-
det, wird mit Bild 5.20 erklärt. Aus den Nulldurchgängen der beiden zu vergleichen-
den Funktionen, z.B. in positiver Richtung, wird eine periodische Rechteckschwingung
abgeleitet, deren Mittelwert der zu messenden Phase proportional ist. Das Verfahren arbeitet mit hoher Genauigkeit auch bei Zeitfunktionen, die sich sehr stark in
der Amplitude unterscheiden. Bild 5.22c zeigt für den Tschebyscheff-Tiefpaß auch
den gemessenen Phasengang.

Schließlich sei noch kurz die Messung der Gruppenlaufzeit skizziert. Sie wird nach
einem Verfahren von NYQUIST näherungsweise aus der Messung einer Phasendifferenz
entsprechend

$$\tau_g = \frac{db}{d\omega} \approx \frac{\Delta b}{\Delta \omega} \tag{5.44}$$

bestimmt (siehe Bild 5.21). Dazu gibt man z.B. auf das zu untersuchende System

$$v(t) = v_o(1+m \cos\Delta\omega t)\cos\omega_T t$$

$$= v_o[\cos\omega_T t + \frac{m}{2} \cos(\omega_T + \Delta\omega)t + \frac{m}{2} \cos(\omega_T - \Delta\omega)t].$$

Gilt näherungsweise $b(\omega \pm \Delta\omega) = b_T \pm \Delta b$ (siehe Bild 5.21a), so ergibt sich am Ausgang des Übertragungssystems

$$y(t) = y_o\{\cos(\omega_T t - b_T) + \frac{m}{2} \cos[(\omega_T + \Delta\omega)t - b_T - \Delta b] + \frac{m}{2} \cos[(\omega_T - \Delta\omega)t - b_T + \Delta b]\}$$

$$= y_o[1+m \cos(\Delta\omega t - \Delta b)]\cos(\omega_T t - b_T).$$

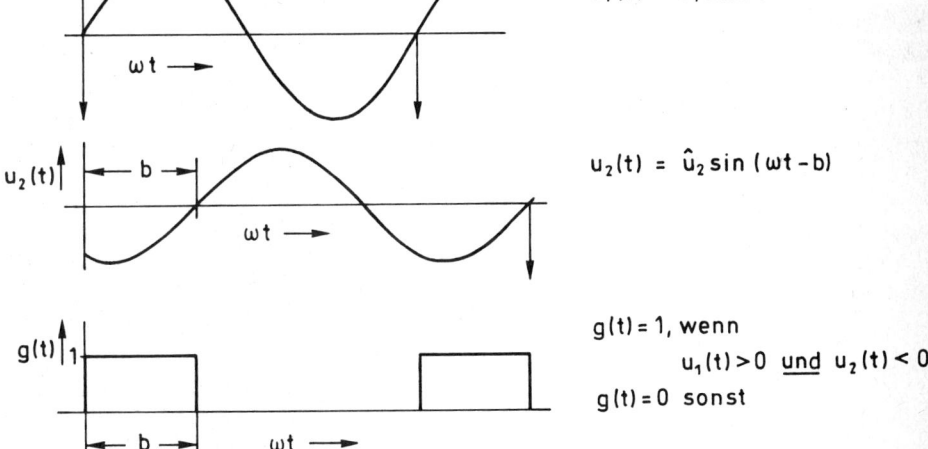

$$u_1(t) = \hat{u}_1 \sin\omega t$$

$$u_2(t) = \hat{u}_2 \sin(\omega t - b)$$

$g(t) = 1,$ wenn
$\qquad u_1(t) > 0$ und $u_2(t) < 0$
$g(t) = 0$ sonst

Bild 5.20   Prinzip der elektronischen Phasenmessung

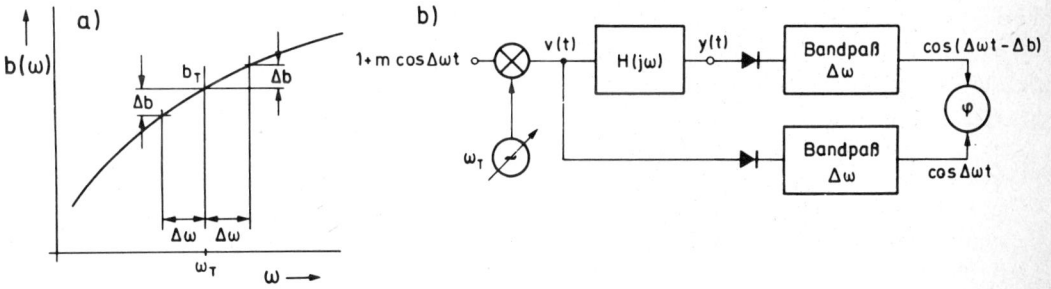

Bild 5.21   a) Zur angenäherten Gruppenlaufzeitmessung
             b) Prinzipielles Blockschaltbild eines Gruppenlaufzeitmeßgerätes

Dabei wird angenommen, daß der Betrag der Übertragungsfunktion im Intervall
$[\omega_T-\Delta\omega, \; \omega_T+\Delta\omega]$ als konstant angesehen werden kann. Durch Gleichrichtung und an-
schließende Filterung mit Bandpässen der Mittenfrequenz $\Delta\omega$ werden dann die Funk-
tionen $\cos(\Delta\omega t-\Delta b)$ und $\cos\Delta\omega t$ gewonnen. Bei festgehaltenem Wert $\Delta\omega$ kann daraus
die Phasenänderung Δb in Abhängigkeit von ω_T und damit dann der Verlauf von τ_g
nach (5.44) bestimmt werden. Große Werte von $\Delta\omega$ werden die Messung von Δb erleich-
tern, andererseits aber zu einer Vergrößerung des Fehlers wegen einer Verschlech-
terung der Näherungen führen. Schließlich ist festzustellen, daß das Verfahren
wegen der erforderlichen Bildung der Einhüllenden nur oberhalb eines von $\Delta\omega$ abhängigen Mindestwertes für die Meßfrequenz ω_T verwendet werden kann.

In Bild 5.22d ist für den Tschebyscheff-Tiefpaß auch die gemessene Gruppenlaufzeit angegeben. Die prinzipielle Übereinstimmung mit dem in Tabelle 5.1 gezeigten,
rechnerisch gewonnenen Verlauf ist zu erkennen. Weiterhin wird deutlich, daß das
verwendete Gerät für $\omega_T/2\pi > 200$ Hz arbeitet.

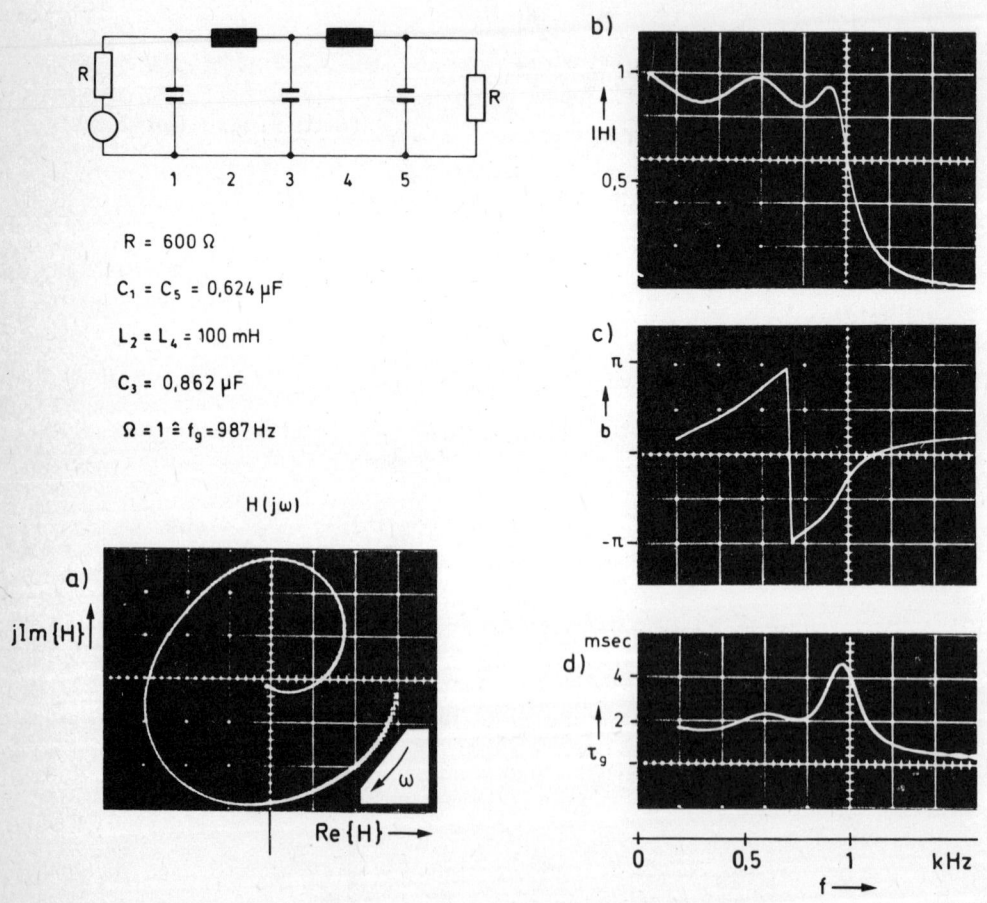

Bild 5.22   Gemessenes Frequenzverhalten eines Tschebyscheff-Tiefpasses 5. Grades

5.5 Ortskurven

5.5.1 Einführung

Bei der Untersuchung der Übertragungsfunktion $H(j\omega)$ haben wir, allgemeiner formuliert, die komplexe Funktion einer reellen Variablen behandelt. Aufgaben dieser Art kommen auch in anderem Zusammenhang vor. Z.B. haben wir bereits in Abschnitt 3.2.4.2 bei der Diskussion des Phasenschiebers von Bild 3.30a die Abhängigkeit des Zeigers der Ausgangsspannung von einem Widerstand betrachtet und in Bild 3.30b dargestellt. Da zumindest für einfache Funktionen dieser Art allgemeine Zusammenhänge angegeben werden können, ist eine von dem speziellen Fall der Frequenzabhängigkeit gelöste, grundlegende Betrachtung von Interesse. Wir untersuchen dazu eine Funktion

$$w(c_o,\ c_1,\ c_2,\ \ldots,\ \lambda)$$

mit den komplexen Konstanten $c_\nu = \alpha_\nu + j\beta_\nu$ in ihrer Abhängigkeit von der reellen Variablen λ. Diese in der w-Ebene darzustellende Funktion, die mit λ zu beziffern ist, wird als Ortskurve bezeichnet. Wir betrachten im folgenden zunächst einige grundlegende Fälle.

5.5.2 Elementare Ortskurven

a) Allgemeine Gerade

Mit

$$w_1(\lambda) = c_o + c_1\lambda \qquad \lambda \in \mathbb{R};\ c_\nu \in \mathbb{C} \tag{5.45}$$

wird eine allgemeine Gerade beschrieben. Ihre Richtung wird durch c_1, der Abstand vom Nullpunkt durch c_o und c_1 bestimmt (siehe Bild 5.23).

Bild 5.23   Allgemeine Gerade

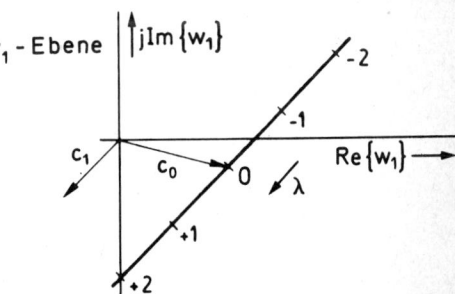

b) Kreis durch den Nullpunkt

Wir betrachten die Funktion

$$w_2(\lambda) = \frac{1}{w_1(\lambda)} = \frac{1}{c_0 + c_1\lambda}. \tag{5.46}$$

Es soll gezeigt werden, daß sie einen Kreis durch den Nullpunkt beschreibt. Zum Beweis betrachten wir $w_2(\lambda)$ für vier beliebig gewählte
Punkte $\lambda_1 \ldots \lambda_4$ (siehe Bild 5.24). Falls die Punkte $w_2(\lambda_1) \ldots w_2(\lambda_4)$
auf einem Kreis liegen, müssen die beiden durch sie beschriebenen
Winkel γ_1 und γ_2 als Peripheriewinkel über einer Sehne entweder gleich
sein oder sich zu π ergänzen. Diese Bedingung kann man in der folgenden
Weise ausdrücken. Es muß gelten

$$\frac{w_2(\lambda_1) - w_2(\lambda_3)}{w_2(\lambda_1) - w_2(\lambda_4)} = d_1 \cdot e^{j\gamma} \quad (d_1 > 0)$$

und zugleich

$$\frac{w_2(\lambda_2) - w_2(\lambda_3)}{w_2(\lambda_2) - w_2(\lambda_4)} = d_2 \cdot e^{j\gamma} \quad \text{oder} \quad -d_2 \cdot e^{j\gamma} \quad (d_2 > 0).$$

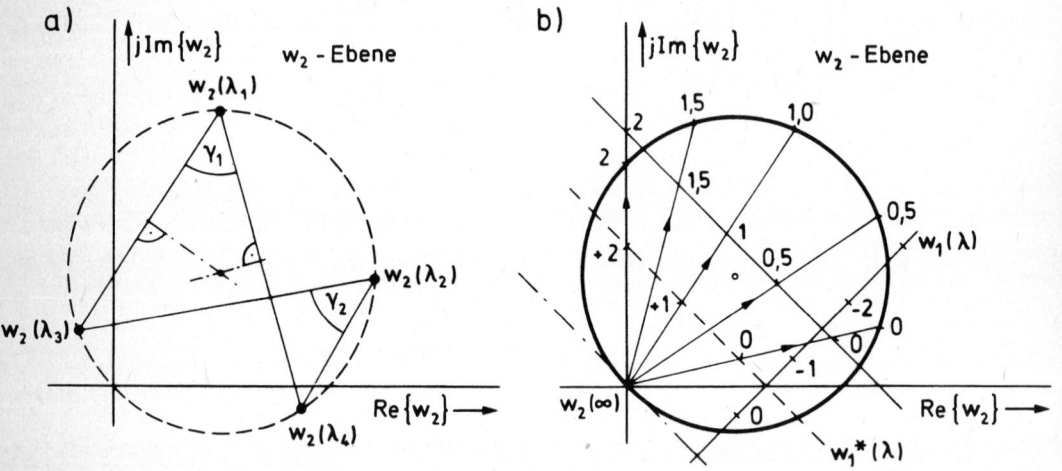

Bild 5.24   Kreis durch den Nullpunkt

Das läßt sich als Forderung

$$\frac{w_2(\lambda_1) - w_2(\lambda_3)}{w_2(\lambda_1) - w_2(\lambda_4)} \cdot \frac{w_2(\lambda_2) - w_2(\lambda_4)}{w_2(\lambda_2) - w_2(\lambda_3)} = \pm \frac{d_1}{d_2} := d \in \mathbb{R} \tag{5.47}$$

formulieren. Setzt man links (5.46) ein, so ergibt sich der reelle
Wert

$$\frac{\lambda_3 - \lambda_1}{\lambda_4 - \lambda_1} \cdot \frac{\lambda_4 - \lambda_2}{\lambda_3 - \lambda_2} = d.$$

Damit ist gezeigt, daß (5.46) einen Kreis beschreibt. Seinen Mittelpunkt findet man zeichnerisch als Schnittpunkt der Mittelsenkrechten
auf zwei Sehnen (siehe Bild 5.24b). Analytisch erhält man für ihn nach
Zwischenrechnung mit $c_{o,1} = \alpha_{o,1} + j\beta_{0,1}$.

$$w_m = \frac{\beta_1 + j\alpha_1}{2(\alpha_o \beta_1 - \alpha_1 \beta_o)}. \qquad (5.48a)$$

Offenbar ist der Radius des Kreises $r = |w_m|$.

Die Bezifferung der Ortskurve läßt sich leicht zeichnerisch gewinnen.
Nach (5.46) gilt $\arg\{w_2(\lambda)\} = \arg\{w_1^*(\lambda)\}$. Daher erhält man die Bezifferung des Kreises durch Projektion der linearen Skalierung von $w_1^*(\lambda)$ auf
den Kreis. Offenbar kann man aber auch jede zu $w_1^*(\lambda)$ parallele Gerade
verwenden, deren Bezifferung der von $w_1^*(\lambda)$ ähnlich ist. Zu bemerken ist
noch, daß $w_1^*(\lambda)$ parallel zur Tangente an den Kreis im Punkte $w_2(\infty)$
liegt.

Die bezifferte Ortskurve $w_2(\lambda)$ läßt sich damit wie folgt konstruieren (siehe
Bild 5.24b):

1) $w_2(0) = \frac{1}{c_o}$ und $w_2(\lambda_1)$ für $\lambda_1 \neq 0$, z.B. $w_2(1) = \frac{1}{c_o + c_1}$ werden errechnet.

2) Der Mittelpunkt wird aus den Mittelsenkrechten auf $w_2(0)$ und $w_2(\lambda_1)$ konstruiert
   oder nach (5.48a) errechnet und der Kreis gezeichnet.

3) Es wird an den Kreis im Punkte $w_2(\infty) = 0$ eine Tangente gelegt und parallel dazu
   eine beliebige Gerade gezeichnet.

4) Die errechneten Punkte $w_2(0)$ und $w_2(\lambda_1)$ (z.B. $w_2(1)$) werden unter Bezug auf $w_2 = 0$
   auf die Gerade projiziert. Damit ist der Maßstab für die lineare Bezifferung der
   Geraden gewonnen.

5) Die Bezifferung der Geraden wird unter Bezug auf $w_2 = 0$ auf den Kreis projiziert.

c) Kreis in allgemeiner Lage

Die Funktion

$$w_3(\lambda) = \frac{b_o + b_1\lambda}{c_o + c_1\lambda} \quad ; \quad b_\nu, c_\nu \in \mathbb{C} \ , \ \lambda \in \mathbb{R} \qquad (5.49)$$

$$= A_o + \frac{b_o - A_o c_o}{c_o + c_1\lambda} \quad \text{mit } A_o = b_1/c_1$$

beschreibt einen Kreis in allgemeiner Lage. Offenbar unterscheidet
sich der Term $(b_o - A_o c_o)/(c_o + c_1\lambda)$ nur durch einen konstanten Faktor
von (5.46), beschreibt also einen Kreis durch den Nullpunkt. Das
additive Glied A_o bewirkt lediglich eine Verschiebung. Die Konstruktion dieses Kreises unterscheidet sich von der eben beschriebenen
im wesentlichen nur dadurch, daß jetzt $w_3(\infty) = A_o = b_1/c_1 \neq 0$ ist.
Es ist daher jetzt neben $w_3(0)$ und $w_3(\lambda_1)$ auch $w_3(\infty)$ zu errechnen
und z.B. durch Mittelsenkrechte auf $[w_3(\lambda_1) - w_3(\infty)]$ und
$[w_3(0) - w_3(\infty)]$ der Mittelpunkt des Kreises zu bestimmen (siehe
Bild 5.25). Analytisch erhält man ihn aus (5.48a) als

$$w_m = A_o + (b_o - A_o c_o) \frac{\beta_1 + j\alpha_1}{2(\alpha_o\beta_1 - \alpha_1\beta_o)}. \qquad (5.48b)$$

Die Bezifferung erfolgt durch Projektion der linearen Skalierung einer
Parallelen zur Tangente an den Kreis im Punkte $w_3(\infty)$ unter Bezug auf
$w_3(\infty)$.

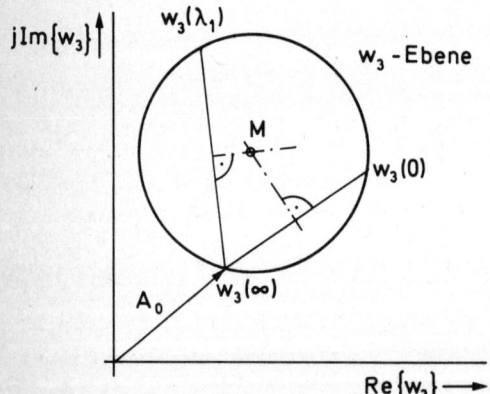

Bild 5.25   Kreis in allgemeiner Lage

d) Rationale Funktion von λ

Die Ortskurve für eine in λ rationale Funktion $w_4(\lambda)$ läßt sich aus den
bisherigen Ergebnissen gewinnen, wenn der Zählergrad den Nennergrad

höchstens um eins übersteigt und die Pole von w_4 einfach sind. Entsprechend zum Vorgehen in Abschnitt 5.1.1 erhält man

$$w_4(\lambda) = A_1\lambda + A_o + \sum_{\nu=1}^{n} \frac{c_{2\nu}}{\lambda + c_{o\nu}} . \qquad (5.50)$$

Jeder Term unter dem Summenzeichen liefert einen Kreis durch den Nullpunkt, der entsprechend den Parametern $c_{2\nu}$ und $c_{o\nu}$ nach Abschnitt b gezeichnet und beziffert werden kann. Hinzu kommt die durch $A_1\lambda + A_o$ beschriebene Gerade. Die gesamte Ortskurve erhält man durch punkteweise
Addition der einzelnen komplexen Beiträge.

5.5.3 Beispiele

a) RC-Glied

Als erstes Beispiel betrachten wir die Übertragungsfunktion eines RC-Gliedes. Es
ist

$$H(j\omega) = \frac{U_2}{U_q} = \frac{1}{1 + j\omega RC} = \frac{1}{1 + j\Omega} \quad \text{mit} \quad \Omega = \omega RC.$$

Bild 5.26 zeigt die nach den Regeln von Punkt b des Abschnittes 5.5.2 entwickelte
bezifferte Ortskurve für $0 \leq \Omega \leq \infty$.

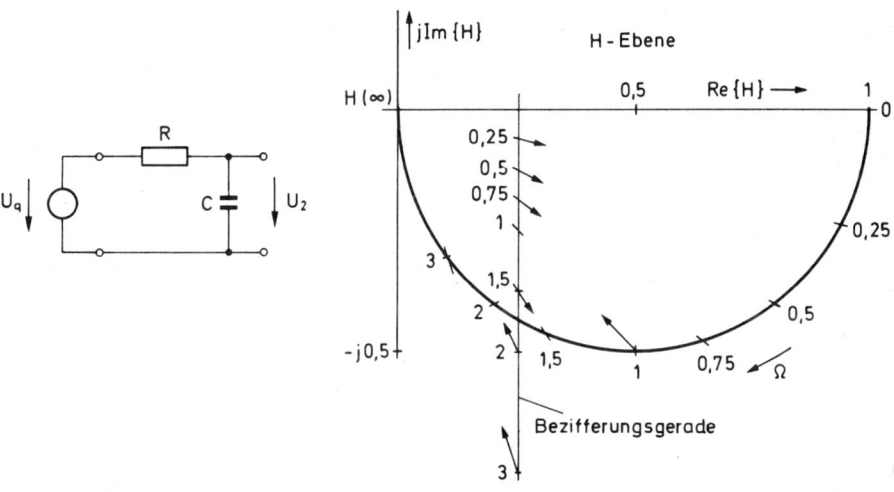

Bild 5.26   Ortskurve des Frequenzganges eines RC-Gliedes

b) Doppel-RC-Glied

Etwas komplizierter ergibt sich die Ortskurve des in Bild 5.27 gezeichneten Doppel-RC-Gliedes. Mit den Bezeichnungen $T_1 = R_1C_1$, $T_2 = R_2C_2$ liefert die Analyse, die z.B. nach dem in Abschnitt 3.2.2.1 beschriebenen Verfahren durchgeführt werden kann

$$H_o(s) = \frac{U_5}{U_q} = \frac{1}{s^2 T_1 T_2 + s(T_1 + T_2 + R_1 C_2) + 1} .$$

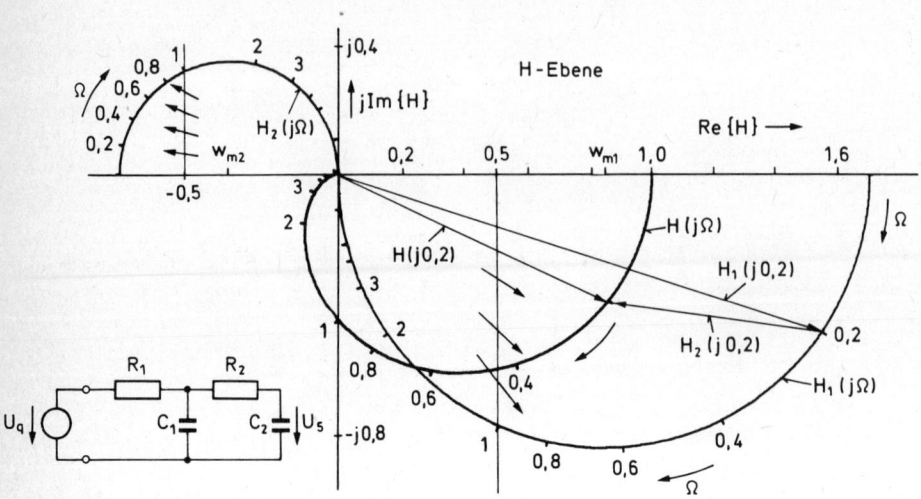

Bild 5.27   Ortskurven des Frequenzganges eines Doppel-RC-Gliedes

Wählt man speziell $T_1 = T_2 \overset{!}{=} T$, $R_1C_2 = 0,2\,T$ und führt die normierte Frequenz $s_n = sT$ ein, so erhält man

$$H(s_n) = \frac{1}{s_n^2 + 2,2 s_n + 1} = \frac{1}{(s_n + 0,642)(s_n + 1,558)} .$$

Nach Partialbruchzerlegung und Spezialisierung auf $s_n = j\Omega$ ergibt sich

$$H(j\Omega) = \frac{1}{0,5882 + j0,917\Omega} - \frac{1}{1,4282 + j0,917\Omega}$$

$$= H_1(j\Omega) + H_2(j\Omega) .$$

Wir erhalten zwei Kreise durch den Nullpunkt um die Punkte $w_{m1} = 0,85$ und $w_{m2} = -0,35$. Bild 5.27 zeigt diese Teilortskurven, ihre Bezifferung und die daraus zusammengesetzte Ortskurve $H(j\Omega)$.

c) Reihenschwingkreis

Wir betrachten weiterhin den bereits im Abschnitt 3.2.1 eingehend behandelten
Reihenschwingkreis. Dort waren folgende Beziehungen hergeleitet worden:

$$H_R(j\Omega) = \frac{U_R}{U_q} = \frac{j\rho\Omega}{1+j\rho\Omega-\Omega^2} = \frac{2j\cos\psi\Omega}{1+2j\cos\psi\Omega-\Omega^2} \quad, \tag{3.42a}$$

$$H_L(j\Omega) = \frac{U_L}{U_q} = \frac{-\Omega^2}{1+j\rho\Omega-\Omega^2} = \frac{-\Omega^2}{1+2j\cos\psi\Omega-\Omega^2} \quad, \tag{3.42b}$$

$$H_C(j\Omega) = \frac{U_C}{U_q} = \frac{1}{1+j\rho\Omega-\Omega^2} = \frac{1}{1+2j\cos\psi\Omega-\Omega^2} \quad. \tag{3.42c}$$

Hier ist $\Omega = \omega\sqrt{LC}$ die normierte Frequenz und $\rho = 2\cos\psi = R\sqrt{C/L}$. Für den Nenner der
drei Übertragungsfunktionen gilt

$$-\Omega^2 + j2\cos\psi\Omega + 1 = - (\Omega - je^{-j\psi})(\Omega - je^{+j\psi})$$

Speziell sei $\psi = \pi/4$, d.h. $\rho = \sqrt{2}$ gewählt. Dann ergibt die Partialbruchzerlegung
für die drei Funktionen

$$H_R(j\Omega) = \frac{-1}{\sqrt{2}} \cdot \left| \frac{1+j}{\Omega-je^{j\pi/4}} - \frac{1-j}{\Omega-je^{-j\pi/4}} \right| \quad,$$

$$H_L(j\Omega) = 1 + \frac{j}{\sqrt{2}} \cdot \left| \frac{1}{\Omega-je^{j\pi/4}} + \frac{1}{\Omega-je^{-j\pi/4}} \right| \quad,$$

$$H_C(j\Omega) = \frac{1}{\sqrt{2}} \cdot \left| \frac{1}{\Omega-je^{j\pi/4}} - \frac{1}{\Omega-je^{-j\pi/4}} \right| \quad.$$

In Bild 5.28 sind die kreisförmigen Ortskurven der einzelnen Summanden sowie die
Summenkurven H_R, H_L und H_C jeweils für $\Omega \geq 0$ aufgetragen. Der Resonanzpunkt $\Omega = 1$,
in dem die Teilspannungen an Kapazität und Induktivität entgegengesetzt gleich und
die Spannung am Widerstand gleich der Quellspannung ist, wurde besonders hervorgehoben. Bemerkenswert ist, daß die Ortskurve $H_L(j\Omega)$ durch Spiegelung an der reellen
Achse aus $H_C(j\Omega)$ hervorgeht, wenn man noch bei der Bezifferung zu den reziproken
Werten übergeht. Auf diese Zusammenhänge wurde schon in Abschnitt 3.2.1 hingewiesen.
Schließlich sei hervorgehoben, daß die Ortskurve $H_R(j\Omega)$, die sich ebenso wie die
beiden anderen aus zwei Teilkreisen zusammensetzt, für $\Omega \geq 0$ selbst ein Vollkreis
ist. Unter Verwendung der Verfahren von Abschnitt 5.5.2 erkennt man das, wenn man
$H_R(j\Omega)$ wie in Abschnitt 3.2.1 mit $Q = 1/\rho$ in der Form

$$H_R(j\Omega) = \frac{1}{1+jQ(\Omega-\Omega^{-1})} \tag{3.42d}$$

schreibt. Offenbar erhalten wir eine Funktion, die mit $c_0=1$, $c_1=jQ$ und $\lambda=\Omega-\Omega^{-1}$
völlig (5.46) entspricht. Hier durchläuft λ für $\Omega \geq 0$ alle reellen Werte. Eine
andere Erläuterung wurde in Abschnitt 3.2.1 im Zusammenhang mit Bild 3.13b gegeben.

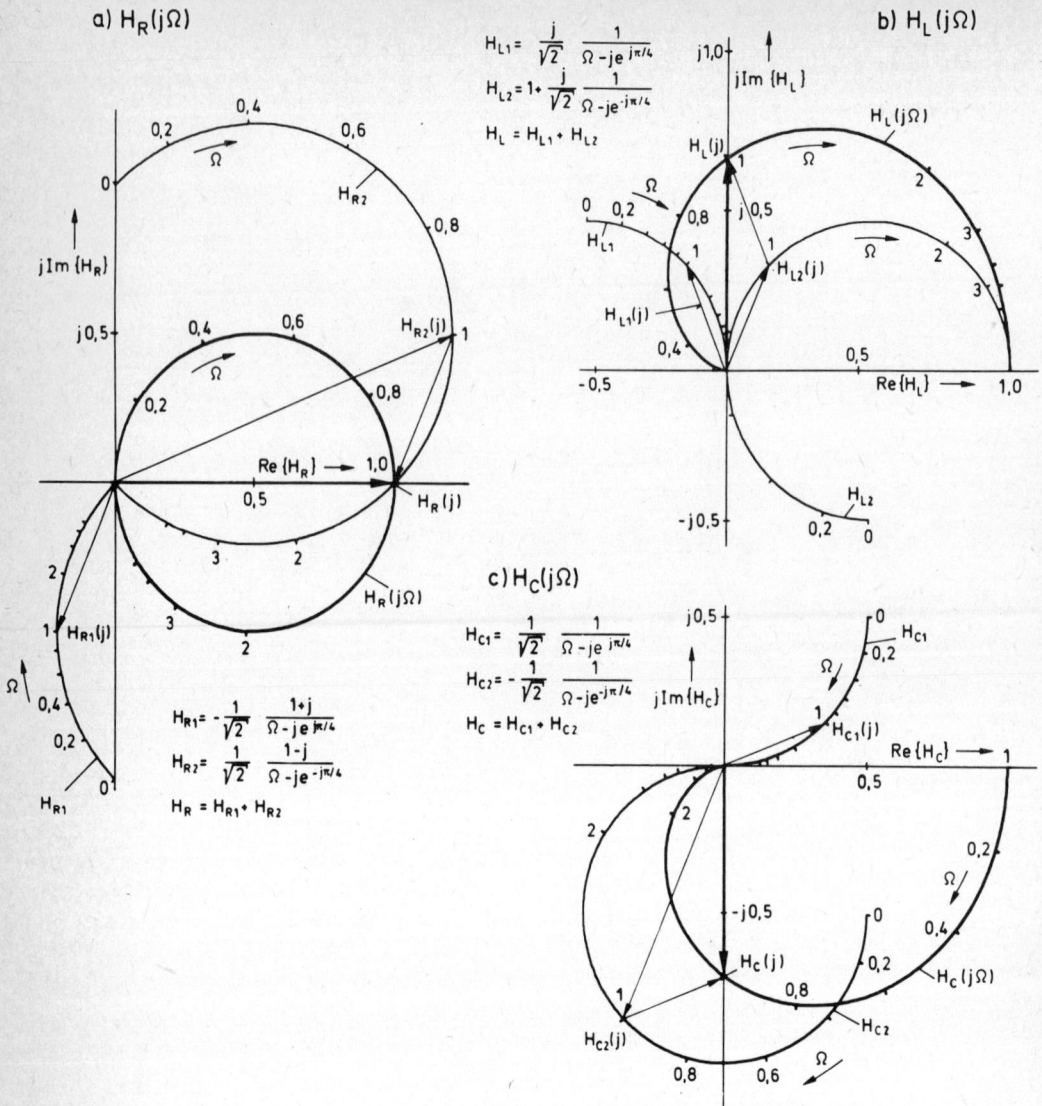

Bild 5.28　　　Ortskurven der Teilspannungen am Reihenschwingkreis

d) Eingangswiderstand eines Vierpols

Der Eingangswiderstand des in Bild 5.29 gezeichneten Vierpols soll in Abhängigkeit vom Abschlußwiderstand R_2 betrachtet werden. Allgemein erhält man aus (4.8a)

$$Z_B = \frac{A_{12} - A_{11}R_2}{A_{22} - A_{21}R_2}.$$

Hier sind die A_{ik} die i.a. komplexen Elemente der Primärmatrix $\mathbf{A}$ des Vierpols und

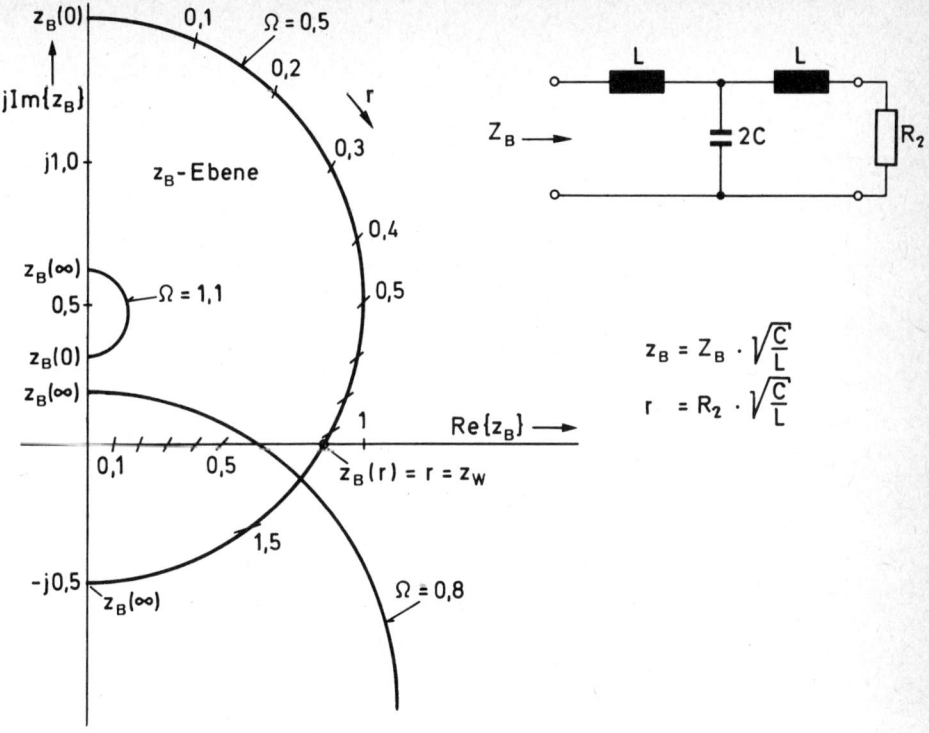

Bild 5.29   Ortskurven des Eingangswiderstandes einer Vierpols in Abhängigkeit
             vom Abschlußwiderstand

R_2 der als variabel angenommene Abschlußwiderstand. Wir haben hier ein Beispiel,
bei dem nicht die Frequenz, sondern die Größe eines Bauelementes Parameter der Ortskurve ist. Zunächst erhält man für die angegebene Schaltung mit Hilfe von Tabelle
4.2 und $\Omega = \omega\sqrt{LC}$

$$A = \begin{bmatrix} 1 - 2\Omega^2 & -j2\Omega(1-\Omega^2)\sqrt{\dfrac{L}{C}} \\ j2\Omega\sqrt{\dfrac{C}{L}} & -(1-2\Omega^2) \end{bmatrix}.$$

Den Eingangswiderstand Z_B können wir in normierter Form als

$$z_B = Z_B\sqrt{\frac{C}{L}} = \frac{c_2 + r}{1 + c_1 r}$$

angeben, wobei gesetzt wurde

$$r = R_2\sqrt{\frac{C}{L}}, \quad c_1 = j\,\frac{2\Omega}{1-2\Omega^2}, \quad c_2 = j\,\frac{2\Omega(1-\Omega^2)}{1-2\Omega^2}.$$

Für feste Werte von Ω sind c_1 und c_2 Konstante. Gemäß (5.48b) ist $z_B(r)$ ein Kreis
in allgemeiner Lage. Bild 5.29 zeigt die Ortskurven für verschiedene Werte von Ω.
Die reelle Achse der z_B-Ebene wurde unmittelbar zur Bezifferung verwendet, die
bei der Kurve für $\Omega = 0,5$ mit angegeben ist. Für $\Omega < 1$ schneiden die Ortskurven
die reelle Achse in dem Fixpunkt der durch die Beziehung $z_B(r)$ beschriebenen Abbildung. Offenbar ist der zugehörige Wert R_2 der Wellenwiderstand des Vierpols

(siehe Abschnitt 4.4). Für $\Omega > 1$ gibt es keinen Schnittpunkt der Ortskurve mit der reellen Achse. Tatsächlich ist in diesem Bereich der Wellenwiderstand des betrachteten Vierpols imaginär (siehe Bild 4.19b). Interessant ist noch der Fall $\Omega^2 = 0,5$. Für diese Frequenz wird $z_B = 0,5/r$; der Kreis entartet zur reellen Achse, der Eingangswiderstand ist reell und umgekehrt proportional zum Abschlußwiderstand.

e) Inversion von Widerständen und Leitwerten

Wir gehen von der Reihenschaltung eines ohmschen Widerstandes R mit einer Reaktanz X, d.h. einer beliebigen Zusammenschaltung von Induktivitäten und Kapazitäten aus. Der komplexe Widerstand dieser Anordnung ist

$$Z = R + jX,$$

wobei R alle Widerstandswerte ≥ 0, X dagegen, z.B. bei Variation der Frequenz, alle Werte zwischen $-\infty$ und $+\infty$ annehmen kann. Es soll

$$Y = Z^{-1} = \frac{1}{R + jX} \tag{5.51}$$

in Abhängigkeit von R oder X bestimmt werden. Ist R die Variable, so erhält man als Ortskurven Halbkreise mit $Y(\infty) = 0$ und dem Mittelpunkt $Y_m = -j/2X$. Wird X als variabel betrachtet, so ergeben sich Vollkreise mit $Y(\infty) = 0$ und dem Mittelpunkt $Y_m = 1/2R$. Bild 5.30 zeigt die Funktionen $Z = R+jX$ und $Y = Z^{-1}$ für zwei Fälle.

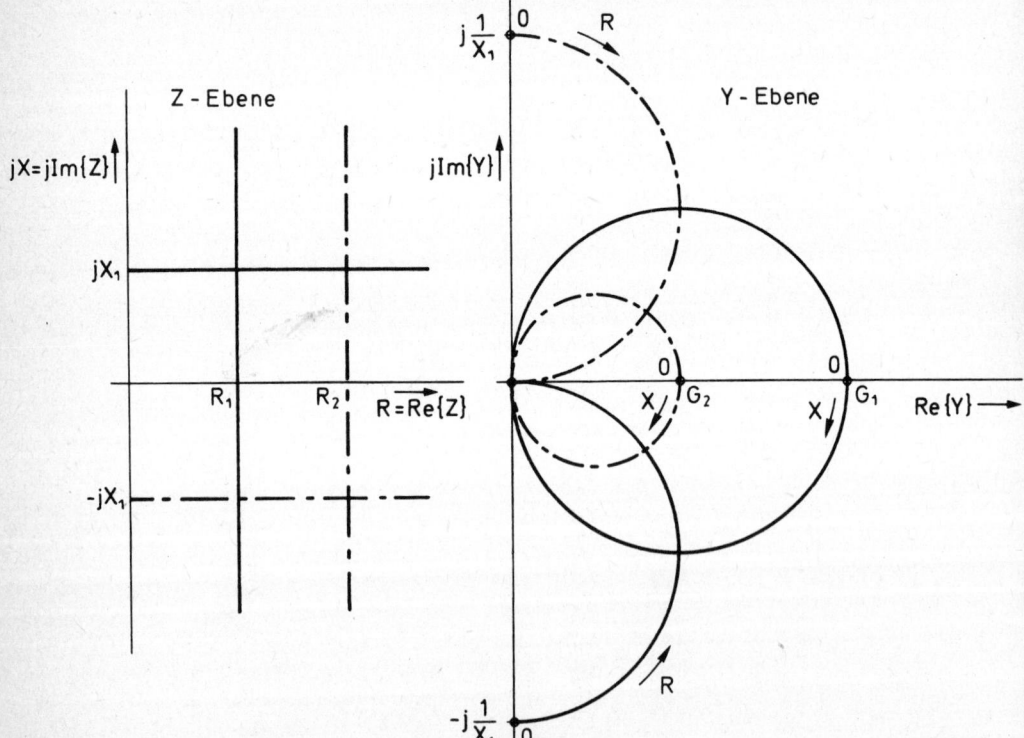

Bild 5.30   Zur Inversion von komplexen Widerständen

Bemerkenswert ist, daß die zueinander gehörenden Kreise für R = konst. und X = konst. in der Y-Ebene sich ebenso wie die entsprechenden Geraden unter rechten Winkeln schneiden. Das gilt allgemein bei Funktionen, die wie (5.51) bis auf isolierte Punkte analytisch sind und daher eine konforme und damit winkeltreue Abbildung, hier von der Z- auf die Y-Ebene, vermitteln (z.B. [5.5]).

Die für die Bestimmung des Leitwertes aus dem Widerstand untersuchten Zusammenhänge gelten natürlich umgekehrt ebenso.

5.5.4 Die gebrochen lineare Abbildung

Die im Abschnitt 5.5.2 und im letzten Beispiel gezeigten Beziehungen basieren auf einem allgemeinen Zusammenhang, der noch kurz aufgezeigt werden soll. Läßt man in (5.49) für die Variable komplexe Werte zu, so kommt man auf die allgemeine Beziehung

$$w(z) = \frac{b_o + b_1 z}{c_o + c_1 z} \, , \tag{5.52}$$

die eine Abbildung der komplexen z-Ebene in die w-Ebene beschreibt. Jedem Punkt $z = x + jy$ wird dabei ein Punkt $w = u + jv$ zugeordnet. Da umgekehrt

$$z = - \frac{b_o - c_o w}{b_1 - c_1 w} \tag{5.53}$$

gilt, wird auch ein Punkt der w-Ebene in einen Punkt der z-Ebene abgebildet.

Durch Spezialisierung der Koeffizienten in (5.52) (und mit $z = \lambda$) gewinnt man offenbar die bisher behandelten Funktionen. Mit $c_1 = 0$ entsteht die lineare Funktion (5.45), mit $b_1 = 0$ die echt gebrochene Funktion entsprechend (5.46). Die Abbildung hat i.a. zwei Fixpunkte $z_{1,2}$ mit $w(z_{1,2}) = z_{1,2}$ für

$$z_{1,2} = \frac{b_1 - c_o}{2c_1} \pm \sqrt{\frac{b_o}{c_1} + \left(\frac{b_1 - c_o}{2c_1}\right)^2} \, , \tag{5.54}$$

bei denen also der Ausgangspunkt und seine Abbildung übereinstimmen. Im Beispiel d von Abschnitt 5.5.3 hatten wir gesehen, daß beim Eingangswiderstand eines Vierpols als Funktion des Abschlußwiderstandes dieser Punkt dem Wellenwiderstand entspricht. Wird $c_1 = 0$, entartet also die gebrochen lineare Funktion zu einer linearen, so wird $z_1 = \infty$, $z_2 = b_o / (c_o - b_1)$.

Die wichtigste Eigenschaft der gebrochen linearen Funktion ist aber,
daß sie beliebige Kreise in der z-Ebene wieder in Kreise in der w-
Ebene überführt. Dabei sind die Geraden, die wir im Beispiel e des
letzten Abschnittes der Abbildung unterworfen haben oder speziell die
reelle Achse der z-Ebene als Sonderfälle von Kreisen (mit unendlich
großem Radius) aufzufassen. Wir sprechen von einer kreisverwandten
Abbildung (z.B. [5.10] ... [5.12]).

Den Beweis führen wir entsprechend unserem Vorgehen in Abschnitt 5.5.2 (siehe
[5.10]). Wir gehen aus von den vier auf einem Kreis liegenden Punkten z_1 ... z_4
(siehe Bild 5.31), für die nach (5.47) gilt

$$\frac{z_1 - z_3}{z_1 - z_4} \cdot \frac{z_2 - z_4}{z_2 - z_3} = d \in \mathbb{R}.$$

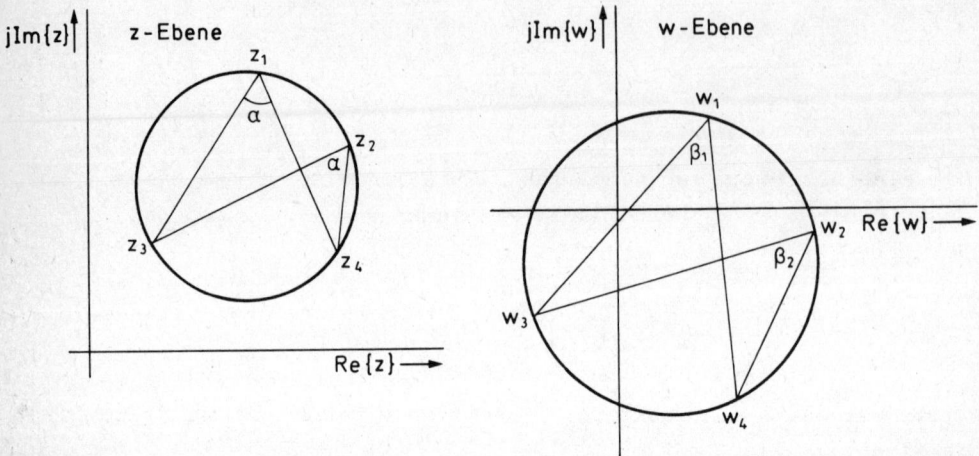

Bild 5.31   Zum Beweis der Kreisverwandtschaft

In der w-Ebene bestimmen wir den entsprechenden Ausdruck für die zugehörigen Bild-
punkte w_1 ... w_4 und erhalten durch Einsetzen von (5.52)

$$\frac{w_1 - w_3}{w_1 - w_4} \cdot \frac{w_2 - w_4}{w_2 - w_3} = \frac{z_1 - z_3}{z_1 - z_4} \cdot \frac{z_2 - z_4}{z_2 - z_3}$$

wie oben. Die Punkte w_1 ... w_4 liegen also ebenfalls auf einem Kreis.

Als Beispiel untersuchen wir den sogenannten Reflexionsfaktor r, der in der Leitungstheorie eingeführt wird und dort als Quotient von rücklaufender zur vorlau-
fenden Welle an einer Stoßstelle definiert wird. Wir können den Begriff formal
auf Netzwerke aus konzentrierten Elementen übertragen, wenn wir die Zusammenschaltung einer Quelle mit beliebigem Innenwiderstand Z_i mit einem Abschlußwiderstand
Z_a, wie in Bild 5.32 angegeben, durch eine äquivalente Schaltung mit zwei Spannungs-

quellen und zwei Widerständen Z_i ersetzen [5.10]. Für die Äquivalenz ist erforderlich, daß

$$\frac{U_q}{Z_i + Z_a} = U_q \, \frac{1 - r}{2 Z_i}$$

ist, was für

$$r = \frac{Z_a - Z_i}{Z_a + Z_i} \tag{5.55}$$

der Fall ist. Für r=0 und $Z_i = R_i$ (rein reell) wird die an den Lastwiderstand abgegebene Leistung maximal (Abschnitte 2.4 und 3.3.5). Der Definition liegt die Vor-
stellung zugrunde, daß eine Fehlanpassung ($Z_a \neq Z_i$) als Wirkung einer reflektier-
ten Spannung der Größe $r \cdot U_q$ erklärt werden kann.

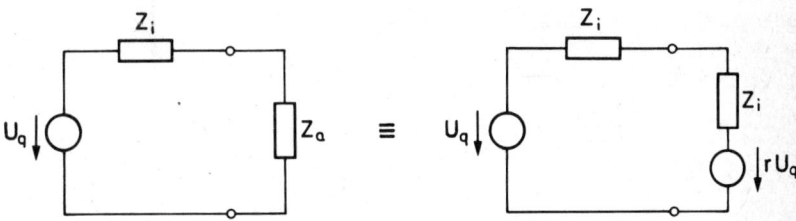

Bild 5.32   Zur Definition des Reflexionsfaktors

Wir diskutieren die durch (5.55) definierte Abbildung für den Fall $Z_i = R_i$ und
schreiben mit dem normierten Widerstand $z = Z_a/R_i = x+jy$

$$r = \frac{z - 1}{z + 1}. \tag{5.56}$$

Hier kann z beliebige Werte in der abgeschlossenen rechten Halbebene annehmen.
Unter dieser Bedingung gilt

$$|r| \le 1. \tag{5.57}$$

Damit bildet (5.56) die abgeschlossene rechte z-Halbebene in den abgeschlossenen
Einheitskreis der r-Ebene ab. Das Koordinatennetz $x = \mathrm{Re}\{z\}$ = konst. und $y = \mathrm{Im}\{z\}$ =
konst. geht dabei in Kreise über mit den Mittelpunkten

$$r_m = 1 + j \, \frac{1}{y} \quad , \text{ wenn x variabel und}$$
$$\tag{5.58}$$
$$r_m = 1 - \frac{1}{1+x} \quad , \text{ wenn y variabel ist.}$$

Die Kreise gehen alle durch den Punkt r = 1. Bild 5.33 erläutert diese Abbildung.
Ihre mit (5.54) errechneten Fixpunkte liegen bei $\pm$ j. Das entstandene Bild wird
als *Smith-Diagramm* bezeichnet und insbesondere in der Hochfrequenztechnik viel-
fach verwendet. Es kann zum Beispiel benutzt werden, um bei gegebenem normierten
komplexen Widerstand z_o den Leitwert graphisch zu bestimmen. Ist nämlich $r(z_o) = r_o$,

so wird $r(1/z_o) = -r_o$, wird also durch Spiegelung am Nullpunkt erreicht. Da üblicherweise die Kreise des Smith-Diagramms mit den kartesischen Koordinaten der ab-
gebildeten z-Ebene beschriftet werden, kann man Real- und Imaginärteil von $1/z_o$
ablesen.

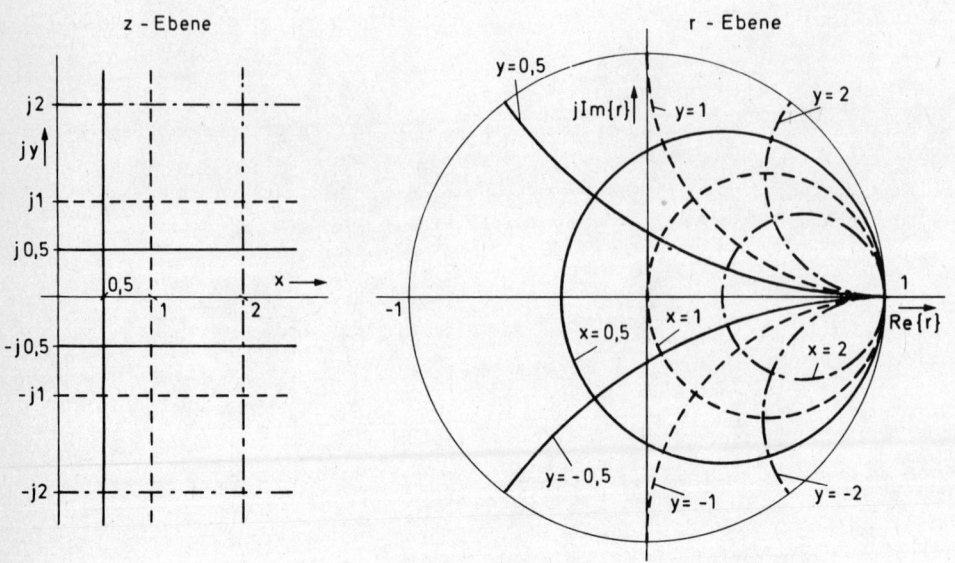

Bild 5.33   Abbildung der Widerstands- in die Reflexionsfaktorebene
              (Smith-Diagramm)

Schließlich sei noch die Umkehrung von (5.56) betrachtet. Man erhält

$$z = - \frac{r + 1}{r - 1} , \qquad\qquad (5.59)$$

womit der Einheitskreis in die rechte z-Halbebene abgebildet wird. Von besonderem
Interesse ist hier die Abbildung der konzentrischen Kreise $|r| = $ konst. und der
Geraden durch den Nullpunkt $\arg\{r\} = $ konst. Entsprechend der allgemeinen Betrachtung
zu Beginn dieses Abschnittes müssen auch hier Kreise entstehen. Für $|r| = $ konst.
ergeben sich symmetrisch zur reellen Achse liegende Kreise mit dem Mittelpunkt

$$z_m = x_m = \frac{1 + |r|^2}{1 - |r|^2} \quad \text{und dem Radius}$$

$$(5.60a)$$

$$\rho = \frac{2|r|}{1 - |r|^2} .$$

Es handelt sich um eine Schar von Appolonius-Kreisen. Die Geraden durch den Nullpunkt der r-Ebene gehen in Kreise mit dem Mittelpunkt

$$z_m = j\, y_m = j\, \frac{1}{\tan\beta} \quad \text{mit } \beta = \arg\{r\} \qquad\qquad (5.60b)$$

über und gehen alle durch den Punkt z = 1. Bild 5.34 erläutert die Beziehungen.
Die entstandene Abbildung wird als *Buschbeck-Diagramm* bezeichnet.

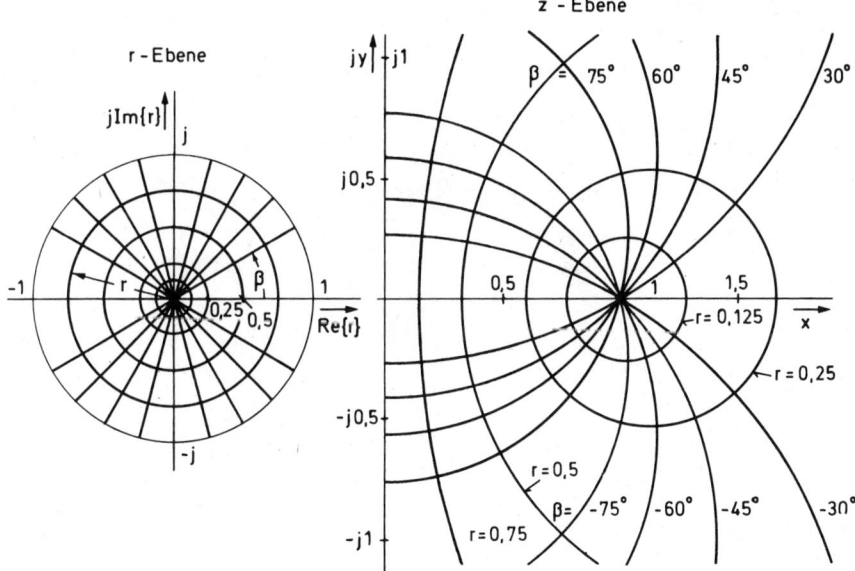

Bild 5.34   Abbildung der Reflexionsfaktor- in die Widerstandsebene
              (Buschbeck-Diagramm)

5.6 Stabilität

5.6.1 Vorbemerkung

In Abschnitt 5.1.2 haben wir bereits angegeben, daß die Stabilitätseigenschaften von Systemen im wesentlichen durch die Lage der Polstellen ihrer Übertragungsfunktionen bestimmt sind. Wir interessieren
uns insbesondere für unbedingt stabile Systeme, für die gilt

$$\sigma_{\infty\nu} = \mathrm{Re}\{s_{\infty\nu}\} < 0 \quad \forall\nu = 1(1)n. \qquad (5.13a)$$

Im Prinzip läßt sich die Einhaltung dieser Bedingung natürlich nach
Berechnung der Polstellen $s_{\infty\nu}$ kontrollieren. Abgesehen von Systemen
sehr niedrigen Grades ist ein solches Verfahren aber sehr langwierig
und numerisch schwierig. Es sind daher schon sehr frühzeitig Methoden

entwickelt worden, mit denen ohne explizite Berechnung der Nullstellen $s_{\infty\nu}$ des Polynoms

$$N(s) = \sum_{\nu=0}^{n} c_\nu s^\nu = c_n \prod_{\nu=1}^{n} (s-s_{\infty\nu})$$

getestet werden kann, ob sie die Bedingung (5.13a) erfüllen. Ein Polynom, das diese Eigenschaft hat, wird nach einem der ersten mit diesem Problem befaßten Wissenschaftler als *Hurwitz-Polynom* bezeichnet.

Wir werden im folgenden einige Eigenschaften von Hurwitz-Polynomen behandeln und zwei Stabilitätstests herleiten bzw. angeben.

5.6.2 Eigenschaften von Hurwitz-Polynomen (z.B. [5.13])

a) Für ein Hurwitzpolynom ist notwendig, daß

$$\frac{c_\nu}{c_n} > 0, \ \forall \nu = 0(1)(n-1). \tag{5.61}$$

Der Beweis ist durch eine Betrachtung der Linearfaktoren in N(s) für $Re\{s_{\infty\nu}\} < 0$ leicht zu führen. Für $s_{\infty\nu} = \sigma_{\infty\nu} < 0$ ist der Linearfaktor

$$s - s_{\infty\nu} = s + |\sigma_{\infty\nu}|.$$

Ist $s_{\infty\nu} = \sigma_{\infty\nu} + j\omega_{\infty\nu}$, so ergibt sich

$$(s-s_{\infty\nu})(s-s_{\infty\nu}^*) = s^2 - 2 \ Re\{s_{\infty\nu}\}s + |s_{\infty\nu}|^2$$

$$= s^2 + 2|\sigma_{\infty\nu}|s + |s_{\infty\nu}|^2$$

mit $Re\{s_{\infty\nu}\} = \sigma_{\infty\nu} < 0$. Damit ist N(s) als Produkt von Polynomen mit positiven Koeffizienten darzustellen. Seine Koeffizienten müssen daher alle positiv sein. Es sei ausdrücklich betont, daß N(s) kein Hurwitzpolynom ist, wenn einer oder mehrere der Koeffizienten = 0 sind.

Bemerkung: Die notwendige Bedingung (5.61) ist entsprechend der Herleitung nur für Polynome 1. und 2. Grades auch hinreichend, für Polynome höheren Grades dagegen nicht. Z.B. ist

$$s^3 + s^2 + 2s + 24 = (s^2 - 2s + 8) \cdot (s + 3)$$

kein Hurwitz-Polynom.

b) Für ein Hurwitzpolynom gilt

$$|N(s)| < |N(-s)| \qquad \text{für } \text{Re}\{s\} < 0$$
$$|N(s)| > |N(-s)| \qquad \text{für } \text{Re}\{s\} > 0$$
$$|N(s)| = |N(-s)| \qquad \text{für } \text{Re}\{s\} = 0$$

oder in Kurzschreibweise

$$|N(s)| \underset{>}{\overset{<}{=}} |N(-s)| \qquad \text{für } \text{Re}\{s\} \underset{>}{\overset{<}{=}} 0 \qquad\qquad (5.62)$$

An Hand von Bild 5.35a bestätigt man unmittelbar, daß für jeden Linearfaktor in N(s) gilt

$$|s-s_{\infty\nu}| < |-s^*-s_{\infty\nu}| \qquad \text{für } \text{Re}\{s\} < 0$$

bzw.

$$|s-s_{\infty\nu}| > |-s^*-s_{\infty\nu}| \qquad \text{für } \text{Re}\{s\} > 0.$$

Wegen $|N(-s^*)| = |N(-s)|$ folgt die obige Aussage für $\text{Re}\{s\} \neq 0$.
Die Reellwertigkeit des Polynoms führt auf $|N(j\omega)| = |N(-j\omega)|$, was mit Bild 5.35b noch einmal zu bestätigen ist. Damit ist die Gültigkeit von (5.62) gezeigt.

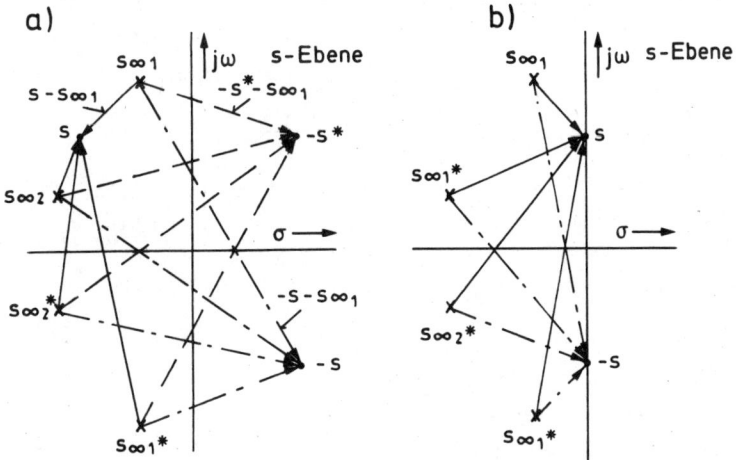

Bild 5.35   Zur Herleitung der Eigenschaften von Hurwitzpolynomen

c) Es sei N(s) = G(s) + U(s), wobei

$$G(s) = \frac{1}{2}\,[N(s) + N(-s)] \qquad\qquad (5.63a)$$

der gerade Teil von N(s) und

$$U(s) = \frac{1}{2}\,[N(s) - N(-s)] \qquad\qquad (5.63b)$$

der ungerade Teil ist. Dann gilt

$$\mathrm{Re}\{\frac{G}{U}\} \gtreqless 0 \quad \text{für } \mathrm{Re}\{s\} \gtreqless 0 \tag{5.64a}$$

bzw. $\qquad \mathrm{Re}\{\frac{U}{G}\} \gtreqless 0 \quad \text{für } \mathrm{Re}\{s\} \gtreqless 0. \tag{5.64b}$

Um diese Eigenschaft zu zeigen, betrachten wir

$$|N(s)|^2 = [G + U][G^* + U^*] = GG^* + GU^* + UG^* + UU^*$$
$$|N(-s)|^2 = [G - U][G^* - U^*] = GG^* - GU^* - UG^* + UU^*.$$

Aus (5.62) folgt dann

$$GG^* + GU^* + UG^* + UU^* \gtreqless GG^* - GU^* - UG^* + UU^* \quad \text{für } \mathrm{Re}\{s\} \gtreqless 0$$

und

$$GU^* + UG^* \gtreqless 0 \quad \text{für } \mathrm{Re}\{s\} \gtreqless 0.$$

Nun ist aber

$$\mathrm{Re}\{\frac{G}{U}\} = \frac{1}{2}\left[\frac{G}{U} + \frac{G^*}{U^*}\right] = \frac{1}{2}\frac{GU^* + G^*U}{UU^*}.$$

Wegen $UU^* = |U|^2 > 0$ folgt dann sofort die Aussage von (5.64a). Entsprechend erhält man (5.64b) aus

$$\mathrm{Re}\{\frac{U}{G}\} = \frac{1}{2}\left[\frac{U}{G} + \frac{U^*}{G^*}\right] = \frac{1}{2}\frac{UG^* + U^*G}{GG^*}.$$

Die Beziehungen (5.64) gelten unabhängig davon, ob G(s) oder U(s) von höherem Grade ist, d.h. unabhängig davon, ob der Grad n des Polynoms N(s) gerade oder ungerade ist.

d) Ein Vergleich von (5.64) mit (5.21b) in Abschnitt 5.3 zeigt die Identität dieser beiden Aussagen. Damit kommen wir zu der sehr interessanten Feststellung, daß der Quotient des geraden und ungeraden Teils eines Hurwitzpolynoms eine Reaktanzfunktion ist. Dann gilt aber auch für Hurwitzpolynome die Eigenschaft (5.21c), die wir im Abschnitt 5.3 hergeleitet haben und hier noch einmal für unsere jetzige Betrachtung allgemein formulieren:

> Sind G(s) und U(s) gerader bzw. ungerader Teil eines
> Hurwitzpolynoms, so haben die Quotienten $\psi(s) = G/U$
> bzw. U/G nur einfache Pole und Nullstellen auf der   (5.65)
> imaginären Achse, die sich abwechseln. Die Residuen
> in den Polstellen der Quotienten sind positiv reell.

e) Ausgehend von $N(s) = G(s) + U(s)$ bilden wir die Kettenbruchentwicklung von G/U, wenn n gerade bzw. U/G, wenn n ungerade ist. Dann gilt
die folgende Eigenschaft, die die Basis für einen der algebraischen
Stabilitätstests, den *Routh-Test*, ist (siehe Abschnitt 5.6.3).

$$\text{In} \quad \frac{G(s)}{U(s)} \quad \text{oder} \quad \frac{U(s)}{G(s)} = \alpha_1 s + \cfrac{1}{\alpha_2 s + \cfrac{1}{\alpha_3 s + \cfrac{1}{\alpha_4 s + \dots}}}$$

ist genau dann

$$\alpha_\nu > 0 \quad \forall \nu = 1(1)n, \tag{5.66}$$

wenn $N(s) = G(s) + U(s)$ ein Hurwitzpolynom ist.

Wir zeigen die Eigenschaft (5.66) für den Fall, daß n gerade ist, $G(s)$ also einen
höheren Grad hat als $U(s)$. Die Division von

$$\frac{G}{U} = \frac{c_n s^n + c_{n-2} s^{n-2} + \dots + c_0}{c_{n-1} s^{n-1} + \dots + c_1 s}$$

liefert mit $\alpha_1 := \dfrac{c_n}{c_{n-1}}$: $\quad \dfrac{G}{U} = \dfrac{c_n}{c_{n-1}} s + \dfrac{G_1}{U} = \alpha_1 s + \dfrac{G_1}{U}$.

Es ist nun

$$\text{Re}\{\frac{G}{U}\} = \alpha_1 \text{Re}\{s\} + \text{Re}\{\frac{G_1}{U}\}.$$

Da G_1 von kleinerem Grad als U ist, gilt

$$\lim_{s \to \infty} \frac{G_1}{U} = 0.$$

Die Realteilbedingung (5.64) muß auch für diesen Grenzfall erfüllt sein, was nur
für $\alpha_1 > 0$ möglich ist. α_1 ist offenbar das Residuum des Pols von G/U im Unendlichen, entsprechend B_∞ in (5.22). Dann muß aber die nach Abspaltung von $\alpha_1 s$ ver-
bleibende Restfunktion G_1/U ebenfalls eine Reaktanzfunktion (bzw. $G_1 + U$ ein
Hurwitzpolynom) sein. Mit G_1/U ist aber auch U/G_1 eine Reaktanzfunktion, für die
gilt

$$\text{Re}\{\frac{U}{G_1}\} \lesseqgtr 0 \qquad \text{für} \quad \text{Re}\{s\} \lesseqgtr 0.$$

Im zweiten Schritt der Kettenbruchentwicklung ist dann

$$\frac{U}{G_1} = \alpha_2 s + \frac{U_1}{G_1}.$$

Wie vorher ist aus (5.64) zu schließen, daß $\alpha_2 > 0$ sein muß und daß auch U_1/G_1 die
Realteilbedingung erfüllen muß. Die fortgesetzte Anwendung dieses Verfahrens führt
zu der Aussage, daß alle $\alpha_\nu > 0$ sein müssen. Die Herleitung verläuft ganz entsprechend, wenn U von höherem Grade als G ist, d.h. wenn n ungerade ist.

Weil G/U bzw. U/G Reaktanzfunktionen sind, ist eine schaltungstechni-
sche Interpretation von (5.66) möglich. Wir zeigen sie für den Fall,
daß $\Psi(s)$ = G/U eine Widerstandsfunktion ist. Offenbar ist dann in

$$\Psi(s) = \alpha_1 s + \frac{G_1}{U} = \alpha_1 s + \frac{1}{U/G_1}$$

$\alpha_1 s$ der Widerstand einer Induktivität der Größe α_1 und U/G_1 der Leitwert eines dazu in Reihe geschalteten Reaktanzzweipols. In

$$\Psi_1(s) = \frac{U}{G_1} = \alpha_2 s + \frac{1}{G_1/U_1}$$

ist dann $\alpha_2 s$ der Leitwert einer Kapazität der Größe α_2 und G_1/U_1 der
Widerstand eines dazu parallelgeschalteten Reaktanzzweipols usw.
Wir kommen so zu einer Abzweigschaltung, die in den Längszweigen
Induktivitäten und in den Querzweigen Kapazitäten enthält. Bild 5.36a
zeigt die sich ergebende sogenannte Kettenbruchschaltung in allge-
meiner Form, Bild 5.36b für ein noch zu behandelndes Beispiel. Die
Aussage (5.66) bedeutet jetzt offenbar, daß die Schaltung, die $\Psi(s)$
realisiert, nur Elemente mit positiven Werten enthalten kann. Ebenso
besagt die Aussage über die Residuen in (5.65), daß die Elemente der
Partialbruchschaltung nur positiv sein können (siehe Abschnitt 5.3 und
Bild 5.7b).

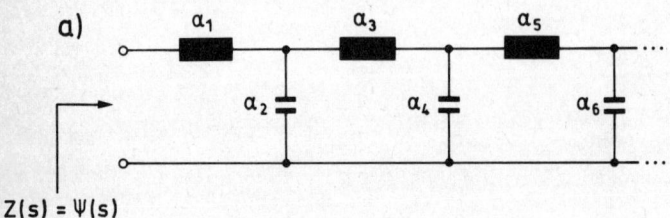

$$Z(s) = \Psi(s)$$

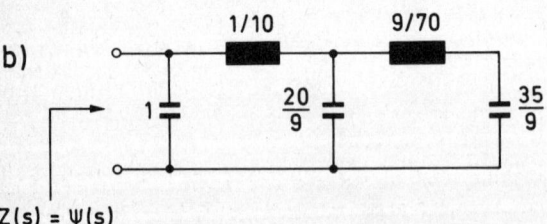

$$Z(s) = \Psi(s)$$

Bild 5.36   a) Allgemeine Kettenbruchschaltung zu $\Psi(s) = Z(s)$
              b) Kettenbruchschaltung zu

$$Z(s) = \Psi(s) = \frac{s^4 + 10s^2 + 9}{s^5 + 20s^3 + 64s}$$

Wir behandeln einige Beispiele:

1) Aus $\qquad N(s) = 24s^4 + 24s^3 + 18s^2 + 6s + 1$

   erhält man mit $G(s) = 24s^4 + 18s^2 + 1$ und $U(s) = 24s^3 + 6s$

$$\frac{G(s)}{U(s)} = s + \cfrac{1}{2s + \cfrac{1}{3s + \cfrac{1}{4s}}}.$$

   $N(s)$ ist also nach (5.66) ein Hurwitzpolynom.

2) Für das unter a) behandelte Beispiel ergibt sich mit $N(s) = s^2 + s^3 + 2s + 24$
   die Kettenbruch-Entwicklung

$$\frac{U}{G} = s + \cfrac{1}{-\frac{1}{22}s + \cfrac{1}{-\frac{11}{12}s}}.$$

   Wir erkennen auch hier, daß kein Hurwitzpolynom vorliegt.

3) In Anlehnung an das Beispiel von Bild 5.7 betrachten wir weiterhin

$$N(s) = s^5 + s^4 + 20\,s^3 + 10\,s^2 + 64s + 9$$

   und damit

$$\Psi(s) = \frac{G}{U} = \frac{s^4 + 10s^2 + 9}{s^5 + 20s^3 + 64s}.$$

Die Kettenbruchentwicklung liefert

$$\Psi(s) = \cfrac{1}{s + \cfrac{1}{\frac{s}{10} + \cfrac{1}{\frac{20}{9}s + \cfrac{1}{\frac{9}{70}s + \cfrac{1}{\frac{35}{9}s}}}}}$$

und die Interpretation als Widerstand die in Bild 5.36b angegebene Schaltung, die
äquivalent zu der in Bild 5.7b ist.

f) Mit den im letzten Abschnitt festgestellten Eigenschaften von $G(s)$
und $U(s)$ können wir abschließend noch einen Sonderfall behandeln. Bei
der Kettenbruchentwicklung von $G(s)/U(s)$ oder $U(s)/G(s)$ kann die Rechnung vorzeitig abbrechen. Das bedeutet, daß $\alpha_\nu = 0$ wird für $\nu \leq n$. Nach
der Aussage von (5.66) ist $N(s) = G(s) + U(s)$ dann kein Hurwitzpolynom.
Da hier aber der Grenzfall eines bedingt stabilen Systems vorliegen
kann, bei dem einfache Pole auf der imaginären Achse liegen dürfen,
sei diese Möglichkeit noch etwas näher untersucht.

Ein Abbruch der Kettenbruchentwicklung tritt ein, wenn G(s) und U(s) einen gemeinsamen Faktor enthalten, wenn also $G(s) = P(s)G_o(s)$ und $U(s) = P(s)U_o(s)$ und damit $N(s) = P(s)[G_o(s) + U_o(s)]$ ist.

Als Beispiel betrachten wir

$$N(s) = s^7 + s^6 + 7s^5 + 6s^4 + 14s^3 + 9s^2 + 8s + 4.$$

Es wird

$$\frac{U(s)}{G(s)} = \frac{s^7+7s^5+14s^3+8s}{s^6+6s^4+9s^2+4} = s + \cfrac{1}{s + \cfrac{s^4+5s^2+4}{s^5+5s^3+4s}}$$

$$= s + \cfrac{1}{s + \cfrac{1}{s + 0}}.$$

Der gemeinsame Faktor P(s) erscheint als letzter Teiler. Hier ist $P(s) = s^4+5s^2+4$.

Man überlegt sich leicht, daß P(s) stets gerade sein muß. Daher müssen seine Nullstellen spiegelbildlich zum Nullpunkt liegen. Von Interesse im Sinne der obigen Fragestellung ist hier nur der Fall, daß die Nullstellen von P(s) alle auf der imaginären Achse liegen und einfach sind. Wir interessieren uns also für Polynome der Form

$$P(s) = \prod_{\nu=1}^{p} (s^2+\omega_\nu^2) \text{ mit } \omega_\nu \neq \omega_\kappa \quad \forall \nu \neq \kappa, \ \omega_\nu \in \mathbb{R}.$$

Offenbar ist $P(j\omega)$ reell. In den Nullstellen ω_ν findet stets ein Vorzeichenwechsel statt. Zwischen zwei benachbarten Nullstellen ω_ν und $\omega_{\nu+1}$ muß stets wenigstens ein Extremum liegen (siehe Bild 5.37). Da die Ableitung von P(s) ein Polynom (2p-1)ten Grades mit (2p-1)-Nullstellen sein muß, liegt offensichtlich *genau* ein Extremum zwischen zwei Nullstellen. Damit haben aber P(s) und P'(s) gerade die Eigenschaften, die eben im Abschnitt d) als notwendig für geraden und ungeraden Teil eines Hurwitzpolynoms erkannt worden sind, daß nämlich ihre Nullstellen einfach sind, auf der imaginären Achse liegen und sich abwechseln. Es ergibt sich:

Um zu prüfen, ob der gemeinsame Teiler P(s) von geradem und ungeradem Teil eines Polynoms N(s) nur einfache Nullstellen auf der imaginären Achse hat, untersuche man, ob P(s) + P'(s) ein Hurwitzpolynom ist.   (5.67)

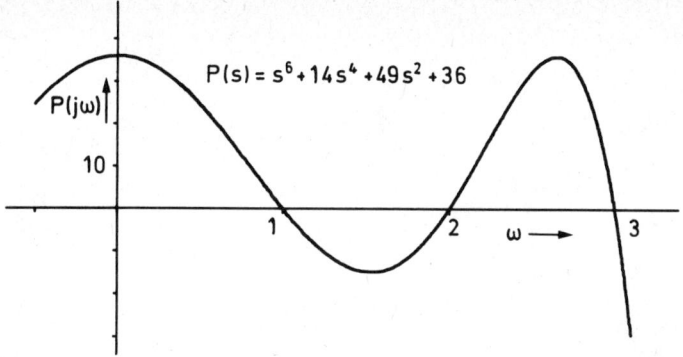

Bild 5.37   Zu den Eigenschaften von $P(j\omega)$

In dem Beispiel zu Beginn dieses Abschnittes war $P(s) = s^4 + 5s^2 + 4$. Mit $P'(s) = 4s^3 + 10s$ folgt

$$\frac{P(s)}{P'(s)} = 0.25\ s + \cfrac{1}{1,6s + \cfrac{1}{0,694 + \cfrac{1}{0,9s}}}\ .$$

Da die Koeffizienten dieser Entwicklung alle positiv sind, schließen wir, daß die Nullstellen von $P(s)$ auf der imaginären Achse liegen und einfach sind. Damit gehört das ursprünglich vorgelegte Polynom $N(s)$ zu einem bedingt stabilen System.

5.6.3 Algebraische Stabilitätstests (z.B. [5.14])

a) ROUTH-Test (1877)

Die oben beschriebenen Eigenschaften von Hurwitzpolynomen lassen sich für die Untersuchung der Stabilität eines durch seine Koeffizienten gegebenen Polynoms verwenden. Wir behandeln insbesondere den *ROUTH-Test*, der auf der durch (5.66) beschriebenen Eigenschaft beruht. Statt nun die dort erforderliche Kettenbruchentwicklung tatsächlich durchzuführen, kann man ein Schema zur Ausführung der wesentlichen numerischen Rechnungen angeben. Die Koeffizienten c_ν in

$$N(s) = c_n s^n + c_{n-1} s^{n-1} + c_{n-2} s^{n-2} + \ldots + c_1 s + c_o$$

schreibt man in die ersten beiden Zeilen des Schemas (siehe Bild 5.38). Daraus werden weitere Zeilen mit der im Bild erläuterten Zuordnung mit Formeln errechnet, die für die 3. Zeile lauten

$$d_{n-2} = \frac{c_{n-1}c_{n-2} - c_n c_{n-3}}{c_{n-1}}\ ; \qquad d_{n-4} = \frac{c_{n-1}c_{n-4} - c_n c_{n-5}}{c_{n-1}}\ \ldots$$

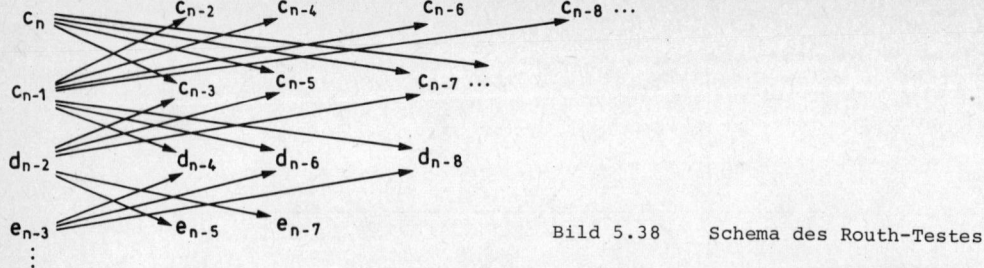

Bild 5.38   Schema des Routh-Testes

Die entstehenden Werte d_ν, e_ν ... sind die Koeffizienten der bei den
einzelnen Schritten der Kettenbruchentwicklung entstehenden, neuen
Polynome niedrigeren Grades U_1, G_1, usw.
Die in der ersten Spalte des Schemas erscheinenden, sogenannten *Routh-*
Koeffizienten R_ν mit $\nu = O(1)n$ hängen dann in einfacher Weise mit den
Koeffizienten α_ν der Kettenbruchentwicklung zusammen. Es gilt

$$R_0 = c_n$$
$$R_1 = c_{n-1} \qquad \alpha_1 = R_0/R_1$$
$$\alpha_2 = R_1/R_2$$
$$R_2 = d_{n-2} \qquad \alpha_3 = R_2/R_3$$
$$R_3 = e_{n-3}$$

usw. Offenbar endet das Schema mit der (n+1)ten Zeile, d.h. mit R_n.

Die Aussage, die wir ohne Einschränkung der Allgemeingültigkeit für den
Fall formulieren, daß $c_\nu > O$ ist $\forall \nu = O(1)n$, ist dann:

> N(s) ist dann und nur dann ein Hurwitz-Polynom, wenn
> die in der ersten Spalte des Routh-Schemas erscheinen-
> den Routh-Koeffizienten R_ν, $\nu = O(1)n$ sämtlich posi-
> tiv sind.   (5.68)

Wir bemerken noch, daß der Routh-Test dann mit Vorteil angewendet
wird, wenn die Koeffizienten zahlenmäßig gegeben sind.

Die Anwendung sei wieder an Beispielen erläutert.

1) $N(s) = 24s^4 + 24s^3 + 18s^2 + 6s + 1$

24	18	1	$R_0 = 24$	
24	6	0	$R_1 = 24$	Es gilt
12	1		$R_2 = 12$	$R_\nu > O \quad \nu = O(1)4$
4	0		$R_3 = 4$	$\rightarrow$ N(s) ist ein Hurwitz-Polynom
1			$R_4 = 1$	

2) $N(s) = s^4 + 2s^3 + 3s^2 + 2s + 8$

1	3	8	$R_0 = 1$
2	2		$R_1 = 2$
2	8		$R_2 = 2$
-6			$R_3 = -6$
+8			$R_4 = +8$

$R_3 < 0$

$\rightarrow N(s)$ ist kein Hurwitzpolynom.

3) $N(s) = 6s^7 + 6s^6 + 22s^5 + 19s^4 + 24s^3 + 15s^2 + 8s + 2$

6	22	24	8
6	19	15	2
3	9	6	
1	3	2	
0	0		

Der Test bricht vorzeitig ab

$\rightarrow N(s)$ ist kein Hurwitzpolynom.

Letzter Teiler ist $P(s) = s^4 + 3s^2 + 2$.

Zur Prüfung, ob $N(s)$ einfache Nullstellen auf der imaginären Achse hat, unterwerfen wir das Polynom $P(s) + P'(s) = s^4 + 4s^3 + 3s^2 + 6s + 2$ dem Routh-Test.

1	3	2
4	6	
1.5	2	
2/3		
2		

Es gilt $R_\nu > 0$,

$\rightarrow P(s) + P'(s)$ ist ein Hurwitzpolynom,

$\rightarrow N(s)$ hat einfache Nullstellen auf der imaginären Achse.

b) HURWITZ-Kriterium (1895)

Der Stabilitätstest von HURWITZ geht von einer aus den Koeffizienten des Nennerpolynoms gebildeten Determinanten aus. Beginnend mit c_{n-1} schreibt man in die erste Zeile die Koeffizienten c_{n-1}, c_{n-3}, c_{n-5} ... bis c_0 oder c_1 und füllt die Zeile mit soviel Nullen auf, daß sie n-Elemente enthält. In die zweite Zeile schreibt man die Koeffizienten c_n, c_{n-2}, c_{n-4} ... bis c_1 oder c_0 und füllt auch diese Zeile mit Nullen auf. Die dritte und vierte Zeile entstehen aus den ersten beiden durch Verschiebung um eine Stelle nach rechts und Ergänzung durch Nullen in der ersten Spalte. Das Verfahren wird bis zur n-ten Zeile fortgesetzt. Man erhält z.B. für n=6

$$D_6 = \begin{vmatrix} c_5 & c_3 & c_1 & 0 & 0 & 0 \\ c_6 & c_4 & c_2 & c_0 & 0 & 0 \\ 0 & c_5 & c_3 & c_1 & 0 & 0 \\ 0 & c_6 & c_4 & c_2 & c_0 & 0 \\ 0 & 0 & c_5 & c_3 & c_1 & 0 \\ 0 & 0 & c_6 & c_4 & c_2 & c_0 \end{vmatrix} .$$

Weiterhin werden die "nordwestlichen" Unterdeterminanten D_ν gebildet, d.h. die Unterdeterminanten, die die gleiche linke obere Ecke wie D_n haben. Z.B. ist hier

$$D_1 = c_5; \quad D_2 = \begin{vmatrix} c_5 & c_3 \\ c_6 & c_4 \end{vmatrix}; \quad D_3 = \begin{vmatrix} c_5 & c_3 & c_1 \\ c_6 & c_4 & c_2 \\ 0 & c_5 & c_3 \end{vmatrix} \quad \text{usw.}$$

Das *Hurwitz-Kriterium* lautet nun:

Notwendig und hinreichend dafür, daß die Wurzeln eines Polynoms

$$N(s) = \sum_{\nu=0}^{n} c_\nu s^\nu \text{ mit } c_\nu > 0 \quad \forall \nu = 0(1)n \text{ in der offenen linken Halbebene}$$

liegen, ist, daß für die oben definierten Determinanten gilt

$$D_\nu > 0 \qquad \nu = 1(1)n \tag{5.69}$$

Wir begnügen uns damit, die Beziehungen zum Routh-Test zu zeigen. Dazu bringen wir D_n auf obere Dreiecksform. Bei D_6 erhalten wir mit den Bezeichnungen von Abschnitt 5.6.3a:

$$D_6 = \begin{vmatrix} c_5 & c_3 & c_1 & 0 & 0 & 0 \\ 0 & d_4 & d_2 & d_o & 0 & 0 \\ 0 & 0 & e_3 & e_1 & 0 & 0 \\ 0 & 0 & 0 & f_2 & f_o & 0 \\ 0 & 0 & 0 & 0 & g_1 & 0 \\ 0 & 0 & 0 & 0 & 0 & h_o \end{vmatrix} \cdot$$

Der schrittweise Vergleich des Hurwitz-Kriteriums und des Routh-Testes ergibt dann

Hurwitz	Routh
	$R_o = c_6 > 0$
$D_1 = c_5 > 0$	$R_1 = c_5 > 0$
$D_2 = c_5 \cdot d_4 > 0$	$R_2 = d_4 = D_2/D_1 > 0$
$D_3 = D_2 \cdot e_3 > 0$	$R_3 = e_3 = D_3/D_2 > 0$
$D_4 = D_3 \cdot f_2 > 0$	$R_4 = f_2 = D_4/D_3 > 0$
$D_5 = D_4 \cdot g_1 > 0$	$R_5 = g_1 = D_5/D_4 > 0$
$D_6 = D_5 \cdot h_o > 0$	$R_6 = h_o = D_6/D_5 > 0$

Allgemein gilt

$$R_\nu = D_\nu/D_{\nu-1} \qquad \nu = 0(1)n \tag{5.70}$$

mit $D_o = 1$ und $D_{-1} = 1/c_n$.

Man wendet das Hurwitz-Kriterium mit Vorteil an, wenn man Koeffizientenbedingungen für die Stabilität eines Polynoms untersuchen will. Als Beispiel stellen wir

fest, welche Bedingungen die Koeffizienten eines Polynoms dritten Grades zur
Sicherstellung der Stabilität erfüllen müssen. Es ist

$$D_3 = \begin{vmatrix} c_2 & c_0 & 0 \\ c_3 & c_1 & 0 \\ 0 & c_2 & c_0 \end{vmatrix} = c_0(c_1 c_2 - c_0 c_3) > 0$$

$$D_2 = c_1 c_2 - c_0 c_3 > 0$$
$$D_1 = c_2 > 0$$

Wenn die Bedingung $c_\nu > 0$ erfüllt ist, hat man offenbar genau dann ein Hurwitzpolynom dritten Grades, wenn gilt

$$c_1 c_2 - c_0 c_3 > 0 \qquad\qquad (5.71)$$

5.6.4 Abschließende Bemerkungen

Die Untersuchung der Stabilitätseigenschaften von Systemen gehört zu
den zentralen Aufgaben der Systemtheorie, die sich insbesondere bei
nichtlinearen Problemen als schwierig erweisen kann. Wir werden sie
im zweiten Band erneut aufgreifen.

Im Abschnitt 5.2 haben wir als kennzeichnende Eigenschaft für ein
minimalphasiges System festgestellt, daß die Nullstellen seiner Übertragungsfunktion in der abgeschlossenen linken Halbebene liegen müssen
(siehe Gl. (5.17)). Offenbar können wir die oben beschriebenen Tests
auch für die Beantwortung der Frage verwenden, ob ein gegebenes Polynom
das Zählerpolynom der Übertragungsfunktion eines minimalphasigen
Systems sein kann. Dabei hat dann gegebenenfalls zusätzlich die Über-
prüfung eines gemeinsamen Teilers von geradem und ungeradem Teil zu
erfolgen, wie das im Abschnitt 5.6.2f beschrieben wurde, falls der
Routh-Test vorzeitig abbricht. Auf diese Weise werden zunächst einfache
Nullstellen des untersuchten Polynoms auf der imaginären Achse erfaßt.
Liegen dort mehrfache Nullstellen, so wird der Routh-Test erneut abbrechen. Das Verfahren ist dann mehrfach anzuwenden.

5.7 Beziehungen zwischen den Komponenten einer Übertragungsfunktion

5.7.1 Bestimmung von H(s) aus Re{H(jω)} oder Im{H(jω)}

Die Funktionentheorie lehrt, daß bei einer innerhalb eines abgeschlossenen Gebietes analytischen Funktion die Werte der Funktion im Innern
bereits durch ihre Werte auf der Randkurve des Gebietes vollständig be-

stimmt sind. Die Bindung ist sogar noch stärker. Bereits der Realteil oder der Imaginärteil der Funktion auf der Randkurve gestatten die Berechnung der analytischen Funktion, gegebenenfalls bis auf eine additive Konstante (z.B. [5.5], [5.15]). Da die hier betrachtete Übertragungsfunktion $H(s)$ rational und daher bis auf ihre Polstellen analytisch ist, muß es möglich sein, sie z.B. aus ihrem Verhalten auf der imaginären Achse vollständig zu bestimmen. Wir behandeln zunächst die Berechnung von $H(s)$ aus $P(\omega) = \text{Re}\{H(j\omega)\}$. Es ist

$$H(j\omega) = P(\omega) + jQ(\omega), \tag{5.72}$$

wobei wegen (5.10a)

$$P(\omega) = \frac{1}{2}\,[H(j\omega) + H(-j\omega)] \tag{5.73a}$$

und

$$Q(\omega) = \frac{1}{2j}\,[H(j\omega) - H(-j\omega)] \tag{5.73b}$$

ist. Wir bestimmen nun eine Funktion $P_1(s)$ so, daß $P_1(s=j\omega)=P(\omega)$ wird. Dazu ersetzen wir in $P(\omega)$ die Variable ω durch s/j:

$$P_1(s) = P(\frac{s}{j}) = \frac{1}{2}\,[H(s)+H(-s)]. \tag{5.74}$$

Diese Funktion ist sicher gerade in s. Zähler und Nenner müssen daher Polynome in s^2 sein:

$$P_1(s) = \frac{C(s^2)}{D(s^2)}\,.$$

Ist $H(s) = \frac{Z(s)}{N(s)}$, wobei wie früher $Z(s)$ und $N(s)$ Polynome mit dem Grade m bzw. $n \geq m$ sind, so ist $D(s^2)$ ein Polynom vom Grade $2n$ in s, $C(s^2)$ ein Polynom, dessen Grad in s höchstens $m+n$ ist. Die Nullstellen von $D(s^2)$ müssen spiegelbildlich zum Nullpunkt liegen. Mit $D(s_{\infty\nu}) = 0$ muß also auch $D(-s_{\infty\nu}) = 0$ sein. Ist $H(s)$ ein stabiles System, so müssen die $s_{\infty\nu}$, für die $\text{Re}\{s_{\infty\nu}\} < 0$ ist, zu $H(s)$, die mit positivem Realteil zu $H(-s)$ gehören (siehe Bild 5.39).

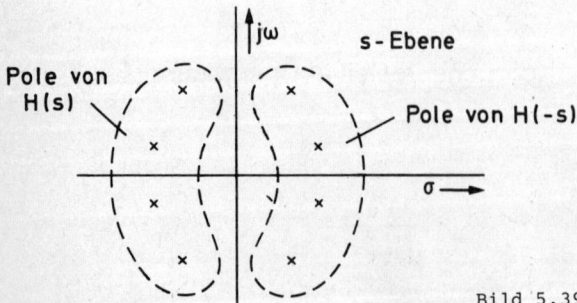

Bild 5.39   Verteilung der Pole von $P_1(s)$

Wir nehmen eine Partialbruchentwicklung von $P_1(s)$ vor. Im Fall einfacher Pole erhält man entsprechend Abschnitt 5.1.1

$$\frac{C(s^2)}{D(s^2)} = \frac{B_1}{s-s_{\infty 1}} + \frac{B_2}{s-s_{\infty 2}} + \frac{B_3}{s-s_{\infty 3}} + \ldots + \frac{B_\infty}{2} +$$

$$+ \frac{B_{-1}}{s+s_{\infty 1}} + \frac{B_{-2}}{s+s_{\infty 2}} + \frac{B_{-3}}{s+s_{\infty 3}} + \ldots + \frac{B_\infty}{2}$$

mit $\text{Re}\{s_{\infty \nu}\} < 0 \ \forall \nu$, $B_\infty = \lim_{s \to \infty} \frac{C(s^2)}{D(s^2)} = P(\infty)$

$$B_\nu = \lim_{s \to s_{\infty \nu}}(s-s_{\infty \nu}) \frac{C(s^2)}{D(s^2)} = \frac{C(s_{\infty \nu}^2)}{2sD'(s^2)}\Big|_{s=s_{\infty \nu}}$$

und

$$B_{-\nu} = \lim_{s \to -s_{\infty \nu}}(s+s_{\infty \nu}) \frac{C(s^2)}{D(s^2)} = \frac{C(s_{\infty \nu}^2)}{2sD'(s^2)}\Big|_{s=-s_{\infty \nu}} = -B_\nu.$$

Damit ist

$$\frac{C(s^2)}{D(s^2)} = \underbrace{\sum_{\nu=1}^{n} \frac{B_\nu}{s-s_{\infty \nu}} + \frac{B_\infty}{2}}_{\frac{1}{2}H(s)} + \underbrace{\sum_{\nu=1}^{n} \frac{B_\nu}{-s-s_{\infty \nu}} + \frac{B_\infty}{2}}_{\frac{1}{2}H(-s)}.$$

Die Übertragungsfunktion $H(s)$ ergibt sich dann als:

$$\left. \begin{array}{l} H(s) = B_\infty + \displaystyle\sum_{\nu=1}^{n} \frac{2B_\nu}{s-s_{\infty \nu}} \ , \quad \text{Re}\{s_{\infty \nu}\} < 0 \\[4mm] \text{mit} \quad B_\infty = P(\infty) \\[4mm] B_\nu = \lim_{s \to s_{\infty \nu}} (s-s_{\infty \nu}) \, P(\tfrac{s}{j}). \end{array} \right\} \qquad (5.75)$$

Im Falle mehrfacher Pole geht man ganz entsprechend vor.

Wir betrachten ein einfaches Beispiel. Dazu gehen wir von der als bekannt angenommenen Übertragungsfunktion $H(s) = \dfrac{1}{s^2+s+1}$ aus, zu der der Frequenzgang

$$H(j\omega) = \frac{1}{-\omega^2+j\omega+1} = \frac{1-\omega^2-j\omega}{(1-\omega^2)^2+\omega^2} = P(\omega) + j \cdot Q(\omega)$$

gehört. Nun soll aus

$$P(\omega) = \frac{1-\omega^2}{(1-\omega^2)^2+\omega^2} = \frac{1-\omega^2}{\omega^4-\omega^2+1}$$

wieder H(s) bestimmt werden. Es ist

$$P_1(s) = \frac{s^2+1}{s^4+s^2+1} = \frac{B_1}{s-s_{\infty 1}} + \frac{B_2}{s-s_{\infty 2}} + \frac{B_1}{-s-s_{\infty 1}} + \frac{B_2}{-s-s_{\infty 2}}$$

mit $s_{\infty 1,2} = -e^{\pm j\pi/3}$ und $B_{1,2} = \pm j \frac{1}{2\sqrt{3}}$. Man erhält mit (5.75)

$$H(s) = j \frac{1}{\sqrt{3}} \left[\frac{1}{s+e^{j\pi/3}} - \frac{1}{s+e^{-j\pi/3}} \right] = \frac{1}{s^2+s+1}$$

wie erforderlich.

Bei der Berechnung von H(s) aus $Q(\omega)$ geht man ganz entsprechend vor. Dazu führen wir eine Funktion $Q_1(s)$ ein, für die wir mit (5.73b) erhalten

$$Q_1(s) = jQ(\frac{s}{j}) = \frac{1}{2} [H(s) - H(-s)]. \tag{5.76}$$

Diese Funktion ist ungerade in s und muß sich daher als

$$Q_1(s) = s \frac{E(s^2)}{D(s^2)}$$

ausdrücken lassen, wobei E ebenso wie das schon oben eingeführte Nennerpolynom D eine gerade Funktion ist. Mit derselben Überlegung wie vorher stellt man fest, daß E höchstens den Grad m+n-1 in s haben kann, wegen $m \leq n$ also sicher von geringerem Grade als $D(s^2)$ sein muß.

Mit einer Partialbruchentwicklung für $E(s^2)/D(s^2)$ ergibt sich

$$Q_1(s) = s \underbrace{\sum_{\nu=1}^{n} \frac{B_\nu'}{s-s_{\infty\nu}}}_{= \frac{1}{2}[H(s) - C]} + s \underbrace{\sum_{\nu=1}^{n} \frac{B_\nu'}{-s-s_{\infty\nu}}}_{= -\frac{1}{2}[H(-s) - C]}$$

mit

$$\left. \begin{array}{l} B_\nu' = \lim_{s \to s_{\infty\nu}} (s-s_{\infty\nu}) \frac{E(s^2)}{D(s^2)} \\[3mm] H(s) = \sum_{\nu=1}^{n} \frac{2B_\nu's}{s-s_{\infty\nu}} + C. \end{array} \right\} \tag{5.77}$$

H(s) kann also nur bis auf eine additive Konstante aus $Q(\omega)$ eindeutig bestimmt werden.

Im Beispiel ist

$$Q(\omega) = \frac{-\omega}{(1-\omega^2)^2+\omega^2} = \frac{-\omega}{\omega^4-\omega^2+1} .$$

Daraus erhält man

$$Q_1(s) = \frac{-s}{s^4+s^2+1} = \frac{B_1's}{s-s_{\infty 1}} + \frac{B_2's}{s-s_{\infty 2}} + \frac{B_1's}{-s-s_{\infty 1}} + \frac{B_2's}{-s-s_{\infty 2}}$$

mit $B_{1,2}' = - \dfrac{e^{\pm j\pi/6}}{2\sqrt{3}}$. Für H(s) folgt

$$H(s) = - \frac{s}{\sqrt{3}} \left[\frac{e^{j\pi/6}}{s-s_{\infty 1}} + \frac{e^{-j\pi/6}}{s-s_{\infty 2}} \right] + C$$

$$= - \frac{s^2+s}{s^2+s+1} + C = C_1 + \frac{1}{s^2+s+1} ,$$

wobei $C_1 = C - 1$ eine aus dem Imaginärteil $Q(\omega)$ nicht bestimmbare additive Konstante ist.

5.7.2 Bestimmung von H(s) aus $|H(j\omega)|$

Wir wollen jetzt zeigen, daß mit gewissen Einschränkungen auch aus $|H(j\omega)|$ die Übertragungsfunktion H(s) bestimmt werden kann. Mit (5.10a) erhält man

$$H_o^2(\omega) = |H(j\omega)|^2 = H(j\omega)H(-j\omega). \tag{5.78}$$

Jetzt führen wir eine Funktion

$$H_I(s) = H_o^2(\tfrac{s}{j}) = H(s)H(-s) \tag{5.79a}$$

ein, für die man mit $H(s) = Z(s)/N(s)$

$$H_I(s) = \frac{Z(s)Z(-s)}{N(s)N(-s)} = \frac{F(s^2)}{D(s^2)} \tag{5.79b}$$

erhält. $F(s^2)$ ist ebenso wie $D(s^2)$ eine gerade Funktion in s. Während $D(s^2)$ bei einem stabilen System keine Nullstellen auf der imaginären Achse haben kann, ist das für das Polynom $F(s^2)$ erlaubt. Allerdings müssen seine dort liegenden Nullstellen von gerader Vielfachheit sein, eine Bedingung, die z.B. für $C(s^2)$ und $E(s^2)$ nicht erfüllt sein muß (siehe Bild 5.40).

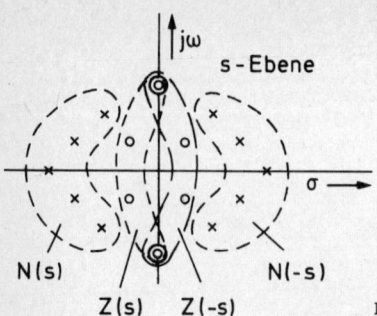

Bild 5.40   Lage der Pol- und Nullstellen von $H_I(s)$

Stellt man $F(s^2)$ und $D(s^2)$ in Produktform dar, so gilt:

$$F(s^2) = b_m^2 \cdot \prod_{\mu=1}^{m} (s-s_{o\mu})(s+s_{o\mu}) \qquad \mathrm{Re}\{s_{o\mu}\} \leq 0$$

und

$$D(s^2) = \prod_{\nu=1}^{n} (s-s_{\infty\nu})(s+s_{\infty\nu}) \qquad \mathrm{Re}\{s_{\infty\nu}\} < 0.$$

Offenbar kann man die Polstellen der gesuchten Übertragungsfunktion $H(s)$ eindeutig bestimmen, indem man dafür wieder die links liegenden Nullstellen von $D(s^2)$ nimmt. Das gilt nicht für die Nullstellen. Jede Aufteilung von $F(s^2)$ in das Produkt zweier reeller Polynome $Z(s)$ und $Z(-s)$ führt zuammen mit $N(s)$ auf die Ausgangs-Betragsquadratfunktion $H_o^2(\omega)$.

Wir erklären die Zusammenhänge an einem Beispiel. Es sei

$$H_o^2(\omega) = \frac{\omega^4+13\omega^2+36}{\omega^6+1}.$$

Mit (5.79) folgt

$$H_I(s) = \frac{s^4-13s^2+36}{1-s^6} = \frac{F(s^2)}{D(s^2)} \text{ , wobei}$$

$F(s^2) = s^4-13s^2+36 = (s+2)(s+3)(s-2)(s-3)$ und

$$D(s^2) = 1-s^6 = -\prod_{\nu=1}^{3} (s-s_{\infty\nu})(s+s_{\infty\nu}) \text{ mit } s_{\infty\nu} = e^{j(\nu+1)\pi/3} \text{ ist.}$$

Für das Nennerpolynom erhält man eindeutig

$$N(s) = \prod_{\nu=1}^{3} (s-s_{\infty\nu}) = s^3 + 2s^2 + 2s + 1,$$

während sich für das Zählerpolynom die in Bild 5.41 dargestellten vier Möglichkeiten ergeben. Es ist dort

$$Z_1(s) = (s+2)(s+3) \quad ; \quad Z_2(s) = (s-2)(s+3);$$
$$Z_3(s) = (s+2)(s-3) \quad ; \quad Z_4(s) = (s-2)(s-3).$$

Von diesen Zählerpolynomen führt offenbar nur $Z_1(s)$ auf ein minimalphasiges System.

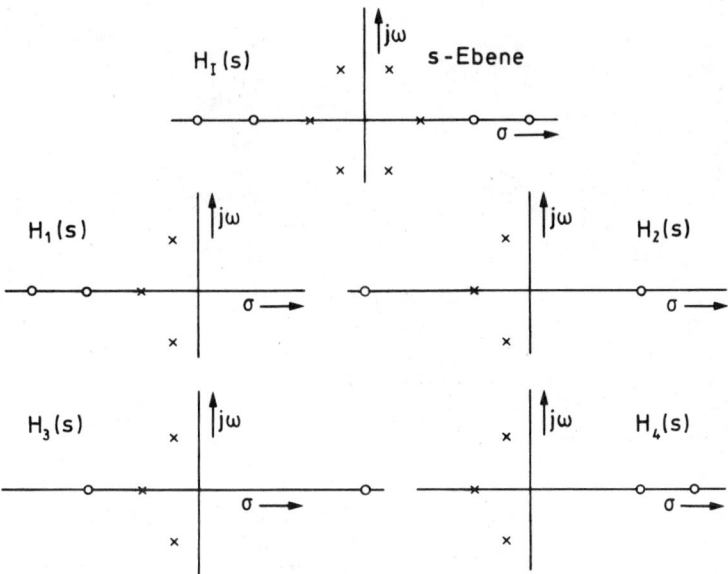

Bild 5.41   Mögliche Pol-Nullstellenlagen von Übertragungsfunktionen mit
             gleichem $|H(j\omega)|$

Nach der Betrachtung dieses Beispiels ergibt sich leicht die Verallgemeinerung:

Ist $|H(j\omega)|$ derart gegeben, daß dazu eine rationale
Funktion $H_I(s)$ mit $H_I(j\omega) = |H(j\omega)|^2$ gehört, so kann   (5.80)
man daraus eindeutig die Übertragungsfunktion des zugehörigen minimalphasigen Systems bestimmen.

Offenbar ist die Zahl der möglichen Übertragungsfunktionen gleichen
Grades n, deren Betrag $|H(j\omega)|$ den gewünschten Verlauf hat, umso größer,
je höher der Grad des Zählerpolynoms $F(s^2)$ ist. Da die Zuschaltung
eines Allpasses gemäß Abschnitt 5.2 die Funktion $|H(j\omega)|$ nicht beeinflußt, ist die Zahl der unterschiedlichen Übertragungsfunktionen mit
diesem Betragsverlauf sogar unbeschränkt, wenn man eine Erhöhung des
Nennergrades zuläßt.

Zur weiteren Erläuterung der Unterschiede zwischen den verschiedenen Übertragungs-
funktionen $H_\lambda(s)$ sind in Bild 5.42 die Funktionen $|H_\lambda(j\omega)|/|H_\lambda(0)|$ sowie $b_\lambda(\omega)$ auf-
gezeichnet. Voraussetzungsgemäß ergibt sich in allen Fällen dieselbe Betragsfunk-
tion. Die Unterschiede zeigen sich im Phasengang, für den nach (5.28) hier gilt

$$b_\lambda(\omega) = \sum_{\nu=1}^{3} \arctan \frac{\omega-\omega_{\infty\nu}}{-\sigma_{\infty\nu}} - \sum_{\mu=1}^{2} \arctan \frac{\omega}{-\sigma_{O\mu}^{(\lambda)}} \cdot$$

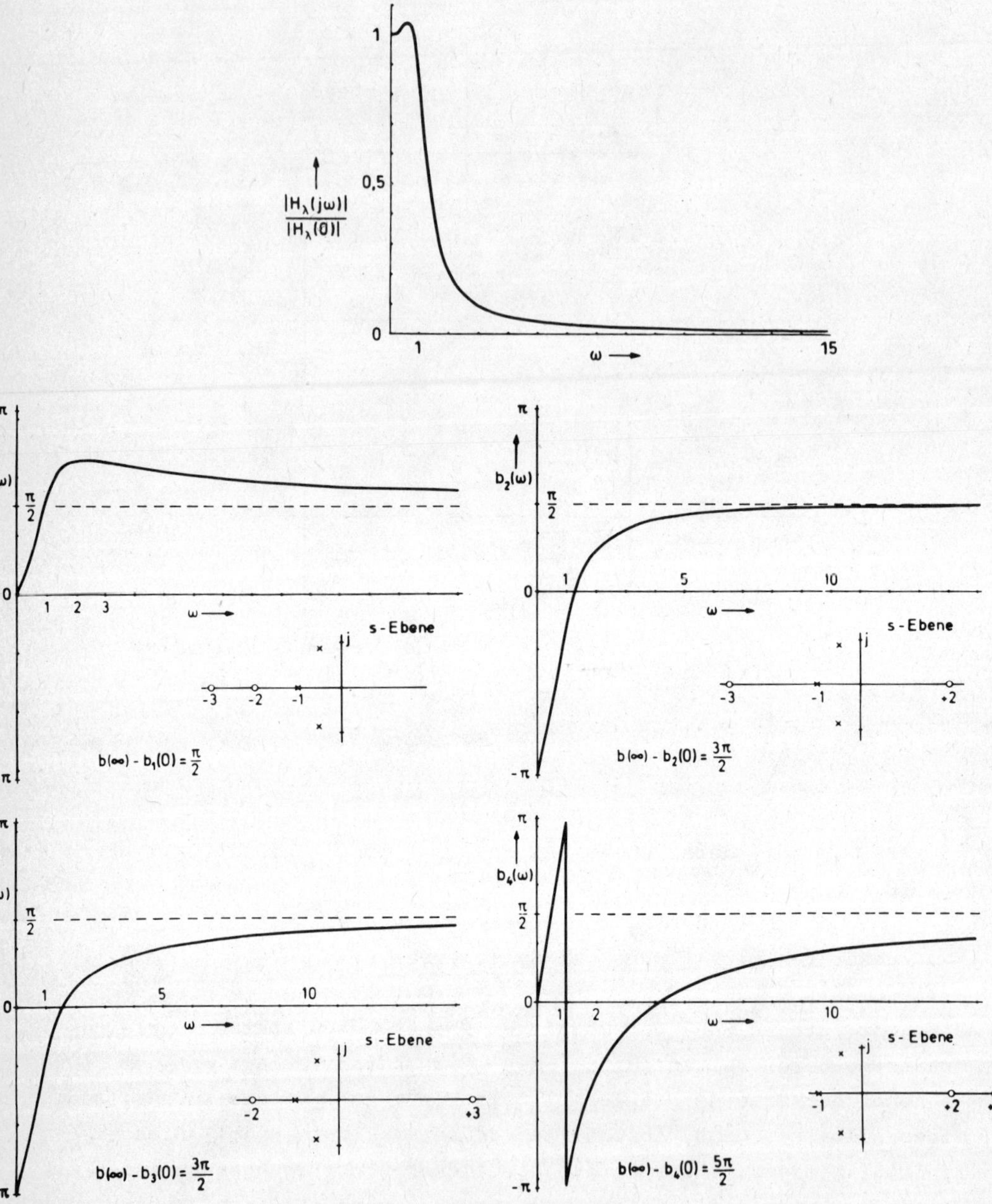

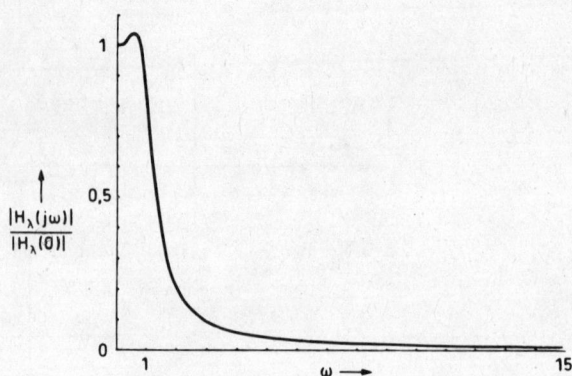

Bild 5.42   Frequenzgänge der verschiedenen möglichen Übertragungsfunk-
tionen vom Grade 3 mit gleichem $|H(j\omega)|$

Die beiden von den Nullstellen $\sigma_{o\mu}^{(\lambda)}$ bestimmten Anteile tragen für die vier Fälle mit unterschiedlichen Vorzeichen zum Gesamtphasengang bei. Die Bilder lassen auch erkennen, daß im Fall 1 die Gruppenlaufzeit etwa für $\omega > 2$ negativ wird, während sie in den drei anderen Fällen stets positiv ist. In den Bildern ist noch der "Nettozuwachs" der Phase

$$b_\lambda(\infty) - b_\lambda(0) = (n-m)\,\frac{\pi}{2} + m_{2\lambda}\pi$$

angegeben. Hier ist $b_\lambda(\infty)$ stets gleich $\pi/2$; $b_\lambda(0) = -m_{2\lambda}\pi$ wird bestimmt durch die Anzahl $m_{2\lambda} \leq m$ der rechts liegenden Nullstellen. Offenbar hat das minimalphasige System ($\lambda=1$) den geringsten Nettozuwachs der Phase. Mit (5.32) oder (5.33) stellt man außerdem fest, daß dieses System die kleinste Gruppenlaufzeit bei $\omega=0$ hat.

Diese beiden Aussagen gelten generell für den Vergleich eines minimalphasigen Systems mit den entsprechenden übrigen gleichen Betragsfrequenzganges und erklären die Bezeichnung "minimalphasig".

Literatur

[5.1]   P.A. Meyer: Zur numerischen Berechnung von Einschwingvorgängen mit Hilfe der Residuenrechnung. Nachrichtentechnische Zeitschrift NTZ Bd. 19 (1968), S. 139-142.

[5.2]   W. Cauer: Theorie der linearen Wechselstromschaltungen. Akademie-Verlag, Berlin, 2. Auflage 1954.

[5.3]   R. Unbehauen: Synthese elektrischer Netzwerke. R. Oldenbourg-Verlag, München 1972.

[5.4]   W. Rupprecht: Netzwerksynthese, Entwurfstheorie linearer passiver und aktiver Zweipole und Vierpole. Springer-Verlag, Berlin/Heidelberg/New York 1972.

[5.5]   D. Laugwitz: Ingenieurmathematik V, Komplexe Veränderliche. B.I.-Hochschultaschenbücher Band 83, Mannheim 1965.

[5.6]   H. Kaufmann: Dynamische Vorgänge in linearen Systemen der Nachrichten- und Regelungstechnik. R. Oldenbourg-Verlag, München 1959.

[5.7]   O. Föllinger: Regelungstechnik, Einführung in die Methoden und ihre Anwendung. Elitera-Verlag, Berlin, 2. Auflage 1978.

[5.8]   R. Saal, W. Entenmann: Handbuch zum Filterentwurf. AEG-Telefunken, Berlin 1979.

[5.9]   E. Ulbrich, H. Piloty: Über den Entwurf von Allpässen, Tiefpässen und
           Bandpässen mit einer im Tschebyscheff'schen Sinne approximierten kon-
           stanten Gruppenlaufzeit. Archiv d. Elektr. Übertr. AEÜ, Bd. 14 (1960),
           S. 451-467.

[5.10]   R. Feldtkeller: Einführung in die Vierpoltheorie der elektrischen Nach-
           richtentechnik. S. Hirzel-Verlag, 8. Auflage 1962.

[5.11]   H. Marko: Theorie linearer Zweipole, Vierpole und Mehrtore.
           S. Hirzel-Verlag, Stuttgart 1971.

[5.12]   R. Unbehauen: Elektrische Netzwerke, eine Einführung in die Analyse.
           Springer-Verlag, Berlin/Heidelberg/New York 1972.

[5.13]   A. Guillemin: The Mathematics of Circuit Analysis. John Wiley & Sons,
           New York/London 1962.

[5.14]   R. Unbehauen: Systemtheorie, eine Einführung für Ingenieure.
           R. Oldenbourg-Verlag, München, 2. Auflage 1971.

[5.15]   H. Tietze: Funktionentheorie, Abschnitt A in
           R. Sauer, I. Szabó: Mtahematische Hilfsmittel des Ingenieurs; Teil I.
           Springer-Verlag, Berlin/Heidelberg/New York 1967.

6 Einschwingvorgänge

6.1 Einleitung

Die von uns untersuchten allgemeinen Netzwerke werden, wie wir im 3.
Kapitel gesehen haben, primär durch lineare Integro-Differentialgleichungen mit konstanten Koeffizienten beschrieben. Bisher haben wir uns
auf den Fall beschränkt, daß die Systeme für alle Werte von t mit
$v(t) = Ve^{st}$ erregt werden, und dabei den Anteil in der Reaktion betrachtet, der von derselben Form wie diese erregende Funktion war. Das führte auf eine Partikulärlösung der Integro-Differentialgleichung, die wir
durch die Bestimmung der komplexen Amplituden der auftretenden gleich-
artigen Zeitfunktionen erhielten. Die Eigenschaften der daraus abgeleiteten Übertragungsfunktion haben wir im 5. Kapitel behandelt.

Die Voraussetzung einer exponentiellen Zeitfunktion lassen wir jetzt
fallen. Insbesondere fragen wir nach dem Verhalten der Ströme und Spannungen im Netzwerk, wenn wenigstens eine der unabhängigen Quellen ihre
Zeitfunktion abweichend vom bisherigen Verlauf ändert. Der Einfachheit
wegen sei zunächst eine sprungartige Änderung angenommen. Dabei kann es
sich z.B. um eine Vergrößerung der Gleichspannung einer Quelle oder des
Scheitelwertes oder der Frequenz einer sinusförmigen Quellspannung han-
deln. Auch impulsförmige Veränderungen in dem Sinne, daß eine Quelle nur
sehr kurzzeitig ihre Werte ändert, werden wir unseren Betrachtungen zugrunde legen. Die Spannungen und Ströme im Netzwerk werden sich unter
dem Einfluß einer solchen Änderung von einem Gleichgewichtszustand zu
einem andern verändern, oder, bei impulsförmiger Anregung, nach zeit-
weiliger Abweichung zum ursprünglichen Zustand zurückkehren, wenn das
System stabil ist.

Ein derartiger Schaltvorgang wird immer eine gewisse Zeit erfordern,
wenn in dem Netzwerk speichernde Elemente, d.h. Induktivitäten und Kapazitäten enthalten sind. Die gespeicherte Energie kann sich bei einer
Änderung der Werte der Quellen um endliche Beträge nicht sprungartig

ändern. Wie wir wissen, ist z.B. die in einem Kondensator der Kapazität C gespeicherte elektrische Energie $W_e = \frac{1}{2} Cu^2$, wenn u die am Kondensator liegende Spannung ist. Da sich diese Spannung als Integral über den in den Kondensator fließenden Strom ergibt, kann eine auch sprunghafte Änderung des Stromes nur eine allmähliche Änderung der Spannung und damit der Energie zur Folge haben. Entsprechende Überlegungen gelten für den Strom in einer Induktivität bei sprunghafter Änderung der Spannung.

Wir stellen noch die Verbindung zu unsern früheren Untersuchungen her. Dazu nehmen wir an, daß das betrachtete Netzwerk zunächst energiefrei sei, alle Ströme und Spannungen im Netzwerk seien also Null. Im Augenblick t = 0 soll nun eine der Quellfunktionen von v(t) = 0 auf v(t) = $V \cdot e^{st}$ geschaltet werden (siehe Bild 6.1). Es wird sich ein Übergangsvorgang einstellen. Nach einer gewissen, theoretisch unendlich langen Zeit werden alle Ströme und Spannungen im Netzwerk von der Form e^{st} sein; der sogenannte eingeschwungene Zustand ist erreicht, für den die früher behandelte Wechselstromrechnung gilt. Die bisherigen Untersuchungen beschreiben also den Grenzfall des allgemeinen Einschwingvorganges für den Fall einer irgendwann einsetzenden exponentiellen Erregung.

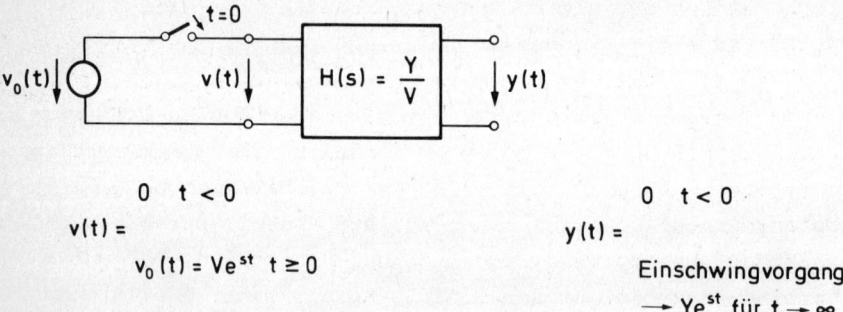

$$v(t) = \begin{cases} 0 & t < 0 \\ v_0(t) = V e^{st} & t \geq 0 \end{cases}$$

$$y(t) = \begin{cases} 0 & t < 0 \\ \text{Einschwingvorgang} \\ \longrightarrow Y e^{st} \text{ für } t \to \infty \end{cases}$$

Bild 6.1   Zur Erläuterung der Beziehung zwischen der Berechnung des Einschwingverhaltens und der Wechselstromrechnung

Eine andere Ursache für einen Übergangsvorgang sei noch erwähnt. Die sprunghafte Änderung der Größen einzelner oder aller Schaltelemente eines Netzwerkes bei nicht geänderten Quellfunktionen führt ebenfalls zu einem Ausgleichsvorgang. Hier liegt der spezielle Fall einer vom mathematischen Standpunkt gesehen erheblich anderen Aufgabenstellung vor, da wir jetzt ein zeitvariables System zu untersuchen haben, das durch lineare Differentialgleichungen mit variablen Koeffizienten beschrieben wird. Wir werden aber sehen, daß die hier zu behandelnden Methoden sich auch anwenden lassen, wenn, wie angenommen, eine Umschaltung von Netzwerkelementen vorgenommen wird.

Die eben unterstellten, sprunghaften Änderungen von Quellspannungen und
-strömen bzw. von Bauelemente-Werten sind streng genommen nicht möglich.
Praktisch bedeutet diese Annahme lediglich die meist erreichbare Voraussetzung, daß die Änderungszeiten klein sein müssen im Vergleich zu merk-
lichen Änderungen in den Einschwingvorgängen. Wir werden auf eine Untersuchung dieser Zusammenhänge zurückkommen.

Die Behandlung von Einschwingvorgängen ist aus mehreren Gründen von großer Bedeutung. Da, wie oben angedeutet, die Wechselstromrechnung nur einen speziellen Fall zu behandeln gestattet, wird die Untersuchung des
Schaltverhaltens zunächst die nötige Vervollständigung der Analyse bringen und uns in die Lage versetzen, das Verhalten von Systemen für beliebige, aber determinierte Erregungsfunktionen zu berechnen. Darüber hinaus hat diese Problemstellung große praktische Bedeutung sowohl in der
Nachrichten- wie in der Energietechnik. Eine Informationsübertragung
kann nicht mit einer für alle Zeiten festliegenden Funktion erfolgen.
Daher ist gerade die Abweichung der Quellfunktion vom regelmäßigen Verhalten notwendig zur Darstellung einer Nachricht. Die Untersuchung des
Einschwingverhaltens eines Übertragungssystems gibt dann darüber Auf-
schluß, wie sich die Änderung der Sendefunktion auf der Empfangsseite
bemerkbar macht und damit, wie gut die Information übertragen werden
kann. In der Energietechnik interessiert das Verhalten des Netzes bei
der Zuschaltung von Generatoren oder bei sprunghaften Lastschwankungen,
aber auch die Wirkung eines Blitzeinschlags in eine Freileitung.

Im nächsten Abschnitt behandeln wir zunächst Problemstellung und Lö-
sungsmethoden an Hand von einfachen, aber auch praktisch interessanten
Beispielen, die wir ausführlich durchrechnen. Bezüglich der verwendeten Lösungsverfahren verweisen wir z.B. auf [6.1].

6.2 Übergangsverhalten bei einfachen Netzwerken

6.2.1 Entladevorgang bei einem RC-Glied

Wir betrachten zunächst die Schaltung von Bild 6.2a. Der gezeichnete
Kondensator sei auf die Spannung U_O geladen, d.h. die Ladung $q_O = C \cdot U_O$
sei in ihm gespeichert. Im Augenblick $t = O$ werde der Schalter geschlossen. Es interessiert $i(t)$ und $u_C(t)$ für $t \geq O$. Offenbar gilt nach der
Kirchhoffschen Maschenregel

$$O = i(t) \cdot R + u_C(t).$$

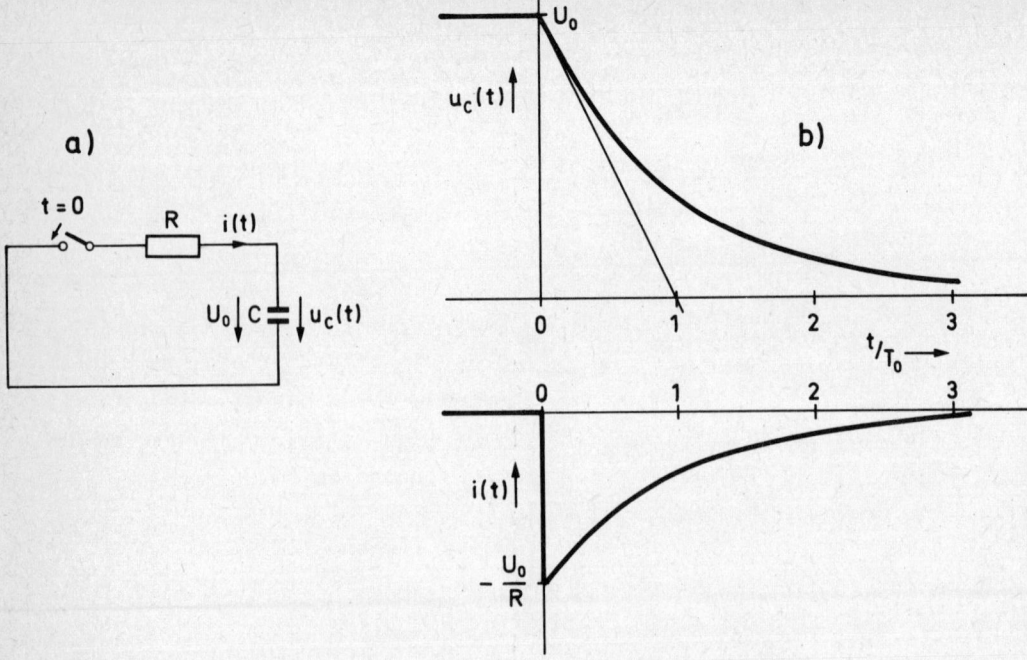

Bild 6.2   Zur Berechnung des Entladevorganges eines RC-Gliedes

Mit $u_C(t) = \frac{1}{C} \int_{-\infty}^{t} i(\tau)d\tau = \frac{1}{C} q(t)$ und $i(t) = \frac{dq}{dt}$ folgt die homogene lineare Differentialgleichung erster Ordnung

$$0 = R \cdot \frac{dq}{dt} + \frac{q(t)}{C} \, , \qquad t \geq 0. \qquad\qquad (6.1)$$

Wir lösen sie durch Separation der Variablen. Es ist

$$\frac{dq}{q} = - \frac{1}{RC} dt$$

und mit noch unbekannter Integrationskonstante q_1

$$\int \frac{dq(t)}{q(t)} = \ln q - \ln q_1 = \ln \frac{q}{q_1} = - \frac{t}{RC} \, .$$

Damit erhält man

$$q(t) = q_1 \cdot e^{-t/RC}, \qquad t \geq 0.$$

Die Integrationskonstante bestimmen wir aus dem bekannten Wert der Ladung bei $t = 0$. Es ist

$$q(0) = q_1 := q_0 = C \cdot U_0.$$

Mit T_o = RC folgt dann schließlich für t $\geq$ 0

$$q(t) = C \cdot U_o \, e^{-t/T_o} , \tag{6.2a}$$

$$u_C(t) = U_o \, e^{-t/T_o} , \tag{6.2b}$$

$$i(t) = \frac{dq}{dt} = - \frac{U_o}{R} \, e^{-t/T_o} . \tag{6.2c}$$

Bild 6.2b zeigt den Verlauf von $u_C(t)$ und $i(t)$. Man nennt T_o = RC die Zeitkonstante der Schaltung. Im Zeitpunkt t = T_o ist die Spannung auf das 1/e-fache des Anfangswertes abgefallen. Wir bestimmen noch die Tangente an die Funktion $u_C(t)$ im Augenblick t = 0. Ihr Anstieg ist

$$\left. \frac{du_C}{dt} \right|_{t=0} = - \left. \frac{U_o}{T_o} \, e^{-t/T_o} \right|_{t=0} = - \frac{U_o}{T_o} .$$

Die Tangente wird daher durch $U_o \cdot (1-t/T_o)$ beschrieben. Sie schneidet die Abzisse im Punkte t=T_o, wie in der Zeichnung erläutert. Das Beispiel läßt erkennen, daß die Spannung am Kondensator einen stetigen Verlauf hat, während der Strom bei t = 0 springt.

Wir leiten das Ergebnis (6.2) noch mit einer anderen Überlegung her: Die Gleichung (6.1) besagt, daß eine Linearkombination einer Funktion q(t) und ihrer Ableitung für alle Werte von t Null ergeben soll. Dazu ist sicher nötig, daß beide Funktionen prinzipiell denselben Verlauf haben. Ein solches Verhalten liegt bei Exponentialfunktionen vor. Wir machen daher mit noch unbekannten Konstanten q_1 und s den Ansatz

$$q(t) = q_1 e^{st} \qquad\qquad t \geq 0. \tag{6.3}$$

Den Wert q_1 bestimmen wir wie vorher aus der Anfangsbedingung. Es gilt wieder $q_1 = q_o$. Setzen wir damit (6.3) in (6.1) ein, so ergibt sich

$$0 = R \cdot s \, q_o e^{st} + \frac{1}{C} \, q_o e^{st}.$$

Das ist eine Bestimmungsgleichung für s, aus der man unmittelbar $s = - \frac{1}{RC} = - \frac{1}{T_o}$ erhält und damit wieder das Ergebnis (6.2). Wir werden noch sehen, daß der eben gemachte Exponentialansatz bei der Lösung homogener linearer Differentialgleichungen mit konstanten Koeffizienten stets zum Ziele führt.

Abschließend führen wir noch eine Energiebetrachtung durch. Vor Schließen des Schalters ist im Kondensator

$$W_e = C \frac{U_o^2}{2}$$

an elektrischer Energie gespeichert. Da die Spannung $u_C(t)$ nach (6.2b)
exponentiell abnimmt, wird für $t \to \infty$ keine Energie mehr gespeichert sein.
Es muß also gelten

$$C \frac{U_o^2}{2} = R \int_o^\infty i^2 dt.$$

Tatsächlich erhalten wir mit (6.2c) und $T_o = RC$

$$R \int_o^\infty i^2 dt = R \frac{U_o^2}{R^2} \int_o^\infty e^{-2t/T_o} dt = - \frac{U_o^2}{R} \frac{T_o}{2} e^{-2t/T_o} \Big|_o^\infty = C \frac{U_o^2}{2}.$$

6.2.2 RC-Glied mit Spannungsquelle

Wir untersuchen jetzt die Schaltung von Bild 6.3. Im Augenblick $t = 0$
werde eine zunächst beliebige Spannungsquelle $u_q(t)$ angeschaltet. Offenbar gilt allgemein für $t \geq 0$

$$u_q(t) = i(t) \cdot R + \frac{1}{C} \int_{-\infty}^t i(\tau) d\tau.$$

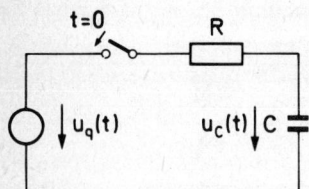

Bild 6.3   Einschaltung eines RC-Gliedes

Mit $i(t) = \frac{dq}{dt}$ erhalten wir die inhomogene Differentialgleichung

$$u_q(t) = R \frac{dq}{dt} + \frac{1}{C} q(t) \qquad (6.4a)$$

bzw.

$$\frac{dq}{dt} = q'(t) = - \frac{1}{RC} q(t) + \frac{1}{R} u_q(t). \qquad (6.4b)$$

Wir bemerken, daß in

$$\frac{1}{C} \int_{-\infty}^{t} i(\tau)d\tau = \frac{1}{C} q_O + \frac{1}{C} \int_O^t i(\tau)d\tau$$

(6.5)

$$= U_O + \frac{1}{C} \int_O^t i(\tau)d\tau$$

q_O die Anfangsladung bzw. U_O die unmittelbar *vor* Schließen des Schalters (im Augenblick $t = -O$) am Kondensator liegende Spannung ist, die sich vom vorhergehenden Betrieb der Anordnung ergeben hat.

Generell gilt, daß die allgemeine Lösung der Gleichung (6.4) sich als Linearkombination der Lösung der zugehörigen homogenen Gleichung (6.1) und einer von $u_q(t)$ bestimmten Partikulärlösung ergibt. Es ist also

$$q(t) = q_h(t) + q_p(t).$$

(6.6)

Die homogene Gleichung

$$O = R \frac{dq_h}{dt} + \frac{1}{C} q_h(t), \quad t \geq O$$

haben wir schon behandelt und dabei als Lösung

$$q_h(t) = q_1 e^{-t/T_O}, \quad t \geq O$$

(6.7a)

erhalten, wobei die Konstante q_1 aus der Anfangsbedingung ermittelt wurde. Wir zeigen zunächst ein allgemeines Verfahren zur Bestimmung der Partikulärlösung, die sogenannte *Variation der Konstanten* . Dazu machen wir mit der unbekannten Funktion $q_1(t)$ den Ansatz

$$q_p(t) = q_1(t) e^{-t/T_O}.$$

(6.7b)

Durch Einsetzen in (6.4a) ergibt sich

$$u_q(t) = R e^{-t/T_O} q_1'(t)$$

und daraus

$$q_1(t) = \frac{1}{R} \int_O^t u_q(\tau)e^{\tau/T_O}d\tau.$$

Mit (6.7b) folgt dann

$$q_p(t) = \frac{1}{R} \int_0^t u_q(\tau) e^{-(t-\tau)/T_o} d\tau \qquad (6.8)$$

für beliebige Quellspannungen $u_q(t)$. Offenbar ist $q_p(0) = 0$, so daß sich aus (6.6) und (6.5) $q(0) = q_h(0) = q_1 = q_o$ ergibt. Für die Gesamtlösung folgt schließlich

$$q(t) = q_o e^{-t/T_o} + \frac{1}{R} \int_0^t u_q(\tau) e^{-(t-\tau)/T_o} d\tau, \quad t \geq 0. \qquad (6.9)$$

Das Ergebnis (6.9) wird sich in Abschnitt 6.3.3 als einfacher Spezialfall einer allgemeinen Aussage erweisen.

Wir zeigen jetzt noch ein zweites Lösungsverfahren, das allerdings nur für ein Eingangssignal der Form $u_q(t) = U_q e^{s_q t}$ für $t \geq 0$ gilt. Damit stellen wir zugleich die Verbindung zur Wechselstromrechnung her. Wie früher machen wir einen Lösungsansatz in Form der erregenden Funktion

$$q_p(t) = Q_p e^{s_q t}, \qquad (6.10a)$$

wobei die komplexe Amplitude Q_p zu bestimmen ist. Es ergibt sich aus (6.4a)

$$U_q e^{s_q t} = s_q R Q_p e^{s_q t} + \frac{Q_p}{C} e^{s_q t}$$

und daraus mit $T_o = RC$

$$Q_p = \frac{U_q}{R} \frac{1}{s_q + 1/T_o}. \qquad (6.10b)$$

Für die gesamte Ladungsfunktion $q(t)$ folgt aus (6.6) mit (6.7a)

$$q(t) = q_1 e^{-t/T_o} + \frac{U_q}{R} \frac{1}{s_q + 1/T_o} e^{s_q t}. \qquad (6.11)$$

Im Falle $q(0) = 0$ ergibt sich hier für die Konstante q_1

$$q_1 = -\frac{U_q}{R} \frac{1}{s_q + 1/T_o}$$

und damit für $t \geq 0$

$$q(t) = \frac{U_q}{R} \frac{1}{s_q + 1/T_o} \left[e^{s_q t} - e^{-t/T_o} \right], \qquad (6.12a)$$

$$u_C(t) = \frac{U_q}{T_o} \frac{1}{s_q + 1/T_o} \left[e^{s_q t} - e^{-t/T_o} \right], \qquad (6.12b)$$

$$i(t) = \frac{dq}{dt} = \frac{U_q}{R} \frac{1}{s_q + 1/T_o} \left[s_q e^{s_q t} + \frac{1}{T_o} e^{-t/T_o} \right]. \qquad (6.12c)$$

Wir bemerken, daß sich aus (6.8) mit $u_q(t) = U_q e^{s_q t}$ unmittelbar das Ergebnis (6.12a) ergibt. Damit bekommen wir auf beiden Wegen dieselbe Gesamtlösung, obwohl die nach (6.8) und (6.10) bestimmten Partikulärlösungen nicht übereinstimmen.

Das Ergebnis (6.12) wollen wir noch spezialisieren. Es sei zunächst $s_q = 0$. In diesem Fall ist $u_q(t)$ eine Sprungfunktion

$$u_q(t) = U_q \delta_{-1}(t),$$

wobei

$$\delta_{-1}(t) = \begin{array}{ll} 1 & t \geq 0 \\ 0 & t < 0 \end{array} \qquad (6.13)$$

der sogenannte Einheitssprung ist. Die Spezialisierung von (6.12) liefert unmittelbar

$$q(t) = U_q \cdot C [1 - e^{-t/T_o}] \delta_{-1}(t) \qquad (6.14a)$$

$$u_C(t) = U_q [1 - e^{-t/T_o}] \delta_{-1}(t) \qquad (6.14b)$$

$$i(t) = \frac{U_q}{R} e^{-t/T_o} \delta_{-1}(t). \qquad (6.14c)$$

Bild 6.4a zeigt das Oszillogramm der Spannung am Kondensator, deren Verlauf mit dem der Ladung, abgesehen von einer multiplikativen Konstanten, übereinstimmt. Wir erhalten eine monoton wachsende Funktion, die dem Endwert $u(\infty) = U_q$ für die Kondensatorspannung bzw. $q(\infty) = U_q C$ für die Ladung zustrebt. Entsprechend nimmt der Ladestrom $i(t)$ monoton ab. Wir diskutieren kurz die Energiebilanz des Ladevorganges. Die Quelle gibt insgesamt

$$\int_0^\infty u_q(t) i(t) dt = \frac{U_q^2}{R} \int_0^\infty e^{-t/T_o} dt = U_q^2 C$$

ab. Davon ist in der Grenze die Hälfte im Kondensator gespeichert. Man bestätigt leicht, daß die andere Hälfte während der Ladung im Widerstand in Wärme umgesetzt wurde.

Zur Illustration des Modellcharakters unserer Untersuchungen wiederholen wir noch einmal die Bemerkung aus Kapitel 1. Wenn wir bei der Schaltung von Bild 6.4 $U_q = 1,6$ V, $R = 1$ kΩ, $C = 1$ μF (und damit $T_o = RC = 1$ msec) wählen, so ergibt sich, daß nach etwa 30 msec noch eine Elementarladung $e = 1,602 \cdot 10^{-19}$ Asec an dem Endwert der Ladung $q(\infty) = U_q C$ fehlt. Unsere Untersuchung ignoriert also bei der Annahme stetiger Funktionen den atomistischen Charakter des Stromes, führt aber bei einer makroskopischen Betrachtung zu Ergebnissen, die mit den entsprechenden Experimenten gut übereinstimmen.

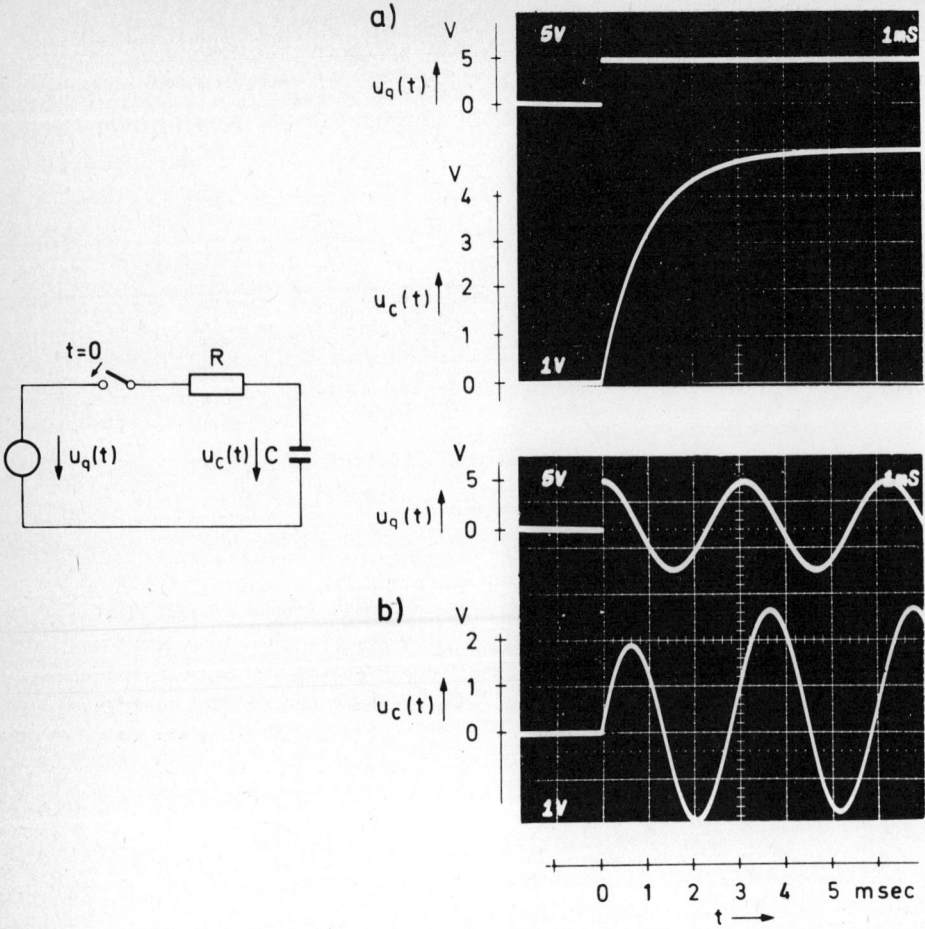

Bild 6.4   Einschwingverhalten der RC-Schaltung

Wir untersuchen weiterhin das Einschwingverhalten für

$$u_q(t) = \hat{u}_q \cos\omega_q t \cdot \delta_{-1}(t) = \begin{cases} \hat{u}_q \cos\omega_q t & t \geq 0 \\ 0 & t < 0. \end{cases}$$

Wegen $\cos\omega_q t = \frac{1}{2}\left[e^{j\omega_q t} + e^{-j\omega_q t}\right]$ können wir das Ergebnis ebenfalls durch Spezialisierung von (6.12) gewinnen. Wir erhalten z.B. für die Spannung bei $t \geq 0$

$$u_C(t) = 2\,\text{Re}\left\{ \frac{\hat{u}_q}{2T_0}\, \frac{1}{j\omega_q + 1/T_0}\left[e^{j\omega_q t} - e^{-t/T_0}\right] \right\}$$

$$= \hat{u}_q \frac{1}{\sqrt{\omega_q^2 T_0^2 + 1}}\left[\cos(\omega_q t - b(\omega_q)) - \cos b(\omega_q)\cdot e^{-t/T_0}\right]$$

$$(6.15)$$

mit $b(\omega_q) = \arctan\omega_q T_0$. Bild 6.4b zeigt das zugehörige Oszillogramm für den Fall $\omega_q T_0 = 2$.

Wir haben bisher angenommen, daß der Kondensator im Augenblick $t = 0$ nicht geladen ist. Ist diese Voraussetzung nicht erfüllt, ist vielmehr $q(0) = CU_0 = q_0 \neq 0$, so ergibt sich aus (6.11) lediglich ein anderer Wert für q_1. Wir erhalten

$$q_1 = q_0 - \frac{U_q}{R} \frac{1}{s_q + 1/T_0}$$

und damit an Stelle von (6.12a)

$$q(t) = \frac{U_q}{R} \frac{1}{s_q + 1/T_0} \left[e^{s_q t} - e^{-t/T_0} \right] + q_0 e^{-t/T_0}, \quad t \geq 0. \quad (6.16)$$

Offenbar tritt zusätzlich nur ein additives Glied auf, das genau die Form (6.2a) hat. Der im ersten Beispiel bestimmte Ausschwingvorgang des geladenen Kondensators überlagert sich einfach dem früheren Ergebnis. Ist speziell $q_0 = \frac{U_q}{R} \cdot \frac{1}{s_q + 1/T_0}$, so ergibt sich für $q(t)$ unmittelbar der eingeschwungene Zustand. Der Ausschwingvorgang des Kondensators kompensiert dann genau den Einschwingvorgang.

6.2.3 Schaltungsvarianten

Wir untersuchen noch einige praktisch interessante Schaltungsvarianten. Zunächst betrachten wir die Schaltung von Bild 6.5a. Der Kondensator sei zur Zeit $t = -0$ ungeladen. Im Augenblick $t = 0$ wird der Schalter in die Stellung 1 gebracht und der Kondensator aufgeladen. Für die Spannung erhält man den durch (6.14b) beschriebenen bzw. in Bild 6.4a dargestellten Verlauf. Wir nehmen nun an, daß im Augenblick $t = T$ der Schalter wieder in Stellung 2 umgelegt wird. Dann können wir entweder von einem sich in der beschriebenen Weise ändernden Netzwerk sprechen oder eine Spannungsquelle annehmen, die eine rechteckförmige Spannung der Dauer T abgibt:

$$u_q(t) = \begin{array}{ll} U_q & 0 \leq t < T \\ \\ 0 & t \geq T \end{array} \qquad (6.17a)$$

bzw.

$$u_q(t) = U_q [\delta_{-1}(t) - \delta_{-1}(t-T)]. \qquad (6.17b)$$

In jedem Fall können wir den sich ergebenden Vorgang dadurch berechnen, daß wir in den beiden Intervallen verschiedene Gleichungen bzw. verschiedene Anfangsbedingungen ansetzen. Es gilt

a) $0 \leq t < T$: $\quad U_q = R \frac{dq}{dt} + C \cdot q(t) \qquad$ mit $q(0) = 0$. $\qquad (6.18a)$

Lösung: $\qquad q(t) = U_q C \left[1 - e^{-t/T_0} \right]$ mit $T_0 = RC$. $\qquad (6.18b)$

b) $t \geq T$: $\quad 0 = R \frac{dq}{dt} + C \cdot q(t) \qquad\qquad\qquad\qquad (6.19a)$

mit einer Anfangsbedingung $q(T)$, die durch die Ladung am Ende des ersten Intervalls bestimmt ist:

$$q(T) = U_q C \left[1 - e^{-T/T_0} \right]. \qquad (6.18c)$$

Lösung: $\qquad q(t) = q(T) e^{-(t-T)/T_0}. \qquad (6.19b)$

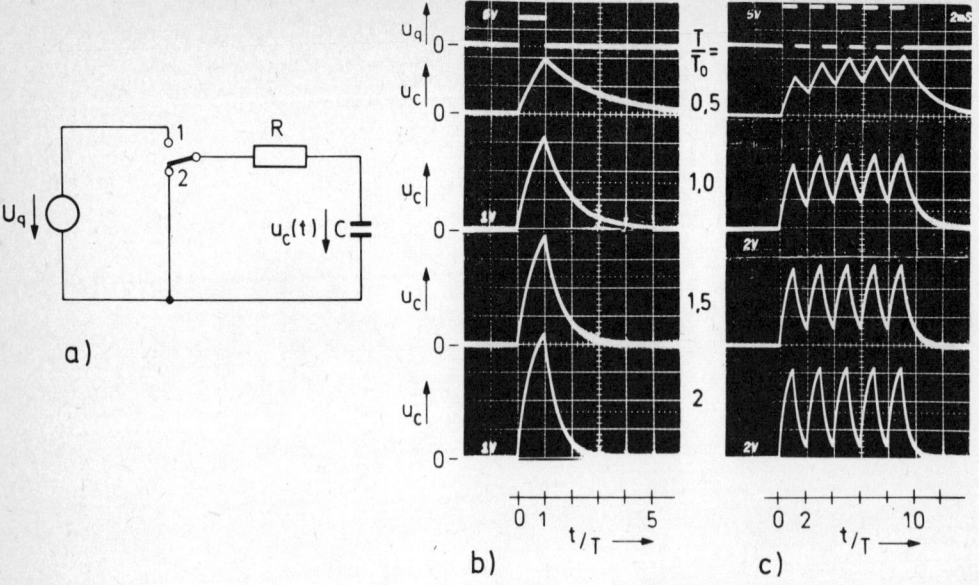

Bild 6.5   Verhalten des RC-Gliedes bei Erregung mit Rechteckimpulsen

Bild 6.5b zeigt das Ergebnis für T = 1 msec und unterschiedliche Zeitkonstanten T_0.
Das Verfahren läßt sich offensichtlich auf den Fall verallgemeinern, daß der Schalter mehrfach zwischen den Stellungen 1 und 2 hin- und hergeschaltet wird. Für jedes
der Intervalle ist dann die entsprechende Gleichung und die sich aus dem Abschluß
des vorhergehenden Intervalles ergebende Anfangsbedingung anzusetzen. Bild 6.5c
zeigt das Ergebnis, wieder für Einzelimpulse der Dauer T = 1 msec und verschiedene
Zeitkonstanten T_0.

In Bild 6.6 ist die Prinzipschaltung eines Abtast-Halte-Kreises dargestellt, der in
Analog-Digital-Wandlern verwendet wird. Eine Eingangsspannung $u_1(t)$ wird über einen
Widerstand R_1, der dem Innenwiderstand der Quelle entspricht, an den Kondensator C
gelegt. Nach einer gewissen Zeit τ_0, während der $u_1(t)$ konstant sein möge, wird auf
den Widerstand R_2 umgeschaltet, der als Belastungswiderstand des Abtast-Haltekrei-
ses durch die nachfolgende Schaltung aufgefaßt werden kann. Die Umschaltung erfolge
periodisch mit der Periode T. Wenn die Zeitkonstante $T_1 = R_1C$ sehr klein ist, wird
$u_2(t)$ der Änderung der Quellspannung $u_1(t)$ relativ schnell folgen können, während
bei großem Wert für $T_2 = R_2C$ die Spannung $u_2(t)$ den Wert im Umschaltaugenblick in
guter Annäherung beibehalten wird. Im Idealfall würde man mit $T_1 \rightarrow 0$ und $T_2 \rightarrow \infty$ bei
genügend kleinem Wert τ_0 einen treppenförmigen Verlauf der Ausgangsspannung $u_2(t)$
bekommen. Die Höhe der Treppenstufen wird dabei durch die jeweiligen Werte von $u_1(t)$
bestimmt.

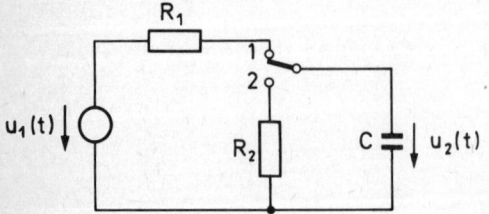

Bild 6.6   Prinzipschaltung
             eines Abtast-Haltegliedes

Wir haben hier ein zeitlich variables Netzwerk vor uns, das wir in den verschiedenen Phasen mit der Knotenregel durch die folgenden Gleichungen beschreiben können:

Phase 1: $\left[u_2(t) - u_1(t) \right] \dfrac{1}{R_1} + C \dfrac{du_2}{dt} = 0$ $\qquad t_i \leq t < t_i + \tau_o,\ t_i = iT$

$\qquad$ mit $\qquad u_1(t) = u_1(t_i)\delta_{-1}(t - t_i)$ $\hfill$ (6.20a)

$\qquad$ und der Anfangsbedingung $u_2(t_i)$.

Phase 2: $u_2(t) \dfrac{1}{R_2} + C \dfrac{du_2}{dt} = 0$ $\qquad t_i + \tau_o \leq t < t_{i+1}$

$\hfill t_{i+1} - t_i = T$ $\hfill$ (6.21a)

$\qquad$ und der Anfangsbedingung $u_2(t_i + \tau_o)$.

Die Lösungen ergeben sich leicht aus (6.14b) und (6.2b):

Phase 1: $u_2(t) = u_1(t_i) \left[1 - e^{-(t - t_i)/T_1} \right] + u_2(t_i)e^{-(t - t_i)/T_1}$

$\hfill t_i \leq t < t_i + \tau_o$ $\hfill$ (6.20b)

$\qquad$ mit $T_1 = R_1 C$.

Phase 2: $u_2(t) = u_2(t_i + \tau_o)e^{-(t - t_i - \tau_o)/T_2}$

$\hfill t_i + \tau_o \leq t < t_{i+1}$ $\hfill$ (6.21b)

$\qquad$ mit $T_2 = R_2 C$.

Bild 6.7 zeigt $u_2(t)$ für den Fall $\tau_o = 4T_1$, $T = 20T_1$ und $T_2/T_1 = 100$. Das Verhältnis der Zeitkonstanten wurde zur Verdeutlichung wesentlich kleiner gewählt als in
praktischen Fällen üblich und erforderlich. Entsprechend erhält man eine verhältnismäßig starke Abweichung vom angestrebten treppenförmigen Verlauf.

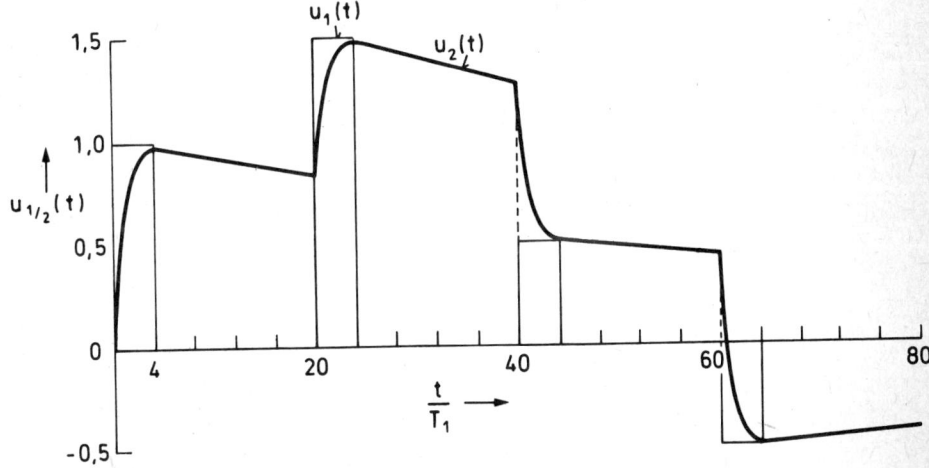

Bild 6.7   Ausgangsfunktion des Abtast-Haltegliedes

Als letztes Beispiel für einen Einschwingvorgang an einem RC-Glied behandeln wir einen speziellen Digital-Analog-Wandler. Dazu gehen wir von einer Dualzahl der Wortlänge w aus. Es sei

$$x = \sum_{i=o}^{w-1} a_i 2^{-(w-i)} \quad \text{mit } a_i \in \{0,1\}.$$

Offenbar ist x im Intervall $[0,(1-2^{-w})]$ ein ganzzahliges Vielfaches der Quantisierungsstufe 2^{-w}. Diese Zahl wird jetzt als eine Folge von Rechteckimpulsen der Dauer τ_o im Abstand T dargestellt. Verwenden wir dabei eine Stromquelle, so ist

$$i_q(t) = I_q \sum_{i=o}^{w-1} a_i r(t-iT), \qquad\qquad (6.22)$$

wobei

$$r(t) = \delta_{-1}(t) - \delta_{-1}(t-\tau_o) = \begin{cases} 1 & 0 \le t < \tau_o \\ 0 & \text{sonst} \end{cases}$$

der Basisrechteckimpuls ist. Bild 6.8a veranschaulicht einen solchen Verlauf für w=5, $a_o = a_1 = a_3 = a_4 = 1$, $a_2 = 0$. Der Digital-Analog-Wandler hat nun die Aufgabe, daraus eine der Zahl x proportionale Spannung zu machen, die natürlich erst für $t \ge (w-1)T+\tau_o$ vorliegen kann.

Bild 6.8b zeigt die verwendete Schaltung, die durch die Differentialgleichung

$$i_q(t) = \frac{1}{R} u(t) + C \frac{du}{dt} \qquad\qquad (6.23)$$

beschrieben wird. Wir betrachten zunächst die Reaktion des energiefreien Systems auf einen Rechteckimpuls $i_q(t) = I_q \cdot r(t)$. Die Lösung von (6.23) ergibt sich wieder aus (6.14b) und (6.2b) mit $T_o = RC$

$$u(t) = I_q R \left[1-e^{-t/T_o} \right] \qquad\qquad 0 \le t < \tau_o \qquad (6.24a)$$

$$u(t) = u(\tau_o) e^{-(t-\tau_o)/T_o} \qquad\qquad t \ge \tau_o \qquad (6.24b)$$

$$\text{mit } u(\tau_o) = I_q R \left[1-e^{-\tau_o/T_o} \right] := u_o.$$

Wegen der Linearität der Anordnung erhält man als Reaktion auf eine Impulsfolge der Form (6.22) für $t \ge (w-1)T+\tau_o$

$$u(t) = u_o \sum_{i=o}^{w-1} a_i e^{-(t-iT-\tau_o)/T_o}.$$

Setzen wir hier $t = (w-1)T+\tau$ mit $\tau \ge \tau_o$, so folgt

$$u(t) = u_o \sum_{i=o}^{w-1} a_i e^{-[(w-1)T-iT+\tau-\tau_o]/T_o}$$

$$= u_o e^{(T+\tau_o-\tau)/T_o} \sum_{i=o}^{w-1} a_i \left[e^{-T/T_o} \right]^{(w-i)}. \qquad\qquad (6.25)$$

Wenn wir speziell $e^{-T/T_o} = 2^{-1}$, d.h. $T_o = T/\ln 2$ wählen, gilt offenbar

$$u[(w-1)T+\tau] \sim x.$$

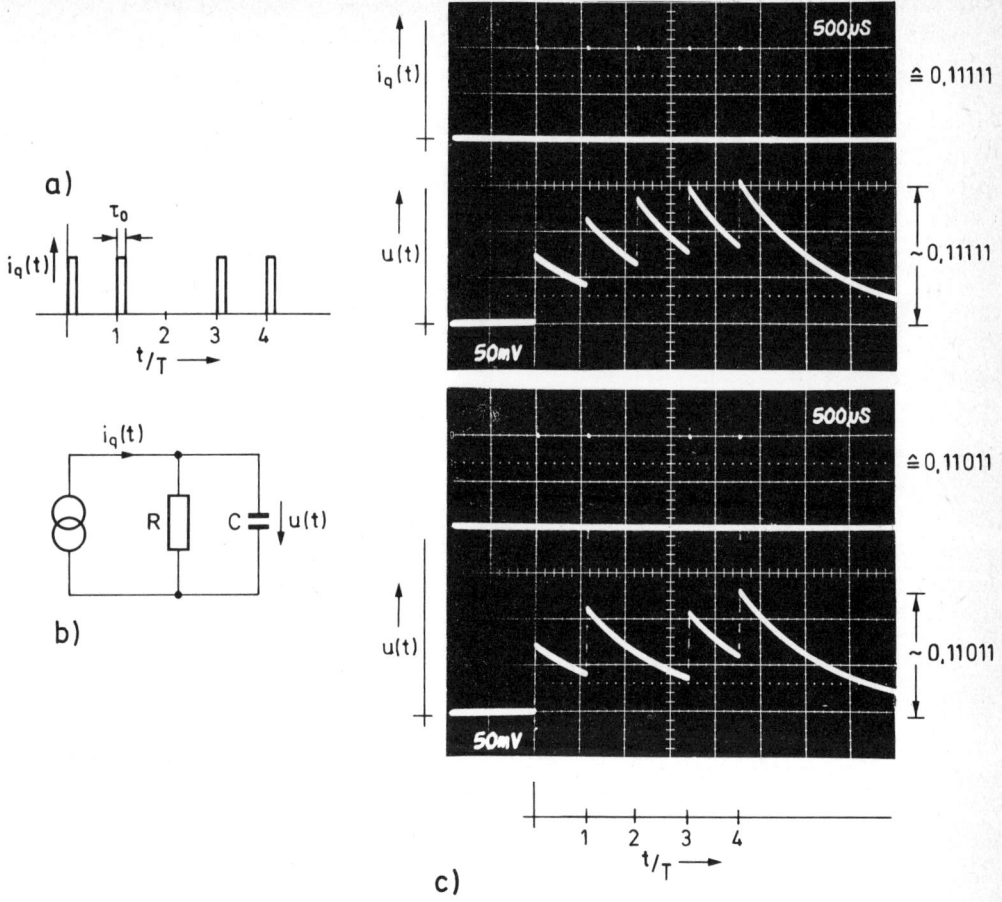

a)

b)

c)

Bild 6.8   Zur Untersuchung eines Digital-Analogwandlers

Bild 6.8c zeigt Oszillogramme der Spannung u(t) für zwei Dualzahlen. Offenbar wurde $\tau_0 \ll T$ gewählt. Der scheinbar unstetige Verlauf von u(t) ergibt sich aus einem großen Wert $I_q R$. u(t) steigt dadurch während der Impulsdauer τ sehr steil an. Mit einem nachgeschalteten Abtast-Haltekreis der oben behandelten Form, der bei $t \geq (w-1)T + \tau_0$ schaltet, kann man noch eine - näherungsweise - konstante Gleichspannung erzeugen.

6.2.4 Reihenschwingkreis

6.2.4.1 Allgemeine Untersuchung

In Abschnitt 3.2.1 haben wir eingehend den Reihenschwingkreis für eine exponentielle Erregung untersucht. Wir behandeln dieses Beispiel jetzt erneut, wobei wir annehmen, daß im Augenblick t = 0 eine weitgehend be-

liebige Spannung $u_q(t)$ eingeschaltet wird (siehe Bild 6.9). Für $t \geq 0$
wird die Anordnung dann durch

$$u_q(t) = L\frac{di}{dt} + R \cdot i(t) + \frac{1}{C}\int_{-\infty}^{t} i(\tau)d\tau$$

$$= L\frac{di}{dt} + R \cdot i(t) + u_C(0) + \frac{1}{C}\int_{0}^{t} i(\tau)d\tau \quad (6.26a)$$

beschrieben. Hier ist $u_C(0) = \frac{1}{C}\int_{-\infty}^{0} i(\tau)d\tau$ die im Schaltaugenblick am
Kondensator vorliegende Spannung.

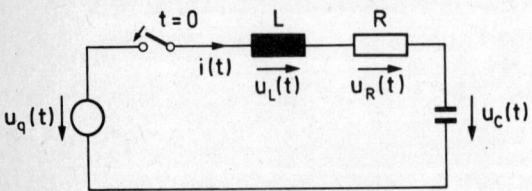

Bild 6.9   Einschaltung eines Reihenschwingkreises

Wir führen vorab eine physikalische Betrachtung für den Fall durch,
daß $u_q(t) = U_q \delta_{-1}(t)$ ist, daß also eine konstante Spannung angeschaltet
wird.

$t = 0$:
Zunächst gilt durch Schaltungszwang $i(t) = 0$ für $t < 0$. Da $L \cdot \frac{di}{dt}$ endlich bleiben muß, kann $i(t)$ im Nullpunkt nicht springen. Es muß also
$i(+0) = \lim\limits_{t \to +0} i(t) = 0$ sein. Dann ist aber auch $u_R(+0) = 0$ und $u_C(+0) =$
$u_C(0)$ und damit $u_L(+0) = U_q - u_C(0)$. Schließlich ist

$$q(+0) = q(-0) = q(0) = \int_{-\infty}^{0} i(\tau)d\tau = C \cdot u_C(0),$$

wobei wir unterstellen, daß zu früheren Zeitpunkten $t < 0$ $i(t) \neq 0$ ge-
wesen sein muß, so daß eine Anfangsladung $q(0)$ entstehen konnte.

$t \to \infty$:
Wir führen die Betrachtung unter der Annahme durch, daß der Grenzwert
$\lim\limits_{t \to \infty} i(t)$ existiert. Da nun $\lim\limits_{t \to \infty} u_C(t) = \frac{1}{C}\int_{-\infty}^{\infty} i(\tau)d\tau$ endlich bleiben muß,
ergibt sich für diesen Grenzwert des Stromes $i(\infty) = 0$. Damit wird auch
$u_R(\infty) = u_L(\infty) = 0$ und es folgt $\lim\limits_{t \to \infty} u_C(t) = u_C(\infty) = U_q$.

Diese Aussagen können wir in folgender Weise für Induktivitäten und Kapazitäten in beliebigen Netzwerken verallgemeinern:

a) Ist die Spannung $u_L(t)$ an einer Induktivität im Augenblick $t = t_o$ unstetig (Spannungssprung), so ist der Strom $i_L(t)$ bei $t = t_o$ stetig, aber nicht differenzierbar (Strom in der Induktivität springt nicht, hat aber eine Knickstelle; siehe Bild 6.10a).

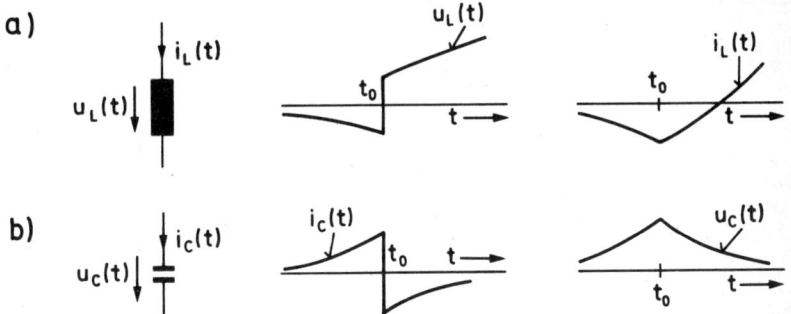

Bild 6.10   Zum Verhalten
             a) des Stromes in einer Induktivität bei unstetiger Spannung
             b) der Spannung an einer Kapazität bei unstetigem Strom

Entsprechend ergibt sich für den Kondensator:

b) Ist der in eine Kapazität fließende Strom $i_C(t)$ im Augenblick $t = t_o$ unstetig (Stromsprung), so ist die Spannung $u_C(t)$ bei $t = t_o$ stetig, aber nicht differenzierbar (Spannung am Kondensator springt nicht, hat aber Knickstelle; siehe Bild 6.10b).

Weiterhin gilt für $t \to \infty$:

c) Ein möglicher Gleichgewichtszustand in einem Netzwerk ist gekennzeichnet durch

$u_L(\infty) = 0$, $i_L(\infty) = $ konst. für alle Induktivitäten
$i_C(\infty) = 0$, $u_C(\infty) = $ konst. für alle Kapazitäten.

Wir überführen (6.26a) wieder in eine Differentialgleichung für die Ladung. Mit $\int_{-\infty}^{t} i(\tau)d\tau = q(t)$ ergibt sich

$$u_q(t) = L \frac{d^2q}{dt^2} + R \frac{dq}{dt} + \frac{1}{C} q(t), \qquad (6.26b)$$

also eine inhomogene, lineare Differentialgleichung 2. Ordnung, deren Gesamtlösung wir wieder als Überlagerung der Lösung der homogenen Gleichung und einer Partikulärlösung erhalten. Bei der homogenen Gleichung

$$0 = L \frac{d^2q_h}{dt^2} + R \frac{dq_h}{dt} + \frac{1}{C} q_h(t) \qquad (6.27)$$

machen wir auch hier den Exponentialansatz $q_h(t) = Q_h \cdot e^{st}$ mit unbekannten Werten Q_h und s. Durch Einsetzen ergibt sich

$$0 = (s^2 L + sR + \frac{1}{C})\, Q_h e^{st}.$$

Die Zeitabhängigkeit, aber auch die Unbekannte Q_h fallen heraus. Für s
erhält man die beiden Werte

$$s_{1,2} = -\frac{R}{2L} \pm \sqrt{(\frac{R}{2L})^2 - \frac{1}{LC}}\,. \qquad (6.28a)$$

Damit muß man $q_h(t)$ als Linearkombination zweier Exponentialfunktionen schreiben

$$q_h(t) = Q_{h1}e^{s_1 t} + Q_{h2}e^{s_2 t} \qquad (6.28b)$$

mit noch unbekannten Werten Q_{h1} und Q_{h2}. Wir sprechen von den Eigenschwingungen des Netzwerkes. Die Werte s_1 und s_2, die sich hier als
Eigenfrequenzen des Schwingkreises ergeben, traten früher als Polstellen z.B. des Leitwertes $Y(s)$ dieser Schaltung auf, den wir für eine Erregung der Form $u_q(t) = U_q e^{st}$ $\forall t$ bestimmt haben. Es war

$$Y(s) = \frac{1}{sL + \frac{1}{sC} + R} = \frac{s\frac{1}{L}}{(s-s_{\infty 1})(s-s_{\infty 2})}\,,$$

wobei $s_{\infty 1} \hat{=} s_1$, $s_{\infty 2} \hat{=} s_2$. Diese Bezeichnungen werden wir im Folgenden
auch hier verwenden.

Die Partikulärlösung bestimmen wir speziell für den Fall

$$u_q(t) = U_q e^{s_q t} \cdot \delta_{-1}(t).$$

Die Funktion $q_p(t)$, die (6.26b) erfüllt, muß von der Form dieser Erregung sein. Mit

$$q_p(t) = Q_p e^{s_q t}\, \delta_{-1}(t) \qquad (6.29a)$$

ergibt sich für $t \geq 0$

$$U_q e^{s_q t} = \left(s_q^2 L + s_q R + \frac{1}{C}\right)Q_p e^{s_q t}$$

und damit für die komplexe Amplitude Q_p entsprechend der Wechselstromrechnung

$$Q_p = \frac{U_q}{s_q^2 L + s_q R + \frac{1}{C}}. \qquad (6.29b)$$

Insgesamt erhalten wir

$$q(t) = Q_p e^{s_q t} + Q_{h1} e^{s_{\infty 1} t} + Q_{h2} e^{s_{\infty 2} t} \qquad (6.30a)$$

mit noch unbekannten Werten Q_{h1} und Q_{h2}. Sie ergeben sich aus den Anfangsbedingungen:

$$q(0) = C\, u_C(0) = Q_p + Q_{h1} + Q_{h2}$$

$$\qquad (6.30b)$$

$$q'(0) = i(0) = 0 = s_q Q_p + s_{\infty 1} Q_{h1} + s_{\infty 2} Q_{h2}.$$

Als Lösung dieser linearen Gleichungen erhalten wir

$$Q_{h1} = \frac{Q_p(s_{\infty 2} - s_q) - C\, u_C(0) s_{\infty 2}}{s_{\infty 1} - s_{\infty 2}}$$

$$\qquad (6.30c)$$

$$Q_{h2} = \frac{C\, u_C(0) s_{\infty 1} - Q_p(s_{\infty 1} - s_q)}{s_{\infty 1} - s_{\infty 2}}.$$

Die weitere Diskussion beschränken wir auf die Einschaltung einer Gleichspannungsquelle, setzen also $s_q = 0$, und nehmen außerdem an, daß $u_C(0) = 0$ ist, der Schwingkreis zu Beginn also energiefrei ist. Dann erhalten wir durch Spezialisierung von
(6.30) für $t \geq 0$

$$q(t) = U_q \cdot C \left[1 + \frac{s_{\infty 2}}{s_{\infty 1} - s_{\infty 2}} e^{s_{\infty 1} t} - \frac{s_{\infty 1}}{s_{\infty 1} - s_{\infty 2}} e^{s_{\infty 2} t} \right].$$

Für die Spannungen ergibt sich

$$u_C(t) = \frac{1}{C} q(t) = U_q \left[1 + \frac{s_{\infty 2}}{s_{\infty 1} - s_{\infty 2}} e^{s_{\infty 1} t} - \frac{s_{\infty 1}}{s_{\infty 1} - s_{\infty 2}} e^{s_{\infty 2} t} \right], \qquad (6.31a)$$

$$u_R(t) = R\, i(t) = R\, \frac{dq}{dt}$$

$$= U_q \frac{R}{L} \frac{1}{s_{\infty 1} - s_{\infty 2}} \left[e^{s_{\infty 1} t} - e^{s_{\infty 2} t} \right] \quad \text{mit } s_{\infty 1} s_{\infty 2} = \frac{1}{LC} \qquad (6.31b)$$

und

$$u_L(t) = L\,\frac{di}{dt} = L\,\frac{d^2q}{dt^2}$$

$$= U_q\,\frac{1}{s_{\infty 1}-s_{\infty 2}}\left[s_{\infty 1}e^{s_{\infty 1}t} - s_{\infty 2}e^{s_{\infty 2}t}\right].\tag{6.31c}$$

Für den Strom gilt

$$i(t) = \frac{U_q}{L}\,\frac{1}{s_{\infty 1}-s_{\infty 2}}\left[e^{s_{\infty 1}t} - e^{s_{\infty 2}t}\right].\tag{6.31d}$$

Man prüft leicht nach, daß die früher aus einer physikalischen Betrachtung gefundenen Anfangsbedingungen $u_C(0) = u_R(0) = 0$ sowie $u_L(0) = U_q$ erfüllt sind.

Bild 6.11a zeigt die Oszillogramme der an den einzelnen Schaltelementen auftretenden Spannungen bei der hier behandelten Erregung mit einem Gleichspannungssprung. Man erkennt die jeweils enthaltene abklingende Schwingung. Wir werden sie im Folgenden noch näher zu untersuchen haben. In Bild 6.11b sind die Oszillogramme für die Erregung mit einem Rechteckimpuls der Dauer T dargestellt. Für das Intervall $0 \leq t < T$ wird der Einschwingvorgang wieder durch (6.31) beschrieben. Das Verhalten für $t \geq T$ erhalten wir aus der Lösung der homogenen Gleichung mit den Anfangsbedingungen, die sich aus (6.31) für $q(t)$ und $i(t) = q'(t)$ im Punkte $t = T$ ergeben:

$$q(T) = U_q C\left[1 + \frac{s_{\infty 2}}{s_{\infty 1}-s_{\infty 2}}e^{s_{\infty 1}T} - \frac{s_{\infty 1}}{s_{\infty 1}-s_{\infty 2}}e^{s_{\infty 2}T}\right]$$

$$q'(T) = \frac{U_q}{L}\cdot\frac{1}{s_{\infty 1}-s_{\infty 2}}\cdot\left[e^{s_{\infty 1}T} - e^{s_{\infty 2}T}\right].\tag{6.32a}$$

Damit ergeben sich die Konstanten q_1 und q_2 in der für $t > T$ gültigen Lösung der homogenen Gleichung

$$q(t) = q_1 e^{s_{\infty 1}(t-T)} + q_2 e^{s_{\infty 2}(t-T)}\tag{6.32b}$$

als $q_1 = \dfrac{q'(T) - q(T)s_{\infty 2}}{s_{\infty 1}-s_{\infty 2}}$; $q_2 = \dfrac{q(T)s_{\infty 1} - q'(T)}{s_{\infty 1}-s_{\infty 2}}$. $\tag{6.32c}$

Die Oszillogramme lassen erkennen, daß bei $t = T$

$\quad\quad\quad$ $u_C(t)$ und damit $q(t)$ glatt (differenzierbar) ist

$\quad\quad\quad$ $u_R(t)$ und damit $i(t)$ einen Knick aufweist, während

$\quad\quad\quad$ $u_L(t)$ unstetig ist.

Diese Beobachtung bestätigt die oben gemachte allgemeine Aussage über Spannungen und Ströme in Induktivitäten und Kapazitäten. Sie ist zu ergänzen durch die Feststellung, daß ein bei $t = t_o$ nicht differenzierbarer Strom $i_C(t)$ zu einer dort differenzierbaren Spannung $u_C(t)$ führt. Entsprechendes gilt für die Zusammenhänge von $u_L(t)$ und $i_L(t)$ in einer Induktivität.

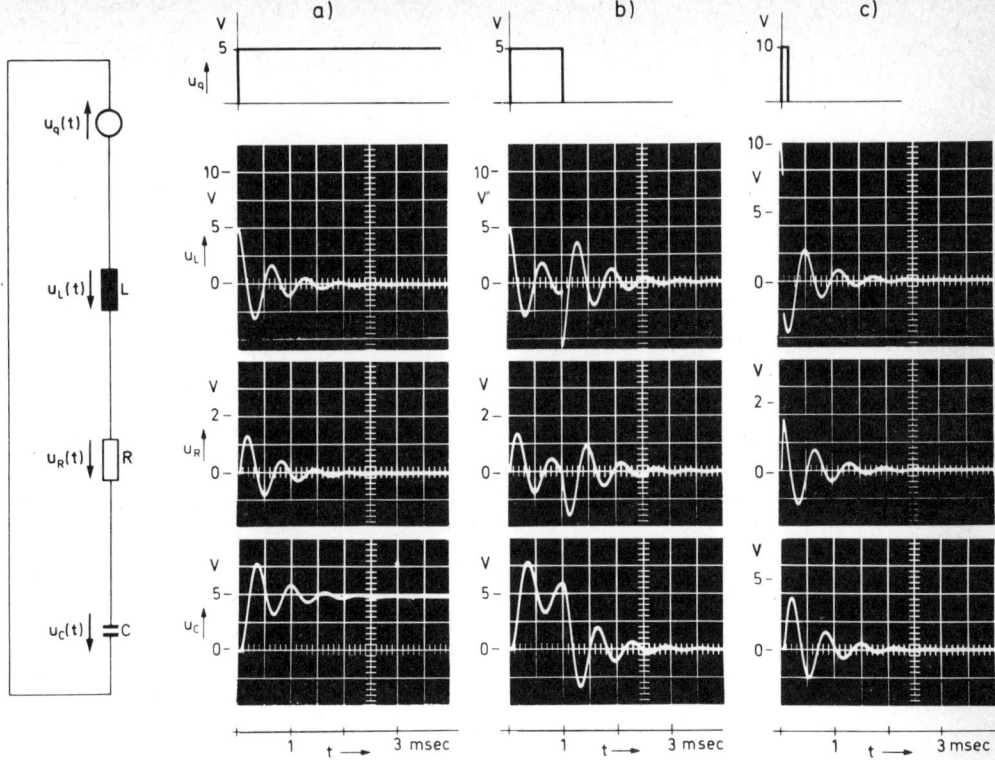

Bild 6.11   Einschwingverhalten eines Reihenkreises für L = 100 mH, C = 100 nF,
             R = 347 Ω

Schließlich zeigt Bild 6.11c die Oszillogramme für eine Erregung mit einem sehr
kurzen Impuls größerer Spannung. Es ist zu erkennen, daß $u_R(t)$ und damit $i(t)$ während der Impulsdauer auf ihre Maximalwerte ansteigen, um dann wie eine abklingende
Schwingung zu verlaufen. Wir werden später die Impulsantwort betrachten, die Wirkung einer Erregung mit einem Impuls, dessen Dauer bei konstanter Fläche nach Null
geht (Abschnitt 6.4.4).

6.2.4.2 Diskussion des Einschwingverhaltens

Die in (6.31) angegebenen Lösungen sollen noch weiter untersucht werden. Dazu führen wir so wie bei der Behandlung des Frequenzverhaltens eines Reihenschwingkreises im Abschnitt 3.2.1 eine Normierung durch. Wir verwenden wieder die folgenden Größen:

normierte Frequenz
$$s_n = \frac{s}{\omega_n} = \sigma_n + j\Omega \tag{6.33a}$$

normierende Frequenz
$$\omega_n = \frac{1}{\sqrt{LC}} \tag{6.33b}$$

normierter Widerstand
$$\rho = R\sqrt{\frac{C}{L}} \ . \tag{6.33c}$$

Zusätzlich definieren wir die

normierte Zeitvariable
$$\tau = \omega_n t = t/\sqrt{LC} \ . \tag{6.33d}$$

Die Eigenfrequenzen $s_{\infty 1,2}$ von (6.28a) gehen wie früher in die normierten Werte

$$s_{n\infty 1,2} = -\frac{\rho}{2} \pm \sqrt{\left(\frac{\rho}{2}\right)^2 - 1} \tag{6.34a}$$

über. Weiterhin führen wir die Abkürzung

$$B = \frac{1}{s_{n\infty 1} - s_{n\infty 2}} \tag{6.34b}$$

ein. Damit wird z.B.

$$\frac{s_{\infty 1,2}}{s_{\infty 1} - s_{\infty 2}} = \frac{s_{n\infty 1,2}}{s_{n\infty 1} - s_{n\infty 2}} = s_{n\infty 1,2} \cdot B$$

und

$$\frac{R}{L} \frac{1}{s_{\infty 1} - s_{\infty 2}} = \frac{R}{L} \cdot \frac{B}{\omega_n} = \rho B \ .$$

Aus (6.31) folgt dann für $\tau \geq 0$

$$\tilde{u}_C(\tau) = U_q \left[1 + B(s_{n\infty 2} e^{s_{n\infty 1}\tau} - s_{n\infty 1} e^{s_{n\infty 2}\tau}) \right] \tag{6.35a}$$

$$\tilde{u}_R(\tau) = U_q \, \rho B \left[e^{s_{n\infty 1}\tau} - e^{s_{n\infty 2}\tau} \right] \tag{6.35b}$$

$$\tilde{u}_L(\tau) = U_q \, B \left[s_{n\infty 1} e^{s_{n\infty 1}\tau} - s_{n\infty 2} e^{s_{n\infty 2}\tau} \right] \tag{6.35c}$$

$$\tilde{i}(\tau) = \frac{U_q}{R} \, \rho B \left[e^{s_{n\infty 1}\tau} - e^{s_{n\infty 2}\tau} \right] . \tag{6.35d}$$

Wir untersuchen jetzt die durch unterschiedliche Eigenfrequenzen des Schwingkreises gekennzeichneten Fälle:

1. Es sei

$$\left(\frac{\rho}{2}\right)^2 > 1, \ \text{d.h.} \ \rho > 2. \tag{6.36a}$$

Nach (6.34a) ergeben sich dann die reellen Eigenfrequenzen

$$s_{n\infty1,2} = \sigma_{n\infty1,2}.$$ (6.36b)

Bild 6.12a zeigt den Verlauf der Spannungen für $\rho = 4$ und damit $\sigma_{n\infty1,2} = -2 \pm \sqrt{3}.$

2. Es sei

$$(\frac{\rho}{2})^2 < 1, \text{ d.h. } \rho < 2.$$ (6.37a)

Dann wird mit den Bezeichnungen aus Abschnitt 3.2.1

$$s_{n\infty1,2} = -\frac{\rho}{2} \pm j \sqrt{1 - (\frac{\rho}{2})^2} = \sigma_{n\infty} \pm j\Omega_\infty = e^{\pm j\psi}$$ (6.37b)

und weiterhin $$B = \frac{1}{2j\Omega_\infty}.$$ (6.37c)

Aus (6.35) folgt damit für $\tau \geq 0$:

$$\tilde{u}_C(\tau) = U_q \left[1 + \frac{1}{\Omega_\infty} e^{\sigma_{n\infty}\tau} \sin(\Omega_\infty\tau - \psi) \right]$$ (6.38a)

$$\tilde{u}_R(\tau) = U_q \frac{\rho}{\Omega_\infty} e^{\sigma_{n\infty}\tau} \sin\Omega_\infty\tau$$ (6.38b)

$$\tilde{u}_L(\tau) = U_q \frac{1}{\Omega_\infty} e^{\sigma_{n\infty}\tau} \sin(\Omega_\infty\tau + \psi)$$ (6.38c)

$$\tilde{i}(\tau) = \frac{U_q}{R} \cdot \frac{\rho}{\Omega_\infty} e^{\sigma_{n\infty}\tau} \sin\Omega_\infty\tau.$$ (6.38d)

Wir kontrollieren kurz das Verhalten bei $t = 0$ und $t \to \infty$. Mit $\sin\psi = \Omega_\infty$ erhält man offenbar, wie erforderlich, $u_C(0) = 0$ und $u_L(0) = U_q$. Weiterhin ergibt sich auch, wie sofort ersichtlich, $u_R(0) = i(0) = 0$.

Weiterhin sieht man, daß im Falle $\sigma_{n\infty} < 0$, d.h. bei R, L > 0 die in (6.38) auftretenden Oszillationen abklingen und sich für $t \to \infty$ die früher gefundenen Grenzwerte einstellen. Ist dagegen R = 0, ist also der Schwingkreis verlustfrei, so wird ρ und damit $\sigma_{n\infty}$ zu Null; die Grenzwerte für $t \to \infty$ existieren dann nicht.

Bild 6.12b,c zeigt die Oszillogramme für $\rho = \sqrt{2}$ ($\psi = 45°$) und $\rho = 0,5$ ($\psi = 75,5°$).

3. Es sei

$$(\frac{\rho}{2})^2 = 1, \text{ d.h. } \rho = 2.$$ (6.39a)

Hier wird

$$s_{n\infty1} = s_{n\infty2} = \sigma_{n\infty}.$$ (6.39b)

Diesen Fall kann man nicht durch Spezialisierung des Ergebnisses (6.35) behandeln. Die Lösung (6.28b) der homogenen Gleichung

$$q_h(t) = Q_{h1}e^{s_{\infty1}t} + Q_{h2}e^{s_{\infty2}t},$$

die die Erfüllung von *zwei* Anfangsbedingungen durch die geeignete Wahl der Konstanten Q_{h1} und Q_{h2} gestattete, würde sich auf eine Exponentialfunktion reduzieren und damit nur noch *eine* Vorschrift für das Verhalten bei $t = 0$ befriedigen können. Wir kehren noch einmal zur Behandlung der homogenen Gleichung zurück und wollen zeigen, daß sie sich in diesem speziellen Fall durch den Ansatz

$$q_h(t) = Q_h e^{\sigma_\infty t} + I_h t\, e^{\sigma_\infty t}, \quad t \geq 0 \tag{6.40}$$

lösen läßt. Setzt man (6.40) in (6.27) ein, so ergibt sich

$$0 = Q_h e^{\sigma_\infty t}\left[\frac{1}{C} + \sigma_\infty R + \sigma_\infty^2 L\right]$$
$$+ I_h e^{\sigma_\infty t}\left[R + 2\sigma_\infty L + t(\frac{1}{C} + \sigma_\infty R + \sigma_\infty^2 L)\right].$$

Diese Beziehung läßt sich unabhängig von t nur erfüllen, wenn σ_∞ den folgenden beiden Beziehungen genügt:

$$\sigma_\infty^2 L + \sigma_\infty R + \frac{1}{C} = 0 \quad \rightarrow \quad \sigma_\infty = -\frac{R}{2L} \pm \sqrt{(\frac{R}{2L})^2 - \frac{1}{LC}}$$

und

$$R + 2\sigma_\infty L = 0 \quad \rightarrow \quad \sigma_\infty = -\frac{R}{2L}.$$

Der Ansatz (6.40) führt also dann und nur dann zu einer Lösung, wenn

$$(\frac{R}{2L})^2 = \frac{1}{LC}$$

ist. Wir erhalten die Bedingung

$$(\frac{1}{2} R\sqrt{\frac{C}{L}})^2 = (\frac{\rho}{2})^2 = 1,$$

also gerade (6.39a). Mit der gleichen Partikulärlösung wie vorher ergibt sich dann die Gesamtlösung für den Gleichspannungschaltvorgang

$$q(t) = U_q C + Q_h e^{\sigma_\infty t} + I_h t\, e^{\sigma_\infty t}, \quad t \geq 0.$$

Die noch unbekannten Konstanten folgen aus den Anfangsbedingungen

$$q(0) = 0 = U_q C + Q_h \quad \rightarrow \quad Q_h = -U_q C$$

$$i(0) = q'(0) = 0 = Q_h \sigma_\infty + I_h \quad \rightarrow \quad I_h = \sigma_\infty U_q C$$

und damit schließlich für $t \geq 0$

$$q(t) = U_q C\left[1 + e^{\sigma_\infty t}(\sigma_\infty t - 1)\right]. \tag{6.41}$$

Wir sprechen hier vom *aperiodischen Grenzfall* des Einschwingvorganges.

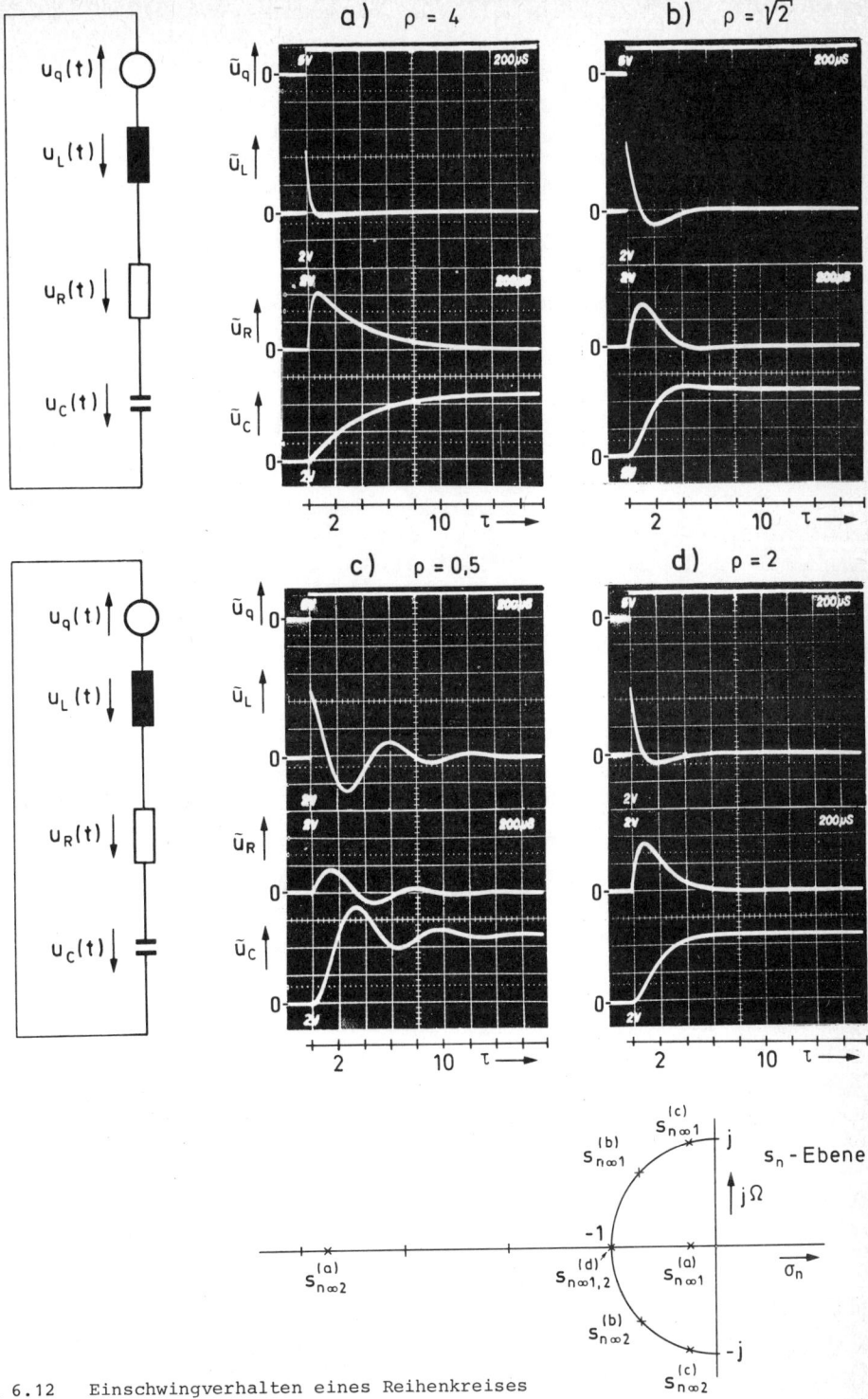

Bild 6.12   Einschwingverhalten eines Reihenkreises
bei unterschiedlichen Werten für $\rho = R\sqrt{C/L}$

Bei Verwendung der gleichen Normierung wie oben folgt

$$\sigma_{n\infty} = \frac{s_{n\infty}}{\omega_n} = -\frac{R}{2L}\sqrt{LC} = -\frac{\rho}{2} = -1$$

und

$$\sigma_\infty t = \sigma_{n\infty}\omega_n t = -\tau.$$

Damit wird für $\tau \geq 0$

$$\tilde{q}(\tau) = U_q C\left[1 - e^{-\tau}(\tau+1)\right]$$

$$\tilde{u}_C(\tau) = U_q\left[1 - e^{-\tau}(\tau+1)\right] \tag{6.42a}$$

$$\tilde{u}_R(\tau) = R\frac{dq}{d\tau}\cdot\frac{d\tau}{dt} = 2 U_q \tau e^{-\tau} \tag{6.42b}$$

$$\tilde{u}_L(\tau) = L\frac{d^2q}{d\tau^2}\left(\frac{d\tau}{dt}\right)^2 = U_q e^{-\tau}(1-\tau) \tag{6.42c}$$

$$\tilde{i}(\tau) = \frac{dq}{d\tau}\frac{d\tau}{dt} = U_q\sqrt{\frac{C}{L}}\,\tau e^{-\tau}. \tag{6.42d}$$

Bild 6.12d zeigt die Oszillogramme der in diesem Fall auftretenden Spannungen. Außerdem werden die zu den verschiedenen Fällen gehörenden Pollagen in der s_n-Ebene veranschaulicht.

6.3   Zustandsgleichungen elektrischer Netzwerke

6.3.1 Vorbemerkungen

Für eine Verallgemeinerung der bisher an Beispielen eingeführten Verfahren auf beliebige Netzwerke können wir von den Aussagen in Abschnitt 3.2.3 ausgehen. Wir hatten dort das zu untersuchende Netzwerk mit der Maschenanalyse behandelt und für die μ-te Masche die Integro-Differentialgleichung (3.55a)

$$(L_{\mu\mu} + M_{\mu\mu})\frac{di_\mu}{dt} + (R_{\mu\mu} + v_{\mu\mu})i_\mu + \frac{1}{C_{\mu\mu}}\int_{-\infty}^{t} i_\mu d\tau +$$

$$+ \sum_{\substack{\nu=1 \\ \nu\neq\mu}}^{m} m_{\mu\nu}\left[(L_{\mu\nu} + M_{\mu\nu})\frac{di_\nu}{dt} + (R_{\mu\nu} + v_{\mu\nu})i_\nu + \frac{1}{C_{\mu\nu}}\int_{-\infty}^{t} i_\nu d\tau\right] = u_{q\mu}(t)$$

bekommen. Insgesamt wird das Netzwerk durch m derartige Gleichungen für die unbekannten Ströme i_μ(t) beschrieben. Führen wir wie im letzten Abschnitt die Ladungen $q_\mu(t) = \int_{-\infty}^{t} i_\mu(\tau)d\tau$ als Unbekannte ein, so erhalten wir offenbar ein System von m gekoppelten Differentialgleichungen 2. Ordnung, für dessen Lösung die an der einzelnen Gleichung gezeigten Methoden verallgemeinert werden können. Wir wollen statt dessen einen

anderen Weg beschreiten, wobei wir von den Zustandsgleichungen eines
Netzwerkes ausgehen, einer Beschreibung durch ein System von Differentialgleichungen erster Ordnung (z.B. [6.2]-[6.4]).

Zunächst erklären wir den Begriff *Zustand eines Netzwerkes* in einem
Augenblick t_o. Damit ist die Gesamtheit aller Angaben über Spannungen
und Ströme in diesem Zeitpunkt gemeint, die neben der Kenntnis des
weiteren Verlaufes der Quellfunktionen notwendig sind, um das Gesamt-
verhalten für $t \geq t_o$ vollständig zu berechnen. Nun gilt allgemein für
die Spannung an einer Kapazität $u_C(t) = \frac{1}{C} \int_{-\infty}^{t} i_C(\tau)d\tau$ und für $t \geq t_o$

$$u_C(t) = \frac{1}{C} \int_{-\infty}^{t_o} i_C(\tau)d\tau + \frac{1}{C} \int_{t_o}^{t} i_C(\tau)d\tau = u_C(t_o) + \frac{1}{C} \int_{t_o}^{t} i_C(\tau)d\tau.$$

Entsprechend ist der Strom in einer Induktivität für $t \geq t_o$

$$i_L(t) = \frac{1}{L} \int_{-\infty}^{t_o} u_L(\tau)d\tau + \frac{1}{L} \int_{t_o}^{t} u_L(\tau)d\tau = i_L(t_o) + \frac{1}{L} \int_{t_o}^{t} u_L(\tau)d\tau.$$

Für die Bestimmung aller Ströme und Spannungen in einem Netzwerk für
$t \geq t_o$ ist offenbar die Kenntnis der Spannungen $u_C(t_o)$ an allen Kondensatoren und der Ströme $i_L(t_o)$ in allen Spulen nötig. Sie beschreiben den Anfangszustand des Netzwerkes, von dem ausgehend das weitere
Verhalten für bekannte Quellfunktionen bestimmt werden kann. Es ist
kennzeichnend, daß der Verlauf der Ströme $i_C(t)$ und der Spannungen
$u_L(t)$ für $t < t_o$ unwichtig ist. Wesentlich sind nur die Werte $u_C(t_o)$
bzw. $i_L(t_o)$, nicht dagegen, auf welchem Wege, d.h. mit welchen Funktionen $i_C(t)$ bzw. $u_L(t)$ sie erreicht worden sind.
Unter Einführung der allgemeinen Bezeichnung x für Kondensatorspannungen und Spulenströme ist dann

$$\mathbf{x}(t) = [x_1(t), x_2(t), \ldots, x_n(t)]^T \qquad (6.43a)$$

der Vektor der n Zustandsvariablen und $\mathbf{x}(t_o)$ sein Wert bei $t = t_o$. Ist
weiterhin

$$\mathbf{v}(t) = [v_1(t), v_2(t), \ldots, v_\ell(t)]^T \qquad (6.43b)$$

der Vektor der ℓ Quellzeitfunktionen, wobei wir wieder eine allgemeine
Bezeichnung für Spannungs- und Stromquellen gewählt haben, so gilt
generell für den Zustandsvektor

$$\mathbf{x}(t) = \mathbf{f}[\mathbf{x}(t_o), \mathbf{v}(t)], \qquad (6.44a)$$

wobei **f** eine vektorielle Funktion beschreibt. In der Regel werden wir
uns für eine oder mehrere Zeitfunktionen im Netzwerk interessieren.
Der Vektor dieser r Ausgangsgrößen

$$\mathbf{y}(t) = [y_1(t), y_2(t), \ldots, y_r(t)]^T \tag{6.43c}$$

wird dann ebenfalls für $t \geq t_0$ von $\mathbf{x}(t_0)$ und $\mathbf{v}(t)$ abhängen. Diese Funktion wird allgemein durch

$$\mathbf{y}(t) = \mathbf{g}[\mathbf{x}(t_0), \mathbf{v}(t)] \tag{6.44b}$$

beschrieben.

Die Zustandsgleichung (6.44a) und die Ausgangsgleichung (6.44b) gelten
in dieser generellen Form für eine große Klasse von Systemen. Im Falle
der uns hier interessierenden linearen Netzwerke aus konstanten Elementen gilt speziell mit konstanten Matrizen **A**, **B**, **C** und **D**

$$\frac{d\mathbf{x}(t)}{dt} = \mathbf{x}'(t) = \mathbf{A}\mathbf{x}(t) + \mathbf{B}\mathbf{v}(t) \tag{6.45a}$$

$$\mathbf{y}(t) = \mathbf{C}\mathbf{x}(t) + \mathbf{D}\mathbf{v}(t). \tag{6.45b}$$

Aus den in (6.43) angegebenen Dimensionen der beteiligten Vektoren
folgt, daß die auftretenden Matrizen die folgenden Ordnungen haben:

$$\mathbf{A}: (n \times n); \quad \mathbf{B}: (n \times \ell); \quad \mathbf{C}: (r \times n); \quad \mathbf{D}: (r \times \ell).$$

Wir werden im nächsten Abschnitt die Aufstellung der Zustandsgleichungen von Netzwerken zunächst an Beispielen und dann in allgemeiner Form
zeigen.

6.3.2 Aufstellung der Zustandsgleichungen

Die Gleichungen (6.45) kann man zunächst stets durch geeignete Umformung der das
Netzwerk ursprünglich beschreibenden Beziehungen der Knoten- oder Maschenanalyse
gewinnen. Für das Beispiel der Schaltung von Bild 6.13a erhält man mit dem gleichen vollständigen Baum wie in Abschnitt 2.5.1 die Maschengleichungen

$$i_1(R_1+R_2) + \frac{1}{C}\int_{-\infty}^{t}(i_1+i_2)d\tau \quad\quad - i_3R_2 = u_{q1}(t)$$

$$\frac{1}{C}\int_{-\infty}^{t}(i_1+i_2)d\tau + i_2(R_3+R_4) + i_3R_3 = u_{q2}(t)$$

$$- i_1R_2 \quad\quad + i_2R_3 \quad\quad + i_3(R_2+R_3) + L\frac{di_3}{dt} = 0.$$

Nach den Vorbemerkungen setzen wir

$$x_1(t) = u_C(t) = \frac{1}{C} \int_{-\infty}^{t} (i_1 + i_2) d\tau; \quad x_2(t) = i_L(t) = i_3(t).$$

Zunächst ergibt sich aus den ersten beiden Maschengleichungen

$$i_1 = \frac{1}{R_1 + R_2} [-x_1 + x_2 R_2 + u_{q1}]$$

$$i_2 = \frac{1}{R_3 + R_4} [-x_1 - x_2 R_3 + u_{q2}].$$

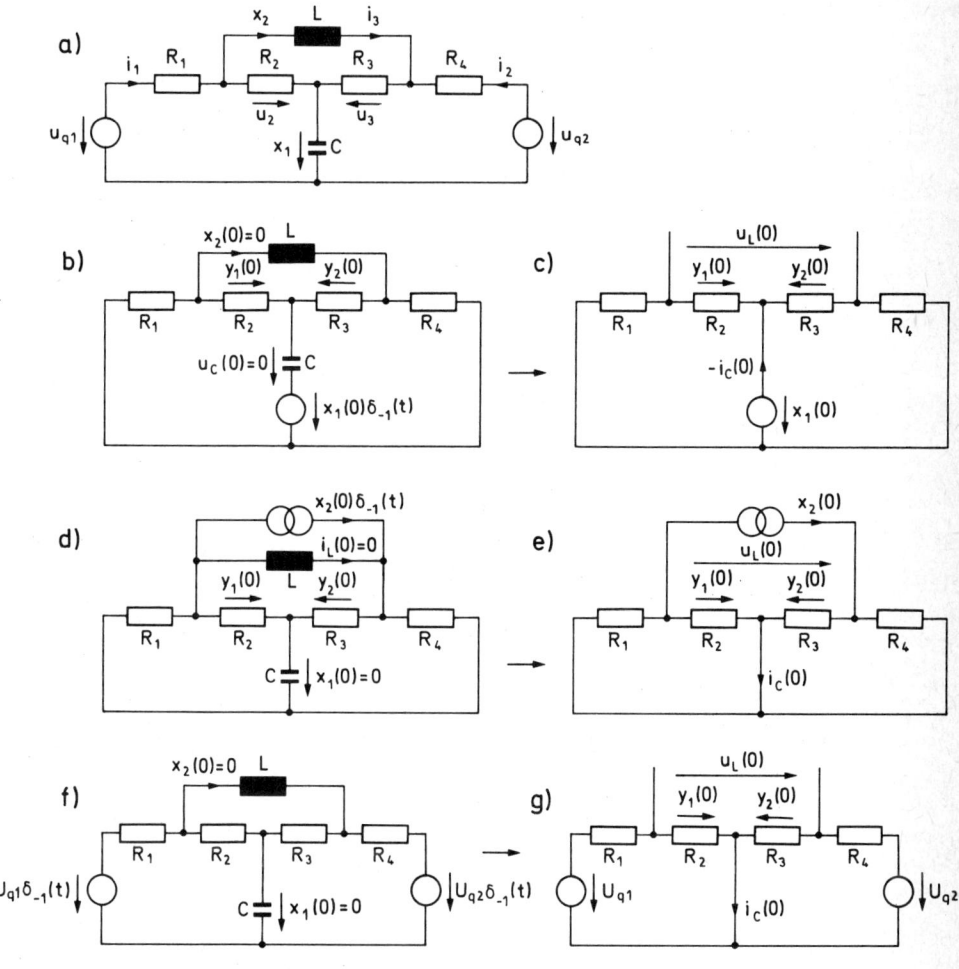

Bild 6.13   Beispiel für die Bestimmung der Zustands- und Ausgangsgleichung.
             a) Untersuchte Schaltung; b)...g) Betrachtung des Verhaltens bei t=0.

Die Zustandsgleichung (6.45a) erhält man, wenn man diese Beziehungen in $x_1' = \frac{1}{C}(i_1+i_2)$ bzw. in die dritte Maschengleichung einsetzt. Es ergibt sich

$$\begin{bmatrix} x_1' \\ x_2' \end{bmatrix} = \begin{bmatrix} a_{11} & a_{12} \\ a_{21} & a_{22} \end{bmatrix} \begin{bmatrix} x_1 \\ x_2 \end{bmatrix} + \begin{bmatrix} b_{11} & b_{12} \\ b_{21} & b_{22} \end{bmatrix} \begin{bmatrix} u_{q1} \\ u_{q2} \end{bmatrix} \qquad (6.46a)$$

mit $a_{11} = -\frac{1}{C}\left[\frac{1}{R_1+R_2} + \frac{1}{R_3+R_4}\right]$; $a_{12} = \frac{1}{C}\left[\frac{R_2}{R_1+R_2} - \frac{R_3}{R_3+R_4}\right]$

$\qquad a_{21} = -\frac{1}{L}\left[\frac{R_2}{R_1+R_2} - \frac{R_3}{R_3+R_4}\right]$; $a_{22} = \frac{1}{L}\left[\frac{R_1R_2}{R_1+R_2} + \frac{R_3R_4}{R_3+R_4}\right]$

$$b_{11} = \frac{1}{C(R_1+R_2)} \;;\quad b_{12} = \frac{1}{C(R_3+R_4)}$$

$$b_{21} = \frac{R_2}{L(R_1+R_2)} \;;\quad b_{22} = \frac{R_3}{L(R_3+R_4)} \;.$$

Die Ausgangsgleichung entsprechend (6.45b) bestimmen wir für den Fall, daß die Spannungen $u_2(t)$ und $u_3(t)$ interessieren (siehe Bild 6.13a). Mit

$$u_2(t) = R_2(i_1-i_3) = R_2(i_1-x_2)$$
und
$$u_3(t) = R_3(i_2+i_3) = R_3(i_2+x_2)$$

erhält man die Elemente der Matrizen **C** und **D** in

$$\begin{bmatrix} y_1 \\ y_2 \end{bmatrix} = \begin{bmatrix} u_2 \\ u_3 \end{bmatrix} = \begin{bmatrix} c_{11} & c_{12} \\ c_{21} & c_{22} \end{bmatrix} \begin{bmatrix} x_1 \\ x_2 \end{bmatrix} + \begin{bmatrix} d_{11} & d_{12} \\ d_{21} & d_{22} \end{bmatrix} \begin{bmatrix} u_{q1} \\ u_{q2} \end{bmatrix} \qquad (6.46b)$$

zu

$$c_{11} = -\frac{R_2}{R_1+R_2} \;;\quad c_{12} = -\frac{R_1R_2}{R_1+R_2} \;;\quad d_{11} = \frac{R_2}{R_1+R_2} \;;\quad d_{12} = 0$$

$$c_{21} = -\frac{R_3}{R_3+R_4} \;;\quad c_{22} = \frac{R_3R_4}{R_3+R_4} \;;\quad d_{21} = 0 \;;\quad d_{22} = \frac{R_3}{R_3+R_4} \;.$$

Man erkennt wohl unmittelbar, daß man ausgehend von den Gleichungen der Maschen- oder Knotenanalyse bei beliebigen Netzwerken die Zustandsgleichungen erhalten kann.

Wir zeigen noch eine zweite Methode, mit der man auf Grund von physikalischen Überlegungen die Elemente der Matrizen bestimmen kann. Auch sie wird zunächst am Beispiel des Netzwerkes von Bild 6.13a erklärt.

Für die Bestimmung von a_{11} und a_{21} sowie c_{11} und c_{21} setzen wir im Augenblick t = 0: $u_{q1}(0) = u_{q2}(0) = x_2(0) = 0$. Es sei $x_1(0) \neq 0$. Dann ist

$$x_1'(0) = a_{11}\, x_1(0) = \frac{1}{C}\, i_C(0) \quad \rightarrow \quad a_{11} = \frac{1}{C}\, \frac{i_C(0)}{x_1(0)}$$

$$\text{(6.47a)}$$

$$x_2'(0) = a_{21}\, x_1(0) = \frac{1}{L}\, u_L(0) \quad \rightarrow \quad a_{21} = \frac{1}{L}\, \frac{u_L(0)}{x_1(0)} \; .$$

$$y_1(0) = c_{11} x_1(0) \qquad\qquad \rightarrow \quad c_{11} = \frac{y_1(0)}{x_1(0)}$$

$$\text{(6.47b)}$$

$$y_2(0) = c_{21} x_1(0) \qquad\qquad \rightarrow \quad c_{21} = \frac{y_2(0)}{x_1(0)} \; .$$

Nun ersetzen wir den geladenen Kondensator mit der Spannung $x_1(0)$ durch einen ungeladenen in Reihe mit einer Spannungsquelle mit $x_1(0)\cdot\delta_{-1}(t)$ (Bild 6.13b). Die für
die Bestimmung von a_{11} und a_{21} nötigen Werte $i_C(0)$ und $u_L(0)$ sowie die interessierenden Ausgangsspannungen $y_1(0)$ und $y_2(0)$ bekommen wir, wenn wir beachten, daß nach
unseren Überlegungen im Abschnitt 6.2.4.1 bei sprungförmiger Änderung der Quellzeitfunktionen die Spannung am Kondensator und der Strom in der Spule nicht springen
können. Im Augenblick $t = 0$ wirkt also der Kondensator als Kurzschluß und die Induktivität als Unterbrechung. Damit können wir alle für die Bestimmung der vier Matrixelemente nötigen Größen durch Analyse des in Bild 6.13c dargestellten rein ohmschen
Netzwerkes bekommen. Z.B. ist

$$-i_C(0) = \left(\frac{1}{R_1 + R_2} + \frac{1}{R_3 + R_4} \right) x_1(0)$$

$$u_L(0) = \left(\frac{R_3}{R_3 + R_4} - \frac{R_2}{R_1 + R_2} \right) x_1(0) \, ,$$

woraus sich mit (6.47) die vorher in (6.46a) angegebenen Elemente a_{11} und a_{21} ergeben. Ebenso bestätigt man die Werte c_{11} und c_{21}.
a_{12} und a_{22} sowie c_{12} und c_{22} bekommt man, ausgehend von $u_{q1}(0) = u_{q2}(0) = x_1(0) = 0$,
$x_2(0) \neq 0$ durch eine entsprechende Überlegung. Es ist dann

$$x_1'(0) = a_{12}\, x_2(0) = \frac{1}{C}\, i_C(0) \quad \rightarrow \quad a_{12} = \frac{1}{C}\, \frac{i_C(0)}{x_2(0)}$$

$$x_2'(0) = a_{22}\, x_2(0) = \frac{1}{L}\, u_L(0) \quad \rightarrow \quad a_{22} = \frac{1}{L}\, \frac{u_L(0)}{x_2(0)}$$

$$\text{(6.47c)}$$

$$y_1(0) = c_{12}\, x_2(0) \qquad\qquad \rightarrow \quad c_{12} = \frac{y_1(0)}{x_2(0)}$$

$$y_2(0) = c_{22}\, x_2(0) \qquad\qquad \rightarrow \quad c_{22} = \frac{y_2(0)}{x_2(0)} \; .$$

$$\text{(6.47d)}$$

Jetzt wird die Induktivität mit dem Strom $x_2(0)$ durch eine stromlose Spule mit
parallelgeschalteter Stromquelle mit $x_2(0)\delta_{-1}(t)$ ersetzt (Bild 6.13d). Wir kommen
auch hier auf die Analyse eines rein ohmschen Netzwerkes, das jetzt von einer
Stromquelle gespeist wird (Bild 6.13e). Man bestätigt damit leicht die früheren
Ergebnisse.

Schließlich kann man auch die Matrizen **B** und **D** durch die Untersuchung eines von
Gleichquellen gespeisten ohmschen Netzwerkes bekommen (siehe Bild 6.13 f,g).

Das Verfahren läßt sich offensichtlich verallgemeinern: Man zieht aus
dem gegebenen Netzwerk alle Induktivitäten und Kapazitäten sowie alle
unabhängigen Quellen heraus, so daß ein rein ohmsches Netzwerk verbleibt
(Bild 6.14a). Zur Bestimmung der j-ten Spalte der Matrizen **A** und **C** setzt
man zunächst alle Quellzeitfunktionen sowie alle $x_i(0)$ mit $i \neq j$ gleich
Null und ersetzt wie im Beispiel das j-te reaktive Element mit $x_j(0) \neq 0$
durch die Zusammenschaltung des entsprechenden spannungs- bzw. strom-
freien Elementes mit einer bei $t = 0$ geschalteten Quelle. Dann sind zur
Bestimmung der a_{ij}, $i = 1(1)n$, die Ströme $i_{C_i}(0)$ in den Kondensatoren
und die Spannungen $u_{L_i}(0)$ an den Induktivitäten durch Analyse eines
ohmschen Netzwerkes zu berechnen (Bild 6.14b). Es gilt

$$a_{ij} = \frac{1}{C_i} \frac{i_{C_i}(0)}{x_j(0)} \quad \text{bzw.} \quad a_{ij} = \frac{1}{L_i} \frac{u_{L_i}(0)}{x_j(0)} \; . \qquad (6.48)$$

In derselben Schaltung werden außerdem die $y_i(0)$, $i = 1(1)r$, bestimmt,
aus denen man unmittelbar die c_{ij} erhält. Die Elemente von **B** und **D** werden entsprechend ermittelt.

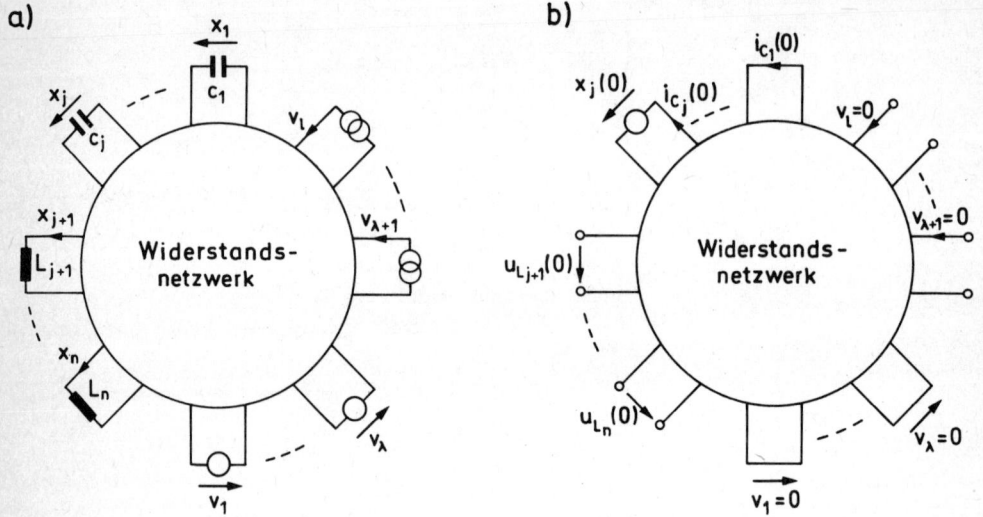

Bild 6.14   a) Zur Bestimmung der Zustands- und Ausgangsgleichung bei einem all-
                gemeinen Netzwerk.
             b) Bestimmung der j-ten Spalte von **A**, wenn $x_j(t)$ die Spannung an einem
                Kondensator ist.

Wir stellen vorläufig fest, daß nach unseren bisherigen Überlegungen
ein Netzwerk durch n Zustandsvariable beschrieben wird, wenn es n speichernde Elemente enthält. Diese Aussage werden wir noch überprüfen müssen. Zunächst bemerken wir, daß der Graph des Netzwerkes, der doch

bei der Maschen- bzw. Knotenanalyse mit der Zahl seiner unabhängigen
Zweige bzw. Knoten die Zahl der zu bestimmenden Unbekannten festlegte,
hier keine primäre Rolle spielt.

Man kann leicht Netzwerke angeben, bei denen sich eine lineare Abhängigkeit der Zustandsvariablen und damit eine singuläre Matrix **A** ergibt,
wenn man sie so wie bisher beschrieben auswählt. Das ist immer dann der
Fall, wenn in dem nach Eliminierung aller unabhängigen Quellen verblei-
benden Netzwerk eine Masche enthalten ist, die nur Kondensatoren enthält (Bild 6.15a) oder eine Hülle gezeichnet werden kann, die nur von
Zweigen mit Induktivitäten durchstoßen wird (Bild 6.15b). Bei einer Hülle, in die außer Quellströmen nur Kondensatorströme fließen (Bild 6.15c)
oder einer Masche, die außer Quellspannungen nur Induktivitäten enthält
(Bild 6.15d) haben wir eine lineare Abhängigkeit der *Ableitungen* der Zustandsvariablen (und damit ebenfalls eine singuläre Matrix **A**), nicht dagegen der Zustandsvariablen selbst. Diese Aussagen gelten natürlich auch,
wenn in Bild 6.15 $u_q = 0$ bzw. $i_q = 0$ ist.

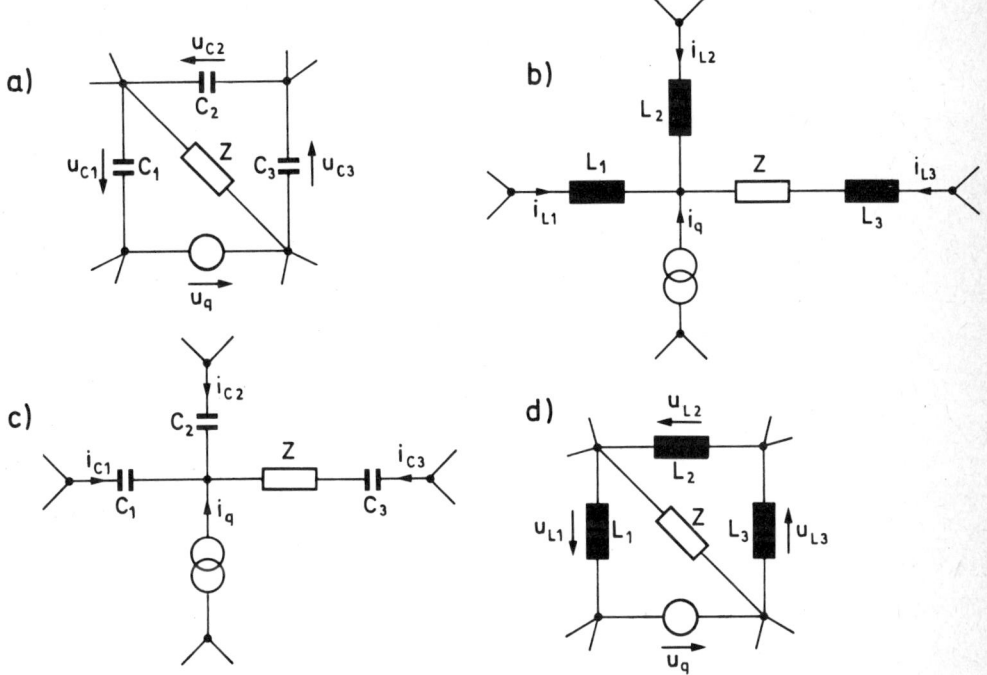

Bild 6.15   Beispiele für eine lineare Abhängigkeit von Zustandsvariablen oder
ihren Ableitungen. In den Bildern bezeichnet Z einen beliebigen Zweipol

a) $u_q + \sum_i u_{C_i} = 0$

b) $i_q + \sum_i i_{L_i} = 0$

c) $i_q + \sum_i C_i u'_{C_i} = 0$

d) $u_q + \sum_i L_i i'_{L_i} = 0$

Die Wahl der unabhängigen Zustandsvariablen kann meist unmittelbar mit
Hilfe der durch die Bilder 6.15a,b erläuterten Überlegungen erfolgen.
Mit ihnen wird auch das folgende allgemeine Verfahren für die Auswahl
deutlich:

1) Man wähle einen vollständigen Baum im Netzwerk so aus, daß seine
   Zweige möglichst viele Kapazitäten und möglichst wenig Induktivitäten enthalten.
2) Unabhängige Zustandsvariable sind dann
   a) die Spannungen an allen Kondensatoren in den Baumzweigen und
   b) die Ströme in den Induktivitäten aller Verbindungszweige.

Hat das Netzwerk mehr speichernde Elemente als unabhängige Zustandsvariable, so kann die Aufstellung der Zustandsgleichung ohne weiteres
nach der zu Beginn dieses Abschnittes beschriebenen Methode erfolgen,
die von den Maschen- oder (und) Knotengleichungen ausging. Bei der
zweiten beschriebenen Methode ist zu beachten, daß z.B. beim Induk-
tivitätsstern wegen der linearen Abhängigkeit nicht alle Spulenströme
bis auf einen zu Null gesetzt werden können.

Wir zeigen noch zwei Beispiele. Für das Netzwerk von Bild 6.16a erhält man aus den
Knotengleichungen

$$C_1 x'_{11} + G_1 x_{11} + C_2 x'_{21} + G_2 x_{21} \qquad\qquad = G_1 u_q$$

$$- C_2 x'_{21} - G_2 x_{21} + C_3 x'_{31} + G_3 x_{31} = 0$$

und der Maschengleichung

$$+x_{11} \qquad\qquad -x_{21} \qquad\qquad -x_{31} = 0$$

die Matrizen

$$\mathbf{A} = \frac{-1}{\sum\limits_{i \neq k} c_i c_k} \cdot \begin{bmatrix} G_1(C_2+C_3) & G_2 C_3 & G_3 C_2 \\ G_1 C_3 & G_2(C_1+C_3) & -G_3 C_1 \\ G_1 C_2 & -G_2 C_1 & G_3(C_1+C_2) \end{bmatrix}$$

und

$$\mathbf{B} = \frac{G_1}{\sum\limits_{i \neq k} c_i c_k} [C_2+C_3, \ C_3, \ C_2]^T$$

mit $\sum\limits_{i \neq k} c_i c_k = C_1 C_2 + C_1 C_3 + C_2 C_3$.

Offensichtlich ist **A** singulär. Wählt man x_{11} und x_{31} als unabhängige Zustandsvariable, so ergibt sich

$$\mathbf{A'} = \frac{-1}{\sum_{i \neq k} C_i C_k} \begin{bmatrix} G_1(C_2+C_3) + G_2 G_3 & G_3 C_2 - G_2 C_3 \\ G_1 G_2 - G_2 C_1 & G_3(C_1+C_2) + G_2 C_1 \end{bmatrix}$$

und $\quad \mathbf{B'} = \dfrac{G_1}{\sum_{i \neq k} C_i C_k} \; [C_2+C_3, \; C_2]^T .$

In der Schaltung von Bild 6.16b haben wir den mit Bild 6.15c gezeigten Sonderfall vor uns, bei dem die Kondensatorströme und damit die Ableitungen der Zustandsvariablen linear voneinander abhängen. Aus der Knotenanalyse erhalten wir durch einfache Umformung

$$\begin{bmatrix} x'_{12} \\ x'_{22} \\ x'_{32} \end{bmatrix} = \begin{bmatrix} -\dfrac{G_1+G_2}{C'_1} & \dfrac{G_1}{C'_1} & \dfrac{G_2}{C'_1} \\ \dfrac{G_1}{C'_2} & -\dfrac{G_1+G_3}{C'_2} & \dfrac{G_3}{C'_2} \\ \dfrac{G_2}{C'_3} & \dfrac{G_3}{C'_3} & -\dfrac{G_2+G_3}{C'_3} \end{bmatrix} \cdot \begin{bmatrix} x_{12} \\ x_{22} \\ x_{32} \end{bmatrix} + \begin{bmatrix} \dfrac{G_1}{C'_1} \\ -\dfrac{G_1}{C'_2} \\ 0 \end{bmatrix} u_q$$

Die **A**-Matrix ist offensichtlich singulär. Bemerkenswert ist, daß wir hier drei unabhängige Zustandsvariable haben, obwohl dieses Netzwerk bei Wahl der Werte C'_i entsprechend einer Dreieck-Sternumwandlung aus dem von Bild 6.16a hervorgeht, bei dem wir nur zwei unabhängige Zustandsvariable haben.

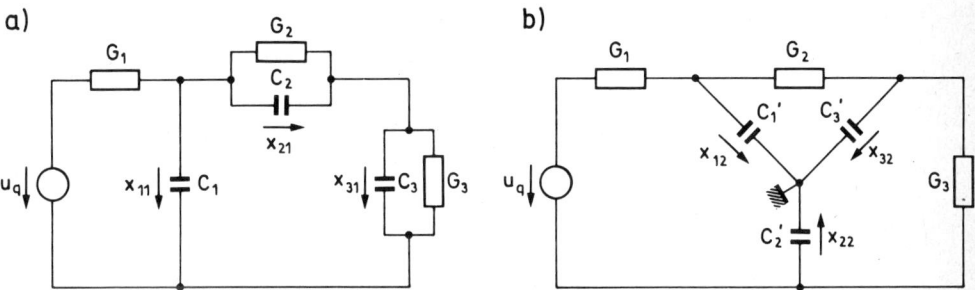

Bild 6.16   a) Netzwerk mit zwei unabhängigen Zustandsvariablen

b) Netzwerk mit drei unabhängigen Zustandsvariablen, aber singulärer **A**-Matrix

Schließlich weisen wir darauf hin, daß bei Netzwerken, die Anordnungen wie die von Bild 6.15 *mit Quellen* enthalten, in der Gleichung für **x'**

neben $\mathbf{v}$ auch $\mathbf{v}'$ oder (und) $\int \mathbf{v}\,d\tau$ auftritt, wenn man die Zustandsvariablen so wählt, wie bisher beschrieben. Es ist dann in allgemeiner Form

$$\mathbf{x}' = \mathbf{A}\mathbf{x} + \mathbf{B}\mathbf{v} + \mathbf{F}\mathbf{v}' + \mathbf{G}\int_{-\infty}^{t} \mathbf{v}(\tau)\,d\tau. \qquad (6.49)$$

Man bestätigt leicht, daß sich diese Beziehung mit der Transformation

$$\mathbf{T}\boldsymbol{\xi} = \mathbf{A}(\mathbf{x} - \mathbf{F}\mathbf{v}) + \mathbf{G}\int_{-\infty}^{t} \mathbf{v}(\tau)\,d\tau \qquad (6.50\text{a})$$

in die der Gleichung (6.45a) entsprechende Form

$$\boldsymbol{\xi}' = \mathbf{T}^{-1}\mathbf{A}\mathbf{T}\boldsymbol{\xi} + \mathbf{T}^{-1}\cdot[\mathbf{G} + \mathbf{A}\mathbf{B} + \mathbf{A}^{2}\mathbf{F}]\mathbf{v} \qquad (6.50\text{b})$$

überführen läßt, wobei $\mathbf{T}$ eine beliebige, nichtsinguläre (nxn)-Matrix
ist. In solchen entarteten Fällen sind also andere Zustandsvariable
einzuführen, die die Quellen in bestimmter Weise einbeziehen. Eine an-
schauliche Deutung dieser neuen Variablen ist dann, wenn überhaupt, nur
im Einzelfall möglich.

Bild 6.17 zeigt zwei einfache Beispiele, bei denen offenbar jeweils nur eine unabhängige Zustandsvariable vorliegt. Im Fall a erhält man aus der Knotenanalyse

$$x' = -\frac{G_1+G_2}{C_1+C_2}\, x + \frac{G_1}{C_1+C_2}\, u_q + \frac{C_1}{C_1+C_2}\, u_q'\, . \qquad (6.51)$$

Wählt man $\mathbf{T} = \mathbf{A} = -\dfrac{G_1+G_2}{C_1+C_2}$, so ergibt sich mit

$$\xi = x - \frac{C_1}{C_1+C_2}\, u_q \qquad (6.52\text{a})$$

$$\xi' = -\frac{G_1+G_2}{C_1+C_2}\, \xi + \frac{1}{C_1+C_2}\left[G_1 - \frac{G_1+G_2}{C_1+C_2}\, C_1\right] u_q. \qquad (6.52\text{b})$$

Für die Schaltung von Teilbild b folgt mit der Maschenanalyse

$$x' = -\frac{L_1+L_2}{L_1 L_2 (G_1+G_2)}\, x + \frac{G_2}{L_1(G_1+G_2)}\, u_q + \frac{1}{L_1 L_2 (G_1+G_2)}\int_{-\infty}^{t} u_q(\tau)\,d\tau. \qquad (6.53)$$

Mit $\mathbf{T} = \mathbf{E}$ erhält man

$$\xi = -\frac{L_1+L_2}{L_1 L_2 (G_1+G_2)}\, x + \frac{1}{L_1 L_2 (G_1+G_2)}\cdot\int_{-\infty}^{t} u_q(\tau)\,d\tau \qquad (6.54\text{a})$$

und schließlich

$$\xi' = -\frac{L_1+L_2}{L_1 L_2 (G_1+G_2)}\, \xi + \frac{1}{L_1 L_2 (G_1+G_2)}\left[1 - \frac{(L_1+L_2)G_2}{(G_1+G_2)L_1}\right] u_q. \qquad (6.54\text{b})$$

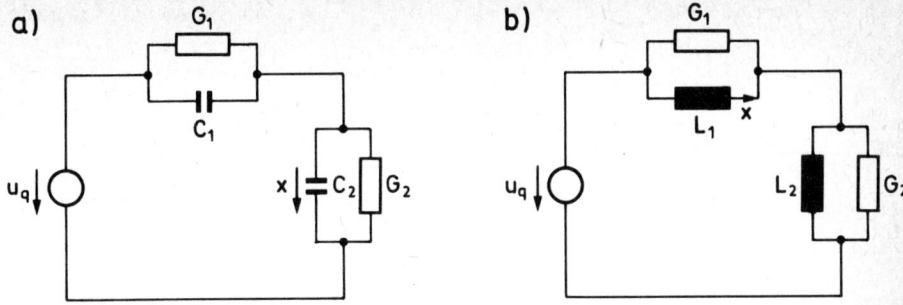

Bild 6.17   Netzwerke mit speziellen Zustandsgleichungen

6.3.3 Lösung der Zustandsgleichung im Zeitbereich

Für die Lösung der Gleichung (6.45a) gehen wir genauso vor wie bei der Behandlung der ein RC-Glied beschreibenden Differentialgleichung (6.4). Die Gesamtlösung hat entsprechend (6.6) die Form

$$\mathbf{x}(t) = \mathbf{x}_h(t) + \mathbf{x}_p(t), \qquad (6.55)$$

wobei $\mathbf{x}_h(t)$ die Lösung der homogenen Gleichung

$$\mathbf{x}_h'(t) = \mathbf{A}\mathbf{x}_h(t)$$

und $\mathbf{x}_p(t)$ eine Partikulärlösung ist. Mit gleicher Argumentation wie im Abschnitt 6.2.2 erhalten wir dann

$$\mathbf{x}_h(t) = e^{\mathbf{A}t}\mathbf{x}(0), \qquad (6.56a)$$

$$\mathbf{x}_p(t) = \int_0^t e^{\mathbf{A}(t-\tau)}\mathbf{B}\mathbf{v}(\tau)d\tau \qquad (6.56b)$$

(vergleiche (6.7a) und (6.8)) und damit die Gesamtlösung

$$\mathbf{x}(t) = e^{\mathbf{A}t}\mathbf{x}(0) + \int_0^t e^{\mathbf{A}(t-\tau)}\mathbf{B}\mathbf{v}(\tau)d\tau. \qquad (6.57a)$$

Hier ist die sogenannte Übergangsmatrix

$$\boldsymbol{\Phi}(t) = e^{\mathbf{A}t} = \sum_{k=0}^{\infty} \frac{\mathbf{A}^k}{k!} t^k \qquad (6.58)$$

ebenso wie $\mathbf{A}$ eine n×n Matrix.

Mit (6.57a) und (6.58) erhalten wir aus (6.45b) den Ausgangsvektor

$$\mathbf{y}(t) = \mathbf{C}\cdot\boldsymbol{\Phi}(t)\mathbf{x}(0) + \mathbf{C}\int_0^t \boldsymbol{\Phi}(t-\tau)\mathbf{B}\mathbf{v}(\tau)d\tau + \mathbf{D}\mathbf{v}(t). \qquad (6.57b)$$

Verfahren zur geschlossenen Darstellung der Übergangsmatrix werden z.B. in [6.2,3]
beschrieben. Zwei von ihnen werden im Anhang A.5 erläutert. Wir beschränken uns
hier zunächst auf den wichtigen Sonderfall, daß die Eigenwerte λ_ν, $\nu = 1(1)n$
der Matrix **A** alle einfach sind. Nach (A.5.11) gilt dann

$$\Phi(t) = \mathbf{M} \cdot e^{\Lambda t} \mathbf{M}^{-1},$$

$$= \sum_{\nu=1}^{n} \mathbf{m}_\nu \mathbf{\mu}_\nu^T \cdot e^{\lambda_\nu t}. \tag{6.59}$$

Hier ist $\mathbf{m}_\nu \mathbf{\mu}_\nu^T$ das dyadische Produkt des Spaltenvektors $\mathbf{m}_\nu$ der Modalmatrix **M** mit
dem Zeilenvektor $\mathbf{\mu}_\nu^T$ der dazu inversen Matrix $\mathbf{M}^{-1}$.
Wir zeigen das Verfahren an einem Zahlenbeispiel. Es sei

$$\mathbf{A} = \begin{bmatrix} -4 & 1 \\ -3 & 0 \end{bmatrix}, \quad \mathbf{B} = \begin{bmatrix} 2 & 1 \\ 1 & 2 \end{bmatrix}, \quad \mathbf{x}(0) = \mathbf{0}.$$

Für die Eigenwerte finden wir $\lambda_1 = -1$, $\lambda_2 = -3$. Weiterhin ist

$$\mathbf{M} = \begin{bmatrix} 1 & 1 \\ 3 & 1 \end{bmatrix} \quad \text{und damit } \mathbf{M}^{-1} = -\frac{1}{2} \begin{bmatrix} 1 & -1 \\ -3 & 1 \end{bmatrix}.$$

Dann folgt mit (6.59)

$$\Phi(t) = -\frac{1}{2} \begin{bmatrix} 1 \\ 3 \end{bmatrix} (1 \quad -1) e^{-t} - \frac{1}{2} \begin{bmatrix} 1 \\ 1 \end{bmatrix} (-3 \quad 1) e^{-3t}$$

$$= -\frac{1}{2} \begin{bmatrix} 1 & -1 \\ 3 & -3 \end{bmatrix} e^{-t} - \frac{1}{2} \begin{bmatrix} -3 & 1 \\ -3 & 1 \end{bmatrix} e^{-3t}$$

und mit (6.56c) für ein beliebiges Eingangssignal $\mathbf{v}(t)$

$$\begin{bmatrix} x_1(t) \\ x_2(t) \end{bmatrix} = -\frac{1}{2} \int_0^t \left[\begin{bmatrix} 1 & -1 \\ 3 & -3 \end{bmatrix} e^{-(t-\tau)} + \begin{bmatrix} -3 & 1 \\ -3 & 1 \end{bmatrix} e^{-3(t-\tau)} \right] \begin{bmatrix} 2 & 1 \\ 1 & 2 \end{bmatrix} \begin{bmatrix} v_1(\tau) \\ v_2(\tau) \end{bmatrix} d\tau.$$

Weiterhin betrachten wir erneut den Reihenschwingkreis von Bild 6.9. Er wird durch
die Zustandsgleichung

$$\begin{bmatrix} i'(t) \\ u_C'(t) \end{bmatrix} = \begin{bmatrix} -\dfrac{R}{L} & -\dfrac{1}{L} \\ \dfrac{1}{C} & 0 \end{bmatrix} \begin{bmatrix} i(t) \\ u_C(t) \end{bmatrix} + \begin{bmatrix} \dfrac{1}{L} \\ 0 \end{bmatrix} u_q(t)$$

beschrieben. Wie in Abschnitt 6.2.4.2 führen wir eine Normierung durch und erhalten

$$\mathbf{A} = \omega_n \begin{bmatrix} -\rho & -\sqrt{\dfrac{C}{L}} \\ \sqrt{\dfrac{L}{C}} & 0 \end{bmatrix} \quad \text{mit } \omega_n = \frac{1}{\sqrt{LC}}, \quad \rho = R\sqrt{\frac{C}{L}}.$$

Für die Eigenwerte von **A** ergibt sich

$$\lambda_{1,2} = \omega_n \left[-\frac{\rho}{2} \pm \sqrt{\left(\frac{\rho}{2}\right)^2 - 1} \right].$$

Der Vergleich mit (6.28a) zeigt, daß diese Eigenwerte gleich den dort als Eigenfrequenzen bezeichneten Werten $s_{\infty 1,2}$ sind. Offenbar ist auch entsprechend (6.34a)

$$\lambda_{1,2} = \omega_n \cdot s_{n\infty 1,2}.$$

Für die Modalmatrix und ihre Inverse erhalten wir mit (6.34b)

$$\mathbf{M} = \begin{bmatrix} \sqrt{\frac{C}{L}} & \sqrt{\frac{C}{L}} \\ s_{n\infty 2} & s_{n\infty 1} \end{bmatrix}, \quad \mathbf{M}^{-1} = B \cdot \sqrt{\frac{L}{C}} \begin{bmatrix} s_{n\infty 1} & -\sqrt{\frac{C}{L}} \\ -s_{n\infty 2} & \sqrt{\frac{C}{L}} \end{bmatrix}$$

und damit

$$\boldsymbol{\phi}(t) = B \cdot \left(\begin{bmatrix} s_{n\infty 1} & -\sqrt{\frac{C}{L}} \\ \sqrt{\frac{L}{C}} & -s_{n\infty 2} \end{bmatrix} e^{s_{\infty 1}t} + \begin{bmatrix} -s_{n\infty 2} & \sqrt{\frac{C}{L}} \\ -\sqrt{\frac{L}{C}} & s_{n\infty 1} \end{bmatrix} e^{s_{\infty 2}t} \right)$$

Wie in Abschnitt 6.2.4 nehmen wir weiterhin an, daß die Schaltung zu Beginn energiefrei und $u_q(t) = U_q \delta_{-1}(t)$ ist. Dann erhält man aus (6.56c)

$$\begin{bmatrix} i(t) \\ u_C(t) \end{bmatrix} = \frac{U_q \cdot B}{L} \cdot \int_0^t \left[\begin{bmatrix} s_{n\infty 1} \\ \sqrt{\frac{L}{C}} \end{bmatrix} e^{s_{\infty 1}(t-\tau)} - \begin{bmatrix} s_{n\infty 2} \\ \sqrt{\frac{L}{C}} \end{bmatrix} e^{s_{\infty 2}(t-\tau)} \right] d\tau$$

und damit wieder die Ergebnisse (6.35d,a).

6.4   Behandlung von Einschwingvorgängen mit der Laplace-Transformation

6.4.1 Einführung

In diesem Abschnitt führen wir mit der Laplace-Transformation ein Werkzeug zur Untersuchung des Einschwingverhaltens ein, das nicht nur die Behandlung von Integro-Differentialgleichungen in ein algebraisches Problem überführt, sondern auch eine unmittelbare Verbindung zur vertrauten Wechselstromrechnung herzustellen gestattet. Im Anhang A.6 sind Aussagen über die Definition der Laplace-Transformation, die Eigenschaften der Transformierten und die wichtigsten Sätze zusammengestellt. Weiter ist eine Tabelle der Transformierten der von uns benötigten Zeitfunktionen angegeben. Für eine ausführliche Darstellung muß auf die umfangreiche Literatur verwiesen werden (z.B. [6.5 - 6.7]).

Wir behandeln zur Einführung erneut den Reihenschwingkreis, wobei wir
wieder nicht nur das Rechenverfahren vorstellen, sondern vor allem allgemeine Zusammenhänge aufzeigen wollen. Dabei gehen wir jetzt von der
Schaltung in Bild 6.18a aus. Die Anfangswerte $i(-0) = i(+0)$ und $u_C(0)$
seien bekannt. Die für $t \geq 0$ gültige Integro-Differentialgleichung

$$u_q(t) = L\frac{di}{dt} + R \cdot i(t) + \frac{1}{C}\int_{-\infty}^{t} i(\tau)d\tau$$

$$= L\frac{di}{dt} + R \cdot i(t) + u_C(0) + \frac{1}{C}\int_{0}^{t} i(\tau)d\tau$$

unterwerfen wir der Laplace-Transformation. Mit (A.6.19a), (A.6.20b),
und den Laplace-Transformierten der bekannten Spannung $U_q(s) = \mathcal{L}\{u_q(t)\}$
und des zu bestimmenden Stromes $I(s) = \mathcal{L}\{i(t)\}$ erhalten wir

$$\left[sL + R + \frac{1}{sC}\right]I(s) + \frac{u_C(0)}{s} - Li(+0) = U_q(s). \quad (6.60)$$

Hier ist zunächst

$$Z(s) = sL + R + \frac{1}{sC}$$

der von der Wechselstromrechnung her bekannte Widerstand des Reihenkreises. Die von den Anfangswerten bestimmten Terme können wir mit

$$U_a(s) = \frac{u_C(0)}{s} - Li(+0) \qquad (6.61a)$$

als Laplace-Transformierte von Spannungsquellen deuten. Dabei gehört
$u_C(0)/s$ offenbar zu einer Gleichspannungsquelle. Ebenso wie schon in
Abschnitt 6.3.2 ersetzen wir dann einen geladenen Kondensator für $t \geq 0$
durch die Reihenschaltung eines ungeladenen mit einer Spannungsquelle
$u_C(0)\delta_{-1}(t)$. Dagegen ist $L \cdot i(+0)$ die Laplace-Transformierte eines
Diracstoßes (siehe Abschnitt A.6.4). Damit können wir eine Induktivität mit Anfangsstrom durch die Reihenschaltung einer stromlosen Induktivität mit einer Spannungsquelle $L \cdot i(+0)\delta_0(t)$ ersetzen. Insgesamt erhalten wir die in Bild 6.18b dargestellte Ersatzschaltung. Es ist zu
beachten, daß $u_L(t)$ und $u_C(t)$ die Spannungen der die Anfangswerte repräsentierenden Quellen mit enthalten.
Mit $Y(s) = 1/Z(s)$ wird jetzt

$$I(s) = Y(s)U_q(s) - Y(s)U_a(s) = I_e(s) - I_a(s) \qquad (6.61b)$$

Hier ist $I_e(s)$ der von der Erregung verursachte, $I_a(s)$ der von den Anfangswerten hervorgerufene Anteil in der Laplace-Transformierten des
Stromes.

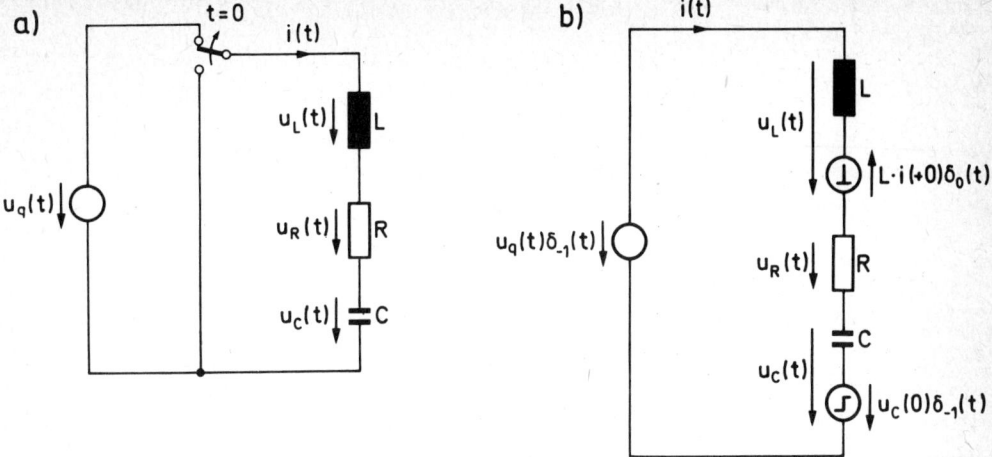

Bild 6.18   Zur Berücksichtigung von Anfangswerten beim Reihenschwingkreis

Zunächst zeigt der Vergleich von $I_e(s) = Y(s)U_q(s)$ mit dem Ergebnis
(3.31) der Wechselstromrechnung die Übereinstimmung der Ausdrücke.
Allerdings ist die Interpretation eine andere. Sie wird in Bild 6.19
erläutert, wobei wir die spätere Verallgemeinerung vorwegnehmen:

a) Wechselstromrechnung

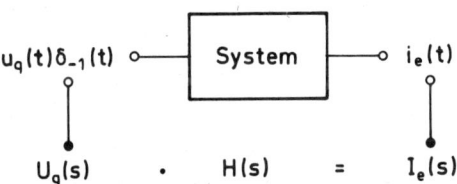

b) Einschwingverhalten eines zu Beginn energiefreien Systems

Bild 6.19   Formaler Vergleich von a) Wechselstromrechnung ($U_q(s_q)$, $I_e(s_q)$
sind komplexe Amplituden von Zeitfunktionen der Form $e^{s_q t}$)
b) Berechnung des Einschwingverhaltens eines zu Beginn energiefreien Systems mit der Laplace-Transformation ($U_q(s)$ und $I_e(s)$
sind Laplace-Transformierte)

Bei der Wechselstromrechnung erregen wir mit $u_q(t) = U_q(s_q)e^{s_q t}$ ∀t.
Wir betonen hier durch die Indizierung, daß die Quelle eine feste
Frequenz s_q hat. Das System ist durch seine Übertragungsfunktion H(s)
gekennzeichnet, die im Beispiel der Leitwert Y(s) ist. Wir bekommen
die komplexe Amplitude des Stromes $i_e(t) = I_e(s_q) \cdot e^{s_q t}$ ∀t als
$I_e(s_q) = H(s_q)U_q(s_q)$.

Bei der Bestimmung des Einschwingverhaltens eines zu Beginn energiefreien Netzwerkes (d.h. bei $U_a(s) = 0$) mit Hilfe der Laplace-Transformation erhalten wir formal dasselbe Ergebnis. Der Unterschied liegt
in der Bedeutung der Größen und damit im Gültigkeitsbereich der Aussage. Wir lassen jetzt eine für t ≥ 0 weitgehend beliebige Zeitfunktion $u_q(t)$ zu, von der wir lediglich voraussetzen, daß ihre Laplace-
Transformierte existieren möge. Das Ergebnis ist jetzt die Laplace-
Transformierte $I_e(s)$ der gesuchten Stromfunktion.

Wir geben noch die Laplace-Transformierten der Teilspannungen an den
einzelnen Elementen an, wieder für den Fall eines zunächst energiefreien Netzwerkes. Man erhält

$$U_{Re}(s) = \mathcal{L}\{R \cdot i_e(t)\} = R \cdot I_e(s) \qquad = \frac{R}{Z(s)} U_q(s), \qquad (6.62a)$$

$$U_{Le}(s) = \mathcal{L}\{L \cdot \frac{di_e(t)}{dt}\} = sL \cdot I_e(s) \qquad = \frac{sL}{Z(s)} U_q(s), \qquad (6.62b)$$

$$U_{Ce}(s) = \mathcal{L}\{\frac{1}{C} \cdot \int_o^t i_e(\tau)d\tau\} = \frac{1}{sC} I_e(s) = \frac{1/sC}{Z(s)} U_q(s). \qquad (6.62c)$$

Der Vergleich mit (3.32) zeigt auch hier eine völlige formale Übereinstimmung. Die einzelnen Transformierten ergeben sich nach den Spannungs-
teilerbeziehungen aus der Transformierten der Quellspannung.

Damit liegt die Schlußfolgerung nahe, daß wir auch bei der Behandlung
von Einschwingvorgängen, zumindest bei einem zu Beginn energiefreien
Netzwerk, völlig mit den Methoden der Wechselstromrechnung arbeiten können - die ihrerseits aus denen der Analyse von Gleichstromnetzwerken
durch eine Erweiterung der Begriffe hervorgingen -, wobei jetzt weitgehend beliebige Quellzeitfunktionen zugelassen sind und an Stelle der
komplexen Amplituden von exponentiellen Funktionen die Laplace-Transformierten der Zeitfunktionen erscheinen. Wir werden diese bisher nur am
Beispiel gefundene Aussage im nächsten Abschnitt allgemein beweisen.

Zu der noch ausstehenden Berücksichtigung der Anfangswerte ist zu sagen,
daß für die Berechnung ihres Einflusses ebenfalls der mit der Wechsel-

stromrechnung bestimmte Leitwert $Y(s)$ entscheidend ist. Aber auch formal können wir sie in das beschriebene Schema einfügen, wenn wir mit

$$u_{qg}(t) = u_q(t) - u_a(t)$$

$$= u_q(t) - u_C(0)\delta_{-1}(t) + Li(+0)\delta_o(t) \qquad (6.63a)$$

eine Gesamtspannungsquelle einführen. Mit $U_{qg}(s) = \mathcal{L}\{u_{qg}(t)\}$ bekommen
wir

$$I(s) = Y(s)U_{qg}(s), \qquad (6.63b)$$

können also nach Modifikation der Quellspannung den Gesamtstrom einschließlich des Beitrages durch die Anfangswerte mit den Methoden der
Wechselstromrechnung bestimmen. Für die Transformierten der Teilspannungen an den Bauelementen ergibt sich damit

$$U_R(s) = \mathcal{L}\{R \cdot i(t)\} = R \cdot I(s) \qquad (6.64a)$$

$$U_L(s) = \mathcal{L}\{L \cdot \frac{di}{dt}\} = sL \cdot I(s) - L \cdot i(+0) \qquad (6.64b)$$

$$U_C(s) = \mathcal{L}\{\frac{1}{C} \cdot \int_{-\infty}^{t} i(\tau)d\tau\} = \frac{1}{sC} I(s) + \frac{u_C(0)}{s} . \qquad (6.64c)$$

Diese aus (A.6.19a) und (A.6.20b) folgenden Beziehungen beschreiben zugleich die Einbeziehung der genannten Modellquellen.

Um die eigentlich interessierende Zeitfunktion des Stromes bestimmen
zu können, müssen wir Angaben über $u_q(t)$ machen. Damit wir zugleich
eine weitere Verbindung zur Wechselstromrechnung herstellen können,
wählen wir $u_q(t) = \hat{u}_q e^{s_q t} \cdot \delta_{-1}(t)$ und erhalten mit (A.6.4)

$$U_q(s) = \frac{\hat{u}_q}{(s-s_q)} .$$

Dann ist nach (6.61b)

$$I(s) = Y(s)\left[\frac{\hat{u}_q}{s-s_q} - \left[\frac{u_C(0)}{s} - Li(+0) \right] \right] . \qquad (6.65a)$$

Mit $Y(s) = \dfrac{s/L}{s^2 + \dfrac{R}{L}s + \dfrac{1}{LC}} = \dfrac{s/L}{(s-s_{\infty 1})(s-s_{\infty 2})}$ ergibt sich für $s_{\infty 1} \neq s_{\infty 2}$

$$Y(s) = \frac{B_1}{s-s_{\infty 1}} + \frac{B_2}{s-s_{\infty 2}} , \text{ wobei } B_{1/2} = \pm \frac{s_{\infty 1/2}}{L(s_{\infty 1}-s_{\infty 2})} \text{ ist.}$$

Damit können wir $I(s)$ unter der Voraussetzung $s_q \neq s_{\infty 1,2}$ mit (6.61a) in der Form

$$I(s) = \hat{u}_q Y(s_q) \frac{1}{s-s_q} + U_q(s_{\infty 1}) \frac{B_1}{s-s_{\infty 1}} + U_q(s_{\infty 2}) \frac{B_2}{s-s_{\infty 2}} -$$
$$- U_a(s_{\infty 1}) \frac{B_1}{s-s_{\infty 1}} - U_a(s_{\infty 2}) \frac{B_2}{s-s_{\infty 2}} - u_C(0) Y(0) \frac{1}{s} \qquad (6.65b)$$

angeben. Die Rücktransformation liefert mit (A.6.4) und $Y(0) = 0$ für $t \geq 0$

$$i(t) = \hat{u}_q Y(s_q) e^{s_q t} + U_q(s_{\infty 1}) B_1 \cdot e^{s_{\infty 1} t} + U_q(s_{\infty 2}) B_2 \cdot e^{s_{\infty 2} t}$$
$$- U_a(s_{\infty 1}) B_1 \cdot e^{s_{\infty 1} t} - U_a(s_{\infty 2}) B_2 \cdot e^{s_{\infty 2} t} . \qquad (6.65c)$$

Wir unterscheiden drei Anteile:

Der *Erregeranteil*

$$i_{err}(t) = \hat{u}_q Y(s_q) e^{s_q t} \qquad (6.66a)$$

ist von der Form der erregenden Funktion und gleich dem Ergebnis der Wechselstromrechnung.

Der *Einschwinganteil*

$$i_{ein}(t) = U_q(s_{\infty 1}) B_1 e^{s_{\infty 1} t} + U_q(s_{\infty 2}) B_2 e^{s_{\infty 2} t} \qquad (6.66b)$$

besteht aus den für das Netzwerk charakteristischen Eigenschwingungen $B_1 e^{s_{\infty 1} t}$ und $B_2 e^{s_{\infty 2} t}$, die entsprechend dem Wert von $U_q(s)$ bei den Eigenfrequenzen $s = s_{\infty 1,2}$ angeregt werden.

Der *Ausschwinganteil*

$$i_a(t) = U_a(s_{\infty 1}) B_1 e^{s_{\infty 1} t} + U_a(s_{\infty 2}) B_2 e^{s_{\infty 2} t} \qquad (6.66c)$$

enthält ebenfalls die Eigenschwingungen, die aber jetzt in ihrer Größe durch die Anfangswerte im Netzwerk bestimmt sind.

Beim vorliegenden Beispiel ist für $R > 0$ $\text{Re}\{s_{\infty 1,2}\} < 0$, Ein- und Ausschwinganteil klingen also ab. Das gilt offenbar allgemein für stabile Systeme.

Die Bilder 6.20 und 6.21 zeigen Beispiele für die Auftrennung der Einschwingvorgänge der Spannungen am Reihenschwingkreis in je zwei Anteile.

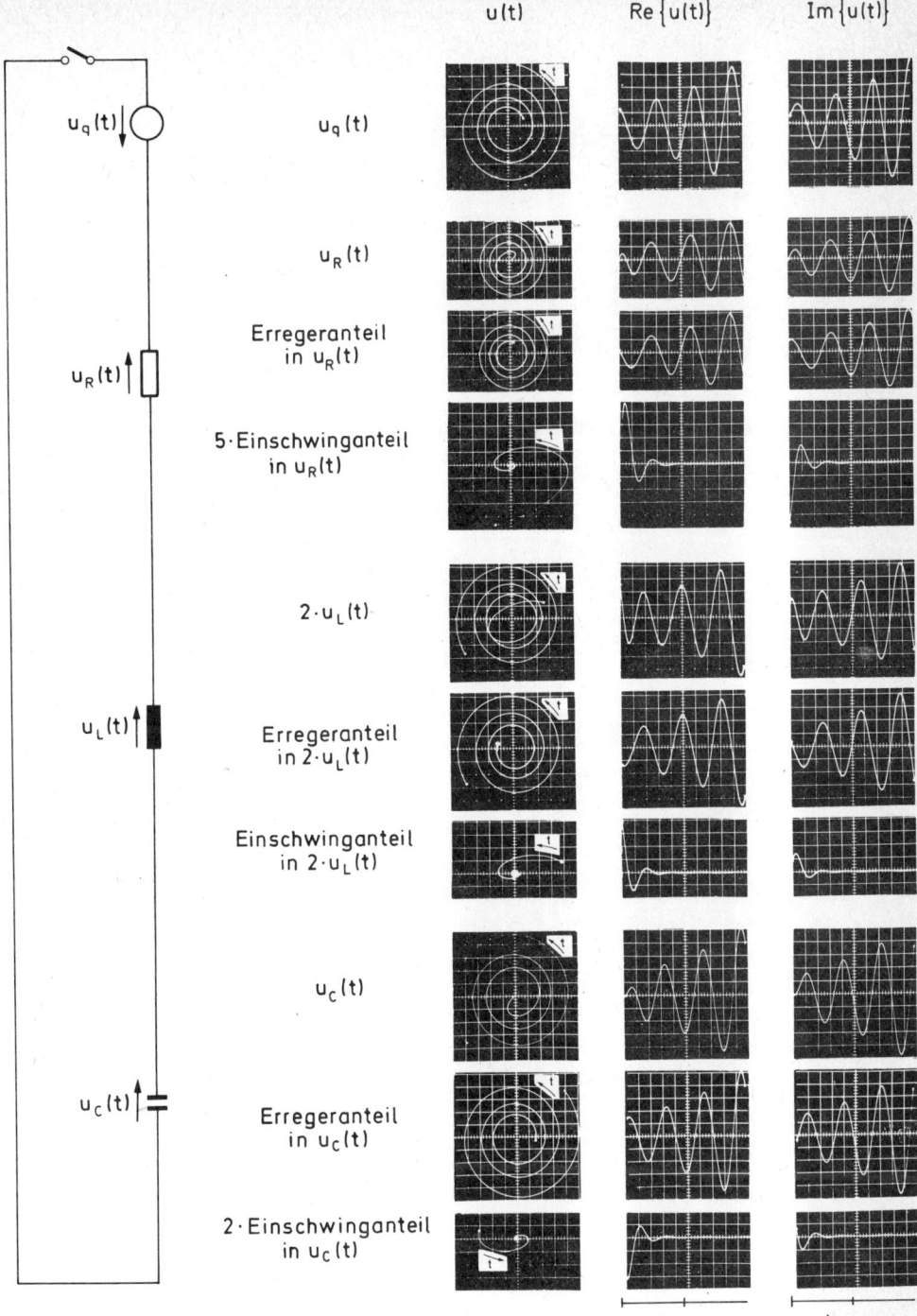

Bild 6.20   Gesamtreaktionen und ihre Aufteilung in Erreger- und Einschwingan-
teile bei exponentieller Erregung des Reihenschwingkreises

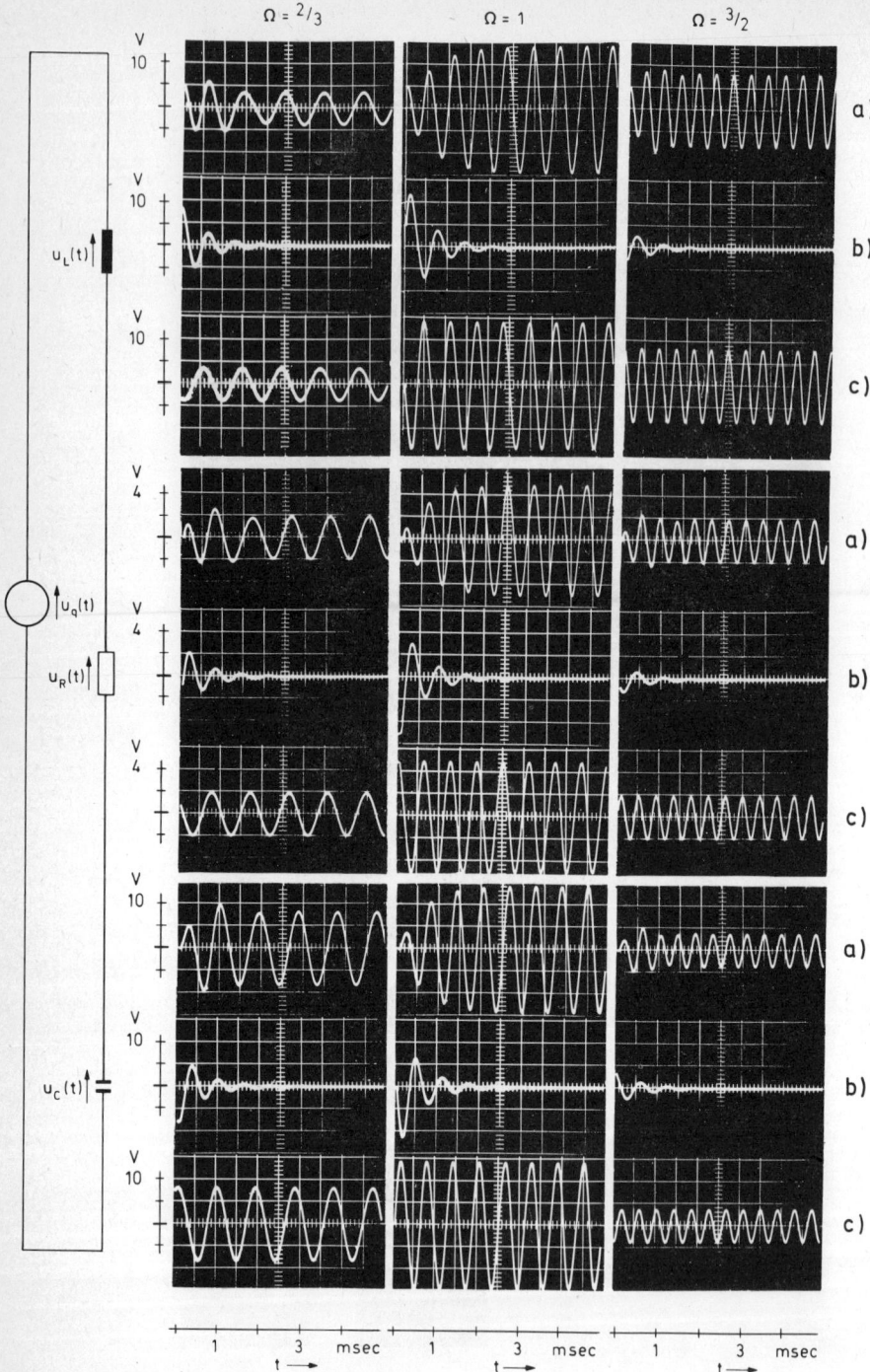

Bild 6.21   Gesamtreaktionen und ihre Aufteilung in Erreger- und Eigenschwing-
anteile bei sinusförmiger Erregung des Reihenschwingkreises mit verschiedenen Frequenzen

Das Netzwerk war zu Beginn energiefrei, sodaß der Ausschwinganteil fehlt. Dargestellt wurden jeweils untereinander der Gesamtvorgang, der Erregeranteil und der
Einschwinganteil. Beim Beispiel von Bild 6.20 wurde mit einer komplexen Zeitfunktion mit $\text{Re}\{s_q\} > 0$ erregt. Neben allen komplexen Spannungen wurden hier zusätzlich ihre Komponenten dargestellt. Bezüglich des Erregeranteils entspricht das Ergebnis dem in Bild 3.11. In Bild 6.21 wurden sinusförmige Erregungen unterschiedlicher Frequenz angenommen.

In allen Fällen erfolgte die Auftrennung durch eine Kompensation des Erregeranteils, wie sie für den Fall einer sinusförmigen Eingangsspannung in Bild 6.22 dargestellt wird. Dabei werden die Werte a und b so eingestellt, daß die Restfunktion
$\Delta y(t)$ abklingt. Nach Abgleich ist $\Delta y(t)$ dann der Einschwinganteil, $a\cos\omega_q t + b\sin\omega_q t$
der Erregeranteil.

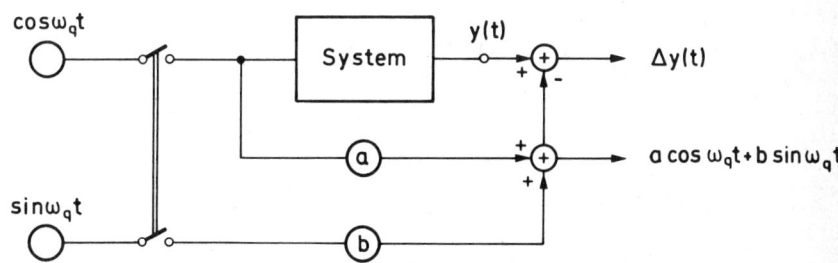

Bild 6.22   Zur Abtrennung des Einschwinganteils

Wir bestimmen noch die Grenzwerte des Stromes und der Teilspannungen
für $t \to +0$ und $t \to \infty$ mit Hilfe der Grenzwertsätze der Laplace-Transformation. Ist $R > 0$ und $u_q(t) = U_q \delta_{-1}(t)$, so werden diese Grenzwerte
existieren. Aus (A.6.27a) folgt mit (6.65a) und $s_q = 0$

$$i(+0) = \lim_{t \to +0} i(t) = \lim_{s \to \infty} s \cdot Y(s) U_{qg}(s)$$

$$= \lim_{s \to \infty} s \frac{sC}{s^2 LC + RCs + 1} \left[\frac{U_q}{s} - \frac{u_C(0)}{s} + Li(+0) \right] = i(+0)$$

wie erforderlich. Entsprechend ist $u_R(+0) = R \cdot i(+0)$. Weiterhin ist
mit (6.64b)

$$u_L(+0) = \lim_{s \to \infty} s \left[\frac{s^2 LC}{s^2 LC + RCs + 1} \left(\frac{U_q}{s} - \frac{u_C(0)}{s} + Li(+0) \right) - Li(+0) \right]$$

$$= U_q - u_C(0) - Ri(+0).$$

Da sich aus der Schaltung in Bild 6.18a unmittelbar $u_L(-0) =$
$-u_C(-0) - Ri(-0)$ ergibt und $u_C(-0) = u_C(+0)$, $i(-0) = i(+0)$ ist, springt
offenbar die Spannung an der Induktivität im Schaltaugenblick um U_q.

Das entspricht den in Abschnitt 6.2.4.1 angestellten Überlegungen. Aus (6.64c) erhalten wir

$$u_C(+0) = \lim_{s \to \infty} s \left[\frac{1}{s^2 LC + RCs + 1} \left(\frac{U_q}{s} - \frac{u_C(0)}{s} + Li(+0) \right) + \frac{u_C(0)}{s} \right] = u_C(0).$$

Von den Grenzwerten im Unendlichen interessiert vor allem $u_C(\infty)$. Es ist

$$u_C(\infty) = \lim_{s \to 0} s \cdot U_C(s) = U_q.$$

Das entspricht der allgemeinen Überlegung ebenso wie die in gleicher Weise zu gewinnenden Ergebnisse $i(\infty) = u_R(\infty) = u_L(\infty) = 0$.

Um noch einige Sonderfälle diskutieren zu können, nehmen wir wie in 6.2.4.2 eine Normierung vor. Mit (6.33) erhält man aus (6.65a) für ein zu Beginn energiefreies Netzwerk unter Verzicht auf eine besondere Indizierung

$$I(\omega_n s_n) = \frac{s_n C}{s_n^2 + \rho s_n + 1} \cdot \frac{\hat{u}_q}{s_n - s_{nq}} = \frac{s_n C}{(s_n - s_{n\infty 1})(s_n - s_{n\infty 2})} \cdot \frac{\hat{u}_q}{(s_n - s_{nq})}.$$

a) Es sei $\rho = 2$ und damit $s_{n\infty 1} = s_{n\infty 2} = -1$ sowie $s_{nq} = 0$, d.h. $\hat{u}_q(t) = u_q \delta_{-1}(t)$. Wir erhalten

$$I(\omega_n s_n) = \frac{\hat{u}_q C}{(s_n + 1)^2}.$$

Wegen $Y(0) = 0$ haben wir keinen Erregeranteil. Unter Berücksichtigung der Normierung ergibt sich aus (A.6.9a)

$$i(t) = \hat{u}_q C \omega_n^2 t e^{-\omega_n t}$$

und mit $\tau = \omega_n t$ dasselbe Ergebnis wie in (6.42d). Hier und im folgenden gelten die Zeitfunktionen stets für $t \geq 0$.

b) Jetzt sei $\rho = 0$ und damit $s_{n\infty 1} = -s_{n\infty 2} = j$ sowie wieder $u_q(t) = \hat{u}_q \delta_{-1}(t)$. Aus

$$I(\omega_n s_n) = \frac{\hat{u}_q C}{s_n^2 + 1}$$

folgt mit (A.6.6)

$$i(t) = \hat{u}_q \omega_n C \cdot \sin \omega_n t.$$

Der Einschwinganteil ist hier eine bei $t = 0$ einsetzende sinusförmige Schwingung, klingt also nicht ab. Für die auftretenden Spannungen erhalten wir

$$u_L(t) = \hat{u}_q \cos \omega_n t,$$

$$u_C(t) = U_q [1 - \cos \omega_n t].$$

Bild 6.23a zeigt diese Vorgänge. Bei Betrachtung der Schaltung leuchtet unmittelbar ein, daß nur $u_C(t)$ einen Erregeranteil enthält.

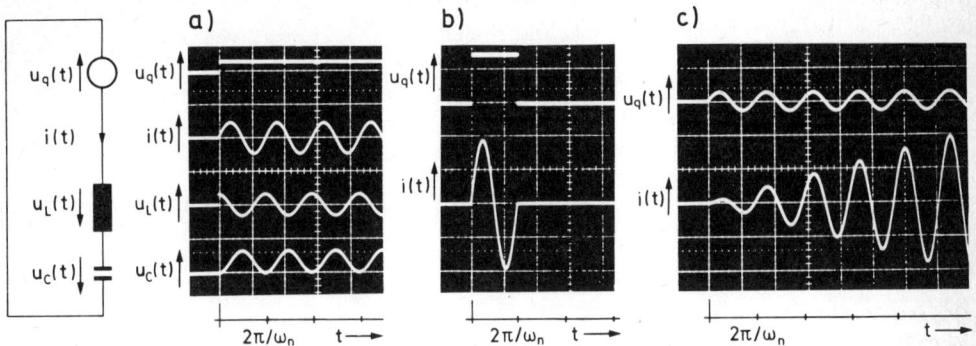

Bild 6.23   Einschwingverhalten des verlustlosen Reihenschwingkreises bei Erregung mit a) einer Sprungfunktion, b) einem Rechteck, c) einer sinusförmigen Spannung mit $\omega_q = 1/\sqrt{LC}$

c) In dem eben behandelten verlustfreien Fall sei nun $u_q(t)$ ein Rechteckimpuls der Dauer T. Mit (A.6.16a) erhalten wir aus $u_q(t) = \hat{u}_q [\delta_{-1}(t) - \delta_{-1}(t-T)]$

$$U_q(\omega_n s_n) = \frac{\hat{u}_q}{\omega_n s_n} [1 - e^{-\omega_n s_n T}]$$

und

$$I(\omega_n s_n) = \frac{\hat{u}_q C}{s_n^2 + 1} \cdot [1 - e^{-\omega_n s_n T}].$$

Es folgt für $t \geq 0$

$$i(t) = \hat{u}_q \omega_n C [\sin\omega_n t - \sin\omega_n (t-T) \delta_{-1}(t-T)].$$

Setzen wir $T = k \cdot 2\pi/\omega_n$ mit einem positiven, ganzzahligen Wert für k, so wird offenbar $i(t) = 0 \;\forall t \geq T$. Die Eigenschwingung bricht also ab. Das gilt in Übereinstimmung mit unserer Überlegung zum Einschwinganteil in (6.64b). Tatsächlich ist für diese Werte von T der Wert $U_q(\pm j\omega_n) = 0$. Bild 6.23b zeigt das Ergebnis für k=1.

d) Wir bleiben beim verlustfreien Kreis, wählen aber jetzt $u_q(t) = \hat{u}_q \sin\omega_q t \delta_{-1}(t) = \hat{u}_q \sin\omega_n \Omega_q t \cdot \delta_{-1}(t)$. Mit (A.6.6) ist

$$I(\omega_n s_n) = \frac{s_n C}{s_n^2 + 1} \cdot \frac{\hat{u}_q \Omega_q}{s_n^2 + \Omega_q^2} \cdot$$

Für $\Omega_q \neq 1$ erhalten wir nach Partialbruchzerlegung und Rücktransformation

$$i(t) = \frac{\hat{u}_q \omega_q C}{\Omega_q^2 - 1} [\cos\omega_n t - \cos\omega_q t]$$

Neben dem kosinusförmigen Erregeranteil tritt also wieder die ebenfalls kosinusförmige Eigenschwingung auf.

Schließlich setzen wir $\Omega_q = \Omega_\infty = 1$. Die Partialbruchzerlegung von $I(s)$ liefert

$$I(\omega_n s_n) = \frac{s_n \hat{u}_q C}{(s_n^2 + 1)^2} = \frac{\hat{u}_q C}{4j} \left[\frac{1}{(s_n - j)^2} - \frac{1}{(s_n + j)^2} \right].$$

Damit wird

$$i(t) = \frac{\hat{u}_q \omega_n C}{2} \omega_n t \sin \omega_n t.$$

Ein Oszillogramm zeigt Bild 6.23c.

Hier haben wir den Fall der *strengen Resonanz*. Bei Erregung mit der Frequenz der
(ungedämpften) Eigenschwingung wächst die Amplitude des Stromes unbegrenzt. Bei dem
diskutierten verlustfreien Schwingkreis handelt es sich offenbar um ein bedingt
stabiles System im Sinne der Definition (5.13b). Wir können jetzt nachträglich
diese Bezeichnung erklären: Unter der Bedingung, daß die erregende periodische
Funktion keinen Anteil mit der Frequenz der Eigenschwingung enthält, bleibt der
Strom beschränkt.

6.4.2 Untersuchung allgemeiner Netzwerke

Nach dem im letzten Abschnitt ausführlich behandelten Beispiel, in dem
wir auch die Beziehungen zur Wechselstromrechnung zeigten, liegt die
Verallgemeinerung der Methode und der Aussagen nahe. In Abschnitt 3.2.3
haben wir gesehen, daß ein allgemeines Netzwerk durch ein System von
m Integro-Differentialgleichungen beschrieben wird. Ausgehend von der
Maschenanalyse hatten wir in (3.55a) die μ-te dieser Gleichungen in der
Form

$$(L_{\mu\mu} + M_{\mu\mu}) \frac{di_\mu}{dt} + (R_{\mu\mu} + v_{\mu\mu})i_\mu + \frac{1}{C_{\mu\mu}} \int_{-\infty}^{t} i_\mu d\tau +$$

$$+ \sum_{\substack{\nu=1 \\ \nu \neq \mu}}^{m} m_{\mu\nu} \left[(L_{\mu\nu} + M_{\mu\nu}) \frac{di_\nu}{dt} + (R_{\mu\nu} + v_{\mu\nu})i_\nu + \frac{1}{C_{\mu\nu}} \int_{-\infty}^{t} i_\nu d\tau \right] = u_{q\mu}(t)$$

angegeben. Die einzelnen Größen wurden in Abschnitt 3.2.3 erklärt. Zur
Bestimmung des Einschwingverhaltens für $t \geq 0$ benötigen wir jetzt neben
einer Kenntnis der Werte der Bauelemente und der Quellspannungen die
Anfangswerte der Induktivitätsströme und Kondensatorspannungen. Wenden

wir auf das ganze Gleichungssystem die Laplace-Transformation an, so
erhalten wir aus der obigen μ-ten Gleichung

$$[s(L_{\mu\mu} + M_{\mu\mu}) + (R_{\mu\mu} + v_{\mu\mu}) + \frac{1}{sC_{\mu\mu}}] I_{\mu}(s) +$$

$$+ \sum_{\substack{\nu=1 \\ \nu \neq \mu}}^{m} m_{\mu\nu} [s(L_{\mu\nu} + M_{\mu\nu}) + (R_{\mu\nu} + v_{\mu\nu}) + \frac{1}{sC_{\mu\nu}}] I_{\nu}(s)$$

$$\text{(6.67a)}$$

$$- (L_{\mu\mu} + M_{\mu\mu}) i_{\mu}(+0) + \frac{1}{s} u_{C\mu}(0)$$

$$- \sum_{\substack{\nu=1 \\ \nu \neq \mu}}^{m} m_{\mu\nu} [(L_{\mu\nu} + M_{\mu\nu}) i_{\nu}(+0) - \frac{1}{s} u_{C\nu}(0)] = U_{q\mu}(s).$$

Allgemein ergibt sich (formal analog zu (6.60))

$$\mathbf{Z}\mathbf{I}(s) + \mathbf{U}_a(s) = \mathbf{U}_q(s). \qquad\qquad \text{(6.67b)}$$

Hier ist $\mathbf{Z}$ die in (3.56) definierte Widerstandsmatrix. $\mathbf{I}(s)$ bzw. $\mathbf{U}_q(s)$
sind in Erweiterung der in (3.57a,b) gegebenen Definitionen die Vekto-
ren der Laplace-Transformierten der unbekannten Ströme bzw. Quellspannungen. Der Vektor $\mathbf{U}_a(s)$ berücksichtigt die Anfangswerte. Seine μ-te
Komponente ist aus (6.67a) ersichtlich. Wie im Beispiel des letzten
Abschnitts können wir aber auch in den einzelnen Zweigen den Anfangswerten entsprechende Spannungsquellen einfügen und damit einen modifizierten Vektor der Quellspannungen

$$\mathbf{U}_{qg}(s) = \mathbf{U}_q(s) - \mathbf{U}_a(s) \qquad\qquad \text{(6.68)}$$

einführen. Mit ihm erhalten wir wie in (3.57c)

$$\mathbf{Z}(s)\mathbf{I}(s) = \mathbf{U}_{qg}(s), \qquad\qquad \text{(6.69)}$$

$$\mathbf{I}(s) = \mathbf{Z}^{-1}(s)\mathbf{U}_{qg}(s) \qquad\qquad \text{(6.70a)}$$

und schließlich

$$\mathbf{i}(t) = \mathscr{L}^{-1}\{ \mathbf{Z}^{-1}(s)\mathbf{U}_{qg}(s) \}. \qquad\qquad \text{(6.70b)}$$

Wir stellen fest, daß wir nach Einfügen zusätzlicher Spannungsquellen
zur Berücksichtigung der Anfangswerte die Gleichung (6.69) mit Hilfe
der Maschenanalyse und der üblichen Wechselstromrechnung aufstellen
können. Lediglich die Bedeutung von Strom- und Quellspannungsvektor ist

eine andere. Entsprechend sind die letztlich interessierenden Ströme
nach (6.70b) durch inverse Laplace-Transformation zu bestimmen.
Zur Aufstellung von für die Beschreibung des Netzwerkes nötigen Gleichungen kann natürlich auch die Knotenanalyse verwendet werden. Die
dafür nötige Umwandlung der Spannungsquellen in äquivalente Stromquellen muß dann auch bei den Quellen vorgenommen werden, die die Anfangswerte modellieren. Bild 6.24 zeigt zusammenfassend die äquivalenten Anordnungen für eine geladene Kapazität bzw. eine stromdurchflos-
sene Induktivität.

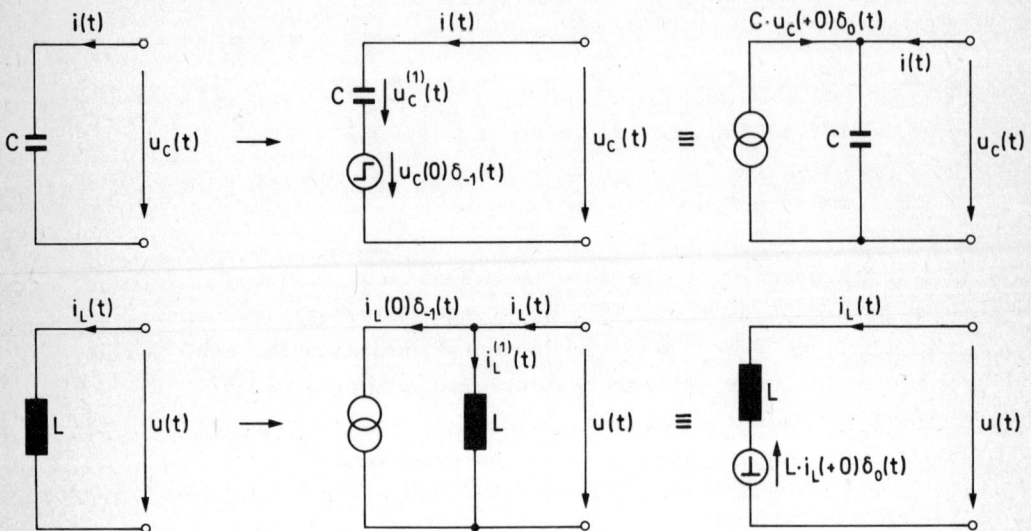

Bild 6.24   Zur Berücksichtigung der Anfangswerte durch zusätzliche Quellen

6.4.3 Weitere Beispiele

In diesem Abschnitt sollen mit zwei weiteren Beispielen die Laplace-Transformation
weiter erläutert und die Anwendung ihrer Sätze demonstriert werden. Als erstes
zeigen wir den Gebrauch des Faltungssatzes und der Grenzwertsätze sowie erneut die
Berücksichtigung von Anfangswerten durch Quellen.
Die Schaltung von Bild 6.25a sei für t = -0 energiefrei. Es interessiere für
$T \gg 2L/R$

$\qquad$ $i(t)$ für die Intervalle $0 \le t < T$ und $t \ge T$
$\qquad$ $i(+0)$, $i^{(k)}(+0)$, $k \in \mathbb{N}$.

Zunächst erhalten wir im Bereich $0 \le t < T$ für $I(s) = \mathcal{L}\{i(t)\}$ mit der Wechselstromrechnung

$$I(s) = \mathcal{L}\{i_q(t)\} \cdot \frac{sR/L}{s^2 + sR/L + 1/LC}.$$

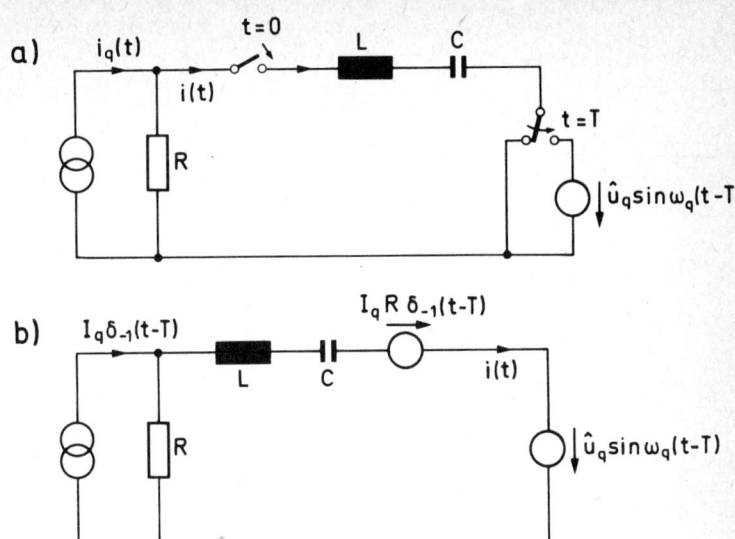

Bild 6.25   Beispiel zur Berechnung des Einschwingverhaltens

Daraus können wir i(t) so wie in Abschnitt 6.4.1 bestimmen. Hier wollen wir statt dessen den Faltungssatz verwenden. Nach (A.6.2.2) ist

$$i(t) = i_q(t) * \mathcal{L}^{-1} \{ \frac{sR/L}{s^2 + sR/L + 1/LC} \} .$$

Nach Partialbruchzerlegung von $\dfrac{sR/L}{s^2 + sR/L + 1/LC}$ und inverser Laplace-Transformation ist dann mit

$$s_{\infty 1,2} = -R/2L \pm \sqrt{(R/2L)^2 - 1/LC} \quad \text{(vergleiche Abschnitt 6.4.1)}$$

$$i(t) = i_q(t) * \frac{R}{L(s_{\infty 1}-s_{\infty 2})} \left(s_{\infty 1} e^{s_{\infty 1}t} - s_{\infty 2} e^{s_{\infty 2}t} \right) .$$

Ist speziell $i_q(t) = I_q \cdot \delta_{-1}(t)$, so wird mit (A.6.21) und

$$\delta_{-1}(t) * e^{s_{\infty \nu}t} = \int_0^t \delta_{-1}(\tau) e^{s_{\infty \nu}(t-\tau)} d\tau = e^{s_{\infty \nu}t} \int_0^t e^{-s_{\infty \nu}\tau} d\tau$$

$$= \int_0^t e^{s_{\infty \nu}\tau} \delta_{-1}(t-\tau) d\tau = \int_0^t e^{s_{\infty \nu}\tau} d\tau$$

$$= \frac{1}{s_{\infty \nu}} \left(e^{s_{\infty \nu}t} - 1 \right) \cdot \delta_{-1}(t)$$

$$i(t) = \frac{I_q R}{L(s_{\infty 1}-s_{\infty 2})} \left(e^{s_{\infty 1}t} - e^{s_{\infty 2}t} \right) \cdot \delta_{-1}(t) .$$

Wir untersuchen weiterhin das Verhalten von $i(t)$ für $t = +0$ zunächst mit dem Grenzwertsatz (A.6.27a). Es ist

$$i(+0) = \lim_{s \to \infty} s \cdot I(s) = \lim_{s \to \infty} s \, \frac{I_q}{s} \, \frac{sR/L}{s^2 + sR/L + 1/LC} = 0,$$

wie sowohl mit dem obigen Ergebnis für $i(t)$ wie auch mit den Überlegungen von
Abschnitt 6.2.4.1 zu bestätigen ist. Weiterhin gilt mit (A.6.27b)

$$i'(+0) = \lim_{s \to \infty} \left[s^2 I(s) - s \cdot i(+0) \right] = \frac{I_q R}{L} ,$$

$$i''(+0) = \lim_{s \to \infty} \left[s^3 I(s) - s^2 \cdot i(+0) - s \cdot i'(+0) \right] = - \frac{I_q R^2}{L^2}$$

usw. Offensichtlich können wir so nacheinander die $i^{(k)}(+0)$ und damit die Koeffizienten einer Taylor-Entwicklung von $i(t)$ bei $t = 0$ bestimmen, ohne $i(t)$ selbst
durch Rücktransformation zu berechnen. Im nächsten Abschnitt werden wir noch einen
anderen Weg zur Bestimmung des Verhaltens einer Zeitfunktion bei $t = 0$ behandeln.

Wir betrachten nun den Verlauf für $t \gtrless T$. Wegen der Annahme $T \gg 2L/R$ ist $i(t) = 0$
und damit $u_C(T) = I_q \cdot R$. Dann gilt aber das in Bild 6.25b gezeigte Ersatzbild. Es
folgt nach (A.6.16a)

$$I(s)e^{-sT} = \frac{I_q}{s} e^{-sT} \cdot \frac{sR/L}{s^2 + sR/L + 1/LC}$$

$$- \left[\frac{I_q \cdot R \cdot e^{-sT}}{s} + \frac{\hat{u}_q \omega_q \cdot e^{-sT}}{s^2 + \omega_q^2} \right] \frac{s/L}{s^2 + sR/L + 1/LC} \; .$$

Der hier möglichen Kürzung durch e^{-sT} entspricht eine Verschiebung um T nach links.
Weiter heben sich die Einflüsse der Stromquelle und der die Spannung $u_C(T)$ repräsentierenden Spannungsquelle gegenseitig auf, da der durch $i_q(t)$ verursachte Einschwingvorgang bereits abgeklungen ist. Wir erhalten

$$i(t-T) = - \mathscr{L}^{-1} \left\{ \frac{\hat{u}_q \omega_q \cdot e^{-sT}}{s^2 + \omega_q^2} \cdot \frac{s/L}{s^2 + sR/L + 1/LC} \right\}$$

$$= - \frac{\delta_{-1}(t-T)}{L(s_{\infty 1} - s_{\infty 2})} \left[U_q(s_{\infty 1}) s_{\infty 1} \cdot e^{s_{\infty 1}(t-T)} - U_q(s_{\infty 2}) s_{\infty 2} \cdot e^{s_{\infty 2}(t-T)} \right] +$$

$$- 2 \operatorname{Im}\{ Y(j\omega_q) \hat{u}_q \cdot e^{j\omega_q(t-T)} \} \cdot \delta_{-1}(t-T).$$

Hier ist der erste Term der Einschwing-, der zweite der Erregeranteil. Für $t \to \infty$
hat $i(t)$ einen sinusförmigen Verlauf mit der durch $Y(j\omega_q)$ bestimmten Amplitude
und Phase. Da damit $i(\infty)$ nicht existiert, können wir den Grenzwertsatz (A.6.28a)
nicht anwenden, obwohl $\lim_{s \to 0} sI(s)$ existiert. Das Beispiel demonstriert so, daß die
Existenz der Grenzwerte jeweils getrennt zu überprüfen ist, bevor man die Grenzwertsätze gebraucht.

Eine für die praktische Anwendung interessante Schaltung ist der kompensierte Spannungsteiler. Wir behandeln ihn als nächstes Beispiel, weil wir dabei Besonderheiten

zeigen können, die bei bestimmten Netzwerken in ihrem Verhalten bei t = O auftreten. Zur Untersuchung der in Bild 6.26a gezeigten Anordnung gehen wir noch einmal von der Differentialgleichung aus, für die wir mit der Knotenanalyse bekommen

$$(C_1+C_2)\,\frac{du_2}{dt} + (G_1+G_2)u_2(t) = C_1\,\frac{du_q}{dt} + G_1 u_q(t)\,.$$

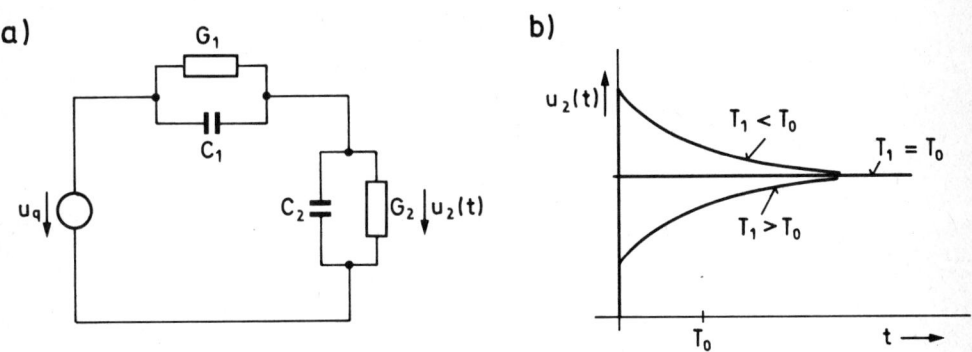

Bild 6.26   Zur Untersuchung des kompensierten Spannungsteilers

Nach Laplace-Transformation erhalten wir mit einfacher Umformung und $T_1 = R_1 C_1$,

$$T_O = R_1 R_2 \frac{C_1 + C_2}{R_1 + R_2}:$$

$$U_2(s) = \frac{C_1}{C_1+C_2} \cdot \frac{s+1/T_1}{s+1/T_O}\, U_q(s) + \frac{u_2(+O) - u_q(+O) \cdot \frac{C_1}{C_1+C_2}}{s+1/T_O}\,.$$

Wir nehmen an, daß das Netzwerk für t < O energiefrei ist und wollen zunächst zeigen, daß dann der zweite Term der rechten Seite auch dann verschwindet, wenn $u_q(+O) \neq O$ ist. Dazu muß

$$C_1[u_2(+O) - u_q(+O)] + C_2 u_2(+O) = q_1(+O) + q_2(+O) = O$$

sein. Diese Bedingung, nach der die Summe der aus dem betrachteten quellfreien Knoten fließenden Ladungen verschwinden muß, ist natürlich aus physikalischen Gründen stets erfüllt, nicht nur für t = O. Die angenommene Energiefreiheit für t < O bedeutet hier also nicht, daß die Anfangswerte der Kondensatorspannungen verschwinden müssen. Dann müssen aber, im scheinbaren Widerspruch zu unseren Überlegungen von Abschnitt 6.2.4.1, die Spannungen an den Kondensatoren im Augenblick t = O springen. Das ist aber auch andererseits zur Erfüllung der Maschengleichung erforderlich. Wir stellen fest, daß dazu die bei t = O auftretenden Ströme die Form von Diracstößen haben müssen. Die allgemeine Aussage von Abschnitt 6.2.4.1 gilt, wie dort angegeben, für einen Stromsprung.

Wir weisen noch darauf hin, daß wir schon in Abschnitt 6.3.2 bei der Aufstellung der Zustandsgleichung für dieses Netzwerk insofern ein ungewöhnliches Ergebnis er-

hielten, als auf der rechten Seite in Gleichung (6.51) zunächst auch $u_q'(t)$ er-
schien. Mit der dann vorgenommenen Transformation

$$\xi(t) = u_2(t) - \frac{C_1}{C_1+C_2}\, u_q(t)$$

führten wir eine neue Zustandsvariable ein, deren Anfangswert verschwindet, wenn
das Netzwerk zu Beginn energiefrei ist.
Ist $u_q(t) = U_q \cdot \delta_{-1}(t)$, so erhalten wir in bekannter Weise für die Ausgangsspannung

$$u_2(t) = \frac{R_2}{R_1+R_2}\, U_q \cdot \delta_{-1}(t) + \frac{C_1}{C_1+C_2}\left[1 - \frac{T_1}{T_o}\right] e^{-t/T_o}\, U_q \cdot \delta_{-1}(t).$$

Bild 6.26b zeigt den Verlauf für verschiedene Werte von T_1/T_o. Bei $T_1 = T_o$ erfolgt
offenbar eine Teilung der sprungförmigen Eingangsspannung entsprechend dem Widerstandsverhältnis. In diesem Fall ist aber $R_1 C_1 = R_2 C_2$ sowie $C_1/(C_1+C_2) = R_2/(R_1+R_2)$
und damit generell

$$U_2(s) = \frac{R_2}{R_1+R_2}\, U_q(s) \quad\text{bzw.}\quad u_2(t) = \frac{R_2}{R_1+R_2}\, u_q(t).$$

Es erfolgt also eine durch das Widerstandsverhältnis bestimmte Teilung *aller* angelegten Eingangsfunktionen. Die Schaltung wird als kompensierter Spannungsteiler
bezeichnet. Der Einfluß der in praktischen Anordnungen, z.B. am Eingang eines Verstärkers, unvermeidlichen Kapazität C_2 wird durch den geeignet gewählten Kondensator C_1 kompensiert.

6.4.4 Übertragungsfunktion, Impuls- und Sprungantwort

Wir erweitern jetzt die u.a. in Abschnitt 5.1.1 gegebene Definition
der Übertragungsfunktion auf die hier vorliegende allgemeine Aufgabenstellung. Ebenso wie dort spezialisieren wir die Betrachtung auf den
Fall der Erregung mit nur einer Quelle. Das bedeutet, daß z.B. in dem
durch (6.68) beschriebenen Gesamtvektor der Quellspannungen $\mathbf{U}_{qg}(s)$ alle
Elemente bis auf eines verschwinden, wobei es keine Rolle spielt, ob
mit ihm eine "echte" Quelle oder ein Anfangswert beschrieben wird. In
allgemeiner Form sei dieses Element mit $V(s) = \mathscr{L}\{v(t)\}$ bezeichnet.
Wesentlich ist, daß das System selbst jetzt für $t \leq 0$ als energiefrei
anzunehmen ist. Interessieren wir uns wieder nur für die Wirkung an
einer Stelle und bezeichnen wir die dort auftretende Reaktion mit $y(t)$,
so ist wie in (5.1) die Übertragungsfunktion

$$H(s) = \frac{Y(s)}{V(s)} \quad\text{mit}\quad Y(s) = \mathscr{L}\{y(t)\}. \tag{6.71a}$$

Wir erhalten also, wie in Bild 6.19 erläutert, die von der Wechselstromrechnung vertraute Übertragungsfunktion mit einer erweiterten Bedeutung der Größen $Y(s)$ und $V(s)$.

Weiterhin verallgemeinern wir die im Abschnitt 6.4.1 am Beispiel für
exponentielle Erregung gezeigte Aufteilung der Reaktion in einzelne
Anteile. Da wir jetzt ein zu Beginn energiefreies System voraussetzen,
entfällt dabei der Ausschwinganteil. Wir gehen von einer Übertragungsfunktion aus, deren Zählerpolynom höchstens den Grad des Nennerpolynoms hat ($m \leq n$). Im allgemeinen Fall ist dann mit (5.3) und (5.7a)

$$H(s) = \frac{\sum\limits_{\mu=0}^{n} b_\mu s^\mu}{\sum\limits_{\nu=0}^{n} c_\nu s^\nu} = b_n + \sum_{\nu=1}^{n_o} \sum_{\kappa=1}^{n_\nu} \frac{B_{\nu\kappa}}{(s-s_{\infty\nu})^\kappa} \quad \text{bei } c_n = 1, \quad (6.71b)$$

wobei die $B_{\nu\kappa}$ nach (5.7b) bestimmt werden. Setzen wir jetzt

$$v(t) = \hat{v} e^{s_q t} \quad \text{mit } s_q \neq s_{\infty\nu} \quad \forall \nu, \text{ so erhalten wir}$$

$$Y(s) = \frac{\hat{v}}{s-s_q} H(s_q) + \sum_{\nu=1}^{n_o} \sum_{\kappa=1}^{n_\nu} \frac{D_{\nu\kappa}}{(s-s_{\infty\nu})^\kappa} \qquad (6.72a)$$

mit

$$D_{\nu\kappa} = \frac{1}{(n_\nu-\kappa)!} \lim_{s \to s_{\infty\nu}} \frac{d^{n_\nu-\kappa}}{ds^{n_\nu-\kappa}} \left[(s-s_{\infty\nu})^{n_\nu} V(s) H(s) \right]. \qquad (6.72b)$$

Im Fall einfacher Pole erhält man mit

$$H(s) = b_n + \sum_{\nu=1}^{n} \frac{B_\nu}{s-s_{\infty\nu}} \qquad (6.71c)$$

$$Y(s) = \frac{\hat{v}}{s-s_q} H(s_q) + \sum_{\nu=1}^{n} \frac{B_\nu V(s_{\infty\nu})}{s-s_{\infty\nu}}. \qquad (6.73a)$$

Die Rücktransformation liefert

$$y(t) = \hat{v} H(s_q) e^{s_q t} \delta_{-1}(t) + \sum_{\nu=1}^{n_o} \sum_{\kappa=1}^{n_\nu} D_{\nu\kappa} \delta_{-\kappa}(t) e^{s_{\infty\nu} t} \qquad (6.72c)$$

bzw.

$$y(t) = \hat{v} H(s_q) e^{s_q t} \delta_{-1}(t) + \sum_{\nu=1}^{n} B_\nu V(s_{\infty\nu}) e^{s_{\infty\nu} t} \delta_{-1}(t). \qquad (6.73b)$$

In beiden Fällen können wir also einen Erregeranteil der Form $e^{s_q t}$ abspalten, dessen Größe, wie gewohnt, dem Wert der Übertragungsfunktion
bei $s = s_q$ proportional ist. Der Einschwinganteil besteht aus den Eigenschwingungen, die im Fall einfacher Pole gemäß den Werten $V(s)$ bei
$s = s_{\infty\nu}$ angeregt werden, während bei mehrfachen Polen zusätzlich die
Ableitungen von $V(s)$ in diesen Punkten bei der Bestimmung der $D_{\nu\kappa}$ nach
(6.72b) eingehen.

Bei den bisher angestellten Überlegungen haben wir verwendet, daß die
Laplace-Transformierte der interessierenden Zeitfunktion rational war.
Wir konnten dann nach einer Partialbruchzerlegung in einfacher Weise
gliedweise eine Rücktransformation vornehmen. Bei komplizierteren Eingangsfunktionen $v(t)$, die z.B. bereichsweise unterschiedlich definiert
sind, ist das nicht mehr der Fall. Zumindest für allgemeine Betrachtungen ist dann die Auswertung des komplexen Umkehrintegrals (A.6.11)
erforderlich, das jetzt die Form

$$\frac{1}{2}\left[y(t+0) + y(t-0)\right] = \lim_{\omega \to \infty} \frac{1}{2\pi j}\left[\int_{\sigma-j\omega}^{\sigma+j\omega} V(s)H(s)e^{st}ds\right] \qquad (6.74a)$$

annimmt. Die Auswertung kann auf einer einfach geschlossenen Kurve erfolgen, die alle Pole von $V(s)H(s)$ umfaßt. Der Residuensatz der Funktionentheorie (z.B. [6.7],[6.8]) führt dann auf

$$\frac{1}{2}\left[y(t+0) + y(t-0)\right] = \sum_{\lambda=1}^{\ell} D_\lambda(t), \qquad (6.74b)$$

wenn das Produkt $V(s)H(s)$ insgesamt ℓ Pole s_λ beliebiger Vielfachheit
n_λ hat. Dabei sind die

$$D_\lambda(t) = \frac{\delta_{-1}(t)}{(n_\lambda-1)!}\lim_{s \to s_\lambda}\frac{d^{n_\lambda-1}}{ds^{n_\lambda-1}}\left[(s-s_\lambda)^{n_\lambda}V(s)H(s)e^{st}\right] \qquad (6.74c)$$

die Residuen des Integranden bei $s = s_\lambda$. Sie haben allgemein die Form

$$D_\lambda(t) = P_\lambda(t)e^{s_\lambda t}\delta_{-1}(t), \qquad (6.74d)$$

wobei $P_\lambda(t)$ ein Polynom in t vom Grade $n_\lambda-1$ ist.

Wir untersuchen noch kurz den Fall der Erregung mit einer Funktion $v(t)$
der endlichen Länge T. Nach Abschnitt A.6.1 Punkt 3 ist die zugehörige
Laplace-Transformierte $V(s)$ eine ganze Funktion. Dann hat der Integrand
in (6.74a) für $t \geq T$ für endliche Werte von s nur die n_0 unterschiedlichen Pole $s_{\infty\nu}$ von $H(s)$. Es ergibt sich mit (6.74b,d) für $t \geq T$ die
Ausgangsfunktion

$$y(t) = \sum_{\nu=1}^{n_0} P_\nu(t)e^{s_{\infty\nu}t}\delta_{-1}(t-T), \qquad (6.74e)$$

die offenbar die Form des Einschwinganteiles hat.
Im Falle einfacher Pole werden die Verhältnisse übersichtlicher. Wir erhalten für $t \geq T$

$$y(t) = \sum_{\nu=1}^{n} B_\nu V(s_{\infty\nu})e^{s_{\infty\nu}t}\delta_{-1}(t-T), \qquad (6.74f)$$

wobei die B_ν wieder die Koeffizienten der Partialbruchentwicklung von
$H(s)$ sind. Offenbar verschwindet $y(t)$ für $t \geq T$ identisch, wenn $V(s)$
und, bei mehrfachen Polen, die nötigen Ableitungen bei allen $s_{\infty\nu}$ Nullstellen haben. Wir haben bereits im Abschnitt 6.4.1 mit Fall c (Bild
6.23b) ein Beispiel hierfür behandelt und werden im Abschnitt
6.4.6.2 in allgemeiner Form diese Frage erneut aufgreifen.

Als kennzeichnende Größen eines Systems führen wir jetzt noch die Im-
puls- und die Sprungantwort ein. Ausgehend von (6.71a) erhalten wir
zunächst mit dem Faltungssatz die Ausgangsfunktion

$$y(t) = \mathcal{L}^{-1}\{V(s)H(s)\} = v(t) * \mathcal{L}^{-1}\{H(s)\}.$$

Die Zeitfunktion

$$h_0(t) = \mathcal{L}^{-1}\{H(s)\} \tag{6.75}$$

bekommen wir offenbar, wenn wir mit $v(t) = \delta_0(t)$, dem Diracstoß, erregen.
Wir nennen daher $h_0(t)$ die Impulsantwort des Systems. Die Ausgangsfunktion ist dann

$$y(t) = v(t) * h_0(t) = \int_0^t h_0(t-\tau)v(\tau)\,d\tau, \tag{6.76}$$

die Faltung von Eingangsfunktion und Impulsantwort.

Bild 6.27 erläutert schematisch die beiden Wege zur Berechnung von $y(t)$.
Mit der Laplace-Transformation arbeiten wir primär im Frequenzbereich
und verwenden dabei die Beschreibung des Systems durch die Übertragungsfunktion $H(s)$. Im Zeitbereich benötigen wir die äquivalente Kennzeichnung durch die Impulsantwort $h_0(t)$.

Mit (6.71b) und (A.6.13) können wir für den allgemeinen Fall $h_0(t)$ in
der Form

$$h_0(t) = b_n\delta_0(t) + \sum_{\nu=1}^{n_0} \sum_{\kappa=1}^{n_\nu} B_{\nu\kappa} \cdot \delta_{-\kappa}(t)e^{s_{\infty\nu}t}$$

$$\tag{6.77a}$$

$$= b_n\delta_0(t) + \sum_{\nu=1}^{n_0} \sum_{\kappa=1}^{n_\nu} B_{\nu\kappa} \cdot \frac{t^{\kappa-1}}{(\kappa-1)!} e^{s_{\infty\nu}t} \delta_{-1}(t)$$

angeben. Bei einfachen Polen vereinfacht sich dieser Ausdruck auf

$$h_0(t) = b_n\delta_0(t) + \sum_{\nu=1}^{n} B_\nu e^{s_{\infty\nu}t} \delta_{-1}(t). \tag{6.77b}$$

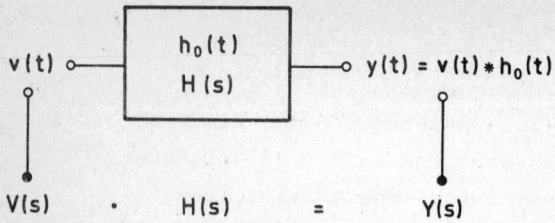

Bild 6.27   Schematische Darstellung der Berechnung des Einschwingverhaltens durch Faltung im Zeitbereich oder mit der Laplace-Transformation im Frequenzbereich

Wir bemerken noch, daß dieses Ergebnis mit den früheren Überlegungen leicht gedeutet werden kann:

Für $t > 0$ ist $v(t) \equiv 0$, $y(t) = h_o(t)$ besteht aus allen Eigenschwingungen, die wegen $V(s) = 1$ in gleicher Weise angeregt werden.

Die Sprungantwort eines Systems ist entsprechend definiert als Reaktion auf $v(t) = \delta_{-1}(t)$. Man erhält aus (6.72c) mit $s_q = 0$

$$h_{-1}(t) = H(O)\,\delta_{-1}(t) + \sum_{\nu=1}^{n_o}\sum_{\kappa=1}^{n_\nu} D_{\nu\kappa}\,\delta_{-\kappa}(t)\,e^{s_{\infty\nu}t} \qquad (6.78a)$$

und bei einfachen Polen aus (6.73b)

$$h_{-1}(t) = H(O)\,\delta_{-1}(t) + \sum_{\nu=1}^{n} \frac{B_\nu}{s_{\infty\nu}}\,e^{s_{\infty\nu}t}\,\delta_{-1}(t). \qquad (6.78b)$$

Die Koeffizienten $D_{\nu\kappa}$ werden dabei nach (6.72b) mit $V(s) = 1/s$ bestimmt.

Der Zusammenhang zwischen Impuls- und Sprungantwort ist von besonderem Interesse. Wegen

$$h_{-1}(t) = \mathscr{L}^{-1}\{\tfrac{1}{s} H(s)\} = \delta_{-1}(t) * h_o(t)$$

gilt offenbar

$$h_{-1}(t) = \int_O^t h_o(\tau)\,d\tau. \qquad (6.79)$$

Setzen wir $\mathrm{Re}\{s_{\infty\nu}\} < 0\ \forall\nu$ voraus, so existiert der Grenzwert der Sprungantwort für $t\to\infty$, und wir erhalten

$$\lim_{t\to\infty} h_{-1}(t) = H(O) = \lim_{t\to\infty} \int_O^t h_o(\tau)\,d\tau$$

und damit die Beziehungen

$$H(0) = \frac{b_o}{c_o} = b_n + \sum_{\nu=1}^{n_o} \sum_{\kappa=1}^{n_\nu} (-1)^\kappa \frac{B_{\nu\kappa}}{s_{\infty\nu}^\kappa} \qquad (6.80a)$$

bzw.

$$H(0) = \frac{b_o}{c_o} = b_n - \sum_{\nu=1}^{n} \frac{B_\nu}{s_{\infty\nu}} \; . \qquad (6.80b)$$

Wir untersuchen weiterhin das Verhalten von $h_o(t)$ und $h_{-1}(t)$ bei $t = 0$. Dazu schreiben wir zunächst $H(s)$ als Laurent-Reihe [6.7, 6.8]. Es ist

$$H(s) = \frac{\sum\limits_{\mu=0}^{n} b_\mu s^\mu}{\sum\limits_{\nu=0}^{n} c_\nu s^\nu} = \frac{Z(s)}{N(s)} = \sum_{k=0}^{\infty} \frac{a_k}{s^k} \; . \qquad (6.81a)$$

Wir zeigen kurz, wie man die Koeffizienten a_k aus einem linearen Gleichungssystem erhalten kann, das sich nach Multiplikation der obigen Beziehung mit $N(s)$ und Koeffizientenvergleich ergibt. Setzen wir wieder $c_n = 1$, so gilt

$$
\begin{bmatrix} b_n \\ b_{n-1} \\ \vdots \\ b_o \\ 0 \\ \vdots \end{bmatrix}
=
\begin{bmatrix}
1 & 0 & & & \cdots & 0 \\
c_{n-1} & 1 & & & & \vdots \\
\vdots & \vdots & & & & \vdots \\
c_o & c_1 & \cdots & 1 & 0 & \cdots & 0 \\
0 & c_o & \cdots c_{n-1} & 1 & \cdots & 0 \\
\vdots & \vdots & \vdots & & & \vdots
\end{bmatrix}
\cdot
\begin{bmatrix} a_o \\ a_1 \\ \vdots \\ a_n \\ a_{n+1} \\ \vdots \end{bmatrix}
$$

Da die Koeffizientenmatrix eine untere Dreiecksmatrix ist, können die a_k sukzessive errechnet werden. Es ist allgemein

$$a_k = b_{n-k} - \sum_{i=0}^{k-1} a_i \, c_{n-k-i} \, ,$$

wobei die b_μ und c_ν für negative Indizes gleich Null zu setzen sind. Aus (6.81a) erhält man für die Impulsantwort

$$h_o(t) = \sum_{k=0}^{\infty} a_k \delta_{-k}(t) = a_o \delta_o(t) + \sum_{k=1}^{\infty} a_k \frac{t^{k-1}}{(k-1)!} \delta_{-1}(t)$$

$$(6.81b)$$

und für die Sprungantwort

$$h_{-1}(t) = \sum_{k=0}^{\infty} a_k \delta_{-(k+1)}(t) = a_0 \delta_{-1}(t) + \sum_{k=1}^{\infty} a_k \frac{t^k}{k!} \delta_{-1}(t) \qquad (6.81c)$$

Offenbar gilt für die Grenzwerte der Ableitungen für $t \to +0$

$$\lim_{t \to +0} h_o^{(k-1)}(t) = h_o^{(k-1)}(+0) = a_k \qquad k > 0 \qquad (6.82a)$$

$$\lim_{t \to +0} h_{-1}^{(k)}(t) = h_{-1}^{(k)}(+0) = a_k \qquad k \geq 0. \qquad (6.82b)$$

Man bestätigt leicht die im ersten Beispiel von Abschnitt 6.4.3 gewonnenen Ergebnisse für $i^{(k)}(+0)$, wenn man $I(s) = \mathcal{L}\{i(t)\}$ entsprechend
(6.81a) entwickelt.

Die praktische Messung der Impulsantwort erfolgt durch Erregung des Systems mit
einem hinreichend kurzen Impuls der Fläche 1. Wählen wir einen Rechteckimpuls der
Dauer T, so ist

$$v(t) = \frac{1}{T} [\delta_{-1}(t) - \delta_{-1}(t-T)]$$

und wir erhalten als Reaktion

$$y(t) = \frac{1}{T} [h_{-1}(t) - h_{-1}(t-T)].$$

Wenn wir uns auf den Fall einfacher Pole beschränken, gilt mit (6.78b)

$$y(t) = H(0)v(t) + \sum_{\nu=1}^{n} \frac{B_\nu}{s_{\infty\nu} T} \left[e^{s_{\infty\nu} t} \delta_{-1}(t) - e^{s_{\infty\nu}(t-T)} \delta_{-1}(t-T) \right].$$

Es ist

$$\frac{1}{T} \left[e^{s_{\infty\nu} t} \delta_{-1}(t) - e^{s_{\infty\nu}(t-T)} \delta_{-1}(t-T) \right] = \frac{1}{T} e^{s_{\infty\nu} t} \left[\delta_{-1}(t) - e^{-s_{\infty\nu} T} \delta_{-1}(t-T) \right]$$

$$= e^{s_{\infty\nu} t} \left[v(t) + \left(s_{\infty\nu} - \frac{s_{\infty\nu}^2 T}{2} + \frac{s_{\infty\nu}^3 T^2}{3!} \mp \dots \right) \cdot \delta_{-1}(t-T) \right]$$

Damit folgt

$$y(t) = v(t) \left[H(0) + \sum_{\nu=1}^{n} \frac{B_\nu}{s_{\infty\nu}} e^{s_{\infty\nu} t} \right] + \sum_{\nu=1}^{n} B_\nu e^{s_{\infty\nu} t} \left[1 - \frac{s_{\infty\nu} T}{2} \pm \dots \right] \cdot \delta_{-1}(t-T)$$

Hier verschwindet der erste Term für $t \geq T$. Da nach Abschnitt A.6.4 für $T \to 0$
$v(t) \to \delta_o(t)$ geht, ergibt sich mit (6.80b) durch Vergleich mit (6.77b), daß gilt:

$$y(t) \approx h_o(t)$$

$$\text{für } 1 \gg \left| \frac{s_{\infty\nu} T}{2} \right| \quad \forall \nu, \text{ bzw. } T \ll \frac{2}{\max |s_{\infty\nu}|}. \qquad (6.83)$$

Diese Aussage bedeutet dasselbe wie die sich aus der allgemeinen Erklärung ergebende Forderung, daß $V(s)$ in den Polstellen s_{∞_ν} näherungsweise gleich 1 sein muß und, im allgemeinen Fall, seine Ableitungen dort hinreichend klein sein müssen. Wir haben bereits in Bild 6.11c Oszillogramme für eine Messung gezeigt, wobei allerdings zur Verdeutlichung der erregende Impuls noch zu lang gewählt wurde.

Die Feststellung, daß der Kehrwert von $\max|s_{\infty_\nu}|$ maßgebend ist für die zulässige Dauer der Erregung, läßt sich insofern verallgemeinern, als Änderungen im System oder in den Quellfunktionen generell als sprungförmig angenommen werden können, wenn ihre Dauer hinreichend klein im Vergleich zu $1/\max|s_{\infty_\nu}|$ ist.

6.4.5 Stabilität

Aus den gewonnenen Ergebnissen können wir jetzt die schon in Abschnitt 5.1.2 gemachten Aussagen zur Stabilität herleiten. Dabei gehen wir von der folgenden Definition aus, die sich auf das Verhalten der an den Klemmen auftretenden Funktionen bezieht:

Wir nennen ein System stabil, wenn es auf jede beschränkte Eingangsfunktion mit einer beschränkten Ausgangsfunktion reagiert.

Danach müssen sich für alle Eingangsfunktionen mit

$$|v(t)| < M_1 < \infty \quad \forall t \tag{6.84a}$$

Ausgangsfunktionen mit

$$|y(t)| < M_2 < \infty \quad \forall t \tag{6.84b}$$

ergeben. Aus dieser Definition können wir mit (6.76) ein Stabilitätskriterium herleiten. Es ist

$$|y(t)| = \left| \int_0^t h_0(t-\tau)v(\tau)d\tau \right| \leq \int_0^t |v(\tau)| \cdot |h_0(t-\tau)| d\tau$$

und mit (6.84)

$$|y(t)| < M_1 \int_0^t |h_0(\tau)| d\tau < M_2 \quad \forall t.$$

Damit folgt, daß bei einem stabilen System die Impulsantwort absolut integrabel sein muß:

$$\int_0^\infty |h_0(t)| dt < M < \infty. \tag{6.85}$$

Diese hier als hinreichend erkannte Bedingung ist auch notwendig.
Wählen wir nämlich $v(\tau) = \text{sgn}\{h_o(t_1-\tau)\}$ mit festem t_1, so wird

$$y(t_1) = \int\limits_O^{t_1} |h_o(t_1-\tau)|\,d\tau = \int\limits_O^{t_1} |h_o(\tau)|\,d\tau,$$

sodaß sich bei wachsendem t_1 eine nicht beschränkte Ausgangsfunktion
ergibt, wenn (6.85) verletzt ist.

Unter Verwendung der in (6.77) angegebenen Beziehungen für $h_o(t)$ können wir jetzt die gesuchten Schlußfolgerungen für die Eigenschaften
der Übertragungsfunktion ziehen. Dabei müssen wir zunächst beachten,
daß der Betrag von $\delta_o(t)$ nicht definiert ist. Wir können aber den
Einfluß des Termes $b_n\delta_o(t)$ ohne weiteres abspalten. Mit

$$h_o(t) = b_n\delta_o(t) + h_{o1}(t)$$

ist nämlich

$$y(t) = b_n v(t) + h_{o1}(t) * v(t),$$

sodaß sich die Stabilitätsforderung auf eine Bedingung für $h_{o1}(t)$ reduziert. Offenbar ist nun $h_{o1}(t)$ absolut integrabel, wenn

$$\sigma_{\infty\nu} = \text{Re}\{s_{\infty\nu}\} < O \qquad \forall \nu, \; \nu = 1(1)n \qquad\qquad (6.86a)$$

gilt, wie das in (5.13a) angegeben wurde.

Wir haben schon in Abschnitt 5.1.2 gefolgert, daß hierdurch auch ein Pol der Übertragungsfunktion im Unendlichen ausgeschlossen ist, daß also $m \leq n$ sein muß. Tatsächlich wäre in einem solchen Fall nach (5.3)

$$H(s) = A_1 s + A_o + H_1(s),$$

wobei $H_1(s)$ eine echt gebrochene Funktion ist, und wir erhalten nach dem Differentiationssatz die Ausgangsfunktion

$$y(t) = A_1\, v'(t) + A_o v(t) + v(t) * h_{o1}(t).$$

Wählen wir z.B. $v(t) = \sin\omega_q t$, so wächst $y(t)$ offenbar mit größer werdendem ω_q unbeschränkt.

Bei Abschwächung der Forderung an ein System würden wir nur verlangen,
daß jede beschränkte und zeitlich begrenzte Erregung höchstens zu einer
beschränkten Reaktion führen darf. Mit (6.74) erkennen wir, daß dann

die Eigenschwingungen nicht unbeschränkt wachsen dürfen. Das können wir durch die Forderung

$$|h_o(t)| < M_o^\cdot < \infty \quad \forall t$$

ausdrücken. Wenn wir auch hier den im Falle m = n bei t = O auftreten- den Diracstoß ausschließen, ergibt sich aus (6.77) sofort, daß jetzt

$$\sigma_{\infty\nu} = \mathrm{Re}\{s_{\infty\nu}\} \leq O \qquad \forall\nu, \; \nu = 1(1)n \qquad\qquad (6.86b)$$

sein muß mit der Zusatzbedingung, daß die bei $s_{\infty\nu} = j\omega_{\infty\nu}$ liegenden Pole nur einfach sein dürfen. Wir hatten diesen Fall in (5.13b) als bedingte Stabilität bezeichnet. Wie die Untersuchung des verlustlosen Reihen- schwingkreises bei sinusförmiger Erregung in Abschnitt 6.4.1 zeigte, wächst bei strenger Resonanz und zeitlich nicht begrenzter Erregung die Ausgangsfunktion tatsächlich über alle Grenzen.

Schließlich ist ein System offensichtlich instabil, wenn

$$\sigma_{\infty\nu} = \mathrm{Re}\{s_{\infty\nu}\} > O$$

oder $\qquad \sigma_{\infty\nu} = \mathrm{Re}\{s_{\infty\nu}\} = O$ mit $n_\nu > 1$ $\qquad\qquad$ (6.86c)

für wenigstens ein ν

ist, wie das in (5.13c) angegeben wurde.

6.4.6 Ergänzungen und Beispiele

In diesem Abschnitt wollen wir einige wichtige Fragestellungen behan- deln, die uns zugleich die Möglichkeit bieten, die Anwendung von Sätzen der Laplace-Transformation weiter zu erläutern.

6.4.6.1 Autokorrelierte der Impulsantwort [6.9]

Wir gehen von einem stabilen System mit der Übertragungsfunktion H(s) in der durch (6.71b) beschriebenen allgemeinen Form aus, wobei wir an- nehmen wollen, daß m < n und damit b_n = O sei. Die Gleichung (6.77a) beschreibt die zugehörige Impulsantwort $h_o(t)$. Gesucht ist jetzt die sogenannte Autokorrelationsfunktion

$$\rho(\tau) = \int_O^\infty h_o(t)h_o(t+\tau)dt \quad \forall\tau. \qquad\qquad (6.87a)$$

Zunächst kann man durch einfache Substitution zeigen, daß $\rho(-\tau) = \rho(\tau)$ ist. Es genügt daher, wenn wir

$$\rho(\tau) = \int\limits_{0}^{\infty} h_o(t)h_o(t-\tau)\,dt \qquad \forall \tau \geq 0 \qquad\qquad (6.87b)$$

bestimmen. Offenbar ist nun

$$\rho(\tau) = \int\limits_{0}^{\infty} h_o(t)h_o(t-\tau)e^{-st}dt\Big|_{s=0} = \mathscr{L}\{h_o(t)h_o(t-\tau)\}\Big|_{s=0}.$$

Diese Laplace-Transformierte können wir aber mit dem komplexen Faltungssatz (A.6.23) errechnen, dessen Anwendung wir mit dieser Aufgabe zeigen wollen. Da wir ein stabiles System vorausgesetzt haben, sind die Voraussetzungen für die Gültigkeit des Satzes mit $\sigma_1 = \sigma_2 = 0$ erfüllt, und wir können (A.6.23) für $s = 0$ in der Form

$$\mathscr{L}\{g_1(t)g_2(t)\}\Big|_{s=0} = \frac{1}{2\pi j}\int\limits_{-j\infty}^{+j\infty} G_1(z)G_2(-z)\,dz$$

anwenden. Hier ist, wenn wir wieder zur Variablen s übergehen

$$g_1(t) = h_o(t), \quad G_1(z) = H(s)$$

$$g_2(t) = h_o(t-\tau); \quad G_2(z) = H(s)e^{-s\tau} \text{ mit } \tau \geq 0.$$

Die Auswertung von

$$\rho(\tau) = \frac{1}{2\pi j}\int\limits_{-j\infty}^{+j\infty} H(s)H(-s)e^{s\tau}ds$$

kann durch Integration über eine einfach geschlossene Kurve erfolgen, die aber jetzt nur die Pole von H(s) umfaßt (siehe Bild 6.28). Mit dem Residuensatz bekommen wir ähnlich (6.74b)

$$\rho(\tau) = \sum_{\nu=1}^{n_o} D_\nu(\tau), \qquad\qquad (6.88a)$$

wobei

$$D_\nu(\tau) = \frac{\delta_{-1}(t)}{(n_\nu-1)!}\lim_{s\to s_{\infty\nu}}\frac{d^{n_\nu-1}}{ds^{n_\nu-1}}\left[(s-s_{\infty\nu})^{n_\nu}H(s)H(-s)e^{s\tau}\right]$$

$$(6.88b)$$

ist und bei einfachen Polen

$$\rho(\tau) = \sum_{\nu=1}^{n} B_\nu H(-s_{\infty\nu})e^{s_{\infty\nu}\tau}\delta_{-1}(t) \qquad\qquad (6.88c)$$

mit den nach (5.5b) zu berechnenden Koeffizienten B_ν.

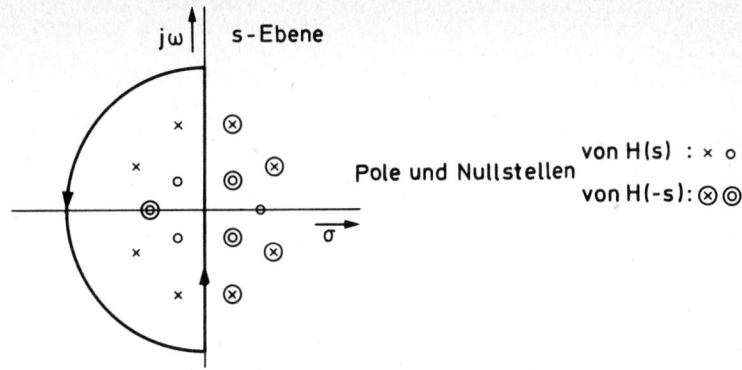

Bild 6.28   Integrationsweg in der s-Ebene zur Bestimmung der Autokorrelations-
             funktion von $h_o(t)$

Speziell für $\tau = 0$ erhalten wir die Gesamtenergie der Impulsantwort,
ausgedrückt mit Hilfe der Parsevalschen Gleichung (A.6.26). Es ist

$$\rho(0) = \int_0^\infty h_o^2(t)\,dt = \frac{1}{2\pi} \int_{-\infty}^{+\infty} |H(j\omega)|^2 d\omega \qquad (6.89a)$$

$$= \sum_{\nu=1}^{n_o} D_\nu(0) \qquad (6.89b)$$

bzw. $$\qquad\qquad = \sum_{\nu=1}^{n} B_\nu H(-s_{\infty\nu}). \qquad (6.89c)$$

In Abschnitt 5.2 haben wir gezeigt, daß man jede Übertragungsfunktion
in der Form

$$H(s) = H_M(s) H_A(s)$$

darstellen kann. Hier beschreibt $H_M(s) = Z_1(s)/N_1(s)$ ein minimalphasiges System, dessen Nullstellen nach (5.17) ausschließlich in der abgeschlossenen linken s-Halbebene liegen, während $H_A(s) = b_n N_2(-s)/N_2(s)$
die Übertragungsfunktion eines Allpasses ist, dessen Nullstellen spiegelbildlich zu den Polstellen in der offenen rechten Halbebene liegen.
Für das in (6.88b) auftretende Produkt $H(s)H(-s)$ erhalten wir dann

$$H(s)H(-s) = b_n^2 H_M(s) H_M(-s). \qquad (6.90a)$$

Die Autokorrelierte der Impulsantwort wird also - abgesehen von einem
konstanten Faktor - nur vom minimalphasigen Teil der Übertragungsfunk-

tion bestimmt, während die Impulsantwort selbst natürlich vom Allpaß-
anteil beeinflußt wird. Wir bemerken noch, daß

$$\rho(0) = \int_0^\infty h_o^2(t)\,dt = \frac{b_n^2}{2\pi} \int_{-\infty}^{+\infty} |H_M(j\omega)|^2\,d\omega \tag{6.90b}$$

gilt, wie sich schon aus der kennzeichnenden Eigenschaft (5.18a) eines
Allpasses ergibt.

Wir untersuchen zwei einfache Beispiele. Zunächst sei

$$H(s) = \frac{1}{(s+1)^2(s+2)} = \frac{1}{(s+1)^2} - \frac{1}{s+1} + \frac{1}{s+2} .$$

Mit (6.77a) wird die Impulsantwort

$$h_o(t) = \left| t \cdot e^{-t} - e^{-t} + e^{-2t} \right| \delta_{-1}(t) .$$

Aus (6.88b) erhalten wir dann

$$D_1(\tau) = \lim_{s \to -1} \frac{d}{ds} \left(\frac{e^{s\tau}}{(s+2)(-s+1)^2(-s+2)} \right) \delta_{-1}(\tau)$$

$$= \frac{1}{36} (3\tau + 1) e^{-\tau} \cdot \delta_{-1}(\tau) ,$$

$$D_2(\tau) = \lim_{s \to -2} \left(\frac{e^{s\tau}}{(s+1)^2(-s+1)^2(-s+2)} \right) \delta_{-1}(\tau) = B_2 H(2) e^{-2\tau} \delta_{-1}(\tau)$$

$$= \frac{1}{36} e^{-2\tau} \cdot \delta_{-1}(\tau) .$$

Damit ist

$$\rho(\tau) = \frac{1}{36} \left[(3\tau+1)e^{-\tau} + e^{-2\tau} \right] \cdot \delta_{-1}(\tau) .$$

Wir greifen weiterhin noch einmal das in Abschnitt 5.7.2 behandelte Beispiel auf.
Zu der dort vorgegebenen Betragsfunktion $|H(j\omega)| = H_o(\omega)$ hatten wir vier Übertra-
gungsfunktionen vom Grade 3 bestimmt, die sich durch die Lage ihrer Nullstellen
unterschieden. Es war

$$H_\lambda(s) = \frac{(s+2)(s+3)}{(s+1)(s-s_\infty)(s-s_\infty^*)} \quad \text{mit } s_\infty = 0,5(-1 + j\sqrt{3}).$$

Für die Impulsantworten erhält man:

$\lambda=1$, Vorzeichen ++, minimalphasiges System:

$$h_{o1}(t) = \left[2e^{-t} - 5,2915\, e^{-0,5t} \cos(0,5 \cdot \sqrt{3}\, t + 79,11^\circ) \right] \delta_{-1}(t)$$

$\lambda=2$, Vorzeichen -+:

$$h_{o2}(t) = \left[-6e^{-t} + 8,0829 e^{-0,5t} \cos(0,5 \cdot \sqrt{3}\, t + 30,00^\circ) \right] \delta_{-1}(t)$$

$\lambda=3$, Vorzeichen +-:

$$h_{o3}(t) = \left[-4e^{-t} + 7,2111e^{-0,5t} \cos(0,5 \cdot \sqrt{3}\ t + 46,10^{\circ})\right] \delta_{-1}(t)$$

$\lambda=4$, Vorzeichen --:

$$h_{o4}(t) = \left[12e^{-t} - 11,0151e^{-0,5t} \cos(0,5 \sqrt{3}\ t + 3,00^{\circ})\right] \delta_{-1}(t) .$$

Bild 6.29a zeigt diese Funktionen. Da für alle Werte von λ $\lim\limits_{s\to\infty} sH_{\lambda}(s) = 1$ ist, beginnen die zugehörigen Impulsantworten stets bei $h_{o\lambda}(0) = 1$. Im übrigen verlaufen sie sehr unterschiedlich. Für alle vier Fälle bekommen wir die gleiche Autokorrelationsfunktion

$$\rho(\tau) = 4e^{-\tau} + 14,5717e^{-0,5\tau}\cos(0,5\sqrt{3}\tau - 43,90^{\circ}) \quad \tau\geq 0,\ \rho(-\tau)=\rho(\tau) .$$

Sie ist für $\tau \geq 0$ in Bild 6.29b dargestellt. Das Teilbild c zeigt schließlich noch $\int_{o}^{t} h_{o\lambda}^{2}(\tau)d\tau$. Diese monoton ansteigenden Funktionen gehen entsprechend (6.90b) alle gegen denselben Grenzwert $\rho(0)$. Die Unterschiede in den verschiedenen Systemen zeigen sich in der Schnelligkeit der Annäherung an diesen Grenzwert.

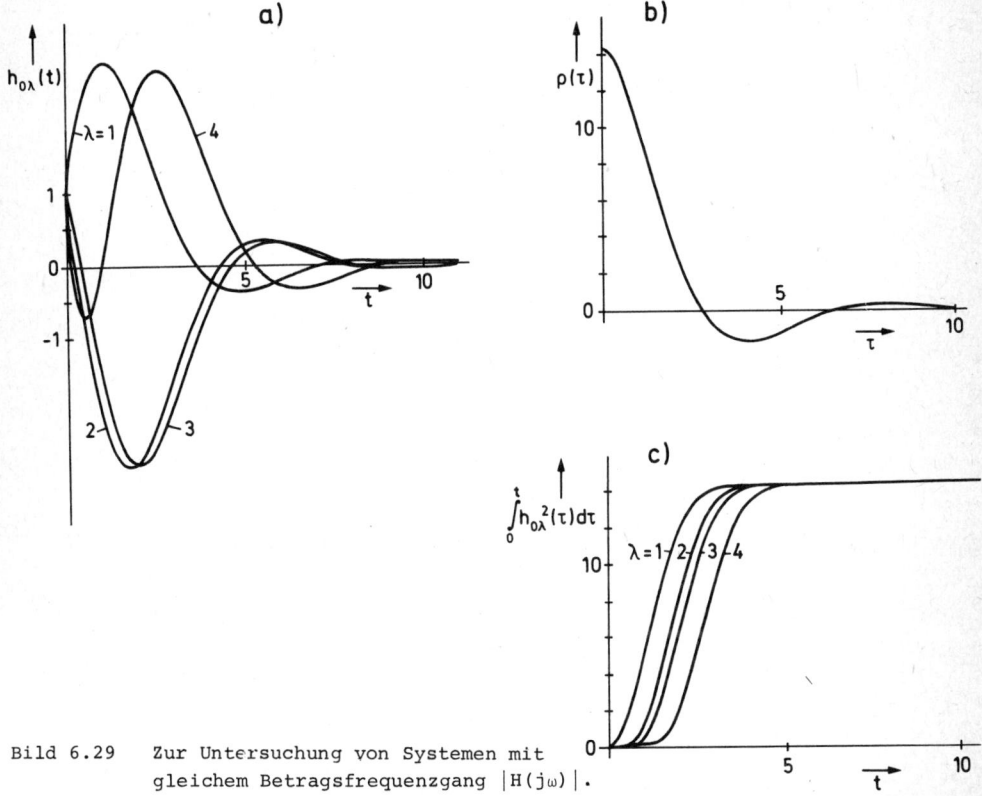

Bild 6.29   Zur Untersuchung von Systemen mit
             gleichem Betragsfrequenzgang $|H(j\omega)|$.
             a) Impulsantworten $h_{o\lambda}(t)$
             b) Autokorrelationsfunktion $\rho(\tau)$
             c) $\int_{o}^{t} h_{o\lambda}^{2}(\tau)d\tau$.

6.4.6.2 Ausgangsfunktionen begrenzter Dauer

Wir kommen noch einmal auf die in Abschnitt 6.4.4 gegebene Interpretation der Beziehung (6.74f) zurück und wollen zeigen, daß man in Kenntnis von H(s) stets Eingangsfunktionen v(t) der Dauer T so angeben kann,
daß die Ausgangsfunktion y(t) für $t \geq T$ identisch verschwindet, wobei T
beliebig vorgeschrieben werden kann [6.10]. In Abschnitt A.6.1, Punkt 3
sind die Bedingungen angegeben, die $Y(s) = \mathcal{L}\{y(t)\}$ erfüllen muß, damit
y(t) eine Funktion begrenzter Dauer ist. Wir werden hier auf eine Funktion Y(s) von der Form

$$Y(s) = \frac{1}{N(s)} \sum_{\lambda=1}^{L} e^{-sT_\lambda} Z_\lambda(s)$$

geführt werden, wobei N(s) das Nennerpolynom von H(s) ist und die übrigen Größen sich aus dem Zählerpolynom Z(s) und dem späteren Ansatz ergeben. Man überlegt sich leicht, daß in diesem Fall die Bedingungen b
und c für $T \geq T_\lambda \quad \forall \lambda$ erfüllt sind, wenn wir ein stabiles System voraussetzen. Damit reduzieren sich die Forderungen darauf, daß Y(s) eine gan-
ze Funktion sein muß.
Wir beschränken uns auf den Fall einfacher Pole. Dann müssen wir offenbar v(t) so wählen, daß die Polstellen $s_{\infty\nu}$ von H(s) durch Nullstellen
von V(s) abgedeckt werden. Von den dafür gegebenen Möglichkeiten betrachten wir zwei.

a) Es sei $v_0(t)$ eine Zeitfunktion der Dauer T, die mindestens n mal
   überall differenzierbar sei. Damit bilden wir

$$v_1(t) = \sum_{\nu=0}^{n} c_\nu v_0^{(\nu)}(t) \qquad (6.91a)$$

$$V_1(s) = V_0(s) \cdot \sum_{\nu=0}^{n} c_\nu s^\nu = V_0(s)N(s).$$

Hier ist $V_0(s) = \mathcal{L}\{v_0(t)\}$ eine ganze Funktion. Wir erhalten offenbar

$$Y_1(s) = V_1(s)H(s) = V_1(s) \frac{Z(s)}{N(s)}$$

$$= V_0(s) \sum_{\mu=0}^{m} b_\mu s^\mu$$

und $y_1(t) = \sum_{\mu=0}^{m} b_\mu v_0^{(\mu)}(t), \quad m \leq n.$ (6.91b)

b) Wir gehen aus von

$$V_2(s) = \prod_{\nu=1}^{n} [1-e^{-(s-s_{\infty\nu})T_\nu}]$$

mit beliebigem T_ν so, daß $\sum_{\nu=1}^{n} T_\nu = T$. Offenbar gilt wie erforderlich

$V_2(s_{\infty\nu}) = 0 \; \forall \nu$. Wählen wir zur Vereinfachung der Darstellung
$T_\nu = T_o = T/n \; \forall \nu$, so folgt

$$V_2(s) = \prod_{\nu=1}^{n} [1-e^{s_{\infty\nu}T_o} \cdot e^{-sT_o}] = \sum_{\nu=o}^{n} d_\nu e^{-\nu sT_o}, \tag{6.92a}$$

ein Polynom in e^{-sT_o}, dessen Koeffizienten sich aus den $e^{s_{\infty\nu}T_o}$ ergeben. Es ist

$$v_2(t) = \sum_{\nu=o}^{n} d_\nu \delta_o(t-\nu T_o) \tag{6.92b}$$

eine Folge von Diracstößen. Entsprechend ist dann

$$y_2(t) = \sum_{\nu=o}^{n} d_\nu h_o(t-\nu T_o). \tag{6.92c}$$

Eine Variante ergibt sich, wenn wir $v_2(t)$ mit einer beliebigen Funktion $v_o(t)$ endlicher Dauer falten. Wählen wir $T_o = T/(n+1)$ und die Dauer von $v_o(t)$ ebenfalls zu T_o, so hat

$$y_3(t) = v_o(t) * \sum_{\nu=o}^{n} d_\nu h_o(t-\nu T_o) \tag{6.92d}$$

wieder die gewünschte Dauer T.

Wir behandeln noch ein einfaches Beispiel für die zuletzt genannte Möglichkeit. Gewählt wird

$$H(s) = \frac{1}{\sum\limits_{\nu=1}^{3} c_\nu s^\nu} = \frac{1}{\prod\limits_{\nu=1}^{3} (s-s_{\infty\nu})} \quad \text{mit } c_3 = 1.$$

Ist $v_o(t)$ ein Rechteckimpuls der Dauer T_o, so wird

$$V_3(s) = V_o(s)V_2(s) = \frac{1}{s}(1-e^{-sT_o}) \prod_{\nu=1}^{n} [1-e^{s_{\infty\nu}T_o}e^{-sT_o}],$$

$$v_3(t) = \sum_{\nu=o}^{n+1} d_\nu \delta_{-1}(t-\nu T_o)$$

und

$$y_3(t) = \sum_{\nu=o}^{n+1} d_\nu h_{-1}(t-\nu T_o).$$

Bild 6.30 zeigt das Ergebnis für den Fall eines Potenztiefpasses 3. Grades, wobei $T_O = 1$ gewählt wurde.

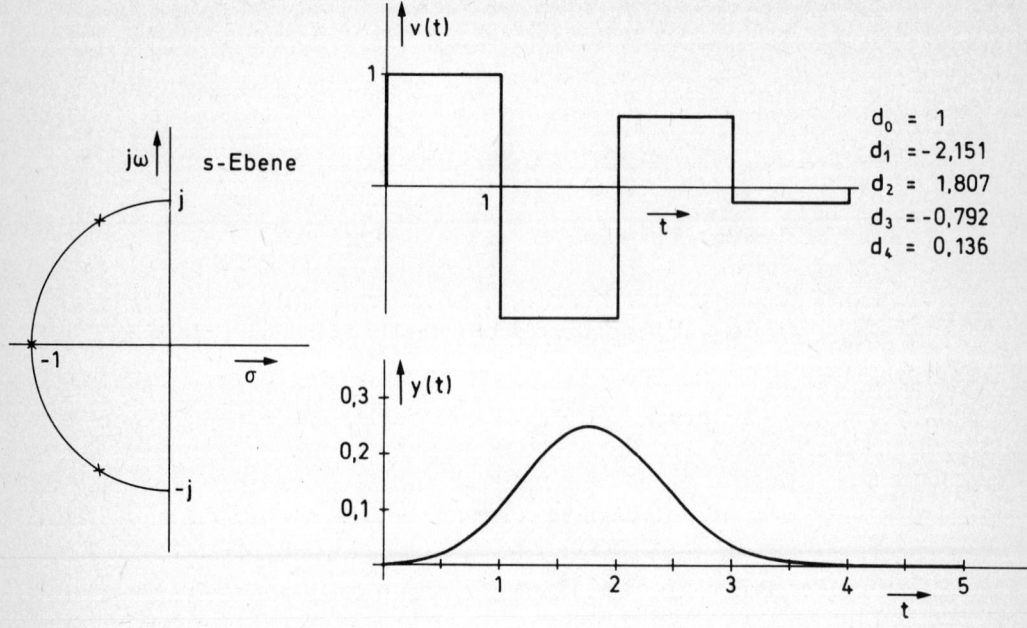

$$d_0 = 1$$
$$d_1 = -2,151$$
$$d_2 = 1,807$$
$$d_3 = -0,792$$
$$d_4 = 0,136$$

Bild 6.30   Erregung eines Potenztiefpasses 3. Grades derart, daß die Ausgangsfunktion exakt zeitbegrenzt ist $\left(s_{\infty 1} = -1,\ s_{\infty 2,3} = 0,5\ (-1 \pm j\sqrt{3}). \right)$
a) Eingangsfunktion v(t)
b) Ausgangsfunktion y(t)

6.4.6.3 Periodische Quellfunktionen

In diesem Abschnitt untersuchen wir die für $t \geq 0$ periodischen Quell-funktionen $v_p(t)$ und die Reaktionen von Systemen auf eine derartige Erregung. Mit der zeitlich begrenzten Funktion

$$v_o(t) = \begin{cases} v_p(t) & 0 \leq t < T \\ 0 & \text{sonst,} \end{cases}$$

ihrer Laplace-Transformierten $V_o(s) = \mathcal{L}\{v_o(t)\} = \int_0^T v_o(t)e^{-st}dt$ sowie mit

$v_p(t) = v_p(t+T) \quad \forall t \geq 0$ ergibt sich (siehe (A.6.3))

$$V_p(s) = \frac{V_o(s)}{1-e^{-sT}} = \frac{V_o(s)}{\prod\limits_{k=-\infty}^{+\infty} (s-jk2\pi/T)\cdot T} . \tag{6.93a}$$

Durch eine Partialbruchentwicklung erhalten wir mit $\omega_o = 2\pi/T$

$$V_P(s) = \sum_{k=-\infty}^{+\infty} \frac{c_k}{s-jk\omega_o} \tag{6.93b}$$

mit

$$c_k = \lim_{s \to jk\omega_o} \left[(s-jk\omega_o) \cdot \frac{V_o(s)}{1-e^{-sT}} \right] = \frac{1}{T} \int_o^T v_o(t) e^{-jk\omega_o t} dt.$$

Die Rücktransformation liefert

$$v_P(t) = \sum_{k=-\infty}^{+\infty} c_k e^{jk\omega_o t} \cdot \delta_{-1}(t). \tag{6.93c}$$

Der Vergleich mit (3.76) bzw. Abschnitt A.4 zeigt, daß wir hier wieder auf die - jetzt nur für $t \geq 0$ gültige - Fourier-Reihenentwicklung geführt werden.

Wenn wir ein durch die Übertragungsfunktion $H(s)$ beschriebenes stabiles und zu Beginn energiefreies System mit $v_P(t)$ erregen, so wird sich nach Abklingen eines Einschwinganteils ein periodischer Erregeranteil ergeben, den wir in Abschnitt 3.3.1.2 durch getrennte Bestimmung der einzelnen Fourier-Koeffizienten berechnet haben. Wir leiten hier einen geschlossenen Ausdruck für ihn her. Die Laplace-Transformierte der Ausgangsfunktion

$$Y(s) = V_P(s)H(s) = \frac{V_o(s)}{1-e^{-sT}} \cdot \frac{Z(s)}{N(s)}$$

können wir in der Form

$$Y(s) = \frac{Y_o(s)}{1-e^{-sT}} + \frac{Z_1(s)}{N(s)} \tag{6.94a}$$

schreiben, wobei der erste Term die Laplace-Transformierte des periodischen Erregeranteils $y_P(t)$ ist. Der zweite Term beschreibt den Einschwinganteil. Wenn wir von der Partialbruchzerlegung (5.7a) für $H(s)$ ausgehen, so ist nach (6.74)

$$\frac{Z_1(s)}{N(s)} = \mathcal{L}\left\{ \sum_{\nu=1}^{n_o} D_\nu(t) \right\} \tag{6.94b}$$

mit

$$D_\nu(t) = \frac{\delta_{-1}(t)}{(n_\nu-1)!} \lim_{s \to s_{\infty\nu}} \frac{d^{n_\nu-1}}{ds^{n_\nu-1}} \left[(s-s_{\infty\nu})^{n_\nu} V_P(s)H(s)e^{st} \right].$$

Hat $H(s)$ nur einfache Pole, so ist entsprechend (6.74f)

$$\frac{Z_1(s)}{N(s)} = \sum_{\nu=1}^{n} \frac{D_\nu}{s-s_{\infty\nu}} \quad \text{mit } D_\nu = B_\nu V_p(s_{\infty\nu}) . \qquad (6.94c)$$

Der hier besonders interessierende periodische Anteil $y_p(t)$ in der Ausgangsfunktion wird durch $Y_o(s) = \mathcal{L}\{y_o(t)\}$ hinreichend beschrieben, wobei

$$y_o(t) = \begin{cases} y_p(t) & 0 \le t < T \\ \\ 0 & \text{sonst} \end{cases}$$

ist. Wir erhalten

$$Y_o(s) = \frac{V_o(s)Z(s) - (1-e^{-sT})Z_1(s)}{N(s)} . \qquad (6.94d)$$

Man kann zeigen, daß $Y_o(s)$ eine ganze Funktion ist und auch die übrigen in (A.6.2) angegebenen Bedingungen für die Laplace-Transformierte einer Zeitfunktion endlicher Dauer erfüllt.

Als einfaches Beispiel betrachten wir die Erregung eines RC-Gliedes mit einer Rechteckschwingung (siehe Bild 6.31). Wir erhalten mit

$$V_p(s) = \frac{1-e^{-sT/2}}{s(1-e^{-sT})} \quad \text{und } H(s) = \frac{c_o}{s+c_o} , \quad c_o = \frac{1}{RC}$$

$$Y(s) = \frac{Y_o(s)}{1-e^{-sT}} + V_p(-c_o)\frac{c_o}{s+c_o} .$$

Es wird $Z_1(s) = D_1 = -\dfrac{1}{1+e^{c_o T/2}} = \text{konst.}$

und damit der Einschwinganteil

$$y_{ein}(t) = D_1 e^{-c_o t} \cdot \delta_{-1}(t) .$$

Für $Y_o(s)$ folgt

$$Y_o(s) = \frac{1}{s}(1-e^{-sT/2}) - \frac{1}{s+c_o}[1 + D_1 - e^{-sT/2} - D_1 e^{-sT}] .$$

Man bestätigt leicht, daß der Zähler von $Y_o(s)$ für $s = -c_o$ zu Null wird. Für die zugehörige Zeitfunktion erhalten wir

$$y_o(t) = \delta_{-1}(t) - \delta_{-1}(t-T/2)$$
$$- e^{-c_o t}[(1+D_1)\delta_{-1}(t) - e^{c_o T/2}\delta_{-1}(t-T/2) - D_1 e^{c_o T}\delta_{-1}(t-T)]$$

Bild 6.31 zeigt die auftretenden Zeitfunktionen für $c_o T = 2$.

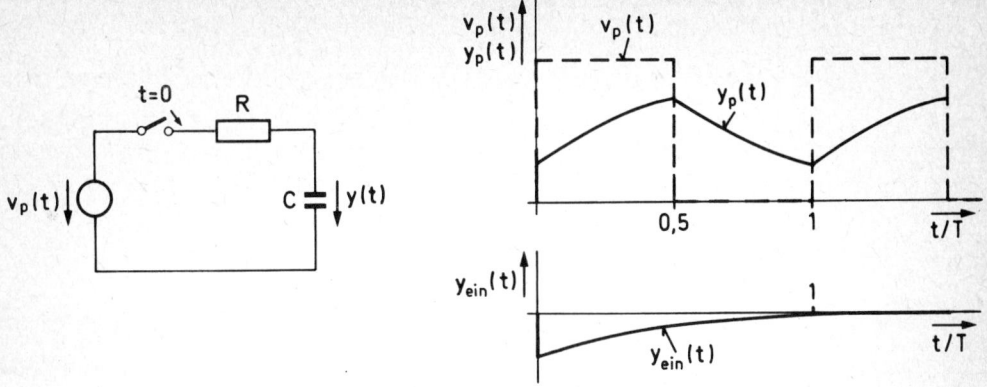

Bild 6.31   Einschwingverhalten des RC-Gliedes bei Erregung mit einer für t ≥ O
             periodischen Rechteckfunktion

6.4.7 Einschwingverhalten bestimmter Tiefpässe

In Abschnitt 5.4.2 haben wir die Frequenzgänge einiger typischer Tiefpässe vorge-
stellt. Wir ergänzen hier diese Angaben durch die Darstellung der Sprung- und
Impulsantworten der Systeme, deren Parameter in Tabelle 5.2 angegeben wurden (siehe
Tabellen 6.1 und 6.2). Zunächst weisen wir auf das durch den Gradunterschied von
Zähler- und Nennerpolynom der Übertragungsfunktion bedingte Verhalten der Zeitfunktionen in der Umgebung von t = O hin. Unterschiede zeigen sich im übrigen im
Einschwingverhalten. Während die Reaktionen der selektiven Systeme von Tabelle 6.1
starke Oszillationen um die Endwerte 1 bzw. O zeigen, haben die zur Approximation
einer konstanten Gruppenlaufzeit entworfenen Filter ein sehr kleines Überschwingen.
Insbesondere das Bessel-Filter wird häufig zur Erzeugung von näherungsweise begrenzten und symmetrischen Impulsen benutzt.

In Tabelle 6.3 sind weiterhin Systeme aufgeführt, die für ein gewünschtes Zeitverhalten entworfen worden sind. Die Daten ihrer Übertragungsfunktionen sind in Tabelle 6.4 zusammengestellt.
Bei den beiden Impulsformern handelt es sich um Netzwerke, bei denen eine gewisse
Mindestdämpfung im Sperrbereich $|\Omega| \geq$ 1 gefordert wird (hier 40 dB) und bei denen für
die Sprungantwort bzw. Impulsantwort ein bestimmtes Überschwingen (hier 1%) toleriert wird (z.B. [6.11, 12]). Systeme dieser Art, bei denen keine Vorschriften für
Dämpfung und Gruppenlaufzeit im Bereich $|\Omega|$ < 1 gemacht wurden, wurden unter Beach-
tung der Forderungen im Zeit- und Frequenzbereich so entworfen, daß die Anstiegs-
zeiten der Sprungantworten (Fall S) bzw. die Dauer der Impulsantworten (Fall D)
minimal sind.

Mit einem System, dessen Impulsantwort ein Rechteckimpuls r(t) der Breite T und
Fläche 1 ist, erhält man nach (6.76) die Ausgangsfunktion

$$y(t) = v(t) * r(t) = \frac{1}{T} \int_{t-T}^{t} v(\tau)d\tau .$$

330

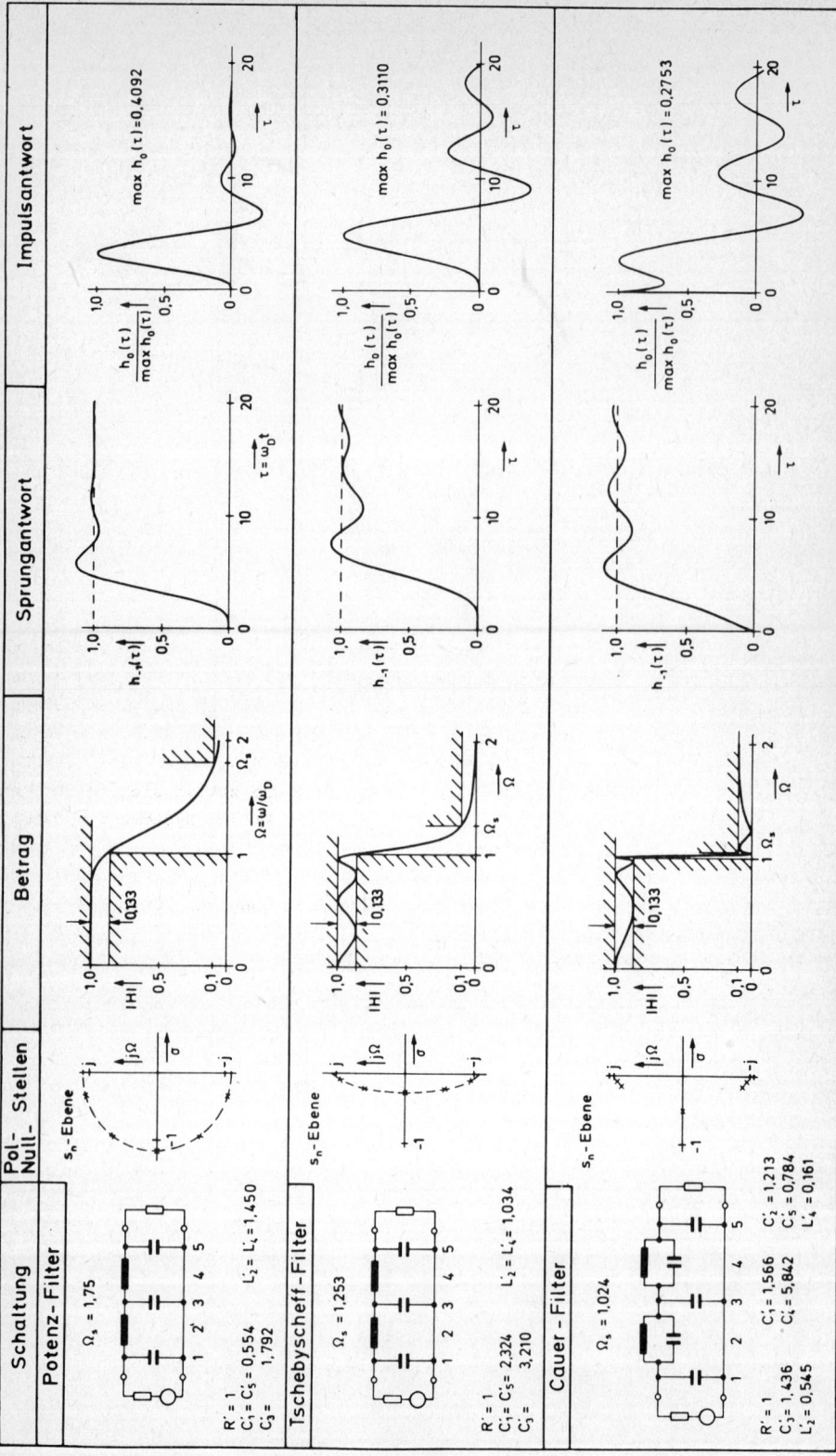

Tabelle 6.1   Zum Zeitverhalten der Standard-Tiefpässe   Normierung: $\Omega = \omega/\omega_D$, $\tau = \omega_D \cdot t$

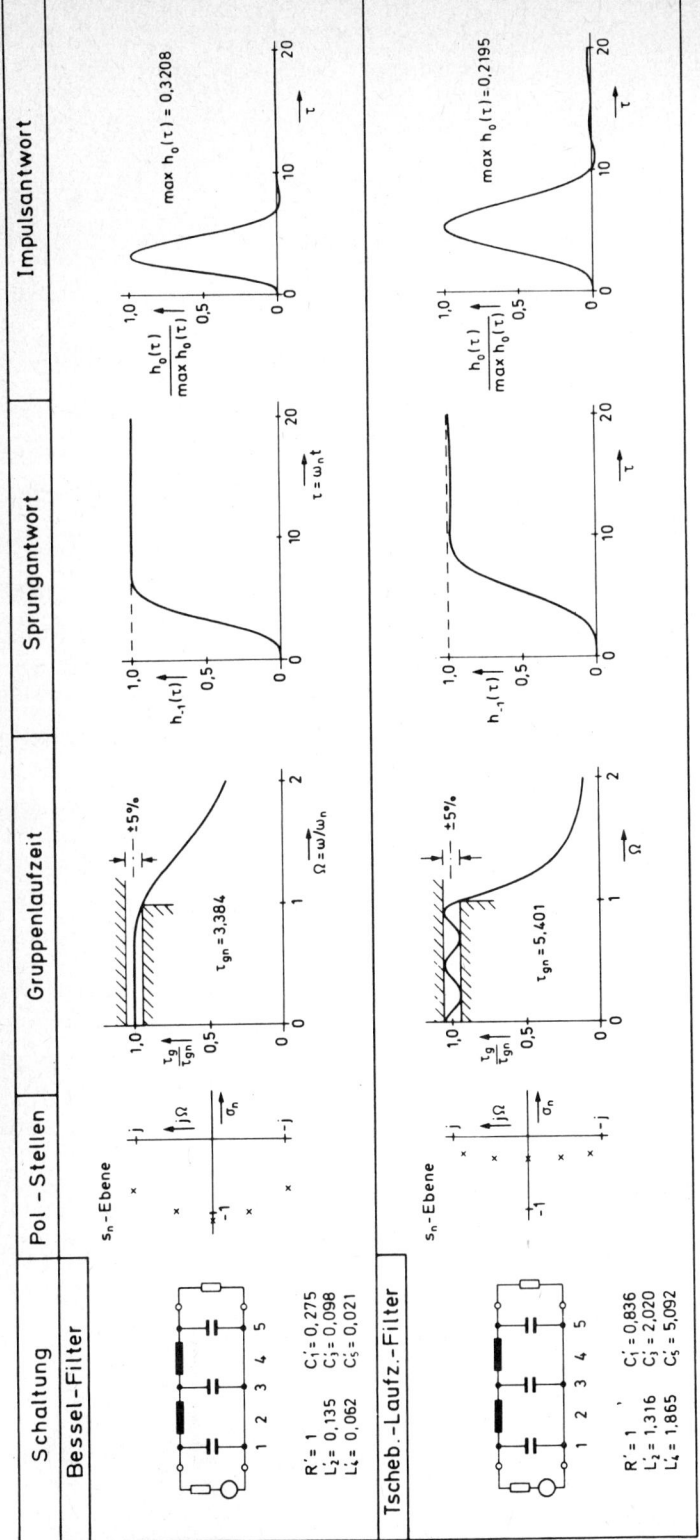

Tabelle 6.2   Zum Zeitverhalten von Tiefpässen, deren Gruppenlaufzeit eine Konstante approximiert

332

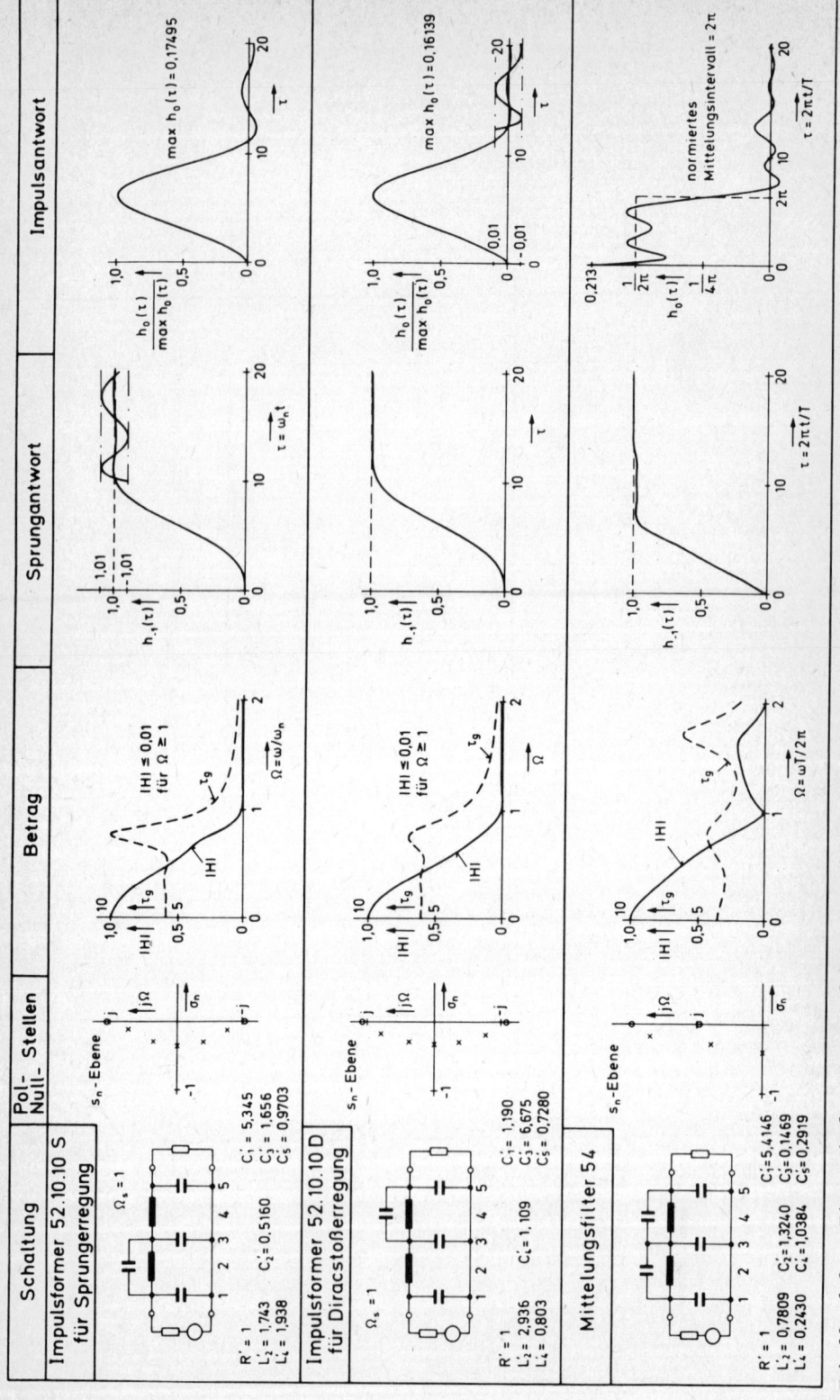

Tabelle 6.3   Eigenschaften von Tiefpässen, die ein vorgeschriebenes Zeitverhalten approximieren

y(t) ist also das Ergebnis der Mittelung der Eingangsfunktion v(t) über ein "Fenster" der Breite T. Das dritte in Tabelle 6.3 angegebene System hat eine Impulsantwort $h_o(t)$, die r(t) so approximiert, daß $\int_o^\infty [h_o(t)-r(t)]^2 dt$ minimal wird [6.13]. Die Darstellung erfolgte über der normierten Zeitvariablen $\tau = 2\pi t/T$; das Mittelungsfenster hat entsprechend die normierte Breite 2π.

| | Impulsformer | | |
	52.10.10 S	52.10.10 D	Mittelungsfilter
$s_{\infty 1}$	$-0,35686 \pm j\ 0$	$-0,33101 \pm j\ 0$	$-0,40515 \pm j\ 0$
$s_{\infty 2,3}$	$-0,30094 \pm j\ 0,37416$	$-0,30169 \pm j\ 0,38178$	$-0,29454 \pm j\ 0,77984$
$s_{\infty 4,5}$	$-0,12306 \pm j\ 0,76144$	$-0,19657 \pm j\ 0,77908$	$-0,17811 \pm j\ 1,69462$
b_m	$0,044034$	$0,045173$	$0,213226$
$s_{o1,2}$	$0 \qquad \pm j\ 1,05435$	$0 \qquad \pm j\ 1,05834$	$0 \qquad \pm j\ 0,98345$
$s_{o3,4}$	$-$	$-$	$0 \qquad \pm j\ 1,99094$

Tabelle 6.4 Daten von Tiefpässen, deren Sprung- bzw. Impulsantworten ein
bestimmtes Wunschverhalten approximieren

6.5   Lösung der Zustandsgleichung im Frequenzbereich

Zum Abschluß wollen wir noch einmal die in Abschnitt 6.3 gegebene Beschreibung eines Systems durch Zustandsgleichungen aufgreifen, ihre Lösung mit der Wechselstromrechnung bzw. der Laplace-Transformation behandeln und die Verallgemeinerung einiger vertrauter Begriffe einführen. Es war

$$\mathbf{x}'(t) = \mathbf{A}\mathbf{x}(t) + \mathbf{B}\mathbf{v}(t) \qquad\qquad (6.45a)$$
$$\mathbf{y}(t) = \mathbf{C}\mathbf{x}(t) + \mathbf{D}\mathbf{v}(t). \qquad\qquad (6.45b)$$

Für eine Lösung mit Hilfe der Wechselstromrechnung setzen wir $\mathbf{v}(t) = \mathbf{V}e^{s_q t}$ $\forall t$, wobei $\mathbf{V}$ der Vektor der komplexen Amplituden der exponentiellen Quellzeitfunktionen ist, für die, wie schon früher, ohne Beschränkung der Allgemeingültigkeit die gleiche Frequenz angenommen wird. Unter den üblichen Annahmen ist dann $\mathbf{x}(t) = \mathbf{X}(s_q)e^{s_q t}$ sowie $\mathbf{y}(t) = \mathbf{Y}(s_q)e^{s_q t}$, und man erhält aus (6.45a)

$$(s_q \mathbf{E} - \mathbf{A})\mathbf{X}(s_q) = \mathbf{B}\cdot\mathbf{V}.$$

Wir führen die Bezeichnungen

$$\mathbf{N}(s_q) = s_q \mathbf{E} - \mathbf{A} \qquad\qquad (6.95a)$$

sowie

$$\boldsymbol{\Phi}(s_q) = \mathbf{N}^{-1}(s_q) = (s_q \mathbf{E} - \mathbf{A})^{-1} \tag{6.95b}$$

ein und erhalten damit

$$\mathbf{X}(s_q) = \boldsymbol{\Phi}(s_q) \cdot \mathbf{BV} \tag{6.96a}$$

sowie

$$\mathbf{Y}(s_q) = \mathbf{C} \cdot \boldsymbol{\Phi}(s_q) \mathbf{BV} + \mathbf{DV} \tag{6.96b}$$

$$= \mathbf{H}(s_q)\mathbf{V}. \tag{6.96c}$$

Hier ist

$$\mathbf{H}(s_q) = \mathbf{C} \cdot \boldsymbol{\Phi}(s_q) \mathbf{B} + \mathbf{D} \tag{6.97a}$$

$$= \begin{bmatrix} H_{11}(s_q) & \cdots & H_{1\lambda}(s_q) & \cdots & H_{1\ell}(s_q) \\ \vdots & & & & \vdots \\ H_{\rho 1}(s_q) & \cdots & H_{\rho\lambda}(s_q) & \cdots & H_{\rho\ell}(s_q) \\ \vdots & & & & \vdots \\ H_{r1}(s_q) & \cdots & H_{r\lambda}(s_q) & \cdots & H_{r\ell}(s_q) \end{bmatrix}$$

die *Übertragungsmatrix* des Systems. Mit Hilfe von Bild 6.32a erläutern
wir die als Elemente dieser Matrix auftretenden Übertragungsfunktionen.
Wir nehmen dazu an, daß wir nur am Eingang λ erregen. Es sei also

$$\mathbf{v}(t) = [0, \ \ldots \ 0, \ V_\lambda, \ 0 \ \ldots \ 0]^T \cdot e^{s_q t}.$$

Dann ergibt sich offenbar ein Ausgangsvektor $\mathbf{y}_\lambda(t)$, dessen ρ-te Komponente durch die Übertragungsfunktion $H_{\rho\lambda}(s_q)$ bestimmt ist:

$$y_{\rho\lambda}(t) = H_{\rho\lambda}(s_q) \cdot V_\lambda \cdot e^{s_q t} \qquad \rho = 1(1)r.$$

In dieser Weise ermitteln wir also eine Spalte in $\mathbf{H}(s_q)$.

Zur Lösung von (6.45) für beliebige, bei $t = 0$ einsetzende Funktionen
$\mathbf{v}(t)$ wenden wir die Laplace-Transformation an und erhalten mit
$\mathscr{L}\{\mathbf{x}'(t)\} = s\mathbf{X}(s) - \mathbf{x}(+0)$ und $\mathscr{L}\{\mathbf{v}(t)\} = \mathbf{V}(s)$

$$(s\mathbf{E} - \mathbf{A})\mathbf{X}(s) = \mathbf{x}(+0) + \mathbf{BV}(s).$$

Erweitert man die Definition der mit (6.95) eingeführten Größen, indem man für die Variable s schreibt, so ist

$$\mathbf{X}(s) = \boldsymbol{\Phi}(s)\,\mathbf{x}(+0) + \boldsymbol{\Phi}(s)\,\mathbf{B}\mathbf{V}(s) \qquad (6.98a)$$

sowie

$$\mathbf{Y}(s) = \mathbf{C}\cdot\boldsymbol{\Phi}(s)\,\mathbf{x}(+0) + \mathbf{C}\cdot\boldsymbol{\Phi}(s)\,\mathbf{B}\mathbf{V}(s) + \mathbf{D}\cdot\mathbf{V}(s). \qquad (6.98b)$$

Wir erkennen wieder die formale Übereinstimmung von (6.96a,b) und (6.98a,b), wenn die Anfangswerte verschwinden, also $\mathbf{x}(+0) = \mathbf{0}$ ist. In diesem Fall können wir (6.98b) noch in der (6.96c) entsprechenden Form

$$\mathbf{Y}(s) = \mathbf{H}(s)\mathbf{V}(s) \qquad (6.98c)$$

schreiben, wobei in Verallgemeinerung von (6.97a)

$$\mathbf{H}(s) = \mathbf{C}\cdot\boldsymbol{\Phi}(s)\mathbf{B} + \mathbf{D} \qquad (6.97b)$$

ist. Mit der inversen Laplace-Transformation erhält man aus (6.98)

$$\mathbf{x}(t) = \mathcal{L}^{-1}\{\boldsymbol{\Phi}(s)\}\mathbf{x}(+0) + \mathcal{L}^{-1}\{\boldsymbol{\Phi}(s)\mathbf{B}\mathbf{V}(s)\} \qquad (6.99a)$$

und

$$\mathbf{y}(t) = \mathbf{C}\mathcal{L}^{-1}\{\boldsymbol{\Phi}(s)\}\mathbf{x}(+0) + \mathcal{L}^{-1}\{\mathbf{H}(s)\mathbf{V}(s)\}. \qquad (6.99b)$$

a)

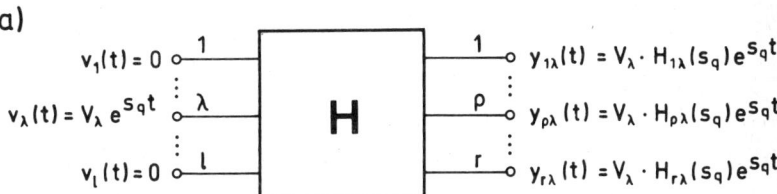

b)

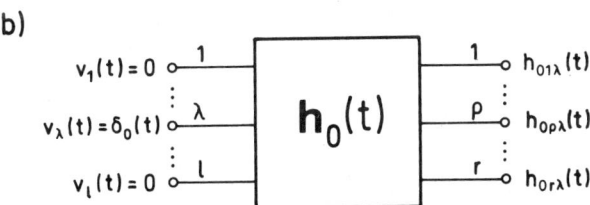

Bild 6.32   Zur Erläuterung der Übertragungsmatrix und der Matrix der Impulsantworten

Der Vergleich mit (6.56c,d) zeigt, daß

$$\mathscr{L}^{-1}\{\boldsymbol{\phi}(s)\} = \mathscr{L}^{-1}\{\mathbf{N}^{-1}(s)\} = \boldsymbol{\phi}(t) = e^{\mathbf{A}t} \qquad (6.100a)$$

und

$$\mathscr{L}^{-1}\{\boldsymbol{\phi}(s)\cdot\mathbf{v}(s)\} = \int\limits_{0}^{t} \dot{\boldsymbol{\phi}}(t-\tau)\mathbf{B}\mathbf{v}(\tau)\,d\tau \qquad (6.100b)$$

sein muß. Offenbar entspricht (6.100b) der Aussage des Faltungssatzes auf die hier vorliegenden Funktionen. Ebenso entnehmen wir aus (6.99b), daß bei einem zu Beginn energiefreien System

$$\mathbf{y}(t) = \mathbf{h}_{0}(t) * \mathbf{v}(t) \qquad (6.100c)$$

ist, wobei

$$\mathbf{h}_{0}(t) = \mathscr{L}^{-1}\{\mathbf{H}(s)\} = \mathscr{L}^{-1}\{\mathbf{C}\boldsymbol{\phi}(s)\mathbf{B} + \mathbf{D}\}$$

$$\qquad (6.100d)$$

$$= \mathbf{C}\boldsymbol{\phi}(t)\mathbf{B} + \mathbf{D}\delta_{0}(t)$$

die Matrix der Impulsantworten ist. Ähnlich wie bei der Übertragungsmatrix in (6.97a) erläutert, bestimmt man die Elemente $h_{0\rho\lambda}(t)$ der λ-ten Spalte von $\mathbf{h}_{0}(t)$ durch Messung an den r Ausgängen, wenn man am Eingang λ mit $\delta_{0}(t)$ erregt ($v_{\lambda}(t) = \delta_{0}(t)$) und $v_{\kappa}(t) \equiv 0$ setzt $\forall\kappa \neq \lambda$ (siehe Bild 6.32b).

Im Anhang 5 wird angegeben, wie man aus (6.100a) im allgemeinen Fall die Übergangsmatrix $\boldsymbol{\phi}(t)$ bestimmen kann. Danach haben wir die Partialbruchentwicklung von $\mathbf{N}^{-1}(s) = (s\mathbf{E} - \mathbf{A})^{-1}$ zu bestimmen und danach die inverse Transformation auszuführen. Wir zeigen das Verfahren an zwei Zahlenbeispielen. Zunächst sei wie in Abschnitt 6.3.3

$$\mathbf{A} = \begin{bmatrix} -4 & 1 \\ -3 & 0 \end{bmatrix}.$$

Dann ist

$$\boldsymbol{\phi}(s) = \mathbf{N}^{-1}(s) = \frac{\begin{bmatrix} s & 1 \\ -3 & s+4 \end{bmatrix}}{s^{2} + 4s + 3} = \frac{\begin{bmatrix} s & 1 \\ -3 & s+4 \end{bmatrix}}{(s+1)(s+3)}$$

$$= \frac{1}{2(s+1)} \begin{bmatrix} -1 & 1 \\ -3 & 3 \end{bmatrix} + \frac{1}{2(s+3)} \begin{bmatrix} 3 & -1 \\ 3 & -1 \end{bmatrix}$$

und

$$\boldsymbol{\phi}(t) = \frac{1}{2} \begin{bmatrix} -1 & 1 \\ -3 & 3 \end{bmatrix} e^{-t} + \frac{1}{2} \begin{bmatrix} 3 & -1 \\ 3 & -1 \end{bmatrix} e^{-3t} \qquad t \geq 0$$

wie vorher. Ist weiterhin $\mathbf{B} = \begin{bmatrix} 2 & 1 \\ 1 & 2 \end{bmatrix}$, $\mathbf{C} = \mathbf{D} = \begin{bmatrix} 1 & 0 \\ 0 & 1 \end{bmatrix}$, so erhalten wir aus (6.97b) nach Zwischenrechnung

$$\mathbf{H}(s) = \frac{1}{(s+1)(s+3)} \cdot \begin{bmatrix} 2s+1 & s+2 \\ s-2 & 2s+5 \end{bmatrix} + \begin{bmatrix} 1 & 0 \\ 0 & 1 \end{bmatrix}$$

und aus (6.100d)

$$\mathbf{h}_o(t) = \frac{1}{2} \begin{bmatrix} -e^{-t} + 5e^{-3t} & e^{-t} + e^{-3t} \\ -3e^{-t} + 5e^{-3t} & 3e^{-t} + e^{-3t} \end{bmatrix} \delta_{-1}(t) + \begin{bmatrix} 1 & 0 \\ 0 & 1 \end{bmatrix} \delta_o(t).$$

Als Beispiel für eine Matrix mit einem doppelten Eigenwert wählen wir

$$\mathbf{A} = \begin{bmatrix} -4 & 1 & 0 \\ -5 & 0 & 1 \\ -2 & 0 & 0 \end{bmatrix}.$$

Wir erhalten

$$\boldsymbol{\Phi}(s) = \frac{\begin{bmatrix} s^2 & s & 1 \\ -(5s+2) & s^2+4s & +(s+4) \\ -2s & -2 & s^2+4s+5 \end{bmatrix}}{(s+1)^2(s+2)}$$

und nach Partialbruchzerlegung und Rücktransformation

$$\boldsymbol{\Phi}(t) = \begin{bmatrix} 1 & -1 & 1 \\ 3 & -3 & 3 \\ 2 & -2 & 2 \end{bmatrix} \cdot te^{-t} - \frac{1}{4} \begin{bmatrix} -3 & 2 & -1 \\ -8 & 5 & -2 \\ -4 & 2 & 0 \end{bmatrix} e^{-t}$$

$$+ \begin{bmatrix} 4 & -2 & 1 \\ 8 & -4 & 2 \\ 4 & -2 & 1 \end{bmatrix} e^{-2t} \qquad \forall t \geq 0.$$

Schließlich sei noch ein Beispiel für den allgemeinen Fall vorgestellt, bei dem vielfache Eigenwerte auftreten, zu denen aber linear abhängige Eigenvektoren gehören können (siehe Anhang A.5). Es sei

$$\mathbf{A} = \begin{bmatrix} -2 & 0 & 0 & 0 \\ -2 & -1 & 0 & 0 \\ -8 & 4 & -3 & 1 \\ -16 & 8 & -4 & 1 \end{bmatrix}.$$

Für das charakteristische Polynom erhält man

$$N(s) = (s+1)^3(s+2).$$

Zur Berechnung von $\boldsymbol{\Phi}(s) = \mathbf{N}^{-1}(s)$ kann man z.B. das mit (A.5.16) und (A.5.17) beschriebene Verfahren anwenden. Es ergibt sich

$$\boldsymbol{\Phi}(s) = \frac{\mathbf{P}(s)}{N(s)} \text{ mit } \mathbf{P}(s) = (s+1)\begin{bmatrix} (s+1)^2 & 0 & 0 & 0 \\ -2(s+1) & (s+2)(s+1) & 0 & 0 \\ -8(s+2) & 4(s+2) & (s+2)(s+1) & s+2 \\ -16(s+2) & 8(s+2) & -4(s+2) & (s+2)(s+3) \end{bmatrix}$$

Offensichtlich kürzt sich eine der Polstellen bei $s = -1$ heraus. Das zu $\mathbf{A}$ gehörende Minimalpolynom ist also

$$N_m(s) = (s+1)^2(s+2).$$

Daß sein Grad niedriger ist als der von $N(s)$, ist charakteristisch für den hier vorgestellten Fall. Die weitere Rechnung liefert mit einer Partialbruchzerlegung und anschließender Rücktransformation die gesuchte Übergangsmatrix

$$\boldsymbol{\Phi}(t) = \begin{bmatrix} 0 & 0 & 0 & 0 \\ 0 & 0 & 0 & 0 \\ -8 & 4 & -2 & 1 \\ -16 & 8 & -4 & 2 \end{bmatrix} \cdot te^{-t} + \begin{bmatrix} 0 & 0 & 0 & 0 \\ -2 & 1 & 0 & 0 \\ 0 & 0 & 1 & 0 \\ 0 & 0 & 0 & 1 \end{bmatrix} \cdot e^{-t}$$

$$+ \begin{bmatrix} 1 & 0 & 0 & 0 \\ 2 & 0 & 0 & 0 \\ 0 & 0 & 0 & 0 \\ 0 & 0 & 0 & 0 \end{bmatrix} \cdot e^{-2t} \quad \forall\ t \geq 0.$$

[6.1]   D. Laugwitz: Ingenieurmathematik III, Gewöhnliche Differentialgleichungen.
         B.I.-Hochschultaschenbücher Band 61, Mannheim 1964

[6.2]   P.M. DeRusso; R.J. Roy; Ch.M.Close: State Variables for Engineers.
         John Wiley & Sons, New York, London, Sidney 1967.

[6.3]   R. Unbehauen: Systemtheorie. Eine Einführung für Ingenieure.
         R. Oldenbourg Verlag, München-Wien, 3. Auflage 1971.

[6.4]   D. Naunin: Einführung in die Netzwerktheorie.
         uni-text, F. Vieweg & Sohn, Braunschweig 1976.

[6.5]   G. Doetsch: Anleitung zum praktischen Gebrauch der Laplace-Transformation
         und der Z-Transformation.
         R. Oldenbourg Verlag, München-Wien, 2. Auflage 1971.

[6.6]   G. Bosse: Grundlagen der Elektrotechnik IV.
         B.I.-Hochschultaschenbücher Band 185, Mannheim 1972.

[6.7]   O. Föllinger: Laplace- und Fourier-Transformation.
         Elitera-Verlag, Berlin 1977.

[6.8]   D. Laugwitz: Ingenieurmathematik V, Komplexe Veränderliche.
         B.I.-Hochschultaschenbücher, Band 63, Mannheim 1965.

[6.9]   H.W. Schüßler: Die Darstellung der Korrelierten von Impulsantworten
         stabiler Netzwerke.
         Nachrichtentechnische Zeitschrift NTZ Bd. 17 (1964), S. 385-387.

[6.10]   I. Gerst, J. Diamond: The elimination of intersymbol interference by
         input pulse shaping.
         Proc. IRE, vol. 53 (1961), S. 1195-1203.

[6.11]   J. Jess, H.W. Schüßler: On the Design of Pulse-Forming Networks.
         IEEE Transactions on Circuit Theory, vol. CT-12 (1965), S. 393-400.

[6.12]   J. Petersen: Neuere Ergebnisse beim Entwurf von Impulsformern.
         Nachrichtentechnische Zeitschrift NTZ Bd. 19 (1966), S. 738-744.

[6.13]   P.A. Meyer: Über Filter mit angenähert rechteckförmiger Impulsantwort.
         Nachrichtentechnische Zeitschrift NTZ Bd. 18 (1965), S. 249-255.

Anhang

A.1 Einheiten und Formelzeichen [A.1, 2]

A.1.1 Grundeinheiten

Bezeichnung	Formel-zeichen	Einheit (Definition)
Länge	ℓ	$[\ell]$ = m, Meter; 1 m = 1 650 763,73-fache der Wellenlänge der orange-gelben Spektrallinie in der Strahlung von Krypton.
Masse	m	$[m]$ = g, Gramm; 1 kg = Masse des in Sèvres aufbewahrten Urkilogramms.
Zeit	t	$[t]$ = s (sec), Sekunde; 1 sec = 9 192 631 770-fache der Periodendauer der Strahlung von Cäsium 133 beim Übergang zwischen zwei bestimmten Energieniveaus.
Stromstärke	I	$[I]$ = A, Ampère; 1 A = Stärke eines zeitlich unveränderlichen Stromes, der durch zwei im Vakuum parallel im Abstand von 1 m voneinander angeordnete, geradlinige, unendlich lange Leitungen von vernachlässigbarem Querschnitt fließend, zwischen diesen Leitern eine Kraft von $2 \cdot 10^{-7}$ Newton pro Meter Länge verursachen würde.
Temperatur	T	$[T]$ = K, Kelvin; "thermodynamische Temperatur", Celsiustemperatur ϑ = T-273,15 K.

A.1.2 Abgeleitete Einheiten

Bezeichnung	Formel-zeichen	Einheit und Umrechnung
Kraft	F (=m·b)	$[F]$ = N, Newton; $1 \text{ N} = 1 \dfrac{\text{mkg}}{\text{sec}^2} = 1 \text{ J/m}$ = Kraft zur Beschleunigung einer Masse von 1 kg mit 1 m/sec^2 (früher 1 kp, kilopond = 9,80665 N)
Fläche	A	$[A] = m^2$

A.1.2 Abgeleitete Einheiten (Fortsetzung)

Bezeichnung	Formel-zeichen	Einheit und Umrechnung
Arbeit, Energie	$W \ (=F \cdot \ell)$	$[W] = J$, Joule; $1 \ J = 1 \ Nm = 1 \ \dfrac{m^2 kg}{sec^2}$ $= $ Arbeit zur Verschiebung eines Körpers um 1 m gegen eine Kraft von 1 N
Leistung	$P \ (= \frac{W}{t})$	$[P] = W$, Watt; $1 \ W = 1 \ J/sec = 1 \ \dfrac{m^2 kg}{sec^3}$
Spannung	$U \ (= \frac{P}{I})$	$[U] = V$, Volt; $1 \ V = 1 \ W/A = 1 \ \dfrac{m^2 kg}{sec^3 \cdot A}$
Widerstand	$R \ (= \frac{U}{I})$	$[R] = \Omega$, Ohm; $1 \ \Omega = 1 \ V/A = 1 \ \dfrac{m^2 kg}{sec^3 \cdot A^2}$
Leitwert	$G \ (= \frac{I}{U})$	$[G] = \Omega^{-1} = S$, Siemens
spez.elektr. Widerstand	ρ	$[\rho] = \Omega m$
elektrische Leitfähigkeit	σ	$[\sigma] = 1/\Omega m$
Ladung	$Q \ (=I \cdot t)$	$[Q] = C$, Coulomb; $1 \ C = 1 \ Asec$
elektrische Verschiebung	$D \ (= \frac{Q}{A})$	$[D] = 1 \ \dfrac{C}{m^2} = 1 \ \dfrac{Asec}{m^2}$
Elektrische Feldstärke	$D \ (= \frac{U}{\ell})$	$[E] = V/m = 1 \ \dfrac{mkg}{sec^3 A}$
Kapazität	$C \ (= \frac{Q}{U})$	$[C] = F$, Farad; $1 \ F = 1 \ \dfrac{sec}{\Omega} = 1 \ \dfrac{A^2 sec^4}{m^2 kg}$
Dielektrizitätskonstante	ε	$[\varepsilon] = Asec/Vm$ (im Vakuum; $\varepsilon = \varepsilon_o = 8,85419 \ pF/m$)

A.1.2 Abgeleitete Einheiten (Fortsetzung)

Bezeichnung	Formel-zeichen	Einheit und Umrechnung
Magnetischer Fluß	Φ	$[\Phi]$ = Wb, Weber; 1 Wb = 1 Vsec = 1 $\frac{m^2 kg}{sec^2 A}$
Magnetische Induktion	$B \ (= \frac{\Phi}{A})$	$[B]$ = T, Tesla; 1 T = 1 $\frac{Vsec}{m^2}$ = 1 $\frac{kg}{sec^2 A}$ (früher G, Gauß, 1 G = 10^{-4} T)
Magnetische Feldstärke	$H \ (= \frac{I}{\ell})$	$[H]$ = A/m
Induktivität	$L \ (= \frac{\ell}{I})$	$[L]$ = H, Henry; 1 H = 1 Ωsec = 1 $\frac{m^2 kg}{sec^2 A^2}$
Permeabilität	μ	$[\mu]$ = Vsec/Am = H/m (im Vakuum $\mu = \mu_o = 4 \cdot 10^{-7} \frac{H}{m}$)

A.1.3 Bezeichnungen der Vielfachen und Bruchteile

T = Tera = 10^{12}	d = Dezi = 10^{-1}	n = Nano = 10^{-9}
G = Giga = 10^{9}	c = Centi = 10^{-2}	p = Piko = 10^{-12}
M = Mega = 10^{6}	m = Milli = 10^{-3}	f = Femto = 10^{-15}
k = Kilo = 10^{3}	μ = Mikro = 10^{-6}	a = Atto = 10^{-18}

A.2 Passive Bauelemente

A.2.1 Widerstände [A.2-4]

Ein elektrischer Leiter konstanten Querschnittes, dessen Längsabmessungen groß gegen die Querabmessungen sind, hat einen elektrischen Widerstand R, der proportional zur Länge ℓ, umgekehrt proportional zur Fläche A ist und vom Material abhängt. Die Materialeigenschaft wird durch die spezifische Leitfähigkeit σ oder durch den Kehrwert, den spezifischen Widerstand ρ, gekennzeichnet. Es ist also

$$R = \frac{\ell}{\sigma \cdot A} = \frac{\ell \cdot \rho}{A} \ . \tag{A.2.1}$$

Fast alle Widerstandsmaterialien weisen eine Temperaturabhängigkeit auf. Ein aus ihnen hergestellter Widerstand ändert seinen Wert in erster Näherung nach der Beziehung

$$R(T) = R_o (1 + \alpha \Delta T),$$

wobei R_o den Nennwiderstand bei der Temperatur T_o, $\Delta T = T - T_o$ die Temperaturdifferenz und α den für das Material typischen Temperaturkoeffizienten bezeichnen. In der Tabelle A.1 sind die durch σ, ρ und α beschriebenen Eigenschaften einiger Wi-

derstandsmaterialien angegeben. Dabei ist Konstantan eine Legierung, die im Hin-
blick auf möglichst geringe Temperaturabhängigkeit entwickelt wurde und für Wider-
standsnormale verwendet wird. In elektronischen Geräten werden meist Kohleschicht-
widerstände eingesetzt.

Da im Widerstand elektrische Energie in Wärme umgesetzt wird und die damit verbundene Temperaturerhöhung i.a. eine Veränderung des Widerstandwertes bewirkt, ist
der reale Widerstand höchstens näherungsweise ein lineares Bauelement. Für ihn
wird neben seinem Nennwert die zulässige Belastung in Watt angegeben.

Material	spez. Leitfähigkeit $\sigma / \left(\frac{m}{\Omega mm^2}\right)$	spez. Widerstand $\rho / \left(\frac{\Omega mm^2}{m}\right)$	Temperaturkoeff. $\alpha / (\Omega/K)$
Silber	61	0,0165	$+ 4,1 \cdot 10^{-3}$
Kupfer	57	0,0175	$+ 4,3 \cdot 10^{-3}$
Aluminium	35	0,029	$+ 4,7 \cdot 10^{-3}$
Eisen	10	0,10	$+ 6,6 \cdot 10^{-3}$
Blei	4,8	0,208	$+ 4,2 \cdot 10^{-3}$
Quecksilber	1,02	0,98	$+ 0,99 \cdot 10^{-3}$
Konstantan	2,04 ... 1,96	0,49 ... 0,51	$- 0,05 \cdot 10^{-3}$
Glanzkohle	0,025	40	$(-0,1 ... -0,3)10^{-3}$

Tabelle A.1   Eigenschaften von Widerstandsmaterialien

A.2.2 Kondensatoren

A.2.2.1 Elektrisches Feld (z.B. [A.2,5,6])

Zwischen ruhenden Ladungen im isolierenden Raum bildet sich ein zeitlich konstan-
tes elektrisches Feld aus. Ein solcher Fall liegt z.B. vor, wenn zwischen zwei
voneinander isolierten Leitern (Elektroden) eine Spannung besteht. Das Feld ist
zunächst gekennzeichnet durch ein vom Ort abhängiges *Potential* $\varphi(x,y,z)$, das
ist die Spannung zwischen dem Punkt mit den Koordinaten x, y, z und einem beliebigen Bezugspunkt. Damit zusammen hängt die *elektrische Feldstärke* $\mathbf{E}(x,y,z)$, eine
von den Raumkoordinaten abhängige vektorielle Größe, die in Richtung der Kraftwirkung auf eine positive Probeladung weist. Sie ergibt sich aus dem Potential φ als

$$\mathbf{E} = -\text{grad } \varphi. \tag{A.2.2}$$

Für die Spannung zwischen zwei Raumpunkten 1 und 2 gilt

$$U_{12} = \varphi_1 - \varphi_2 = \int_1^2 \mathbf{E}\, d\mathbf{r}, \tag{A.2.3}$$

wobei d$\mathbf{r}$ das vektorielle Linienelement längs des beliebig zu wählenden Integrationsweges zwischen 1 und 2 ist und $\mathbf{E} \cdot \mathbf{dr}$ das innere Produkt beschreibt. Aus (A.2.2) folgt

$$\oint_C \mathbf{E} \, \mathbf{dr} = 0, \qquad\qquad (A.2.4)$$

wobei die Integration auf einer beliebigen geschlossenen Kurve vorgenommen werden kann.

Wir führen weiterhin die *elektrische Verschiebungsdichte* $\mathbf{D}$ ein, für die bei üblichen Isolierstoffen in einem weiten Bereich der Feldstärke

$$\mathbf{D} = \varepsilon \mathbf{E} \qquad\qquad (A.2.5)$$

gilt. Hier ist ε eine vom Isoliermaterial abhängige Konstante.

Wenn wir im elektrischen Feld eine geschlossene Hülle aufspannen und über die normal zur Fläche stehende Komponente von $\mathbf{D}$ integrieren, so ergibt sich

$$\oint_A \mathbf{D} \cdot \mathbf{dA} = Q, \qquad\qquad (A.2.6)$$

wobei Q die im Innern der Hülle enthaltene Ladung und d$\mathbf{A}$ ein vektorielles Flächenelement bezeichnet, das senkrecht zur Fläche steht. $\mathbf{D} \cdot \mathbf{dA}$ ist wieder das innere Produkt.

Wir betrachten noch kurz die oben eingeführte *Dielektrizitätskonstante* ε. Es ist

$$\varepsilon = \varepsilon_o \cdot \varepsilon_r, \qquad\qquad (A.2.7)$$

wobei

$$\varepsilon_o = 8{,}85419 \, \frac{pF}{m} \qquad\qquad (A.2.8)$$

die Dielektrizitätskonstante des Vakuums und ε_r die u.U. vom Ort und im übrigen vom Material abhängige relative Dielektrizitätskonstante ist. Einige Werte von ε_r bringt die Tabelle A.2.

Material	ε_r	Material	ε_r
Luft bei 760 Torr, 0° C	1,00006	Fernsprechkabelisolation (Papier, Luft)	1,6...2
Glimmer	7	Starkstromkabelisolation (Papier, Öl)	3...4,5
Polystyrol	2,3		
Glas	5...16,5	Wasser	80

Tabelle A.2   Relative Dielektrizitätskonstante einiger Materialien

A.2.2.2 Kapazität

Nach den bisherigen Aussagen nimmt eine Anordnung aus zwei voneinander isolierten Metallelektroden Ladungen auf, wenn man eine Spannung U anlegt. Die elektrische

Feldstärke des zwischen den Elektroden bestehenden Feldes wird umso größer sein,
je größer diese Spannung ist. Damit ist bei konstantem ε auch die Verschiebungsdichte und wegen (A.2.6) auch die Ladung proportional zur Spannung. Es ist also

$$Q = C\,U, \qquad\qquad\qquad\qquad\qquad\qquad (A.2.7)$$

wobei der Proportionalitätsfaktor C die Kapazität dieser Anordnung, des *Kondensators* ist. Mit (A.2.3) und (A.2.6) ergibt sich

$$C = \left| \oint_A \mathbf{D}\,d\mathbf{A} \bigg/ \int_1^2 \mathbf{E}\,d\mathbf{r} \right|. \qquad\qquad\qquad\qquad (A.2.8)$$

Hier erfolgt die Integration beim Ausdruck im Zähler über eine geschlossene Fläche,
die eine der Elektroden enthält und im Nenner auf einem Wege von einer Elektrode
zur anderen.

Weiterhin leiten wir noch die Beziehungen zwischen Spannung und Strom sowie für
die im Kondensator gespeicherte Energie her. Zunächst gilt entsprechend (A.2.7),
wenn Ladung und Spannung von der Zeit abhängen

$$q(t) = C \cdot u(t).$$

Wegen $i(t) = \dfrac{dq}{dt}$ und $q(t) = \int_{-\infty}^{t} i(\tau)\,d\tau$ folgt

$$i(t) = C\,\frac{du}{dt} \qquad\qquad\qquad\qquad\qquad\qquad (A.2.9a)$$

und

$$u(t) = \frac{1}{C} \int_{-\infty}^{t} i(\tau)\,d\tau. \qquad\qquad\qquad\qquad (A.2.9b)$$

Der Vergleich mit Tabelle 3.1 zeigt, daß der Kondensator eine - unter den bisherigen Annahmen ideale - Realisierung der Kapazität ist.

Für das Differential der im Kondensator gespeicherten elektrischen Energie erhält
man mit $dW_e = u \cdot i \cdot dt$ und $i \cdot dt = dq = C \cdot du$

$$dW_e = C \cdot u \cdot du.$$

Wird der zunächst ungeladene Kondensator auf die Spannung U aufgeladen, so folgt
für die gespeicherte Energie

$$W_e = \int_0^U C \cdot u \cdot du = \frac{1}{2}\,C\,U^2, \qquad\qquad\qquad (A.2.10)$$

wie in Tabelle 3.1 angegeben.

Wir berechnen die Kapazität zweier einfacher Anordnungen. Zunächst betrachten wir
den Plattenkondensator von Bild A.1a. Er besteht aus zwei ebenen leitenden Platten
der Fläche A (im Bild rechteckförmig angenommen), die parallel zueinander im Abstand d angeordnet sind. Ist dieser Abstand klein gegen die Abmessungen der Platten
(hier $d \ll a,b$), so kann angenommen werden, daß das Feld zwischen den Platten homo-
gen und damit unabhängig vom Ort ist. Außerdem kann es außerhalb der Platten vernachlässigt werden. Man erhält

$$U_{12} = E \cdot d, \quad D = \varepsilon \cdot \frac{U_{12}}{d} \quad \text{und} \quad Q = D \cdot A = \varepsilon A\,\frac{U_{12}}{d}.$$

Damit wird

$$C = \varepsilon \frac{A}{d} \cdot \qquad\qquad\qquad\qquad\qquad\qquad\qquad\qquad (A.2.11)$$

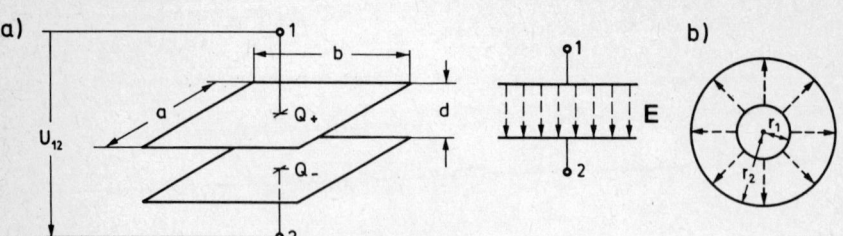

Bild A.1 a) Plattenkondensator; b) Zylinderkondensator

Beim Zylinderkondensator der Länge ℓ, den Bild A.1b im Querschnitt zeigt, haben wir ein symmetrisches Feldlinienbild. $\mathbf{E}$ und $\mathbf{D}$ verlaufen radial. Ihre Beträge hängen von der Entfernung vom Mittelpunkt ab. Bei Vernachlässigung des äußeren Feldes und Integration über einen konzentrischen Zylinder mit dem Radius r, wobei $r_1 < r < r_2$ ist, erhält man

$$\oint_A \mathbf{D} d\mathbf{A} = D \cdot 2\pi r \ell = Q$$

und

$$E = \frac{1}{\varepsilon} \frac{Q}{2\pi r \ell} \cdot$$

Für die Spannung ergibt sich bei Integration in radialer Richtung

$$U_{12} = \int_{r_1}^{r_2} E dr = \frac{Q}{2\pi\varepsilon\ell} \ln \frac{r_2}{r_1} \cdot$$

Damit ist

$$C = \frac{2\pi\varepsilon\ell}{\ln\left(\frac{r_2}{r_1}\right)} \cdot \qquad\qquad\qquad\qquad\qquad\qquad\qquad (A.2.12)$$

Ist $\frac{r_2}{r_1} = 1 + \Delta r$ mit $\Delta r \ll 1$, so wird $\ln\left(\frac{r_2}{r_1}\right) \approx \Delta r$ und $C = \frac{2\pi\varepsilon\ell}{\Delta r} \cdot$

A.2.2.3 Praktische Ausführung (z.B. [A.3,4])

Die oben als Beispiele behandelten Platten- und Zylinderkondensatoren sind auch die Grundformen praktischer Ausführungen. Zur Erreichung großer Kapazitätswerte sind große Flächen anzustreben, die in möglichst geringem Abstand, getrennt durch ein Dielektrikum mit großem ε_r, anzuordnen sind. Eine große Fläche bei kleinen geometrischen Abmessungen des Kondensators erreicht man z.B. durch Aufwickeln der Leiterflächen (sog. Wickelkondensator).

Neben der Größe des Kondensators sind folgende Werte von praktischer Bedeutung:

  - Toleranz des Nennwertes seiner Kapazität
  - Nennspannung
  - Konstanz seiner Kapazität in Abhängigkeit von der Zeit und Temperatur
  - Verlustfaktor.

Von Interesse sind hier insbesondere die Abweichungen von dem idealen Verhalten, das
durch (A.2.9) gekennzeichnet ist. Man beschreibt sie mit dem Verlustfaktor. Sie
ergeben sich vor allem, weil das Dielektrikum nur näherungsweise den gemachten Annahmen entspricht. In jedem realen Kondensator entstehen Energieverluste, d.h.
elektrische Energie wird in Wärmeenergie umgesetzt. Die Verluste hängen i.a. von
der Frequenz ab. Man berücksichtigt sie dadurch, daß man als Ersatzschaltbild des
realen Kondensators die Parallelschaltung einer idealen (verlustfreien) Kapazität
mit einem ohmschen Widerstand angibt (Bild A.2).

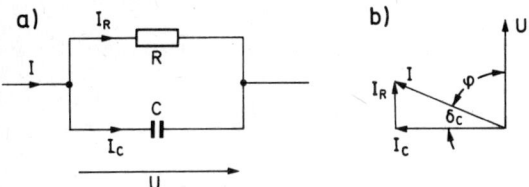

Bild A.2   a) Ersatzschaltbild des realen Kondensators
           b) Zur Definition des Verlustfaktors

Der Verlustfaktor ist dann definiert als

$$\tan\delta_C = \frac{|I_R|}{|I_C|} = \frac{1}{R\omega C} \;.$$ (A.2.13)

Praktisch hat $\tan\delta_C$ sehr kleine Werte (Größenordnung 10^{-3}). Die Verhältnisse werden dadurch kompliziert, daß der Verlustfaktor von der Temperatur und der Frequenz
abhängt, wobei zu beachten ist, daß in (A.2.13) der die Verluste repräsentierende
Widerstand R frequenzabhängig ist. Verwendet man das Bauelement Kondensator bei
sehr hohen Frequenzen, so ist gegebenenfalls außerdem zu beachten, daß die Zulei-
tungen und der Kondensatorwickel eine gewisse Induktivität und auch einen Verlust-
widerstand haben, die eine weitere Abweichung vom idealen Verhalten ergeben. Sie
können in einem komplizierteren Ersatzschaltbild berücksichtigt werden.

A.2.3 Spulen

A.2.3.1 Magnetisches Feld (z.B. [A.2,6,7])

Ebenso wie mit elektrischen Spannungen stets ein elektrisches Feld verknüpft ist,
bildet sich in der Umgebung eines elektrischen Stromes, also einer bewegten Ladung,
ein magnetisches Feld aus. Es läßt sich durch die Kraftwirkung auf Probemagnete
bzw. auf ferromagnetische Partikel (Eisenfeilspäne) nachweisen. Man kann es durch
Kraftlinien, die magnetischen Feldlinien, veranschaulichen. Sie bilden stets in
sich geschlossene Kurven, die mit dem elektrischen Stromkreis, der sie erzeugt,
durch eine Rechtsschraube verkettet sind (siehe Bild A.3).

Das magnetische Feld wird durch die *magnetische Induktion* **B** (x,y,z) beschrieben,
eine vektorielle Größe, deren Richtung durch den Feldlinienverlauf gegeben ist.
Der Betrag von **B** gibt die Dichte der Feldlinien an. Dann erhält man die gesamte
Zahl der Feldlinien, die durch irgendeine Fläche hindurchgehen, als

$$\Phi = \iint \mathbf{B}\, d\mathbf{A} \;.$$ (A.2.14)

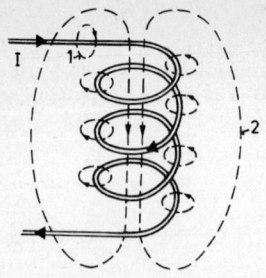

Bild A.3 Magnetische Feldlinien bei einem einzelnen Leiter und einer Spule

Hier ist wie in (A.2.6) d**A** das vektorielle Element der Fläche, über die integriert wird und Φ der diese Fläche durchsetzende *magnetische Fluß*. Bei der Integration über eine geschlossene Hülle erhält man hier den Wert Null, da die magnetischen Feldlinien in sich geschlossen sind. Integriert man **B** dagegen längs einer geschlossenen Kurve C, z.B. längs einer magnetischen Feldlinie, so ergibt sich

$$\oint_C \mathbf{B}\,d\mathbf{r} = \mu\theta, \qquad\qquad\qquad\qquad\qquad\qquad (A.2.15a)$$

das *Durchflutungsgesetz*. Hier ist θ die Durchflutung, das ist der gesamte, die geschlossene Kurve durchsetzende Strom und μ die noch näher zu behandelnde *Permeabilität*. Der Umlaufsinn des Linienintegrals und die Richtung der Durchflutung bilden in (A.2.15) eine Rechtsschraube. Zur Erläuterung der Durchflutung geben wir noch an, daß bei der Spule von Bild A.3 die Integration über die Feldlinie 1 auf $\theta = I$, die Integration über die Feldlinie 2 auf $\theta = 4 \cdot I$ führt. Man nennt weiterhin

$$\mathbf{H} = \frac{1}{\mu}\,\mathbf{B} \qquad\qquad\qquad\qquad\qquad\qquad\qquad (A.2.16)$$

die *magnetische Feldstärke*. Offenbar ist nach (A.2.15a)

$$\oint_C \mathbf{H}\,d\mathbf{r} = \theta. \qquad\qquad\qquad\qquad\qquad\qquad (A.2.15b)$$

Die Permeabilität μ ist eine vom Material und i.a. vom Ort abhängige Größe. In

$$\mu = \mu_o \cdot \mu_r, \qquad\qquad\qquad\qquad\qquad\qquad\qquad (A.2.17)$$

ist

$$\mu_o = 1{,}25664\ \frac{\mu H}{m} \qquad\qquad\qquad\qquad\qquad\qquad (A.2.18)$$

die Permeabilität des Vakuums, während die relative Permeabilität μ_r die Materialeigenschaft beschreibt. Man unterscheidet diamagnetische Stoffe, bei denen $\mu_r < 1$ ist, und paramagnetische mit $\mu_r > 1$. In beiden Fällen ist aber $\mu_r \approx 1$, so daß man diese Materialien auch als magnetisch neutral bezeichnet. Von großer Bedeutung sind aber die ferromagnetischen Stoffe, bei denen $\mu_r \gg 1$ ist, allerdings außerdem sehr stark von der magnetischen Feldstärke abhängt. Da μ nicht mehr konstant ist, erhalten wir einen nichtlinearen Zusammenhang zwischen der magnetischen Induktion und der Feldstärke, der durch die *Magnetisierungskurve* dargestellt wird, die für unterschiedliche Materialien wesentlich verschieden verläuft. Bild A.4 zeigt den prinzipiellen Verlauf. Es wird deutlich, daß nur bei der ersten Magnetisierung des Materials, die nach der sogenannten Neukurve verläuft, eine eindeutige Beziehung zwischen Induktion und Feldstärke besteht. Im übrigen liegt eine Hysterese vor,

die abhängig vom Material unterschiedlich stark ist. Für die näherungsweise Realisierung von Induktivitäten, bei denen man mit extrem kleinen Aussteuerungen rechnen kann, ist die Anfangspermeabilität μ_a wesentlich, die sich aus dem Anstieg der
Neukurve bei H = O ergibt. Tabelle A.3 gibt einige Werte für die hier vor allem
interessierenden "magnetisch weichen" Werkstoffe an, die sich durch eine geringe
Hysterese auszeichnen.

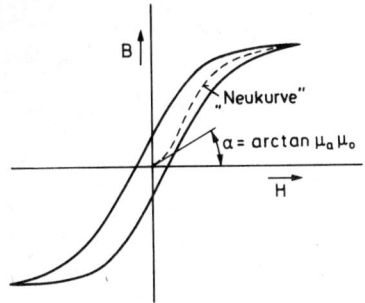

Bild A.4 Prinzipieller Verlauf der Magnetisierungskurve (Hystereseschleife)

Material	μ_a	Material	μ_a
Reinstes Eisen	25000	Dynamoblech IV	500
Kohlenstoffarmes Eisen	700	Permalloy	10000
Gußeisen	70	Mangan-Zink Ferrit	2000

Tabelle A.3   Anfangspermeabilität einiger magnetisch weicher Materialien

Wir betrachten eine Leiterschleife in einem magnetischen Feld (Bild A.5), die ei-
nen Fluß $\phi = \int \mathbf{B} \cdot d\mathbf{A}$ umfaßt. Ändert sich dieser Fluß durch eine Bewegung der Schleife oder (und) eine zeitliche Änderung des Magnetfeldes, so wird nach dem *Induk-
tionsgesetz* in der Schleife eine Spannung

$$u_i = \oint_C \mathbf{E}_i d\mathbf{r} = -\frac{d\phi}{dt} \qquad (A.2.19)$$

induziert. Hier ist $\mathbf{E}_i$ die in dem Leiter induzierte elektrische Feldstärke, die
senkrecht zum Vektor $\mathbf{B}$ und zur Bewegungsrichtung steht. Die Integration erfolgt
über die geschlossene Leiterschleife, deren vektorielles Linienelement wieder d$\mathbf{r}$
ist. Eine Schleife mit w Windungen und damit w-facher Länge führt dann zu einer
um den Faktor w größeren induzierten Spannung.

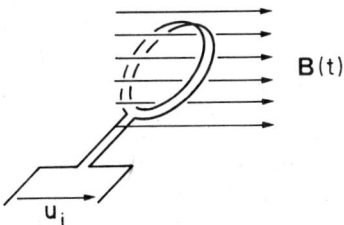

Bild A.5 Zum Induktionsgesetz

A.2.3.2 Induktivität (z.B. [A.2,6-8])

Sind in der Umgebung eines Stromkreises nur Stoffe mit konstanter Permeabilität μ vorhanden, so ist die magnetische Induktion **B** und damit auch der Gesamtfluß Φ_g nach dem Durchflutungsgesetz dem gegebenenfalls von der Zeit abhängigen Strom i proportional. Es gilt also

$$\Phi_g = L \cdot i, \qquad\qquad\qquad\qquad (A.2.20)$$

wobei der Proportionalitätsfaktor L die Induktivität der Anordnung ist. Für sie gilt dann mit (A.2.14)

$$L = \frac{\left| \iint \mathbf{B} d\mathbf{A} \right|}{i}. \qquad\qquad\qquad\qquad (A.2.21)$$

Hier ist bei der Integration der gesamte, mit dem Strom i verknüpfte Fluß zu berücksichtigen.

Nach dem Induktionsgesetz wird bei zeitlicher Änderung des Stromes und damit des Flusses eine Quellspannung induziert, die dieser Änderung entgegengerichtet ist. Für den Spannungsabfall an dem Stromkreis gilt dann

$$u(t) = L \cdot \frac{di}{dt}. \qquad\qquad\qquad\qquad (A.2.22a)$$

Umgekehrt folgt für den Strom

$$i(t) = \frac{1}{L} \int_{-\infty}^{t} u(\tau) d\tau. \qquad\qquad\qquad\qquad (A.2.22b)$$

Da diese Ergebnisse den in Tabelle 3.1 angegebenen Definitionsgleichungen der Induktivität entsprechen, stellt die Anordnung - vorläufig - eine ideale Realisierung dieses Bauelementes dar. Wir bestimmen noch die magnetische Energie. Für ihr Differential gilt $dW_m = u \cdot i \cdot dt$. Mit $u dt = d\Phi = L di$ folgt

$$dW_m = L \cdot i \cdot di.$$

Wird in dem Stromkreis der durchfließende Strom von Null auf I gesteigert, so ergibt sich für die gespeicherte magnetische Energie

$$W_m = \int_0^I L \cdot i \cdot di = \frac{1}{2} L I^2, \qquad\qquad\qquad\qquad (A.2.23)$$

wie in Tabelle 3.1 angegeben.

Wir betrachten zwei Beispiele. Bild A.6a zeigt eine Ringspule mit w-Windungen. Das gesamte magnetische Feld sei im Innern konzentriert, die Feldlinien sind Kreise.

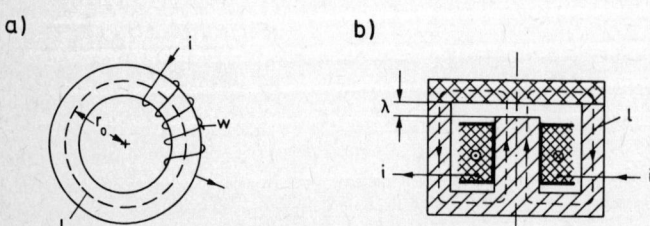

Bild A.6 Beispiele für Realisierungen von Induktivitäten

Nach (A.15b) ist

$$\ell \cdot H = \Theta = i \cdot w.$$

Die Feldlinienlänge ℓ und damit die Feldstärke H sind vom Radius abhängig. Ist r_o groß gegenüber den Querabmessungen des Ringes, so kann man diese Abhängigkeit vernachlässigen. Dann gilt mit (A.2.16)

$$B = \mu H = \mu \frac{iw}{2\pi r_o}$$

und bei einer Querschnittsfläche A der Ringspule für den Fluß

$$\phi = \mu A \frac{iw}{2\pi r_o}.$$

Dieser Fluß induziert in jeder Windung der Spule die durch (A.2.19) beschriebene Spannung, in w Windungen also den w-fachen Wert. Das kann man durch Einführung eines Gesamtflusses $\phi_g = w \cdot \phi$ berücksichtigen und erhält dann für die Induktivität mit (A.2.20)

$$L = w^2 \frac{A\mu}{2\pi r_o} . \tag{A.2.24}$$

Diese Beziehung führt auf die generelle Aussage, daß die Induktivität mit dem Quadrat der Windungszahl, dem Querschnitt und dem Kehrwert der mittleren Feldlinienlänge wächst.

Wichtig ist darüberhinaus die durch μ beschriebene Abhängigkeit vom Material des magnetischen Kreises. Da in Luft $\mu_r \approx 1$ gilt, ist im Falle einer Luftspule nach (A.2.17) $\mu = \mu_o$ einzusetzen. Wie wir gesehen haben, ist μ_r bei ferromagnetischem Material um Größenordnungen höher, hängt aber in starkem Maße von der magnetischen Feldstärke und damit vom Strom ab. Eine derartige Spule ist also ein nichtlineares Bauelement.

Als weiteres Beispiel betrachten wir eine Induktivität mit ferromagnetischem Schalenkern und Luftspalt, die in Bild A.6b im Schnitt gezeichnet wurde. Hier wollen wir zugleich zeigen, wie magnetische Kreise mit unterschiedlichen Materialien berechnet und im übrigen die Aussteuerungsabhängigkeit reduziert werden kann. Ist ℓ die Feldlinienlänge im ferromagnetischen Material und λ die Größe des Luftspaltes, so gilt nach (A.15.b) für die beiden entsprechenden Feldstärken H_F und H_L

$$\Theta = w \cdot i = H_L \cdot \lambda + H_F \cdot \ell.$$

Wird der magnetische Fluß ϕ und auch die Querschnittsfläche als gleich groß in beiden Bereichen unterstellt, so ist

$$H_F = \frac{\phi}{A \cdot \mu} \quad \text{und} \quad H_L = \frac{\phi}{A\mu_o} ,$$

und man erhält $i \cdot w = \frac{\phi}{A} [\frac{\ell}{\mu} + \frac{\lambda}{\mu_o}]$. Damit ist

$$\phi = i \frac{Aw}{\frac{\ell}{\mu} + \frac{\lambda}{\mu_o}} .$$

Schreibt man für die Induktivität in Anlehnung an (A.2.24)

$$L = w^2 A \frac{\mu_{eff}}{\ell} ,$$

so erhält man für die so definierte effektive Permeabilität mit $\mu = \mu_r \cdot \mu_0$

$$\mu_{eff} = \frac{\mu}{1 + \frac{\lambda}{\ell}\,\mu_r} \quad \text{bzw.} \quad \mu_{reff} = \frac{\mu_r}{1 + \frac{\lambda}{\ell}\,\mu_r} \quad . \tag{A.2.25}$$

Durch die Einführung eines Luftspaltes wird offenbar die effektive Permeabilität mit steigendem Verhältnis λ/ℓ wesentlich reduziert. Zugleich ergibt sich aber eine Verringerung der Abhängigkeit vom Strom und damit eine Verbesserung der Linearität. Üblich sind Werte $\lambda/\ell = 0,003 \ldots 0,1$.

A.2.3.3 Praktische Ausführung (z.B. [A.3,8])

Die Bauformen von Induktivitäten hängen sehr stark von der Anwendung ab. Wir erwähnen hier lediglich die in der Nachrichtentechnik gebräuchlichen Spulen mit Schalenkern aus Ferritmaterial (nichtleitende Verbindung von Eisenoxyd mit anderen Metalloxyden). Für sie sind Bauformen festgelegt, die in Handbüchern durch Angabe eines Wertes

$$A_L = A\,\frac{\mu}{\ell + \lambda\mu_r} \tag{A.2.26}$$

beschrieben werden, so daß also $L = w^2 \cdot A_L$ gilt.

In noch stärkerem Maße als beim Kondensator gilt für die Spule, daß sie Verluste aufweist. Wenn angenommen wird, daß der Kern nichtleitend ist und daher keine sogenannten Wirbelstromverluste auftreten können, sind die wichtigsten Ursachen

- der ohmsche Widerstand der Wicklung,
- die Hystereseverluste.

Für den Gleichstromwiderstand erhält man

$$R_g = \frac{\ell_D}{\sigma A_D}\;, \quad \text{mit } \ell_D = \text{Drahtlänge}$$
$$A_D = \text{Drahtquerschnitt.}$$

Die Abmessungen des Spulenkörpers legen nun eine mittlere Länge einer Windung ℓ_D/w fest. Weiterhin ist $w \cdot A_D$ die gesamte Kupferfläche im Spulenkörper. Damit erhält man

$$R_g = \frac{w^2}{\sigma} \cdot \frac{\ell_D/w}{wA_D} = \frac{w^2}{\sigma}\,A_R\;, \tag{A.2.27}$$

wobei A_R eine durch die Geometrie des Spulenkörpers bestimmte Größe ist, die für die genannten Bauformen ebenfalls in Handbüchern angegeben wird.

Bei einer Wechselstromerregung der Spule wird die in Bild A.4 veranschaulichte Hystereseschleife pro Periode einmal durchlaufen. Die dabei umfahrene Fläche $\oint BdH$ beschreibt die Energie, die in jeder Periode im Eisen in Wärme umgesetzt wird. Durch Verwendung magnetisch weichen Materials mit sehr schmaler Hystereseschleife vermindert man diese Verluste soweit wie möglich.

Das reale Bauelement Spule beschreibt man dann durch die Angabe eines Ersatzschaltbildes, das im einfachsten Fall die Reihenschaltung einer (idealen) Induktivität L

und eines, die Verluste repräsentierenden Widerstandes R ist (Bild A.7). Der Verlustfaktor ist

$$\tan\delta_L = \frac{\omega L}{R} \ .$$ (A.2.28)

Sein reziproker Wert $Q = 1/\tan\delta_L$ wird auch als Güte der Spule bezeichnet. Auch hier
erweisen sich die Verhältnisse bei genauerer Betrachtung als komplizierter, weil
wieder sowohl eine Frequenz- wie Temperaturabhängigkeit der Verluste vorliegt und
bei höheren Frequenzen die Eigenkapazität der Spule zu beachten ist. Schließlich
spielt, wie schon erwähnt, bei ferromagnetischen Kernen und größerer Aussteuerung
die Nichtlinearität eine wesentliche Rolle.

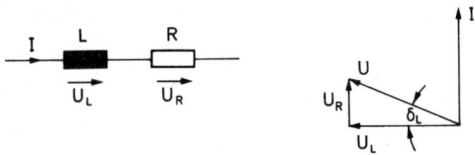

Bild A.7   Ersatzschaltbild einer realen Spule

A.2.4 Übertrager

A.2.4.1 Gekoppelte Spulen (z.B. [A.2,6-8])

Wir betrachten die in Bild A.8 dargestellten gekoppelten Spulen. Für die uns vor
allem interessierenden Fälle sind sie, wie gezeichnet, auf einem gemeinsamen Kern
angebracht, der zur Führung des magnetischen Flusses dient. Die folgenden Überlegungen gelten aber allgemein für beliebige räumlich benachbarte Spulen. Durch die
Ströme i_1 und i_2 werden in ihnen die magnetischen Flüsse ϕ_1 und ϕ_2 hervorgerufen,
die sich entsprechend

$$\phi_{1,2} = \phi_{N1,2} + \phi_{S1,2}$$ (A.2.29)

in den Nutzfluß ϕ_N, der auch die jeweils andere Spule durchsetzt und den sogenannten Streufluß ϕ_S aufteilen. Die Verhältnisse

$$k_{1,2} = \frac{\phi_{N1,2}}{\phi_{1,2}}$$ (A.2.30)

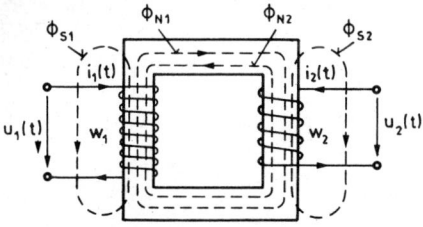

Bild A.8   Gekoppelte Spulen

werden als Kopplungsfaktoren bezeichnet. Für die einzelnen Flüsse gilt jetzt

$$\dot{\phi}_{N1} = i_1 w_1 A_L \quad ; \quad \dot{\phi}_{S1} = i_1 w_1 A_{LS1}$$

$$\dot{\phi}_{N2} = i_2 w_2 A_L \quad ; \quad \dot{\phi}_{S2} = i_2 w_2 A_{LS2},$$

(A.2.31)

wobei A_L wie in Abschnitt A.2.3.3 definiert ist. Mit (A.2.30) ergibt sich noch

$$k_{1,2} = \frac{A_L}{A_L + A_{LS1,2}} .$$

(A.2.32)

Bei der Angabe der Beziehungen für $u_1(t)$ und $u_2(t)$ ist nun zu berücksichtigen, daß die Spule 1 von $\dot{\phi}_1(t) - \dot{\phi}_{N2}(t)$, die Spule 2 von $\dot{\phi}_2(t) - \dot{\phi}_{N1}(t)$ durchsetzt wird. Damit bekommt man nach den Induktionsgesetz

$$u_1(t) = w_1 \frac{d[\dot{\phi}_1 - \dot{\phi}_{N2}]}{dt} = w_1^2 \cdot [A_L + A_{LS1}] \frac{di_1}{dt} - w_1 w_2 \cdot A_L \cdot \frac{di_2}{dt}$$

(A.2.33a)

$$u_2(t) = w_2 \cdot \frac{d[\dot{\phi}_2 - \dot{\phi}_{N1}]}{dt} = -w_2 w_1 \cdot A_L \cdot \frac{di_1}{dt} + w_2^2 \cdot [A_L + A_{LS2}] \frac{di_2}{dt} ,$$

bzw. mit erkennbaren Abkürzungen

$$u_1(t) = L_1 \frac{di_1}{dt} + M \frac{di_2}{dt}$$

$$u_2(t) = M \frac{di_1}{dt} + L_2 \frac{di_2}{dt} .$$

(A.2.33b)

Man erhält die Induktivitäten L_1 bzw. L_2, wenn man nur die eine der Spulen verwendet, die jeweils andere also stromlos ist. Die Beziehung zwischen M und L_1, L_2 ergibt sich aus (A.2.33a) mit (A.2.32)

$$M = -\sqrt{k_1 k_2} \cdot \sqrt{L_1 L_2} \stackrel{!}{=} k \cdot \sqrt{L_1 L_2} .$$

(A.2.34a)

Wegen $k_{1,2} \leq 1$ und damit $|k| \leq 1$ gilt

$$-\sqrt{L_1 L_2} \leq M \leq \sqrt{L_1 L_2} .$$

(A.2.34b)

Negative Werte von M erklären sich schaltungstechnisch durch die mögliche umgekehrte Polung der jeweils anderen Wicklung, wodurch sich die von den beiden Spulen hervorgerufenen Flüsse addieren bzw. voneinander subtrahieren.

Mit (A.2.34a) erhält man aus (A.2.33b) für die Widerstandsmatrix **Z** und die Primärmatrix **A**

$$\mathbf{Z} = \begin{bmatrix} sL_1 & sk \cdot \sqrt{L_1 L_2} \\ sk \cdot \sqrt{L_1 L_2} & sL_2 \end{bmatrix} ; \quad \mathbf{A} = \frac{1}{k} \begin{bmatrix} \sqrt{\dfrac{L_1}{L_2}} & s(k^2-1) \cdot \sqrt{L_1 L_2} \\ \dfrac{1}{s \cdot \sqrt{L_1 L_2}} & -\sqrt{\dfrac{L_2}{L_1}} \end{bmatrix} .$$

(A.2.35)

Wir bestimmen noch die von den gekoppelten Spulen gespeicherte Energie. Mit

$$dW_m = u_1 i_1 dt + u_2 i_2 dt$$

bekommen wir aus (A.2.33b)

$$dW_m = (L_1 i_1 + M i_2) di_1 + (M i_1 + L_2 i_2) di_2$$

und durch Integration über i_1 und i_2

$$W_m = \frac{1}{2} L_1 i_1{}^2 + M i_1 i_2 + \frac{1}{2} L_2 i_2{}^2. \tag{A.2.36}$$

In Abschnitt 3.1.3.1 haben wir aus dieser Beziehung die in (A.2.34b) angegebenen Schranken für M gefunden, die wir hier aus einer Betrachtung der Anordnung ermittelt haben.

A.2.4.2 Spezielle Fälle

Die bereits in Abschnitt 3.1.3.1 behandelte feste Kopplung ist in der Realisierung dadurch gekennzeichnet, daß der Streufluß zu Null wird und damit $k_{1,2} = |k| = 1$ gilt. Dann ist nach (A.2.33)

$$L_1 = w_1{}^2 A_L, \quad L_2 = w_2{}^2 A_L, \quad M = -w_1 w_2 A_L = \pm \sqrt{L_1 L_2}. \tag{A.2.37}$$

Aus (A.2.35) erhält man dann

$$\mathbf{Z} = \begin{bmatrix} sL_1 & s\sqrt{L_1 L_2} \\ s\sqrt{L_1 L_2} & sL_2 \end{bmatrix}; \quad \mathbf{A} = \begin{bmatrix} ü & 0 \\ \dfrac{1}{s\sqrt{L_1 L_2}} & -\dfrac{1}{ü} \end{bmatrix} \tag{A.2.38}$$

wobei $ü = \pm\sqrt{\dfrac{L_1}{L_2}} = \pm\dfrac{w_1}{w_2}$ ist. Wie schon in Abschnitt 3.1.3.1 gesagt, ergibt sich der ideale Übertrager für $|M| = +\sqrt{L_1 L_2} \to \infty$. In diesem Fall existiert die Widerstandsmatrix nicht, während $\mathbf{A}$ zur Diagonalmatrix wird (siehe (4.7b)).

A.2.4.3 Ersatzschaltungen

In Bild 3.6 und in Tabelle 3.2 wurden bereits Ersatzschaltungen für gekoppelte Induktivitäten angegeben. Wir leiten hier eine weitere her, die sich auf den Streufluß und insofern auf die Realisierung bezieht. Zunächst führen wir die Streuinduktivität mit Hilfe des Eingangs-Kurzschlußwiderstandes ein. Es ist mit (A.2.35)

$$\left.\frac{U_1}{I_1}\right|_{U_2=0} = Z_B(0) = \frac{A_{12}}{A_{22}} = sL_1(1-k^2) := s\sigma L_1 = sL_\sigma \tag{A.2.39a}$$

Hier ist $\sigma = (1-k^2)$ der *Streufaktor* und $L_\sigma = \sigma L_1$ die *Streuinduktivität*. Mit L_σ und der Hauptinduktivität

$$L_h = L_1 - \frac{1}{2} L_\sigma = \frac{1}{2} L_1(1+k^2) \tag{A.2.39b}$$

geben wir dann das in Bild A.9 gezeichnete Ersatzschaltbild an. Für die Widerstandsmatrix erhält man

$$\mathbf{Z} = \begin{bmatrix} sL_1 & \frac{1}{2} s(1+k^2)\sqrt{L_1 L_2} \\ \frac{1}{2} s(1+k^2)\sqrt{L_1 L_2} & sL_2 \end{bmatrix}. \tag{A.2.40}$$

Es ist $\frac{1}{2}\cdot(1+k^2) = 1 - \frac{\sigma}{2} \approx k = \sqrt{1-\sigma}$, wenn $\sigma \ll 1$. (A.2.40) stimmt also näherungsweise mit (A.2.35) überein, das Ersatzschaltbild gilt also für kleine Werte von σ.

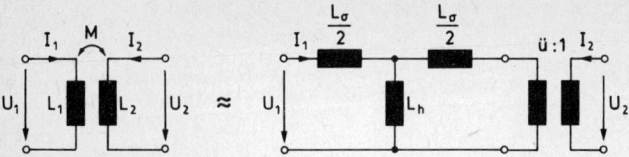

Bild A.9 Ersatzschaltbild mit Streuinduktivität

A.2.4.4 Praktische Ausführung

Bei der Realisierung von Übertragern strebt man in der Regel eine möglichst geringe
Streuung an. Man kann dazu z.B. beide Spulen auf demselben Schenkel eines Kernes an-
bringen. Die damit gegebene große räumliche Nähe führt andererseits zu einer Wick-
lungskapazität, die neben den Verlusten das Verhalten des Übertragers wesentlich mit
bestimmt. Wir kommen zu dem in Bild A.10 angegebenen Ersatzschaltbild, das die genannten Einflüsse berücksichtigt. Die Übertragungsfunktion $H(j\omega) = U_2/U_1$ eines realen, beschalteten Übertragers hat Bandpaßcharakter. Nur in der Umgebung einer be-
stimmten, insbesondere von L_h abhängigen Mittenfrequenz ist $|H(j\omega)| \approx 1/\ddot{u}$. Bei
nachrichtentechnischen Anwendungen ist man u.U. an einer großen relativen Bandbrei-
te interessiert. Durch besondere konstruktive Maßnahmen erreicht man etwa 8-9 Ok-
taven, die obere Grenzfrequenz liegt also um den Faktor 2^8-2^9 höher als die untere.

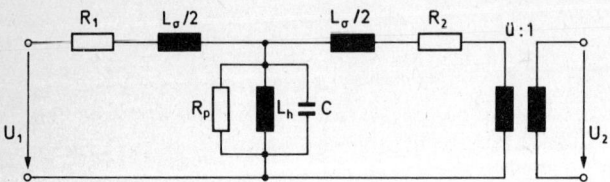

Bild A.10 Ersatzschaltbild eines realen Übertragers

A.3   Aktive Bauelemente

Wir beschränken uns hier auf die Entwicklung von Ersatzschaltbildern, wobei wir
von dem an den Bauelementen meßbaren Verhalten ausgehen.

A.3.1 Triode

Der in einer Triode fließende Anodenstrom i_a ist eine Funktion der Anodenspannung
u_a und der Gitterspannung u_g. Es ist also

$$i_a = i_a(u_a, u_g). \tag{A.3.1}$$

Durch die festen Werte U_{ao} und U_{go} wird ein *Arbeitspunkt* festgelegt (siehe Bild
A.11). Mit einer Taylorentwicklung der Funktion $i_a(u_a, u_g)$ um diesen Punkt und den
Bezeichnungen

$$I_{ao} = i_a(U_{ao}, U_{go}),$$

der Steilheit
$$S = \left.\frac{\partial i_a}{\partial u_g}\right|_{u_a = U_{ao}}, \tag{A.3.2}$$

und dem Innenleitwert $\qquad G_i = \left. \dfrac{\partial i_a}{\partial u_a} \right|_{u_g = U_{go}}$ $\qquad\qquad\qquad$ (A.3.3)

ist bei Abbruch nach dem linearen Glied

$$i_a = I_{ao} + \Delta i_a \approx I_{ao} + S \cdot \Delta u_g + G_i \cdot \Delta u_a.$$

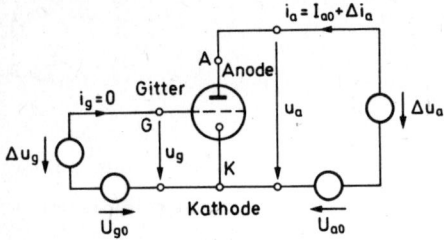

Bild A.11   Zur Definition der Spannungen und Ströme bei einer Triode

Es interessiert nun ausschließlich das durch

$$\Delta i_a \approx S \cdot \Delta u_g + G_i \cdot \Delta u_a \qquad\qquad\qquad (A.3.4)$$

beschriebene *Kleinsignalverhalten*. Sind die hier auftretenden Differenzen Δi_a, Δu_g und Δu_a Zeitfunktionen und verwenden wir die exponentiellen Funktionen der Wechselstromrechnung, so gilt (A.3.4) in der Form

$$I_a = S\, U_g + G_i U_a, \qquad\qquad\qquad (A.3.5)$$

wobei jetzt die Größen I_a, U_g und U_a komplexe Amplituden sind. Man erhält das in Bild A.12 angegebene Ersatzschaltbild einer spannungsgesteuerten Stromquelle. Da $I_g = 0$ ist, erfolgt die Steuerung offenbar leistungslos. Nur bezüglich des Innen-widerstandes weicht die Anordnung von der in Tabelle 3.3 angegebenen idealen span-nungsgesteuerten Stromquelle ab.

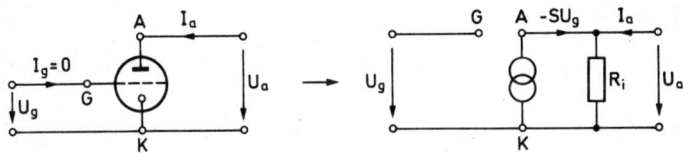

Bild A.12 Ersatzschaltbild einer Triode

Offensichtlich ist die Röhre nur bei kleiner Aussteuerung näherungsweise ein li-neares Bauelement. Weiterhin sind bei höheren Frequenzen parasitäre Effekte zu be-achten, die mit einem komplizierteren Ersatzschaltbild berücksichtigt werden kön-nen.

A.3.2 Transistoren

Beim Feldeffekt-Transistor erfolgt die Steuerung des Stromes durch ein elektrisches Feld und damit praktisch leistungslos. Damit ergeben sich Verhältnisse, die denen bei der Triode ähnlich sind. Wir zeigen hier die Entwicklung eines Ersatzschaltbildes für den pnp-Transistor. Da hier bei Steuerung an der Basis der Eingangsstrom nicht verschwindet, sind zwei Funktionen von jeweils zwei Variablen zu untersuchen, z.B.

die Basis-Emitterspannung $\quad u_{BE} = u_{BE}(i_B, u_{CE})$

und der Kollektorstrom $\quad i_C = i_C(i_B, u_{CE})$.

$$(A.3.6)$$

Hier ist i_B der Basisstrom und u_{CE} die Kollektor-Emitterspannung (siehe Bild A.13). Für den durch I_{BO} und U_{CEO} festgelegten Arbeitspunkt ergibt sich

$$U_{BEO} = u_{BE}(I_{BO}, U_{CEO})$$

$$I_{CO} = i_C(I_{BO}, U_{CEO}).$$

Entsprechend zum Vorgehen im letzten Abschnitt erhalten wir dann durch Taylorentwicklung und mit

$$R_{BE} = \left.\frac{\partial u_{BE}}{\partial i_B}\right|_{u_{CE}=U_{CEO}} \quad ; \quad v_r = \left.\frac{\partial u_{BE}}{\partial u_{CE}}\right|_{i_B=I_{BO}} \qquad (A.3.7a)$$

$$\beta = \left.\frac{\partial i_C}{\partial i_B}\right|_{u_{CE}=U_{CEO}} \quad ; \quad G_{CE} = \left.\frac{\partial i_C}{\partial u_{CE}}\right|_{i_B=I_{BO}} \qquad (A.3.7b)$$

für das Kleinsignalverhalten

$$\Delta u_{BE} \approx R_{BE} \cdot \Delta i_B + v_r \cdot \Delta u_{CE}$$

$$\Delta i_C \approx \beta \cdot \Delta i_B + G_{CE} \cdot \Delta u_{CE}. \qquad (A.3.8)$$

Mit der gleichen Argumentation wie oben wird dann (A.3.8) in Beziehungen für komplexe Amplituden überführt.

$$\begin{bmatrix} U_{BE} \\ I_C \end{bmatrix} = \begin{bmatrix} R_{BE} & v_r \\ \beta & G_{CE} \end{bmatrix} \begin{bmatrix} I_B \\ U_{CE} \end{bmatrix} = \mathbf{H} \begin{bmatrix} I_B \\ U_{CE} \end{bmatrix}$$

Wir erhalten die Vierpolgleichungen des Transistors in der Reihen-Parallelform (siehe Gleichung (4.5e)).

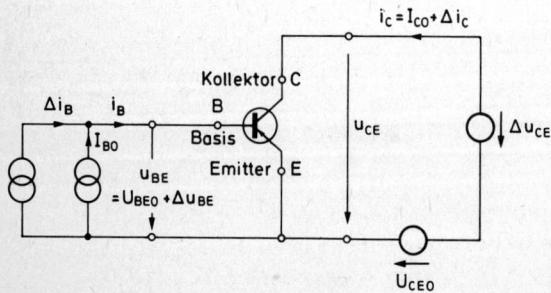

Bild A.13 Zur Definition der Spannungen und Ströme bei einem pnp-Transistor

Bild A.14a zeigt das zugehörige Ersatzschaltbild, das neben einer stromgesteuerten
Stromquelle im Ausgangskreis eine spannungsgesteuerte Spannungsquelle im Eingangs-
kreis enthält, mit der die Rückwirkung auf den Eingang beschrieben wird. Häufig
ist v_r so klein, daß mit der in Teilbild b angegebenen vereinfachten Ersatzschaltung gearbeitet werden kann.

Man kann die Anordnung noch in die von Bild A.14c überführen, bei der die Rückwirkung durch einen Widerstand zwischen dem Kollektor und dem inneren Basispunkt B'
beschrieben wird. In diesem Ersatzschaltbild nach Giacoletto wurden durch Annahme
komplexer Widerstände auch die parasitären Effekte mit berücksichtigt [A.9].

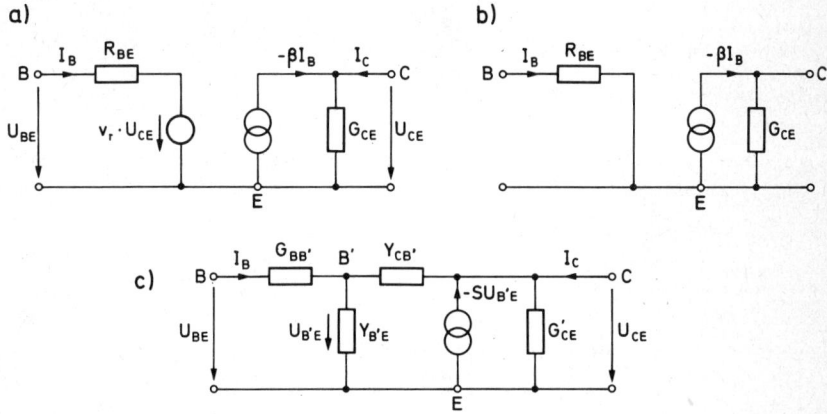

Bild A.14   Ersatzschaltbilder eines pnp-Transistors

          a) **H**-Parameter-Ersatzschaltung

          b) **H**-Parameter-Ersatzschaltung bei Vernachlässigung der Rückwirkung

          c) Ersatzschaltung nach Giacoletto

A.4   Fourierreihen (z. B. [A.10–13])

Wir gehen aus von einer periodischen Zeitfunktion v(t), die reell oder komplex sein
kann. Ihre Periode sei T, es soll also gelten

$$v(t) = v(t+T) \quad \forall\ t. \tag{A.4.1}$$

Vorausgesetzt wird, daß $|v(t)|$ und $|v(t)|^2$ über eine Periode integrabel sei. Diese
Funktion soll durch

$$g_n(t) = \sum_{\nu=-n}^{+n} c_\nu e^{j\nu 2\pi t/T} = \sum_{\nu=-n}^{+n} c_\nu e^{j\nu\omega_o t} \quad \text{mit } \omega_o = 2\pi/T \tag{A.4.2a}$$

so angenähert werden, daß der Fehler

$$\varepsilon_n = \int_{t_1}^{t_1+T} |v(t) - g_n(t)|^2 dt \tag{A.4.3}$$

minimal wird. Es handelt sich hier um eine Approximation im Sinne des minimalen
mittleren Fehlerquadrates. Für die Koeffizienten c_ν erhält man

$$c_\nu = \frac{1}{T} \int_{t_1}^{t_1+T} v(t) e^{-j\nu\omega_o t} dt. \tag{A.4.4}$$

Damit folgt für den Fehler

$$\varepsilon_n = \int_{t_1}^{t_1+T} |v(t)|^2 dt - T \sum_{\nu=-n}^{+n} |c_\nu|^2 \geq 0. \tag{A.4.5}$$

Man kann zeigen, daß $\lim_{n\to\infty} \varepsilon_n = 0$ ist; die zur Approximation verwendeten trigonometrischen Funktionen bilden ein sogenanntes vollständiges System. Dann gilt die *Parsevalsche Gleichung* in der Form

$$\int_{t_1}^{t_1+T} |v(t)|^2 dt = T \sum_{\nu=-\infty}^{+\infty} |c_\nu|^2. \tag{A.4.6}$$

Das Verschwinden des durch (A.4.3) definierten Fehlers für $n \to \infty$ bedeutet nicht, daß $v(t)$ überall mit

$$g(t) = \sum_{\nu=-\infty}^{+\infty} c_\nu e^{j\nu\omega_0 t} \tag{A.4.2b}$$

übereinstimmt. Vielmehr gibt es insbesondere bei unstetigen Funktionen $v(t)$ punktuelle Abweichungen, die aber den Wert des Integrals (A.4.3) nicht beeinflussen. Auf die hier vorliegenden Konvergenzprobleme gehen wir erst im zweiten Band ein.

Wir betrachten noch einige Spezialfälle:

a) $v(t)$ sei reell

$$c_\nu = \frac{1}{T} \cdot \int_{t_1}^{t_1+T} v(t)\cos\nu\omega_0 t\, dt - j\frac{1}{T} \cdot \int_{t_1}^{t_1+T} v(t)\sin\nu\omega_0 t\, dt$$

$$:= \frac{1}{2}(a_\nu - jb_\nu) \tag{A.4.7a}$$

$$c_{-\nu} = c_\nu^* = \frac{1}{2}(a_\nu + jb_\nu)$$

Dann ist mit

$$a_\nu = \frac{2}{T} \cdot \int_{t_1}^{t_1+T} v(t)\cos\nu\omega_0 t\, dt, \quad b_\nu = \frac{2}{T} \cdot \int_{t_1}^{t_1+T} v(t)\sin\nu\omega_0 t\, dt \tag{A.4.7b}$$

$$g(t) = \frac{a_0}{2} + \sum_{\nu=1}^{\infty} a_\nu \cos\nu\omega_0 t + \sum_{\nu=1}^{\infty} b_\nu \sin\nu\omega_0 t \tag{A.4.7c}$$

b) $v(t)$ sei reell und gerade, d.h. $v(-t) = v(t)$ $\quad \forall t$

$$c_\nu = \frac{a_\nu}{2}, \quad b_\nu = 0\ \forall\nu, \quad \longrightarrow c_{-\nu} = c_\nu \quad \forall\nu \tag{A.4.8a}$$

c) $v(t)$ sei reell und ungerade, d.h. $v(-t) = -v(t)$ $\quad \forall t$

$$c_\nu = -j\frac{b_\nu}{2}, \quad a_\nu = 0 \quad \forall\nu, \quad \longrightarrow c_{-\nu} = -c_\nu \quad \forall\nu \tag{A.4.8b}$$

d) $v(t)$ sei reell und dargestellt als

$$v(t) = v_g(t) + v_u(t) \tag{A.4.9a}$$

wobei

$$v_g(t) = \frac{1}{2}[v(t) + v(-t)] \tag{A.4.9b}$$

der gerade und

$$v_u(t) = \frac{1}{2} [v(t) - v(-t)] \tag{A.4.9c}$$

der ungerade Teil der Funktion ist. Dann gilt die Zuordnung

$$v(t) = v_g(t) + v_u(t) \tag{A.4.9d}$$

$$c_\nu = \frac{a_\nu}{2} - j \frac{b_\nu}{2}.$$

Beispiele für Fourier-Reihenentwicklungen findet man u.a. in [A.4,13].

A.5 Berechnung der Übergangsmatrix (z. B. [A.14,15])

Gegeben sei eine nxn Matrix **A**. Die zugehörige charakteristische Matrix sei mit

$$\mathbf{N}(\lambda) := (\lambda \mathbf{E} - \mathbf{A}) \tag{A.5.1}$$

bezeichnet. Die Eigenwerte von **A** sind die Nullstellen ihres charakteristischen Polynoms

$$\Delta^N = |\lambda \mathbf{E} - \mathbf{A}| := N(\lambda) = \sum_{\nu=0}^{n} c_\nu \lambda^\nu . \tag{A.5.2a}$$

Es ist

$$N(\lambda) = \prod_{\nu=1}^{n_o} (\lambda-\lambda_\nu)^{n_\nu}, \quad \sum_{\nu=1}^{n_o} n_\nu = n, \tag{A.5.2b}$$

der ν-te Eigenwert möge also die Vielfachheit n_ν haben. Nach dem Theorem von Cayley-Hamilton gilt

$$N(\mathbf{A}) = \mathbf{O}. \tag{A.5.3}$$

Das sogenannte Eigenwertproblem

$$(\lambda \mathbf{E} - \mathbf{A})\mathbf{m} = \mathbf{O} \tag{A.5.4}$$

besitzt nur für die Eigenwerte λ_ν nichttriviale Lösungen

$$\mathbf{m}_\nu = (m_{1\nu}, m_{2\nu}, \ldots, m_{n\nu})^T, \tag{A.5.5}$$

die als die Eigenvektoren der Matrix **A** bezeichnet werden.

Gesucht wird eine geschlossene Darstellung der zu **A** gehörenden Übergangsmatrix

$$\boldsymbol{\phi}(t) = e^{\mathbf{A}t} = \sum_{k=0}^{\infty} \frac{\mathbf{A}^k}{k!} t^k = \mathbf{E} + \mathbf{A}t + \frac{1}{2} \mathbf{A}^2 t^2 + \ldots \tag{A.5.6}$$

Wir betrachten zunächst den Fall einfacher Eigenwerte. Es sei also $n_\nu = 1 \; \forall \nu$. Aus den dann linear unabhängigen Eigenvektoren $\mathbf{m}_\nu$ wird die nichtsinguläre Modalmatrix

$$\mathbf{M} = (\mathbf{m}_1, \mathbf{m}_2, \ldots, \mathbf{m}_n) \tag{A.5.7}$$

gebildet. Ihre Inverse $\mathbf{M}^{-1}$ schreiben wir mit den Zeilenvektoren $\boldsymbol{\mu}_\kappa^{\,T}$ in der Form

$$\mathbf{M}^{-1} = \begin{bmatrix} \boldsymbol{\mu}_1^{\,T} \\ \boldsymbol{\mu}_2^{\,T} \\ \vdots \\ \boldsymbol{\mu}_n^{\,T} \end{bmatrix}, \tag{A.5.8}$$

wobei wegen $\mathbf{M}^{-1}\mathbf{M} = \mathbf{E}$

$$\boldsymbol{\mu}_\kappa^{\,T}\mathbf{m}_\nu = \begin{matrix} 1 & \kappa = \nu \\ \\ 0 & \kappa \neq \nu \end{matrix} \tag{A.5.9}$$

gilt. Ist weiterhin

$$\boldsymbol{\Lambda} = \begin{bmatrix} \lambda_1 & & & O \\ & \lambda_2 & & \\ & & \ddots & \\ O & & & \lambda_n \end{bmatrix} = \mathrm{diag}[\lambda_1,\ \lambda_2,\ \dots\ \lambda_n] \tag{A.5.10}$$

die Diagonalmatrix der Eigenwerte, so gilt

$$\mathbf{A} = \mathbf{M}\boldsymbol{\Lambda}\mathbf{M}^{-1}$$

und

$$\mathbf{A}^k = \mathbf{M}\boldsymbol{\Lambda}^k\mathbf{M}^{-1}.$$

Damit erhält man aus (A.5.6)

$$\boldsymbol{\phi}(t) = \mathbf{M} \begin{bmatrix} 1+\lambda_1 t + \lambda_1^{\,2}\frac{t^2}{2} + \dots & & O \\ 0 & 1 + \lambda_2 t + \lambda_2^{\,2}\frac{t^2}{2} + \dots & \\ O & & 1 + \lambda_n t + \lambda_n^{\,2}\frac{t^2}{2} + \dots \end{bmatrix} \mathbf{M}^{-1}$$

$$= \mathbf{M} \begin{bmatrix} e^{\lambda_1 t} & & O \\ & e^{\lambda_2 t} & \\ & & \ddots \\ O & & e^{\lambda_n t} \end{bmatrix} \mathbf{M}^{-1} = \mathbf{M}e^{\boldsymbol{\Lambda}t}\mathbf{M}^{-1}. \tag{A.5.11}$$

Unter Verwendung des dyadischen Produktes

$$\mathbf{m}_\nu\boldsymbol{\mu}_\nu^{\,T} = \begin{bmatrix} m_{\nu 1}\mu_{\nu 1}, & m_{\nu 1}\mu_{\nu 2}, & \dots, & m_{\nu 1}\mu_{\nu n} \\ m_{\nu 2}\mu_{\nu 1}, & m_{\nu 2}\mu_{\nu 2}, & \dots, & m_{\nu 2}\mu_{\nu n} \\ \vdots & & & \vdots \\ m_{\nu n}\mu_{\nu 1}, & m_{\nu n}\mu_{\nu 2}, & \dots, & m_{\nu n}\mu_{\nu n} \end{bmatrix} \tag{A.5.12}$$

kann man das in der Form

$$\phi(t) = \sum_{\nu=1}^{n} \mathbf{m}_{\nu} \mathbf{\mu}_{\nu}^{T} e^{\lambda_{\nu} t} \qquad (A.5.13)$$

darstellen.

Wir behandeln jetzt den allgemeinen Fall, in dem die Eigenwerte eine Vielfachheit $n_{\nu} > 1$ besitzen können und außerdem die zugehörigen Eigenvektoren linear abhängig sein können. Sind $m \leq n$ linear unabhängige Eigenvektoren vorhanden, so ist das sogenannte Minimalpolynom

$$N_m(\lambda) = \prod_{\nu=1}^{n_o} (\lambda - \lambda_{\nu})^{m_{\nu}}, \; 0 < m_{\nu} \leq n_{\nu}, \; \sum_{\nu=1}^{n_o} m_{\nu} = m \qquad (A.5.14)$$

das Polynom minimalen Grades, für das

$$N_m(\mathbf{A}) = \mathbf{O}$$

gilt. Für die Bestimmung der in diesem Fall sich ergebenden Übergangsmatrix gehen wir von der in Abschnitt 6.5 angegebenen Beziehung

$$\phi(t) = \mathcal{L}^{-1}\{(s\mathbf{E} - \mathbf{A})^{-1}\} = \mathcal{L}^{-1}\{\mathbf{N}^{-1}(s)\} \qquad (A.5.15)$$

aus. Der Vergleich mit (A.5.1) zeigt, daß hier lediglich s, die Variable der Laplace-Transformierten, an Stelle von λ verwendet wurde. Damit gelten auch die mit (A.5.2) eingeführten Bezeichnungen für das Polynom $N(\lambda)$ hier entsprechend für $N(s)$. Die Eigenwerte λ_{ν} seien jetzt mit $s_{\infty\nu}$ bezeichnet.

Die nach (A.5.15) erforderliche inverse Laplace-Transformation ist leicht möglich, wenn wir für $\mathbf{N}^{-1}(s)$ eine Partialbruchentwicklung angeben. Allgemein gilt zunächst

$$\mathbf{N}^{-1}(s) = \frac{\mathbf{N}_{adj}(s)}{N(s)} := \frac{\mathbf{P}(s)}{N(s)} \;. \qquad (A.5.16)$$

Hier ist $\mathbf{P}(s) = \mathbf{E}s^{n-1} + \mathbf{P}_{n-2}s^{n-2} + \ldots + \mathbf{P}_1 s + \mathbf{P}_o.$ \qquad (A.5.17a)

mit $\qquad \mathbf{P}_{n-2}(s) = \mathbf{A} + c_{n-1}\mathbf{E}$

$$\mathbf{P}_{n-3}(s) = \mathbf{A}^2 + c_{n-1}\mathbf{A} + c_{n-2}\mathbf{E} = \mathbf{A}\mathbf{P}_{n-2}(s) + c_{n-2}\mathbf{E}$$

und allgemein mit $\mathbf{P}_{n-1} = \mathbf{E}$

$$\mathbf{P}_{\nu}(s) = \mathbf{A}\mathbf{P}_{\nu+1} + c_{\nu+1}\mathbf{E} \;; \qquad \nu = (n-2)(1)0. \qquad (A.5.17b)$$

Die nötige Partialbruchentwicklung führt dann entsprechend (5.7) auf

$$\mathbf{N}^{-1}(s) = \sum_{\nu=1}^{n_o} \sum_{\kappa=1}^{n_\nu} \frac{\mathbf{B}_{\nu\kappa}}{(s-s_{\infty\nu})^{\kappa}} \qquad (A.5.18a)$$

mit

$$\mathbf{B}_{\nu\kappa} = \frac{1}{(n_{\nu}-\kappa)!} \lim_{s \to s_{\infty\nu}} \frac{d^{n_{\nu}-\kappa}}{ds^{n_{\nu}-\kappa}} \left[(s-s_{\infty\nu})^{n_{\nu}} \mathbf{N}^{-1}(s) \right] \;. \qquad (A.5.18b)$$

Ist nun für den ν-ten Eigenwert $m_\nu < n_\nu$, so wird sich

$$\mathbf{B}_{\nu\kappa} = \mathbf{O} \quad \text{mit} \quad \kappa = (m_\nu+1)(1)n_\nu$$

ergeben, so daß aus (A.5.18a) folgt

$$\mathbf{N}^{-1}(s) = \sum_{\nu=1}^{n_o} \sum_{\kappa=1}^{m_\nu} \frac{\mathbf{B}_{\nu\kappa}}{(s-s_{\infty\nu})^\kappa} \ . \tag{A.5.19a}$$

Die Rücktransformation liefert dann mit (A.6.13) das gesuchte Ergebnis

$$\phi(t) = \sum_{\nu=1}^{n_o} \sum_{\kappa=1}^{m_\nu} \mathbf{B}_{\nu\kappa} \frac{t^{\kappa-1}}{(\kappa-1)!} e^{s_{\infty\nu}t} \cdot \delta_{-1}(t). \tag{A.5.19b}$$

A.6 Laplace-Transformation [A.16,17]

A.6.1 Definition und Eigenschaften

Zu einer für $t < 0$ identisch verschwindenden und für $t \geq 0$ zunächst weitgehend beliebigen Funktion $g(t)$ definieren wir die zugehörige Laplace-Transformierte

$$g(t) = \int_0^\infty g(t)e^{-st}dt := G(s). \tag{A.6.1}$$

Hier ist $s = \sigma+j\omega$ ein komplexer Parameter und die Variable des Bildbereiches. Da offenbar $[s] = sec^{-1}$ sein muß, kann diese Größe als Frequenz interpretiert werden. s ist so zu wählen, daß das Integral (A.6.1) existiert. Das ist möglich, wenn $|g(t)|$ durch eine Exponentialfunktion majorisiert wird. Man kann leicht zeigen, daß für

$$|g(t)| \leq Me^{\alpha t} \quad \forall\, t \quad \text{mit} \quad \alpha,M \text{ reell}$$

das Laplace-Integral für $Re\{s\} > \alpha$ existiert.

Wir nennen

$$G(s) = \mathcal{L}\{g(t)\} \text{ die Laplace-Transformierte von } g(t)$$
$$\text{oder die Bildfunktion,}$$

$$g(t) = \mathcal{L}^{-1}\{G(s)\} \text{ die inverse Laplace-Transformierte}$$
$$\text{oder die Originalfunktion}$$
$$\text{(für ihre Berechnung siehe Abschnitt A.6.2).}$$

Die Beziehungen zwischen $g(t)$ und $G(s)$ werden auch symbolisch in der Form

$$G(s) \bullet\!\!-\!\!-\!\!\circ g(t)$$
$$g(t) \circ\!\!-\!\!-\!\!\bullet G(s)$$

geschrieben.
Folgende Eigenschaften des Laplace-Integrals bzw. der Laplace-Transformierten seien besonders erwähnt:

1. Konvergenz
   Wenn (A.6.1) für $s = s_o$ konvergiert, dann auch in der ganzen Halbebene $Re\{s\} > Re\{s_o\}$.

2. Funktionentheoretische Eigenschaften
   a) Im Innern der Konvergenzhalbebene ist G(s) eine holomorphe Funktion, d.h.
      sie ist in jedem Punkt beliebig oft komplex differenzierbar und kann daher
      dort in eine Potenzreihe entwickelt werden. (Wegen dieser wichtigen Eigen-
      schaft kann die Funktion G(s) u.a. über den beschränkten Existenzbereich des
      Laplace-Integrals hinaus in weiteren Bereichen der s-Ebene erklärt werden
      derart, daß sie bis auf singuläre Punkte auch außerhalb der Konvergenzhalb-
      ebene holomorph ist.)
   b) G(s) konvergiert gegen Null, wenn s auf einem beliebigen Strahl durch einen
      beliebigen Punkt s_o mit $-\frac{\pi}{2} < \arg(s-s_o) < \frac{\pi}{2}$ gegen ∞ strebt. (Diese Aussage
      gilt nicht für die Laplace-Transformierte von Distributionen.)

3. Zeitfunktionen endlicher Dauer
   Die Laplace-Transformierte von Funktionen, die nur im endlichen Intervall
   $0 \leq t \leq T < \infty$ von Null verschieden sein können, ist eine ganze Funktion.

   Umgekehrt gilt, daß die Originalfunktion g(t) für $t > T > 0$ (fast überall) verschwindet, wenn die zugehörige Bildfunktion $G(s) = G(\sigma+j\omega)$ die folgenden Bedingungen erfüllt:
   a) G(s) ist eine ganze Funktion
   b) $|G(\sigma+j\omega)| \leq C$
   c) $|G(-\sigma+j\omega)| \leq Ce^{\sigma T}$ $\left.\vphantom{\begin{array}{c}a\\b\end{array}}\right\}$ für $\sigma \geq 0$ (A.6.2)

4. Periodische Zeitfunktionen
   Ist $g_p(t)$ eine für $t \geq 0$ periodische Funktion der Periode T und

   $$g(t) = \begin{array}{ll} g_p(t) & 0 \leq t < T \\[2mm] 0 & T \leq t < \infty \end{array}$$

   sowie $G(s) = \mathcal{L}\{g(t)\}$, so ist

   $$G_p(s) = \mathcal{L}\{g_p(t)\} = \frac{G(s)}{1-e^{-sT}} .$$ (A.6.3)

   Da G(s) nach Punkt 3 eine ganze Funktion ist, hat $G_p(s)$ nur bei $s = jk \cdot \frac{2\pi}{T}$ ($k \in \mathbb{Z}$)
   Polstellen, falls dort $G(s) \neq 0$ ist.

In der Tabelle A.4 sind die Laplace-Transformierten einiger häufig vorkommender Funktionen angegeben. Umfangreiche tabellarische Zusammenstellungen finden sich z.B. in [A.17].

Gleichung	$g(t)$	$\mathscr{L}\{g(t)\}$	Konvergenzbereich
(A.6.4)	$e^{s_o t}$	$\dfrac{1}{s-s_o}$	$Re[s] > Re[s_o]$
(A.6.5)	$\delta_{-1}(t) = \begin{cases} 0 & t<0 \\ 1 & t\geq 0 \end{cases}$	$\dfrac{1}{s}$	$Re[s] > 0$
(A.6.6)	$\cos(\omega_o t-\varphi)$	$\dfrac{s\cos\varphi+\omega_o\sin\varphi}{s^2+\omega_o^2}$	
	$\cos\omega_o t$	$\dfrac{s}{s^2+\omega_o^2}$	$Re[s] > 0$
	$\sin\omega_o t$	$\dfrac{\omega_o}{s^2+\omega_o^2}$	
(A.6.7)	$t^k \qquad k \in \mathbb{N}_o$	$\dfrac{k!}{s^{k+1}}$	$Re[s] > 0$
(A.6.8)	$\delta_{-k}(t) = \begin{cases} 0 & t<0 \\ \dfrac{t^{k-1}}{(k-1)!} & t\geq 0 \end{cases} \quad k \in \mathbb{N}$	$\dfrac{1}{s^k}$	$Re[s] > 0$
(A.6.9a)	$t\,e^{s_o t}$	$\dfrac{1}{(s-s_o)^2}$	
	$t^2 e^{s_o t}$	$\dfrac{2!}{(s-s_o)^3}$	
(A.6.9b)	$t^k e^{s_o t}$	$\dfrac{k!}{(s-s_o)^{k+1}}$	$Re[s] > Re[s_o]$
(A.6.9c)	$\delta_{-k}(t)e^{s_o t}$	$\dfrac{1}{(s-s_o)^k}$	
(A.6.10a)	$e^{s_o t}[1+s_o t]$	$\dfrac{s}{(s-s_o)^2}$	
	$\dfrac{d^\kappa}{dt^\kappa}\left[\delta_{-k}(t)e^{s_o t}\right]$	$\dfrac{s^\kappa}{(s-s_o)^k} \; ; \quad \kappa<k$	$Re[s] > Re[s_o]$

Tabelle A.4   Laplace-Transformierte einiger Funktionen $g(t)$ mit $g(t) = 0$ für $t<0$

A.6.2 Die Rücktransformation

1. Komplexe Umkehrformel

$G(s) = \mathcal{L}\{g(t)\}$ konvergiere absolut für $\operatorname{Re}\{s\} \geq 0$. Dann gilt für alle $t > 0$, wo $g(t)$ von beschränkter Variation ist (endliche Bogenlänge in einem endlichen Intervall, das t enthält)

$$\frac{1}{2}\,[g(t+0) + g(t-0)] = \lim_{\omega \to \infty} \frac{1}{2\pi j} \int_{\sigma-j\omega}^{\sigma+j\omega} G(s)e^{st}\,ds$$

(A.6.11)

für jeden beliebigen Wert von $\sigma \geq 0$.

2. Umkehrung für rationale Funktionen $G(s)$

Eine rationale Funktion kann nur Laplace-Transformierte sein, wenn der Grad des Nenners größer als der Grad des Zählers ist (Folgerung aus der Eigenschaft 2b in Abschnitt A.6.1). Es sei

$$G(s) = \frac{Z(s)}{N(s)} = \frac{Z(s)}{c_n \prod_{\nu=1}^{n} (s-s_{\infty\nu})}\;.$$

Mit einer Partialbruchzerlegung findet man nach Abschnitt 5.1.1

    a) Im Fall einfacher Pole ($s_{\infty\nu} \ne s_{\infty\kappa} \;\forall\; \nu \ne \kappa$)

$$G(s) = \sum_{\nu=1}^{n} \frac{B_\nu}{s-s_{\infty\nu}}\;,$$

(A.6.12a)

wobei die B_ν nach (5.5b) bestimmt werden.
Die Rücktransformation erfolgt gliedweise mit Hilfe von (A.6.4) aus Tabelle A.4 und führt auf

$$g(t) = \delta_{-1}(t) \cdot \sum_{\nu=1}^{n} B_\nu e^{s_{\infty\nu}t}\;,$$

(A.6.12b)

wobei das Verschwinden der Funktion für $t < 0$ durch die Multiplikation mit $\delta_{-1}(t)$ beschrieben wird.

    b) Hat bei n_0 unterschiedlichen Polen der ν-te die Vielfachheit n_ν, so ist

$$G(s) = \sum_{\nu=1}^{n_0} \sum_{\kappa=1}^{n_\nu} \frac{B_{\nu\kappa}}{(s-s_{\infty\nu})^\kappa}$$

(A.6.13a)

mit Koeffizienten $B_{\nu\kappa}$ nach (5.7b). Aus (A.6.9c) folgt dann

$$g(t) = \sum_{\nu=1}^{n_0} \sum_{\kappa=1}^{n_\nu} B_{\nu\kappa}\,\delta_{-\kappa}(t)e^{s_{\infty\nu}t}$$

$$= \delta_{-1}(t) \sum_{\nu=1}^{n_0} \sum_{\kappa=1}^{n_\nu} B_{\nu\kappa}\,\frac{t^{\kappa-1}}{(k-1)!}\,e^{s_{\infty\nu}t}$$

(A.6.13b)

A.6.3 Sätze der Laplace-Transformation [A.16]

In Tabelle A.5 sind einige einfache Regeln der Laplace-Transformation zusammengestellt. Sie sagen aus, wie sich eine an der Zeitfunktion $g(t)$ durchgeführte Operation auf die Bildfunktion $G(s)$ auswirkt, wobei natürlich vorausgesetzt wird,

daß g(t) eine Bildfunktion besitzt. Wie angegeben, ist beim Differentiationssatz
A.6.19 zusätzlich außer der Existenz von $\mathcal{L}\{g^{(k)}(t)\}$ auch die k-fache Differenzier-
barkeit von g(t) für t > O Voraussetzung. Diese Bedingung entfällt erst, wenn wir
die Erweiterung auf Distributionen vornehmen. Wir bemerken noch, daß sich bei der
Modulation und Integration gegebenenfalls die Konvergenzabzissen verändern.

Bedeutung	Satz
Linearität (A.6.14)	$\mathcal{L}\{\sum_{\nu} a_{\nu} g_{\nu}(t)\} = \sum_{\nu} a_{\nu} G_{\nu}(s)$
Ähnlichkeit (A.6.15)	$\mathcal{L}\{g(at)\} = \frac{1}{a} G(\frac{s}{a})$ a > O, reell
Verschiebung (A.6.16a)	$\mathcal{L}\{g(t-\tau)\} = e^{-s\tau} G(s)$ $\tau \geq O$
(A.6.16b)	$\mathcal{L}\{g(t+\tau)\} = e^{s\tau} \cdot [G(s) - \int_{O}^{\tau} g(t) e^{-st} dt]$ $\tau \geq O$
Modulation (A.6.17)	$\mathcal{L}\{e^{-s_o t} g(t)\} = G(s+s_o)$
Differentiation von G(s) (A.6.18)	$\frac{d}{ds} G(s) = \mathcal{L}\{(-t) g(t)\}$ $\frac{d^k}{ds^k} G(s) = \mathcal{L}\{(-t)^k g(t)\}$
Differentiation von g(t) (A.6.19a)	$\mathcal{L}\{g'(t)\} = s G(s) - g(+O)$, wenn g(t) für t > O differenzierbar ist und $\mathcal{L}\{g'(t)\}$ für Re{s} $\geq \sigma_o$ > O konvergiert
k-fache Differentiation von g(t) (A.6.19b)	$\mathcal{L}\{g^{(k)}(t)\} = s^k G(s) - \sum_{\kappa=O}^{k-1} s^{\kappa} g^{(k-\kappa-1)}(+O)$, wenn g(t) für t > O k-fach differenzierbar ist und $\mathcal{L}\{g^{(k)}(t)\}$ für Re{s} $\geq \sigma_o$ > O konvergiert
Integration (A.6.20a)	$\mathcal{L}\{\int_{O}^{t} g(\tau) d\tau\} = \frac{1}{s} G(s)$
(A.6.20b)	$\mathcal{L}\{\int_{-\infty}^{t} g(\tau) d\tau\} = \frac{1}{s} \int_{-\infty}^{O} g(\tau) d\tau + \frac{1}{s} G(s)$; $t \geq O$

Tabelle A.5   Einfache Sätze der Laplace-Transformation

Die folgenden Sätze der Laplace-Transformation sind weiterhin von großer Bedeutung:

1. Faltungssatz

Die Faltung zweier für t > O definierten Funktionen $g_1(t)$ und $g_2(t)$ ist

$$g_1(t) * g_2(t) = \int_{O}^{t} g_1(\tau) g_2(t-\tau) d\tau. \tag{A.6.21}$$

Die Faltung ist kommutativ $(g_1 * g_2 = g_2 * g_1)$ und assoziativ $([g_1 * g_2] * g_3 = g_1 * [g_2 * g_3])$. Die Reihenfolge, in der man die Faltung bei der Behandlung mehrerer Funktionen anwendet, ist also beliebig.

Existieren die Laplace-Transformierten $G_1(s) \bullet\!\!-\!\!\circ g_1(t)$ und $G_2(s) \bullet\!\!-\!\!\circ g_2(t)$ und konvergiert wenigstens eines dieser Integrale absolut, so gilt

$$\mathcal{L}\{g_1(t) * g_2(t)\} = G_1(s) G_2(s) \tag{A.6.22}$$

2. Faltung der Laplace-Transformierten

Existieren die Integrale

$$\int_0^\infty e^{-\sigma_1 t} |g_1(t)| dt, \quad \int_0^\infty e^{-\sigma_2 t} |g_2(t)| dt,$$

$$\int_0^\infty e^{-2\sigma_1 t} |g_1(t)|^2 dt, \quad \int_0^\infty e^{-2\sigma_2 t} |g_2(t)|^2 dt$$

für feste reelle Werte σ_1 und σ_2, dann gilt für alle s mit $\mathrm{Re}\{s\} \geq \sigma_1 + \sigma_2$

$$\mathcal{L}\{g_1(t) \cdot g_2(t)\} = \frac{1}{2\pi j} \int_{c-j\infty}^{c+j\infty} G_1(z) G_2(s-z) dz \tag{A.6.23}$$

mit $\sigma_1 \leq c \leq \mathrm{Re}\{s\} - \sigma_2$.

Bild A.15 veranschaulicht die Konvergenzhalbebene und den Bereich, in dem c gewählt werden kann.

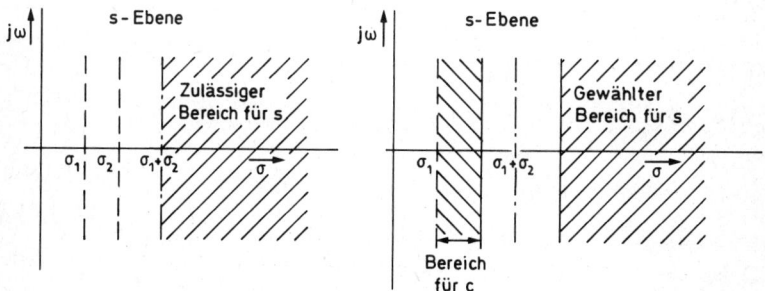

Bild A.15   Zur Faltung der Laplace-Transformierten

3. Allgemeine Parsevalsche Gleichung

Unter denselben Voraussetzungen wie für (A.6.23) gilt

$$\int_0^\infty e^{-(\sigma_1+\sigma_2)t} g_1(t) g_2^*(t) dt = \frac{1}{2\pi} \int_{-\infty}^{+\infty} G_1(\sigma_1+j\omega) G_2^*(\sigma_2+j\omega) d\omega. \tag{A.6.24}$$

Wählt man $g_1(t) = g_2(t) = g(t)$, so wird man auf die spezielle Parsevalsche Gleichung geführt: Existieren die Integrale

$$\int_0^\infty e^{-\sigma t} |g(t)| dt \quad \text{und} \quad \int_0^\infty e^{-\sigma t} |g(t)|^2 dt,$$

so gilt   (A.6.25)

$$\int_0^\infty e^{-2\sigma t} |g(t)|^2 dt = \frac{1}{2\pi} \int_{-\infty}^{+\infty} |G(\sigma+j\omega)|^2 d\omega.$$

Ist g(t) reell und sind die Voraussetzungen auch für σ=0 erfüllt, d.h. ist g(t) absolut und quadratisch integrabel, so ist

$$\int\limits_{0}^{\infty} g^2(t)\,dt = \frac{1}{2\pi} \int\limits_{-\infty}^{+\infty} |G(j\omega)|^2 d\omega = \frac{1}{2\pi j} \int\limits_{-j\infty}^{+j\infty} G(s)G(-s)\,ds. \qquad (A.6.26)$$

4. Grenzwertsätze

a) Falls $\lim\limits_{t\to+0} g(t)$ existiert, ist

$$g(+0) = \lim\limits_{t\to+0} g(t) = \lim\limits_{s\to\infty} sG(s). \qquad (A.6.27a)$$

Wenn die Grenzwerte der Ableitungen $g^{(\kappa)}(+0) = \lim\limits_{t\to+0} g^{(\kappa)}(t)$ für $\kappa = 0(1)(k-1)$ bekannt sind und wenn $g^{(k)}(+0)$ existiert, so ist dieser Grenzwert

$$g^{(k)}(+0) = \lim\limits_{t\to+0} g^{(k)}(t) = \lim\limits_{s\to\infty} [s^{k+1}G(s) - \sum\limits_{\kappa=0}^{k-1} s^{k-\kappa}g^{(\kappa)}(+0)] \qquad (A.6.27b)$$

b) Falls $\lim\limits_{t\to\infty} g(t)$ existiert, ist

$$g(\infty) = \lim\limits_{t\to\infty} g(t) = \lim\limits_{s\to 0} sG(s). \qquad (A.6.28a)$$

Hier sind zwei Erweiterungen möglich: Wenn $\lim\limits_{t\to\infty} g^{(k)}(t)$ existiert, so gilt für diesen Grenzwert

$$\lim\limits_{t\to\infty} g^{(k)}(t) = \lim\limits_{s\to 0} s^{k+1} \cdot G(s). \qquad (A.6.28b)$$

Wenn weiterhin der Grenzwert des Integrals von g(t) für t→∞ existiert, so ist

$$\lim\limits_{t\to\infty} \int\limits_{0}^{t} g(\tau)\,d\tau = \lim\limits_{s\to 0} G(s) \qquad (A.6.28c)$$

A.6.4 Die Impulsfunktion und ihre Laplace-Transformierte

Für viele Untersuchungen ist es zweckmäßig, mit einer Pseudofunktion $\delta_o(t)$ zu arbeiten, die für alle Werte $t \neq 0$ verschwindet, bei t = 0 aber unendlich groß werden soll derart, daß sie, als Faktor unter einem Integral stehend, den Wert des übrigen Integranden bei t = 0 heraushebt. Es soll also gelten

$$\int\limits_{a}^{b} g(t)\delta_o(t)\,dt = \begin{array}{ll} g(0) & a \leq 0 < b \\ 0 & \text{sonst.} \end{array} \qquad (A.6.29)$$

Diese Impulsfunktion (oder Diracstoß) ist vom mathematischen Standpunkt aus keine wirkliche Funktion. Sie ist mit der Distributionentheorie erklärbar, auf die wir im zweiten Band kurz eingehen. Hier begnügen wir uns mit einer anschaulichen Erklärung.

Wir betrachten die drei in Bild A.16 dargestellten Funktionen, die außer von der Zeit t noch von einem Parameter T abhängen. Es ist

$$g_o(t,T) = \frac{\pi}{2T}\left[\sin\pi\,\frac{t}{T}\,\delta_{-1}(t) + \sin\pi\,\frac{(t-T)}{T}\,\delta_{-1}(t-T)\right] \qquad (A.6.30a)$$

$$g_{-1}(t,T) = \int\limits_{0}^{t} g_o(\tau,T)\,d\tau; \quad g_{-1}(t,T) = 1 \text{ für } t \geq T \qquad (A.6.30b)$$

$$g_{-2}(t,T) = \int\limits_{0}^{t} g_{-1}(\tau,T)\,d\tau ; \quad g_{-2}(t,T) = t - \frac{T}{2} \text{ für } t \geq T \qquad (A.6.30c)$$

Offenbar ist

$$g_o(t,T) = g'_{-1}(t,T) = g''_{-2}(t,T) \text{ für } T > 0 \tag{A.6.31}$$

Weiterhin gilt

$$\left.\begin{array}{l} g_{-1}(t,T) \rightarrow \delta_{-1}(t) \\[2mm] g_{-2}(t,T) \rightarrow \delta_{-2}(t) \end{array}\right\} \text{ für } T \rightarrow 0 \tag{A.6.32}$$

$\delta_{-2}(t)$ ist bei $t = 0$ nicht differenzierbar, $\delta_{-1}(t)$ dort nicht stetig. Da aber für $T > 0$ (A.6.31) gilt, können wir den Begriff der Differentiation erweitern und formulieren

$$\delta_{-1}(t) = D[\delta_{-2}(t)] = \lim_{T \rightarrow 0} [g'_{-2}(t,T)] \tag{A.6.33a}$$

$$\delta_o(t) = D[\delta_{-1}(t)] = \lim_{T \rightarrow 0} [g'_{-1}(t,T)], \tag{A.6.33b}$$

wobei $D[\cdot]$ die *Derivierte* bezeichnet. In diesem Sinne ist die Sprungfunktion als verallgemeinerte Ableitung der Rampenfunktion $\delta_{-2}(t)$, die Impulsfunktion als ver-

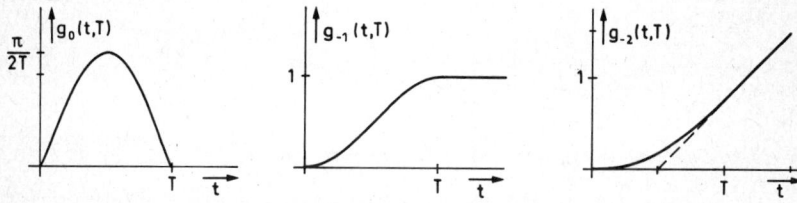

Bild A.16 Zur Erläuterung der Impulsfunktion

allgemeinerte Ableitung der Sprungfunktion aufzufassen.
Für die Laplace-Transformierten der Funktionen (A.6.30) gilt

$$G_o(s,T) = \mathscr{L}\{g_o(t,T)\} = \frac{\pi}{2T} \frac{\pi/T}{s^2+(\pi/T)^2} [1+e^{-sT}]$$

$$\left.\begin{array}{l} G_{-1}(s,T) = \mathscr{L}\{g_{-1}(t,T)\} = \frac{1}{s} G_o(s,T) \\[3mm] G_{-2}(s,T) = \mathscr{L}\{g_{-2}(t,T)\} = \frac{1}{s^2} G_o(s,T) \end{array}\right\} \text{ nach (A.6.20)}$$

Es ist

$$\lim_{T \rightarrow 0} G_o(s,T) = 1 \tag{A.6.34a}$$

$$\lim_{T \rightarrow 0} G_{-1}(s,T) = \frac{1}{s} = \mathscr{L}\{\delta_{-1}(t)\} \tag{A.6.34b}$$

$$\lim_{T \rightarrow 0} G_{-2}(s,T) = \frac{1}{s^2} = \mathscr{L}\{\delta_{-2}(t)\} . \tag{A.6.34c}$$

Wegen der für $T > 0$ im Sinne der üblichen Analysis bestehenden Verwandtschaft folgern wir aus (A.6.34a)

$$\mathscr{L}\{\delta_o(t)\} = 1. \tag{A.6.35}$$

Wir bemerken, daß sich dieses Ergebnis auch aus (A.6.29) ergibt, wenn wir mit a = O
und b = ∞ schreiben

$$\mathcal{L}\{\delta_0(t)\} = \int\limits_O^\infty \delta_0(t)e^{-st}dt = 1.$$

Andererseits verletzt (A.6.35) offensichtlich die Bedingung 2b in Abschnitt A.6.1
für die Eigenschaften der Laplace-Transformierten, was den besonderen Charakter von
$\delta_0(t)$ unterstreicht.

Literatur

[A.1]   J. Fischer: Elektrodynamik.
          Springer-Verlag, Berlin-Heidelberg-New York 1976.

[A.2]   K. Küpfmüller: Einführung in die theoretische Elektrotechnik.
          Springer-Verlag, Berlin-Heidelberg-New York, 10. Auflage 1973.

[A.3]   O. Zinke: Widerstände, Kondensatoren, Spulen und ihre Werkstoffe.
          Springer-Verlag, Berlin-Heidelberg-New York, 1965.

[A.4]   C. Rint: Handbuch für Hochfrequenz- und Elektro-Techniker, Band 1.
          Hüthig & Pflaum-Verlag, München/Heidelberg, 12. Auflage 1978.

[A.5]   G. Bosse: Grundlagen der Elektrotechnik I.
          B.I.-Hochschultaschenbücher, Band 182, Mannheim 1966.

[A.6]   R. Unbehauen: Elektrische Netzwerke: Eine Einführung in die Analyse.
          Springer-Verlag, Berlin-Heidelberg-New York 1972.

[A.7]   G. Bosse: Grundlagen der Elektrotechnik II.
          B.I.-Hochschultaschenbücher, Bd. 183, Mannheim 1967.

[A.8]   R. Feldtkeller: Theorie der Spulen und Übertrager.
          S. Hirzel-Verlag, Stuttgart 1963.

[A.9]   U. Tietze, Ch. Schenk: Halbleiter-Schaltungstechnik.
          Springer-Verlag, Berlin-Heidelberg-New York, 4. Auflage 1978.

[A.10]   D. Laugwitz: Ingenieur-Mathematik IV.
          B.I.-Hochschultaschenbücher, Bd. 62/62a, Mannheim 1967.

[A.11]   R. Zurmühl: Praktische Mathematik für Ingenieure und Physiker.
          Springer-Verlag, Berlin-Heidelberg-New York, 5. Auflage 1965.

[A.12]   G.P. Tolstow: Fourierreihen.
          VEB Deutscher Verlag der Wissenschaften, Berlin 1955.

[A.13]   I.N. Bronstein, K.A. Semendjajew: Taschenbuch der Mathematik.
          Verlag Harri Deutsch, Thun und Frankfurt/Main, 19. Auflage 1980.

[A.14]   R. Zurmühl: Matrizen und ihre technischen Anwendungen.
         Springer-Verlag, Berlin-Göttingen-Heidelberg, 4. Auflage 1964.

[A.15]   F.R. Gantmacher: Matrizenrechnung I.
         VEB Deutscher Verlag der Wissenschaften, Berlin 1965.

[A.16]   G. Doetsch: Funktionaltransformationen. Abschnitt C in "Mathematische
         Hilfsmittel des Ingenieurs" Teil I, Herausgegeben von R. Sauer und I. Szabó.
         Springer-Verlag, Berlin-Heidelberg-New York 1967.

[A.17]   G. Doetsch: Anleitung zum praktischen Gebrauch der Laplace-Transformation
         und der Z-Transformation.
         R. Oldenbourg Verlag, München-Wien, 3. Auflage 1967.

Namen- und Sachverzeichnis

RÜCKGABEDATUM